地震译文选

杨国栋　杨青云　郑和祥　编译

黄河水利出版社
·郑州·

内 容 提 要

本书是从编译者近年来翻译的国外地震论文中择优选取了 28 篇汇集成册的。这些论文涉及全球各地地球科学家在地震学各个领域,特别是在工程地震和地震预测及地震速报预警方面理论、方法、应用研究的最新进展。

本书可供从事地震学,特别是工程地震、地震预测及地震速报预警方面工作的科学技术人员和大专院校相关专业师生参考。

图书在版编目(CIP)数据

地震译文选/杨国栋,杨青云,郑和祥编译 . —郑州:黄河水利出版社,2016.9
ISBN 978 - 7 - 5509 - 1550 - 3

Ⅰ.①地…　Ⅱ.①杨…②杨…③郑…　Ⅲ.①地震 - 文集　Ⅳ.①P315.4 - 53

中国版本图书馆 CIP 数据核字(2016)第 230867 号

组稿编辑:李洪良　电话:0371-66026352　E-mail:hongliang0013@163.com

出 版 社:黄河水利出版社
　　　　　地址:河南省郑州市顺河路黄委会综合楼 14 层　　　　　邮政编码:450003
发行单位:黄河水利出版社
　　　　　发行部电话:0371 - 66026940 、66020550 、66028024 、66022620(传真)
　　　　　E-mail:hhslcbs@ 126. com
承印单位:河南省瑞光印务股份有限公司
开本:787 mm × 1 092 mm　1/16
印张:26
字数:600 千字　　　　　　　　　　　　印数:1—1 000
版次:2016 年 9 月第 1 版　　　　　　　印次:2016 年 9 月第 1 次印刷
定价:150. 00 元

编译者简介

杨国栋,副研究员。中国科学技术大学地球与空间科学系固体地球物理专业研究生毕业,获硕士学位。长期以来,在甘肃省地震局主要从事地震预测和地震危险性分析相关工作。对2013年7月22日定西市岷县、漳县交界6.6级地震做出过成功的中期预测,还成功地判定了2008年5月12日四川省汶川县8.0级地震的震后趋势(特别是甘肃省震情的判定),包括强余震的预测。曾获得多项局(所)成果奖,发表论文、译文近50篇,其中作为第一作者、译者发表的论文、译文近40篇。

目　录

地震动烈度转换方程(GMICEs)：
全球关系和区域依赖评估

Marta Caprioa   Bernadetta Tarigana

C. Bruce Wordenb   Stefan Wiemera   David J. Waldc

摘要：为改善包括与地震动成图系统有关的应用程序在内的地震灾害应用程序的地震动和烈度估计，我们分析了地震动—烈度转换方程的区域依赖并导出了新全球关系。为此，我们合并了其他作者在不同地理区域收集的几个数据库以凸显宏观地震烈度和地震动峰值速度或峰值加速度二者关系中的系统区域影响。我们的数据库包含了由专家评定和"你感觉到了吗"项目数据库得到的宏观地震烈度和与其配对的地震台站峰值地震动(PGM)。我们把我们的烈度—地震动数据对限制到 2 km 最大分离距离之内。对每个地区，我们使用正交回归导出了烈度和地震动之间的可逆转换关系。我们还导出了量化区域差异的全球关系。我们研究了烈度对像地震动峰值、震级和震源距预测变量的依赖。分析表明，峰值地震动是最稳健的烈度预测变量。在 1 倍标准差内，我们的区域和全球结果与 Worden 等(2012)对加利福尼亚州研发的、Faenza 与 Michelini (2010)对意大利研发的、Tselentis 与 Danciu (2008)对希腊研发的及 Atkinson 与 Kaka (2007)对美国中东部研发的关系一致。本研究的震级范围是 $2.5 \sim 7.3$，震中距的范围是从不足 1 km 到大约 200 km。

在线材料：汇总了已发表关系的表和显示峰值加速度与地震烈度关系的图。

引言

使用宏观地震烈度描述感知的地震影响已有几百年历史了。目前，尽管有大量的现代数字地震仪和强震记录器，宏观地震烈度数据在地震、工程和损失模拟领域继续发挥着重要作用。地震动成图系统(Wald, Quitoriano, Heaton, Kanamori 等，1999)的出现进一步增加了宏观地震烈度的可视性和重要性。虽然地震学家习惯于使用地震动峰值，多数全球实施的快速损失模拟程序仍然使用宏观地震数据作为灾害输入，比如，全球地震响应的即时评估(PAGER；Earle 等，2009)、响应和减灾的地震损失评估(QLARM；Trendafiloski 等，2011)和地震损失评估程序(ELER；Kamer 等，2009)。宏观地震烈度也适用于和很多潜在的非技术受众沟通，诸如公众、媒体、地震响应和规划界人员及教育工作者。

除由专家进行的传统烈度评定(通过灾后现场调查、根据工程和其他报告或邮政问卷调查)外，像美国地质调查局(USGS)"你感觉到了吗"(DYFI)系统基于因特网的问卷调查大大增加了可用烈度数据，还鼓励了公民参与地震科学。基于因特网的 DYFI – 风格系统是现今很多震后损失评估的组成部分，也是重要的沟通工具，因为它们可以把公众的信息反馈给地震学家。即使对中等震级地震，在人口稠密地区，也有成千上万的在线响应。已经表明，DYFI 数据是检测区域烈度变化的有用工具和可靠工具(Atkinson 和 Wald，2007；Wald 等，2011)，而且它们比强震动记录丰富得多。DYFI 数据对美国(1999 年后)

和全球（2003 年后）很多最近的事件增加了有价值的约束，特别是对地震仪器少的地区。宏观地震数据的应用也可以补偿地震动记录的缺乏，因此有助于重构历史事件的地震动分布（例如，the Shake Map Atlas, Allen 等，2008；PAGERs Expo-Cat, Allen 等，2009；the Cambridge University Earthquake Damage Database, Spence 等，2009）。

如果宏观地震数据能够和地震动记录完全结合起来，且观测结果可以从一种测度转换成另一种，那么宏观地震数据就极其有用了。像峰值加速度（PGA）或峰值速度（PGV）的峰值地震动（PGM）（以后 PGM 指 PGA 或 PGV）量度和烈度之间的关系已被研究数十年了。因此，为工程目的，把宏观地震数据转换成评估地震灾害和损失模拟的峰值地震动参数是可能的（反之亦然）。在早期的研究中，通过所谓的烈度—地震动转换方程，初步建立了给定位置的为数不多的记录地震动和给定烈度的联系（IGMCEs；Gutenberg 和 Richter，1942；Trifunac 和 Brady，1975；Murphy 和 O'Brien，1977）。

随着地震台网的发展和强震记录的日益丰富，趋势反向了，现在借助地震动—烈度转换方程把烈度和给定地震动联系起来了（GMICEs；Wald, Quitoriano, Heaton 和 Kanamori，1999；Atkinson 和 Sonley，2000；Kaka 和 Atkinson，2004；Atkinson 和 Kaka，2007；Tselentis 和 Danciu，2008；Dangkua 和 Cramer，2011）。这些地震动—烈度转换方程和烈度—地震动转换方程研究的局限性都是上述关系的不可逆性。因此，最近的研究在探求可逆的关系，以保证结果的互换性。在图 1 中我们示出了汇总的一些现有 PGA 和 PGV 的地震动—烈度转换方程。

地震动—烈度转换方程的一个重要应用是全球安装的各种地震动成图系统（Wald, Quitoriano, Heaton, Kanamori 等，1999；Wald 等，2005；Michelini 等，2008）。因为地震动记录的不完全覆盖，地震动成图通常主要是或局部是依靠地震动预测方程预测的，而后使用地震动—烈度转换方程转换成与非技术界交流的地图显示的缺省变量——所谓的仪器烈度。在这两步烈度预测过程中，应该考虑地震动预测方程及地震动—烈度转换方程的不确定性。

替代在像地震动成图的系统中先使用地震动预测方程再用地震动—烈度转换方程（或地震动预测方程＋地震动—烈度转换方程）的另一种方法是直接使用类似于地震动预测方程的地震烈度预测方程（IPEs；例如，Atkinson 和 Wald，2007；Allen 等，2012），它直接预测随震级和距离变化的宏观烈度。该方法的优点为，无需两步，仅用一个关系，足以预测烈度。我们选择注重于地震动预测方程＋地震动—烈度转换方程方法，因为这种方法在世界地震动成图系统中更常用，另外，现有的关于地震动预测方程的研究结果也远比关于烈度预测方程的多。而且，地震动预测方程包含典型的场地校正因子，而当前这代烈度预测方程一般不包含。在地震动预测方程＋地震动—烈度转换方程方法中，通过地震动预测方程场地校正项考虑了场地影响。因此人们认为，地震动—烈度转换方程是不受场地影响的（Cua 等，2010）。

在本研究中，我们的目标是从以下几个方面提高地震动—烈度转换方程的目前研发和理解水平：

（1）使用一致的选择标准，我们编辑了比以前更大更统一的全球数据集。

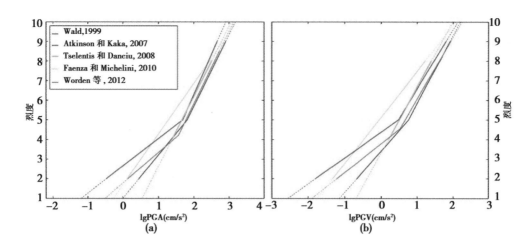

图1 获得的各个地区峰值地震动加速度

(PGA;(a))和峰值地震动速度(PGV;(b))一烈度关系函数形式

(实线表示受各自数据集约束的峰值地震动(PGM)和烈度范围的函数;
虚线表示推测的超过数据集范围的地震动一烈度转换方程(GMICEs)。
地震动高值的烈度估计值比低值的烈度估计值更吻合(改编自Cua等,2010))

(2)应用标准化和严格的数据分析得到新全球地震动—烈度转换方程的可逆转换关系。

(3)把我们的新全球地震动—烈度转换方程关系和原先由区域数据集以及独立数据集得到的关系进行了对比,并确定是否存在区域依赖及解释这种依赖的最佳方法。

虽说结果有点不确定,但毕竟对地震动预测方程的区域依赖问题做过详尽的研究(Allen 和 Wald,2009),而对地震动—烈度转换方程做的就少多了。本研究的一个目标是量化宏观地震烈度和记录地震动关系中的系统性区域依赖行为。我们合并了发表的加利福尼亚州、美国中东部(CEUS)、希腊和意大利不同地区的数据集。大多数现有地震动—烈度转换方程的研究集中在单个地区或加利福尼亚州数据结合其他地区(例如,对美国中东部)匮乏的数据库。由以前研究得到的关系的对比表明,虽然可以把这些差异归因于区域特征,但对它们从未量化过。本研究中,我们收集了发表的活跃地壳区域成对峰值地震动—烈度观测结果的数据集,整合了一套一致的元数据用于推导新的全球地震动—烈度转换方程,并把每个地区的预测值和观测值之间的残差均值确定为校正因子。

我们在这里给出了对 PGV(cm/s)的分析,同样的分析也适用于 PGA(cm/s²)。

1 数据

我们整合了活跃地壳区域的数据库,包括 Wald,Quitoriano,Heaton 与 Kanamori(1999)和 Worden 等(2012)的加利福尼亚州观测数据库(Wa99 和 Wo12 datasets,respectively)、Tselentis 和 Danciu(2008)的更新希腊观测数据库(TD08 dataset)、Faenza 和 Michelini(2010)的意大利数据库(FM10 dataset)和选取 Dangkua 和 Cramer(2011)的美国中东部新马德里地区的数据库(DC11 dataset)。Dangkua 和 Cramer(2011)的原始数据集

含有美国中东部、加拿大和印度布吉的数据;然而,只有美国中东部数据含有我们需要的所有信息(例如,both distances between source and station and between station and measured intensity),所以我们仅用了他们数据的那一部分。我们还使用了从 Cua 等(2010)用过的 Allen 和 Wald(2009)的地震动成图地图集数据集提取的烈度—峰值地震动数据子集对,它包括 1 516 个烈度—峰值地震动数据对,我们用它测试由一个完全独立数据库得到的全球地震动—烈度转换方程在构造活跃区域的行为如何。为简洁起见,以后我们把从地震动成图地图集提取的烈度—地震动数据对子集称为地图集数据集,强调一下,地图集数据被用于检验而不是导出这里研发的关系。表 1 汇总了原始数据库的大小和在使用我们的挑选标准后保留的观测数据数目。这些数据集也被筛选去除从最老数据集保留观测数据的重叠数据(例如,Wo12 has been cleaned of data that also appeared in the Wa99 dataset)。因为检查所有数据对的等价性很不容易,对地图集数据集,我们简单地删除了加利福尼亚州、美国中东部、希腊和意大利的数据。原作者按照私人要求给我们提供了研究的所有数据。

表 1　收集的地震动—烈度转换方程(GMICE)数据集

参考	震级范围	峰值地震动定义	使用的烈度范围	烈度类型	我们约束前和约束后的对数	峰值地震动与烈度之间的距离(km)	区域	震中距范围
Wa99	$5.6 \leq M \leq 7.3$	2 水平分量的较大者	4 ~ 9	MMI	342/36	< 58	加利福尼亚州	< 276
Wo12	$3 \leq M \leq 7.3$	2 水平分量的较大者	1 ~ 8.6	MMI	2 141/1 878	< 2	加利福尼亚州	< 488
整合了 IMD 数据库的 FM10	$3 \leq M \leq 6.9$	2 水平分量的较大者	2 ~ 8	MCS	265/238	< 3	意大利	< 200
TD08(更新后的)	$3.5 \leq M \leq 6.9$	独立的水平分量	4 ~ 8	MMI	164	< 5	希腊	< 141
DC11	$2.5 \leq M \leq 4.6$	独立的水平分量	2 ~ 5	MMI	64	未知	美国中东部	< 618
合并数据集(本研究)	$2.5 \leq M \leq 7.3$	2 水平分量的较大者	2 ~ 9	混合	2 380	< 2	全球活跃地壳	< 200
Cua 等(2010)编辑的地图集	$4.2 \leq M \leq 8.1$	2 水平分量的较大者	1 ~ 10	混合	1 519/147	< 10	全球	< 707

注:我们合并了从不同研究提取的地震动—烈度对。这些包括 Wald,Quitoriano,Heaton,Kanamori(1999)和 Worden 等(2012)加利福尼亚州的(分别是 Wa99 和 Wo12)、Faenza 和 Michelini(2010)意大利的(FM10;IMD,意大利)宏观地震数据库)、Tselentis 和 Danciu(2008)希腊的(TD08)及 Dangkua 和 Cramer(2011)美国中东部地区的(DC11)。通过收集所有其他人的获得的数据集。PGM,峰值地震动;MMI,修正麦加利地震烈度;MCS,麦加利—肯肯尼—西贝尔格地震烈度。

起作用数据集的峰值地震动定义不同,烈度与地震动的配对不同。地图集数据集 Wa99 和 FM10 把峰值地震动定义为最大水平分量。数据集 TD08 和 DC11 单独处理每道水平分量。在数据集 Wa99、TD08、FM10 和 DC11 中，每个台站和最近的观测烈度相关联，而地图集数据集则把烈度和最近的台站相关联，因此单个峰值地震动测度可能和多个烈度相关联。最后，使用 DYFI 方法结合台站 2 km 范围内至少 3 个地理编码烈度报告整合数据集 Wo12。事实上，这些使用不同方法配对烈度和地震动的各种研究对我们得到的关系的不确定性都起了作用。

研究中的另一种不一致是它们涉及的烈度标度。和美国地质调查局有关的数据库使用修正麦加利地震烈度（MMI）评定，和 Dewey 等（1995）的方法一致。而意大利国家地球物理与火山研究所的作者使用麦加利—肯肯尼—西贝尔格地震烈度标度（MCS）。按照 Musson 等（2009）的思路，首先假定所有标度之间等价，而后验证了是否存在和标度选择兼容的系统偏差。

为了统一数据库，我们使用了多数研究共用的下列标准：
（1）两个水平分量最大的地震动峰值。
（2）宏观地震动观测数据和地震动之间的距离小于 2 km。
（3）地震台站的震源距小于 200 km。
（4）最小的宏观地震烈度值为 2 度。

Dangkua 和 Cramer（2011）与 Tselentis 和 Danciu（2008）没有给出烈度—地震动的距离信息。对这种情况，我们对这些数据没有使用任何限制。

合并的数据集由 4 个地区 2 380 个观测数据构成，震级范围为 $2.5 \leqslant M \leqslant 7.3$，覆盖了 1965 ~ 2005 年的时间窗。图 2 示出了这些最终的聚合数据集。我们对地图集数据集使用了同样的限制，去除了推导全球关系已经使用过的所有数据。这获得了缩减的地图集数据集（随后将其称为地图集数据集），它有全球分布的 147 个烈度—地震动数据对，我们把它用作我们的全球地震动—烈度转换方程的独立检测数据集。

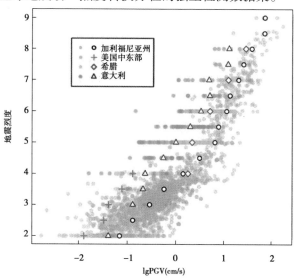

图 2 　这里收集的加利福尼亚州、美国中东部、希腊和意大利的选择 PGV—烈度对数据库

为了对比，我们也没有使用任何选择标准处理数据，得到的地震动—烈度转换方程类

似于 PGA 和 PGV 受约束的版本（预测值的差异常常小于 0.27 个烈度单位）。因为以前的研究表明，PGA 和 PGV 是选择数据集的通用地震动变量，且高烈度时，PGV 和烈度的相关性最好（例如，Boatwright 等，2001），所以我们专注于 PGV 和 PGA。发表的地震动—烈度转换方程通常使用以 10 为底的峰值地震动，所以我们也使用 lgPGM。

2 回归模型的方法和结果

我们以下列 5 个步骤推导了区域和全球关系：
(1)确定和宏观地震烈度高度相关的参数。
(2)测试 1990 年前后两个时间窗内我们数据的一致性。
(3)推导区域和全球关系。
(4)检验模型假设。
(5)评估震级和距离项。

2.1 参数的确定

图 3 中的散点图矩阵示出了四个研究地区（加利福尼亚州、美国中东部、希腊和意大利）烈度、PGA、PGV、地震震级、震源距及地震深度的分布和相关性。矩阵的每一行和列代表一个参数。每个矩阵的对角线示出了每个变量分布的直方图，上三角交叉的行和列示出了散点图，下三角示出了其相关性。图 4 示出了合并数据集和地图集数据集的相同表达。我们感兴趣的是确定与宏观地震烈度相关性最好的参数。这矩阵表明，lgPGV 是与烈度相关性最好的变量，其次是 lgPGA，因此在下列分析中，我们将重点关注这两个参数。

2.2 时间一致性

我们合并的数据集跨越了 30 多年的时段。为避免由于不同的烈度宣称标准和/或建筑规范引起的系统性差异，我们对所有地区 1990 年前后进行了方差分析（ANOVA）。该方差分析测试由适宜于推断不同组（或模型）均值是否相等的统计测试组合构成。它计算了和均值相等零假设有关的概率（p 值）（p 值 > 0.05 支持了零假设）。选择 1990 年是因为它是我们时间窗的中点，且我们假定了建筑规范和建设实践随时间在不断改进。图 5 显示了研究地区的 1990 年前后的数据。分析表明，加利福尼亚州和希腊在时间上具有类似的行为（p 值分别为 0.737 3 和 0.816）。如果我们考虑整个时间范围，在重叠而不相同的地方，意大利显示了一致的行为（p 值分别为 0.106 和 6.936×10^{-6}）。没有显示美国中东部的数据，因为所有美国中东部数据都是 1990 年以后的。我们可以得出这样的结论：我们的数据库中的烈度宣称在时间上是一致的。与以前的研究一致（Atkinson 和 Wald，2007；Worden 等，2012），我们假设 DYFI 和 Dewey 等（2002）及 Wald，Quitoriano，Dengler 与 Dewey（1999）表述的传统 MMI 等价。而且，高烈度时 Wald，Quitoriano，Heaton 和 Kanamori（1999）使用传统 MMI 数据和 Worden 等（2012）使用 DYFI 数据得到的回归结果的高度一致也为这种等价提供了另外的证据（见图 5）。

2.3 关系的导出

因为高低烈度的数据非均匀分布，我们取落入 0.5 个烈度单位段（如 5.25 ~ 5.75）内的 lgPGM 数据均值，并把该 lgPGM 均值分配给这宣称的烈度等级（如 5.5）。lgPGM 数据

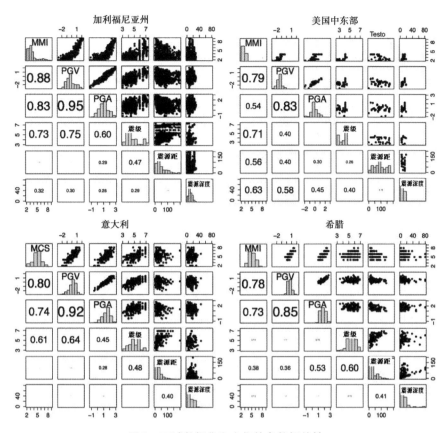

图 3　区域数据集和它们的参数相关性

(对角线幅面上的直方图示出了烈度、lgPGV、lgPGA、震级、震源距及事件深度的分布。
每个矩阵的上幅面持有这些参数的散点图,下幅面示出了它们的相关性。我们感兴趣的是
展示烈度依赖的其他参数的矩阵的首行和首列。比如,在加利福尼亚州数据中,第 1 行第 2
列显示了修正麦加利烈度(MMI)和 PGV 之间的散点图,而第 2 行第 1 列示出了它们的相关性(0.88)。
类似地,第 1 行第 5 列示出了 MMI 和震源距(HDIST)之间的散点图,而第 5 行第 1 列
示出了它们 0.009 5 的相关性)

的平均保证了回归中每个烈度等级同等的权重,也保证了低烈度的大量数据不过度主导
而损害高烈度等级数据稀疏的回归结果。当我们和使用未取均值的数据获得的关系对比
时发现,这个过程在预测值中产生了不足 0.3 个烈度单位的差异。在双线性关系中,分段
将严重影响关系的拐点。水平分段(给每个烈度等级分配一个 lgPGM 均值)会在 4 和 5
之间的宏观烈度范围生成一个转折点,而垂直分段(取给定峰值地震动范围内的烈度均
值)会把转折点移到烈度 2.5 ~ 3.5 的范围。我们推测,前者可以理解为地震的有感摇晃
和物理效应之间的阈值,而对第二个转折点我们还没有联想到任何物理解释。此外,用双
线性关系的其他研究(Wald、Quitoriano、Heaton 和 Kanamori,1999;Atkinson 和 Kaka,
2007;Dangkua 和 Cramer,2011;Worden 等,2012)使用水平分段方法,得到了大致同样宏
观烈度范围的转折点。

　　传统线性回归(普通最小二乘法(OLS))要求假设独立变量 X(本例中,PGM)测量无

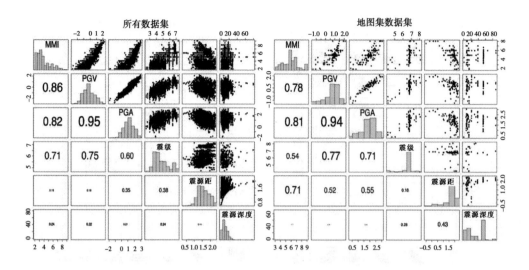

图4 合并数据集与地图集数据集和它们的参数相关性

（对角线幅面上的直方图示出了烈度、lgPGV、lgPGA、震级、震源距及事件深度的分布。上幅持有这些参数之间的散点图,下幅示出了它们的相关性。我们感兴趣的是展示烈度依赖的其他参数的第1行和第1列(两个数据集的标度不同)）

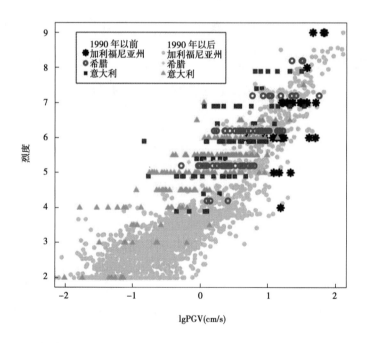

图5 1990年前后加利福尼亚州、意大利和希腊每个地区的PGV—烈度对的对比

（美国中东部数据都是1990年以后的,所以本图未示出）

误差,而只有因变量 Y（本例中,烈度）受误差影响。按照 Faenza 和 Michelini（2010）与 Worden 等（2012）的做法,我们使用了正交回归,也称为整体最小二乘法（TLS）或戴明正交回归（Deming,1943;de Groen,1996;Markovsky 和 Van Huffel,2007）,该方法可以容纳两变量中的不确定性并保证所得关系的可逆性。戴明正交回归同时最小化 X 和 Y 两方向的残差平方总和。它要求两个变量的误差是独立的并符合正态分布,还要求它们的方差的比率 $\delta(\delta = \sigma_y^2/\sigma_x^2)$ 已知。因为我们的分段和平均过程,可以给烈度分配等于 1/2 段宽(即 0.25)的常数误差,在每段内我们分配给 lgPGM 相应的标准偏差(σPGM)。对我们的情况,σPGM 不是常数,所以我们假设 δ 为方差比率的均值,而后评估 δ 在最小值和最大值之间变化的影响。我们确认,δ 在哪个范围内波动对我们模型中的截距和斜率没有大的影响,影响幅度小于 0.6%。分段数据正交回归只允许一个回归量,所以我们专注于具有最高相关性的变量,这就是宏观地震烈度和峰值地震动(PGM)(见图 3)。因为我们的数据集含有不同烈度标度的观测数据,我们将烈度称为 INT,了解到,在我们的回归中,这个参数是 MMI 和 MCS 数据的结合。我们研究的关系为

$$\begin{cases} \text{INT} = \alpha_1 + \beta_1 \text{lgPGM} & (\text{lgPGM} \leq t_{\text{PGM}}) \\ \text{INT} = \alpha_2 + \beta_2 \text{lgPGM} & (\text{lgPGM} > t_{\text{PGM}}) \end{cases} \quad (1)$$

多亏了可逆性,可以容易地得到相应的烈度—地震动转换方程:

$$\begin{cases} \text{lgPGM} = (\text{INT} - \alpha_1)/\beta_1 & (\text{INT} \leq t_{\text{INT}}) \\ \text{lgPGM} = (\text{INT} - \alpha_2)/\beta_2 & (\text{INT} > t_{\text{INT}}) \end{cases} \quad (2)$$

式中:t_{PGM} 和 t_{INT} 为双线性关系的最终阈值。

本研究中,PGV 的峰值地震动单位为 cm/s,PGA 的单位为 cm/s^2。

图 2 示出了每个地区的平均数据。然后我们导出了量化区域依赖的全球回归关系。我们对 4 个地区合并的数据分了段,获得了 15 INT—PGM 对的一组数据,并测试了更合适的是单线性回归还是双线性回归。我们使用戴维斯测试来理解究竟是用单线性关系还是双线性回归关系模拟数据更好。该测试提供了与单线性关系的零假设相关的 P 值。测试结果优先选择转折点为 lgPGV = 0.32 和 lgPGA = 1.58(分别相应于 4.92 和 4.87 的烈度,见图 6(a))的双线性回归(p 值 $= 9.6 \times 10^{-7}$)。因为提供给戴明关系的数据是事先平均的,我们通过结合分段过程中在 x 轴和 y 轴上获得的平均标准偏差(对烈度为 0.25、对 lgPGV 为 0.4 和对 lgPGA 为 0.3,见图 6(b)),而不是使用远小于和用戴明关系得到的截距与斜率有关的偏差确定了我们的不确定性。通过应用基本的三角学(见图 6(b)),我们知道斜率 β 是回归直线和横坐标轴夹角 ξ 的正切。

我们对回归的每段得到下列关系:

$$\sigma_X = \sigma_{\text{PGV}} + \delta_x \quad \sigma_Y = \sigma_{\text{INT}} + \delta_y$$
$$\sigma_X = \sigma_{\text{PGA}} + \delta_x \quad \sigma_Y = \sigma_{\text{INT}} + \delta_y$$
$$\delta_y = r\sin\xi \text{ 与 } \sigma_x = r\cos\xi \quad \delta_Y = \sigma_x = \tan\xi$$

对回归的两条边,我们分别得到

$$\sigma_Y = \sigma_{\text{INT}} + \sigma_{\text{PGM}}\beta_1 \quad \sigma_X = \sigma_{\text{PGM}} + \sigma_{\text{INT}}/\beta_1 \quad (3)$$
$$\sigma_Y = \sigma_{\text{INT}} + \sigma_{\text{PGM}}\beta_2 \quad \sigma_X = \sigma_{\text{PGM}} + \sigma_{\text{INT}}/\beta_2$$

在图 6(c)中,我们可以领会到导出的关系相对图 1 中示出的现有地震动—烈度转换方程关系的行为如何。

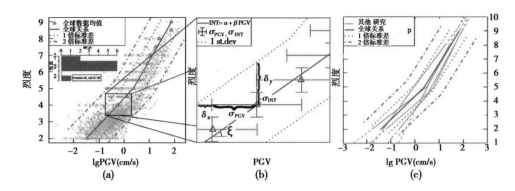

图6 （a）我们全球关系的lgPGV与烈度数据的戴明拟合（紫实线），还示出了均值
和1倍与2倍的标准差。插图显示残差分布的直方图；（b）确定烈度和PGM误差的描述
（见关系导出一节讨论部分）；（c）在图1中示出了校正的全球关系（紫色）和其他研究（灰色）的对比

表2列出了估计的系数。通过对不同地区分配虚拟变量，我们使用方差分析验证了区域依赖是显著回归量，且 p 值等于 2.2×10^{-16} 的测试证实了这个假设。

表2 全球关系的式（1）和式（2）的系数

地区	t_{PGM}	（lgPGM）	α_1	β_1	σ_{x_1}	σ_{y_1}	α_2	β_2	σ_{x_2}	σ_{y_2}	t_{INT}
全球	PGV	0.3 ± 0.2	4.424	1.589	0.6	0.9	4.018	2.671	0.5	1.3	4.92 ± 0.3
	PGA	1.6 ± 0.2	2.270	1.647	0.4	0.7	-1.361	3.822	0.4	1.4	3.87 ± 0.3

注：PGM，峰值地震动；PGV，峰值速度，以 cm/s 表达；PGA，峰值加速度，以 cm/s^2 表达；σ，全球关系的 x 轴和 y 轴上的误差。

2.4 验证模型假设

我们进行了回归的残差分析以验证遵守所有的隐含假设，也就是残差（预测值 − 观测值）符合围绕0的常数方差（即，$\varepsilon \in N(0, \sum)$，$\sum$ 为常数）正态分布，且验证它们是不相关的。该分析依赖于如下几项检验：

（1）t 检验验证了残差围绕0的分布，有利的结果证实了模型与数据吻合。

（2）Durbin-Watson 检验（Durbin 和 Watson，1950）检查了残差的0相关，这将验证回归的统计显著性。

（3）Breusch-Pagan 检验（Breusch 和 Pagan，1979）估计了残差的方差，该检验对拟合优度高估很敏感。

这些检验结果就是通过与未通过，它们提供了和0假设有关的 p 值。我们对每个回归结果使用了这些检验，且全部通过，这表明残差行为良好，回归结果表达了数据。在表3中列出了检验的结果。

表3 验证检验的 p 值

回归	p 值		
	t 检验	DW 检验	BP 检验
全球 PGV	1	0.2	0.1
全球 PGA	1	0.6	0.1

注:DW,Durbin-Watson;BP,Breusch-Pagan。根据通过 BP 检验的前 13 个点导出了全球 PGA 关系。

2.5 评诂震级和距离项

Atkinson 和 Kaka（2007）推广了地震动—烈度转换方程回归的顺序方法。第一步,表征烈度对地震动的依赖。第二步,表征第一步中残差对震级和距离的依赖并用于生成震级和距离校正项。最终的结果是预测烈度随峰值地震动、震级和距离而变化的关系。Tselentis 和 Danciu（2008）、Dangkua 和 Cramer（2011）、Worden 等（2012）在他们各自的研究中也使用过这种顺序方法。除改善了应用它们的距离和震级校正中的残差外,Atkinson 和 Kaka 发现,这些项消除了加利福尼亚州和美国中东部数据集之间的地区差异。因此,我们把震级和距离项贡献估计为对所得关系的校正。

从所有数据矩阵图的简单分析(见图 4,合并数据集的第 1 列和第 4 行与第 5 行),我们可以看到,震级和烈度具有 71% 的相关性,而震源距（HDIST）和烈度的相关性则低得多（18%）。回归残差(预测值 – 观测值)对震源距和震级的分析确认了这种低相关性(见图 7)。我们认为,地图集数据中烈度和距离之间的高相关性(见图 4,第 1 列第 5 行)是由这数据集震级分布产生的假象。像从震级的地图集震级分布中注意到的那样(见图 4,第 4 列第 4 行),地图集数据集中的大部分震级为 7 ~ 7.5。那么,对给定的震级,用距离标度烈度是合理的。对震级和距离二变量,我们进行了三种不同的回归:绿线表示对所有数据点使用正交回归（TLS）获得的结果,红线是对相同数据点使用普通最小二乘（OLS）的结果,而橙色线是应用于分段数据（0.25 lg 距离和 0.5 震级单位）的普通最小二乘结果。图 7 中的左幅图示出了使用正交回归的残差和 lgHDIST 之间的近于垂直的关系,而这两条普通最小二乘直线几乎是平的,截距为 0。因此,去除距离项是合理的。图 7 中的右幅图展示了残差和震级之间的清晰线性趋势,所以仅考虑了震级项的贡献。

残差对震级的回归拟合被描述为

$$\begin{cases} 残差 = 1 \pm 0.6 - 0.2 \pm 0.6 \times 震级(\text{TLS}) \\ 残差 = 0.65 \pm 0.05 - 0.14 \pm 0.01 \times 震级(\text{OLS}) \\ 残差 = 0.4 \pm 0.3 - 0.11 \pm 0.06 \times 震级(\text{BIN}) \end{cases} \quad (4)$$

由 3 种回归获得的震级项的贡献对所有方法是类似的（TLS、OLS 和分段的数据）,所以在图 8 中,我们仅示出了逐个地区在完整数据集上使用由整体最小二乘法获得的震级项的结果。在所有情况下,残差的均值没有大的变化,而震级项的贡献将影响区域残差分布的斜率(见图 8(c))。我们只能推测,这种趋势可能是由整个数据集中高、低烈度数据之间的差异造成的。

包含震级项在内的相对式(1)和式(2)的整体拟合中的结果没有产生实质性改善,因

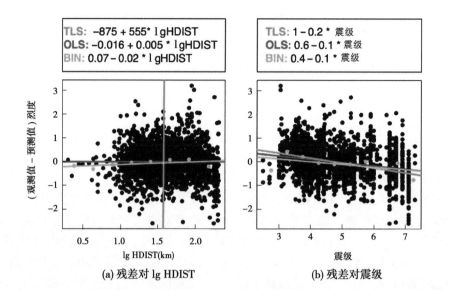

TLS: −875 + 555* lgHDIST	TLS: 1 − 0.2 * 震级
OLS: −0.016 + 0.005 * lgHDIST	OLS: 0.6 − 0.1 * 震级
BIN: 0.07 − 0.02 * lgHDIST	BIN: 0.4 − 0.1 * 震级

(a) 残差对 lg HDIST　　　　**(b) 残差对震级**

图7　（a）PGV 的残差对 lgHDIST（震源距）的分布和回归；（b）PGV 的残差对震级（MAG）的**分布和回归**（绿线表示用整体最小二乘法（TLS）获得的结果，红线表示使用普通最小二乘法（OLS）回归得到的结果，橙色线是分段的普通最小二乘法（OLS）的结果。在（a）中，整体最小二乘法趋势几乎是垂直的，而另外两个近于水平，截距为 0，这表明烈度和震源距之间缺少相关性，而在（b）中，我们得到了有意义的一致趋势，按照以前的研究方法，我们可以将其用为校正）

此在我们的最终全球关系中将不包含该项。

在下节的末尾我们将更详细地分析不同校正项的贡献，以确定出表现较好的校正项。

3　区域方面的量化和对地图集数据集的应用

为量化我们的全球地震动—烈度转换方程中的区域变化，我们把该模型应用到区域数据集并把该残差的均值和方差定义为区域校正因子，然后我们应用该全球关系和对地图集测试数据集定义的校正。

在图 9 中，我们显示了记录超过 100 条的地区（加利福尼亚州、希腊和意大利）。残差揭示出了 3 个地区中有 2 个地区存在系统偏移。全球关系对加利福尼亚州数据集高估约 0.6 ± 0.7（平均）烈度单位，对意大利数据集低估约 − 0.5 ± 0.8。全球关系似乎良好地描述了希腊数据集（0.1 ± 0.6）。我们认为，这些平均偏移表达了区域依赖并对全球关系提出了附加系数 γ_{PGM} 和 ϕ_{PGM}：

$$INT = \alpha_i + \beta lgPGM + \gamma_{PGM} \tag{5}$$

$$lgPGM = (INT - \alpha_i)/\beta_i + \varphi_{PGM} \tag{6}$$

式中：i 指这样的阈值条件：$i = 1$ 指低烈度（或峰值地震动），$i = 2$ 指高烈度（或峰值地震动）。表 4 中列出了得到的校正系数。

为验证区域校正的可靠性，对每个地区的 PGA 和 PGV，我们对比了校正的全球关系和平均数据点（见图 10）。为了简洁，图中没有画出斜率和截距的误差，但在表 2 中列出了，称为 σ。图 10 中的对比表明，它通常和加利福尼亚州数据有良好的一致性，和希腊数

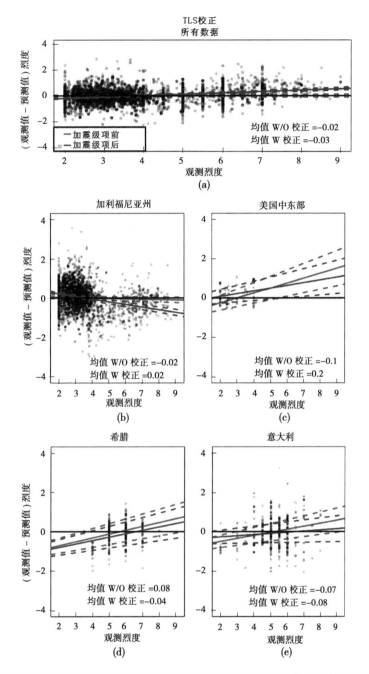

图 8 使用整体最小二乘回归获得的包含震级项前后(分别为灰点和绿点)的残差对比
(在(a)中我们具有所有数据的残差,而在(b)、(c)、(d)和(e)中我们可以看到逐个
地区的震级项的行为变化,也包含了震级项校正前后的趋势)

据也有相对较好的符合。然而,对希腊,数据集不含烈度小于 4 的数据,所以拟合的低烈
度部分是推测的。当试图用双线性关系拟合意大利数据时,我们发现,它和中高烈度数据
的一致性较好,但在低烈度(≤3.5)发生了小的偏差。

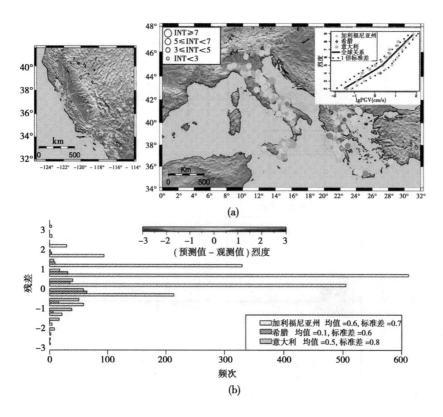

图9　(a)记录超过100条的3个地区的详图。右上插图示出了加利福尼亚州、
希腊和意大利每个烈度段 lgPGV 均值及全球关系。
(b)示出了残差(预测值 - 观测值)分布

表4　对我们分析的3个地区要加到全球关系(式(5)和式(6))的区域校正因子

地区	γ_{PGV}	γ_{PGA}	ϕ_{PGV}	ϕ_{PGA}
加利福尼亚州	-0.6 ± 0.7	-0.6 ± 0.7	0.3 ± 0.4	0.3 ± 0.4
希腊	-0.1 ± 0.6	0.0 ± 0.8	0.0 ± 0.2	0.0 ± 0.3
意大利	0.5 ± 0.8	0.3 ± 0.9	-0.2 ± 0.3	-0.2 ± 0.4

　　我们使用地图集测试数据集测试了全球关系(见图11(a))。对 PGV ,80%的地图集观测数据落入了1倍误差内,而97%的落入了2σ内(对 PGA ,相应的百分比分别为87%和98%)。图11(b)示出了地图集数据残差的地理分布。因为地图集数据地理上稀疏,我们仅把它们用作关系的独立测试,在关系的推导中没有使用。

　　根据图11(a),我们把为意大利、希腊或加利福尼亚州估算的校正因子的最佳拟合和每个地图集区域关联了起来,最佳拟合是由极小化误配的区域校正因子评估的。以这种方式,我们能够确定全球范围的校正,即使在没有足够数据导出区域关系的特定地区。用这种方法,我们可以先把地图集目录中的每个地理区域分派给表5中示出的三组之一。这种分派强烈依赖于我们的地图集数据的数量和分布。如果一个给定地区的观测数据日

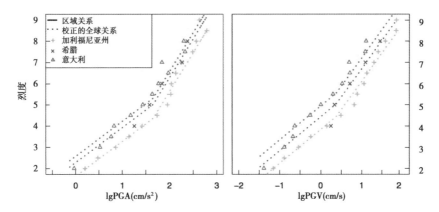

图10 校正的全球关系和区域导出的 PGA 与 PGV 关系的对比(符号表示每个地区平均烈度—lgPGM 对,虚线表示相应的全球关系(绿色、红色和蓝色分别表示加利福尼亚州、意大利和希腊的))

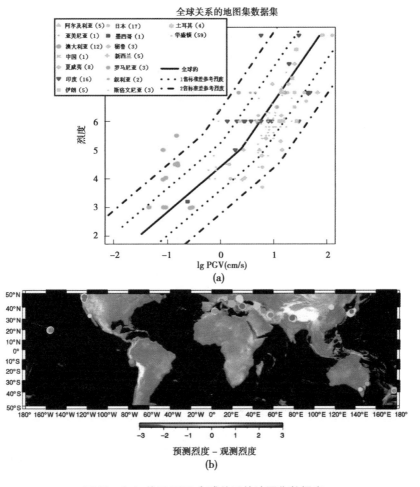

(a)

(b)

图11 (a) 关于 PGV 全球关系的地图集数据库。

(颜色依赖于相关的校正:加利福尼亚州灰色、希腊蓝色和意大利绿色)

(b)残差(预测值 - 观测值)的地理分布

渐增多足够可用,人们可以使用这里对意大利、希腊和加利福尼亚州描述的方法得到的校正代替这些预设校正。

表 5 PGV 地图集数据集的地区相似性分派

地图集国家	观测数据数目	均值残差	标准偏差	关联地区	t 检验 % 能力	均值校正	标准差校正
澳大利亚	12	−0.95	0.96	意大利	31	−0.44	0.96
墨西哥	1	0.24	NA	希腊	NA	0.24	NA
华盛顿	59	0.46	0.72	加利福尼亚州	28	−0.13	0.72
斯洛文尼亚	3	0.4	0.40	加利福尼亚州	8	−0.19	0.40
印度	18	−0.11	1.21	希腊	6	−0.11	1.21
日本	17	0.59	0.74	加利福尼亚州	3	−0.005	0.74
罗马尼亚	3	−0.49	1.38	意大利	3	0.02	1.38
新西兰	5	0.53	0.97	加利福尼亚州	3	−0.06	0.97
叙利亚	2	−1.37	0.17	意大利	42	−0.86	0.17
阿尔及利亚	5	0.53	0.47	加利福尼亚州	4	−0.06	0.47
夏威夷	8	0.50	0.83	加利福尼亚州	5	−0.09	0.83
中国	1	0.41	NA	加利福尼亚州	NA	−0.18	NA
土耳其	4	0.57	1.09	加利福尼亚州	3	−0.03	1.09
秘鲁	3	1.71	0.53	加利福尼亚州	51	1.12	0.53
伊朗	5	0.7	0.52	加利福尼亚州	5	0.10	0.52
亚美尼亚	1	−0.46	NA	意大利	NA	0.05	NA

注:对地图集数据集中的每个地区,我们列出了观测数据数目、残差均值和校正前后的标准偏差(表中标识为均值校正和标准差校正)、关联地区及相应的 t 检验能力。

在收集的数据集上比较了我们的全球关系和以前 Atkinson 和 Kaka(2007)及 Worden 等(2012)的地震动—烈度转换方程研究结果。表 6 列出了 3 个地区的三种方法和地图集数据集数据的残差(预测值 − 观测值)均值和标准偏差。图 12 把地图集数据集的残差显示为 lgPGV、震源距和震级的函数,说明了不同校正项的贡献。在我们的研究中,校正项是上述的区域校正;对 Atkinson 与 Kaka(2007)及 Worden 等(2012)的研究,校正是这些研究导出的距离和震级项。

表6　最近研究的对比

参数	数据集	加利福尼亚州	意大利	希腊	地图集
PGV	本研究	0.6 ± 0.7	-0.5 ± 0.8	0.1 ± 0.6	0.0 ± 0.7
	AK07	0.6 ± 0.6	-0.7 ± 0.8	-0.3 ± 0.6	-0.1 ± 0.7
	Wo12	0.0 ± 0.6	-1.2 ± 0.8	-0.7 ± 0.6	-0.6 ± 0.7
PGA	本研究	0.6 ± 0.7	-0.3 ± 0.9	0.0 ± 0.8	0.0 ± 1.0
	AK07	0.3 ± 0.7	-0.8 ± 0.9	-0.6 ± 0.8	0.0 ± 1.0
	Wo12	0.0 ± 0.7	-1.1 ± 0.9	-0.8 ± 0.8	-0.6 ± 0.9

注：我们对比了由本研究、Atkinson 和 Kaka(2007；AK07)及 Worden 等(2012；Wo12)在全球和地图集数据集上获得的均值和残差(预测值－观测值)的标准偏差。本研究对加利福尼亚州、希腊和意大利地区的平均残差也构成了获得并于表4的区域校正。

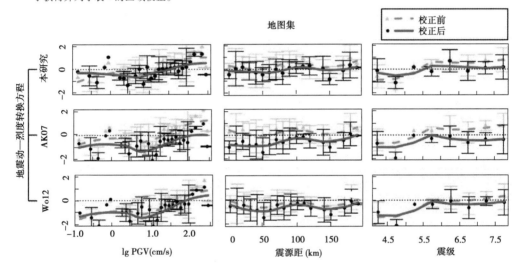

图12　本研究、Atkinson 和 Kaka（2007；AK07）及 Worden 等(2012；Wo12)
导出的地震动—烈度转换方程对 PGV 的烈度残差(预测值－观测值)

(三角显示了应用每个研究中定义的校正项之前的结果,圆圈包含了这些校正的影响。
虚线和实线表达了对相关数据点的 LOESS 拟合,说明了最终估计中校正因子的贡献)

我们在完全独立的数据集上测试了这三个关系,以估计当输出到其他数据时这些校正项的实际行为如何。从图12可以看到,当用到独立数据时,Atkinson 和 Kaka（2007）及 Worden 等(2012)的残差校正的行为不如预期。实际上,三种情况的两种(残差对 PGV 和残差对距离),校正了的关系比未校正的关系的表现更差,而本研究导出的校正显示出了所有三种表达预测中的改善。

尽管 Atkinson 和 Kaka 发现了距离和震级校正消除了区域差异,对这些独立数据,我们应用同样的校正表明,通过拟合残差得到的校正项仅部分地解决了区域性的差异。我们的分析表明,在减少残差不确定性方面,区域化比震级和距离校正更好。对我们来说,区域化似乎是在物理上更为合理的方法,因为区域差异是可以预料到的,也应该在我们研究的数据中有明显的显示。

4 结论与讨论

可以使用全球可逆地震动—烈度/烈度—地震动转换方程来丰富低地震活动或低地震传感器密度地区的地震烈度和峰值地震动数据集。它还可以用于历史烈度目录,把烈度观测数据转换成地震动,反之亦然,确保结果的互易性。

我们的研究表明,烈度和峰值地震动之间关系的区域依赖不容忽视。我们重点关注烈度和 PGV(与 PGA)之间的关系,且我们说明了用于解决区域依赖的震级和距离项在更通用背景下怎样没有获得预期结果。基于现有数据,对 3 个地区我们获得了三种不同的关系,还获得了一个全球的关系,通过使用特定地区残差项,根据全球关系可以再生区域行为。然后,我们用其他地区更小独立数据集测试了我们的全球关系,发现了在不确定性范围内结果的良好一致性。

按照 Faenza 和 Michelini(2010)及 Worden 等(2012)的做法,我们选择了允许两变量(PGM 和烈度)存在不确定性的正交回归,建立了可逆关系。通过初步分析,我们测试了是单线性还是双线性关系更适合数据。对全球数据集,双线性关系是必要的。我们的全球关系在 1 倍标准差内与上述研究结果一致。

正如已经确认的那样,烈度标度的不同可能起作用,Musson 等(2009)强调指出,目前尚没有深入研究不同标度比较的文献,而且使用同一标度评定烈度的专家之间的差异可能大于同一专家使用不同标度评定的差异。因此,我们不能量化选定特定标度对最终结果的影响,但定义的校正因子隐含了这种不确定性。烈度评定中不确定性的一个主要源可能反应了人类响应中的变量:人口密度和社会、经济及文化环境可能影响地震动和损坏的描述。此外,在过去几百年可能已经经历了强震动的较高比例的历史建筑(例如,像在意大利发现的那样)可能会影响与它们受损有关的地震动水平,增加它们的易损性。除建筑法规及其遵守(因国而异)外,经常经受地震活动的人们或许对较低烈度的地震动有不同常人的反应。

我们导出了活跃构造区的地震动—烈度转换方程。没有足够的数据说明这地震动—烈度转换方程是否依赖构造环境。然而,作为测试,我们从地图集中选择了一个混合构造数据集以核实我们的地震动—烈度转换方程对不同构造区的行为,发现它在更一般化背景下表现良好。

我们的全球地震动—烈度转换方程对地震动成图应用程序是有用的,它伴随有改善没有足够数据建立特定区域地震动—烈度转换方程的系统行为的区域校正。当选择区域校正因子时,重要的是选择一个最佳拟合研究区域的而不是依靠地理邻区的区域校正因子。通过对比本项研究的结果与 Atkinson 和 Kaka(2007)与 Worden 等(2012)获得地震动—烈度转换方程研究结果及 Allen 等(2012)导出的烈度预测方程,我们发现,所有这些关系一般具有良好的一致性。然而,对于工程应用,如果有可用的区域关系,最好使用区域关系,由于这些区域关系在应用的地区得到了更好的校准。

数据来源

本文使用的所有数据取自于参考文献列出的出版资料。有网站的,像原始论文中清晰的和以前的研究下载数据用过的,我们报告了网站和本文最后的访问时间。加利福尼亚州的数据取自 Worden 等（2012）的文章。"你感觉到了吗"（DFYI）网站 http://earthquake.usgs.gov/dyfi/是可用的（最后的访问时间为 2011 年 9 月）;在网站 http://earthquake.usgs.gov/research/monitoring/anss 上可获取美国地质调查局地震数据目录（最后的访问时间为 2011 年 9 月）;地震动幅值取自网站 http://earthquake.usgs.gov/shakemap（最后的访问时间为 2011 年 9 月）。

美国中东部地区数据（Dangkua 和 Cramer，2011）取自网站 http://earthquake.usgs.gov/dyfi/（最后的访问时间为 2011 年 2 月）。希腊的数据取自网站 www.isesd.cv.ic.ac.uk（最后的访问时间为 2008 年 6 月）。意大利数据由 Licia Faenza 和 Alberto Michelini 提供（意大利国家地球物理与火山研究所）,他们应要求给我们提供了数据。对 Faenza 和 Michelini（2010）的数据集（FM10）,我们整合了给定信息和意大利在线数据库 2011（http://emidius.mi.ingv.it/DBMI11,最后的访问时间为 2013 年 5 月）。

Georgia Cua（ETH Zürich）提供了地震动成图地图集数据,数据应要求提供。

本研究使用的软件由开放源代码编程语言 R（R 项目,http://www.r-project.org/,最后的访问时间为 2013 年 3 月）和用折线关系拟合回归模型的分段包（http://cran.r-project.org/web/packages/segmented/segmented.pdf,最后的访问时间为 2013 年 3 月）研发。一些图形由通用绘图工具绘制（http://www.soest.hawaii.edu/gmt,最后的访问时间为 2013 年 3 月）。

译自:Bull Seismol Soc Am. 2015, 105(3):1076-1090

原题:Ground Motion to Intensity Conversion Equations（GMICEs）:A Global Relationship and Evaluation of Regional Dependency

杨国栋　译

确定用于地壳放大计算的通用速度和密度模型，Boore 与 Joyner(1997)通用场地放大的 $\bar{v}_S(Z) = 760 \text{ m/s}$ 更新

David M. Boore

摘要：本文包含关于推导用于计算通用地壳放大的深度依赖速度和密度模型的两项贡献。第一项贡献是由两个速度剖面插值获取具有到深度 Z 指定时间平均剪切波速 $\bar{v}(Z)$ 值的第三个剖面(如，对 $Z=30$ m 的剪切波速 v_S，$\bar{v}_S(Z) = 760$ m/s，其中，加下标 S 表示均值为剪切波速)的方法。第二项贡献是由 v_S 获取密度的方法。第一项贡献是把 Boore 与 Joyner (1997) $\bar{v}_S(30 \text{ m}) = 618$ m/s 的岩石通用 v_S 模型扩展修改成 $\bar{v}_S(30 \text{ m}) = 760$ m/s 的更通用模型。然后使用这个新模型和由第二项贡献获得的密度计算 $\bar{v}_S(30 \text{ m}) = 760$ m/s 的场地通用的地壳放大。

引言

虽然 Boore 与 Joyner (1997；此后称为 BJ97) $\bar{v}_S(30 \text{ m}) = 618$ m/s 的岩石通用速度模型被广泛应用于计算地壳放大，但人们还是需要具有 $\bar{v}_S(30 \text{ m}) = 760$ m/s 的剪切速度模型，因为 $\bar{v}_S(30 \text{ m}) = 760$ m/s 是很多应用程序和研究(例如，美国地质调查局国家地震危险图；Peterson 等，2014)中应用的参考场地条件。因为 618 m/s 和 760 m/s 之间的差异很小，我们决定使用 BJ97 岩石通用和坚硬岩石通用速度模型的插值来获取指望的速度模型，把它称为 BJ97gr760。这个插值方法以前没有发表过。此外，计算地壳放大需要随深度变化的密度模型。本文表述了如何修改 Boore 与 Joyner (1997)使用的方法来根据 v_S 获取密度。我们使用插值方法和密度—v_S 关系获取了 BJ97gr760 模型的地壳放大。

1 由两个速度模型插值获取指定 $\bar{v}_S(Z)$ 的模型

我们采用了 Cotton 等 (2006)由两个模型插值获取具有到指定深度 Z 特定时间平均剪切波速的第三个模型的思路，但做了修改以保证平均剪切波速的场地条件得到满足。到任意深度 Z 的时间平均剪切波速由下式定义：

$$\bar{v}(Z) = Z / \int_0^Z \frac{1}{v(\xi)} d\xi \tag{1}$$

式中，上横线表示平均值。在 $\bar{v}$ 上没有放置表示 v_S 的下标 S，因为这个公式对于其他类型的速度剖面也是成立的。为简单起见，在后面的方程中我们使用了式(1)中表示直到深度 Z 的平均剪切波速的记号；常用记号 v_{S30} (例如，Ancheta 等，2014)等价于 $\bar{v}(30 \text{ m})$，其中，式(1)里积分中的速度函数为 v_S，是从地表到 30 m 的均值。

像 Brown 等 (2002)与 Boore 和 Thompson (2007)讨论的那样，在场地响应中使用慢度很方便，它与地震速度相比具有若干优点。慢度和速度通过下式彼此相关：

$$S(Z) = \frac{1}{v(Z)} \tag{2}$$

根据慢度,式(1)等价于

$$\bar{S}(Z) = \frac{1}{Z}\int_0^Z S(\xi)\,\mathrm{d}\xi \tag{3}$$

和

$$\bar{v}(Z) = \frac{1}{\bar{S}(Z)} \tag{4}$$

现在假设有两个慢度模型 $S_1(Z)$ 和 $S_2(Z)$,使用下列方程:

$$S(Z) = (1 - \beta)S_1(Z) + \beta S_2(Z) \tag{5}$$

由这两个剖面的线性组合获取第三个剖面。通过要求到深度 Z 的平均慢度 $\bar{S}(Z)$ 等于所需要的值 $\bar{S}_D$,我们可以获取系数 β。在这种情况下,结合式(3)和式(5)得到:

$$\bar{S}_D = (1 - \beta)\bar{S}_1(Z) + \beta\bar{S}_2(Z) \tag{6}$$

对 β 求解得:

$$\beta = \frac{\bar{S}_D - \bar{S}_1(Z)}{\bar{S}_2(Z) - \bar{S}_1(Z)} \tag{7}$$

$S(Z)$ 可以取深度 Z 以下的任意值,而不影响 $\bar{S}(Z) = \bar{S}_D$ 的约束条件。最简单的假设是式(5)可以用于大于 Z 的所有深度。因为 $S(Z)$ 通常随深度增加而变小,且其对场地放大的影响相对浅处也成比例减小,所以较深处的慢度剖面差异也不及浅处的显著。

上述方法不同于 Cotton 等(2006)的方法,因为他们的插值使用速度的对数,而且用锚定深度之间深度的速度幂律函数对锚定深度小子集应用插值。

2 由剪切波速度获取密度

场地放大计算需要随深度变化的速度和密度。虽然速度模型通常是指定的,但很少给出密度模型。我在这里给出一种由 v_S 获取密度的方法。该方法由 BJ97(并用于了我对 Frankel 等做的计算,1996)中式(3)给出的一个方法发展而成,其最小密度为 2.5 g/cm³。我意识到这个值太高了,在我网站上未发表的短文中,我修改了这个方法,结果得到最小密度为 1.93 g/cm³。看了最近收集的速度数据和密度数据后,我又做了一次修改,得到的最小密度为 1.0 g/cm³。这个方法严重依赖于 Brocher (2005)总结的密度和地震波速之间以及压缩波速 v_P 和 v_S 之间的几种关系。然而,这些关系仅对 $v_P > 1.5$ km/s 和 $v_S \geqslant 0.3$ km/s 有效。在看了 P. Anbazhagan(书面通信,2014 和 2015)、P. Anbazhagan 等(未发表的手稿, 2015)、Inazaki (2006)和 P. Mayne(特别是, Mayne, 2001;Mayne 等, 2002)的一些出版物的低 v_S 值数据集之后,我调整了 Mayne 等(1999)使用的函数系数,这样实现了对数据的合理主观拟合,这函数平滑地连接了 Brocher (2005) $v_S > 0.30$ km/s 的关系。在这里我总结了由 v_S 获取密度的方法(更多的细节在数据来源部分引用的未发表的短文中)。速度的单位是 km/s,密度的单位是 g/cm³(Brocher,2005,式(9))。

对 $v_S < 0.30$ km/s:

$$\rho = 1 + \frac{1.53v_S^{0.85}}{0.35 + 1.889v_S^{1.7}} \qquad (8)$$

对 0.30 km/s < v_S < 3.55 km/s:

$$\rho = 1.74v_P^{0.25} \qquad (9)$$

式中

$$v_P = 0.940\,9 + 2.094\,7v_S - 0.820\,6v_S^2 + 0.268\,3v_S^3 - 0.025\,1v_S^4 \qquad (10)$$

对 $v_S \geqslant 3.55$ km/s:

$$\rho = 1.661\,2v_P - 0.472\,1v_P^2 + 0.067\,1v_P^3 - 0.004\,3v_P^4 + 0.000\,106v_P^5 \qquad (11)$$

(Brocher,2005,式(1))。式中的 v_P 由给出 v_S 的式(10)获得。

图 1 示出了由上述方法获得的叠加在 Mayne(2001;也见 Mayne 等,2002)一些测量值上的密度和 v_S 之间的关系曲线。假设方差相同,图 1 中示出的关于曲线的数据残差的标准偏差为 0.13 g/cm³(注意根据考虑的深度范围,我对深度和速度分别使用了 km 与 m 和 km/s 与 m/s 的单位)。

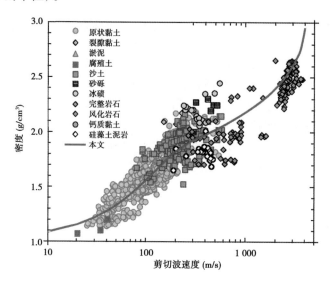

图 1 本文提出的密度和剪切波速度(v_S)

之间的关系与 Mayne(2001;Mayne 等,2002)的数据的比较

(较高波速曲线的建立使用了比这里示出的数据更多;
见 Gardner 等(1974)和 Brocher(2005)的文章)

3 插值方法和速度—密度关系的应用:BJ97gr760 速度模型的地壳放大

我使用上述方法获得了 BJ97gr760 速度模型和相应的密度。BJ97gr760 模型由岩石通用(BJ97gr)和坚硬岩石通用(BJ97gvhr)模型导出。图 2 示出了这些模型及其 $\bar{v}_S$(30 m)值。表 1 中给出了 BJ97gr760 摧毁版的速度和相应密度。这个模型的 $\bar{v}_S$(30 m) = 759 m/s(和未摧毁版的为 760 m/s,见表 1)。相比之下,Cotton 等(2006)使用 1 m 和 30 m 的锚定深度,他们的方法给出了 $\bar{v}_S$(30 m) = 706 m/s。如果锚定深度是以 1 m 为增量,他们给出 $\bar{v}_S$(30 m) = 764 m/s。

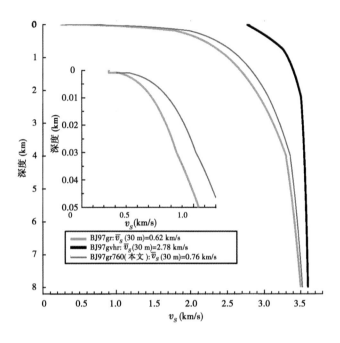

图 2　Boore 与 Joyner（1997；BJ97）岩石通用（BJ97gr）和坚硬岩石通用
（BJ97gvhr）模型随深度变化的 v_S 和这两个模型的插值结果
（BJ97gr760）$\bar{v}_S$（30 m）= 0.76 km/s

仿照 BJ97，使用 BJ97gr760 模型的平方根阻抗方法（Boore，2013），我计算了相对于密度和 v_S 分别为 2.72 g/cm³ 和 3.5 km/s 的材料的 $\bar{v}_S$（30 m）= 760 m/s 的场地地壳放大，表 1 中给出了相关密度。表 2 中给出了结果，图 3 中画出了结果曲线以及 BJ97gr 速度模型的放大曲线（和由本文给出方法获得的密度）。像通常使用平方根阻抗方法（Boore，2013）计算放大一样，通过把算符 exp（ $-\pi\kappa_0 f$）用于平方根阻抗放大并入衰减，其中 f 是频率，κ_0 是衰减参数。图 3 示出了很宽 κ_0 范围的所得结果。

用于推导放大中使用密度均值曲线附近密度的变化性引入了放大不确定性。为了估计这种密度不确定性的影响，我做了模拟研究，在模拟研究中，对根据标准偏差为 0.13 g/cm³（图 1 中显示的数据值）、均值为对每个频率放大计算中使用值的正态分布选取的一些密度，我计算了放大。图 3 中的灰色带显示了 95% 的置信区间。显然，密度—速度关系中的变化性仅引入了放大计算中小的不确定性。因为我在考虑一个特定速度剖面，所以不存在速度模型引起的不确定性；Campbell 与 Boore（2016）的文章介绍了速度模型引起的放大变化性的一些概念，他们示出了 $\bar{v}_S$（30 m）= 760 m/s 的一些模型的放大。

表 1　本文导出的 BJ97gr760 的剪切波速模型和相关的密度模型

Z(km)	v_S(km/s)	密度(g/cm³)
0.001	0.314	1.934
0.001	0.427	1.989
0.002	0.512	2.024
0.003	0.569	2.046
0.005	0.649	2.075
0.008	0.731	2.103
0.011	0.793	2.122
0.014	0.843	2.136
0.018	0.898	2.152
0.022	0.944	2.164
0.030	1.020	2.184
0.044	1.176	2.222
0.064	1.348	2.260
0.082	1.474	2.287
0.102	1.594	2.312
0.126	1.718	2.338
0.150	1.826	2.360
0.190	1.984	2.392
0.250	2.080	2.412
0.300	2.147	2.426
0.450	2.308	2.459
0.550	2.393	2.477
0.650	2.467	2.493
0.800	2.561	2.513
0.900	2.614	2.524
1.000	2.663	2.535
1.450	2.839	2.573
2.050	3.014	2.612
2.400	3.094	2.629
2.850	3.180	2.648
3.400	3.271	2.668
4.000	3.357	2.687
5.200	3.418	2.701
6.650	3.478	2.714
7.850	3.519	2.723

注:连续剖面由链接列表数值的线段表达。BJ97gr760 模型由 BJ97gr 模型和 BJ97gvhr 模型的插值导出,BJ97gr 模型和 BJ97gvhr 模型 30 m 内的采样间隔为 1 m,在更大的深度,加大采样间隔,总共有 759 个深度点。本表中的模型是仅用了 36 个深度点的 BJ97gr760 模型的摧毁版。BJ97gr760 模型和本表所给模型的 $\bar{v}_S$(30 m)值分别为 760 m/s 和 759 m/s。

表 2　没有衰减($\kappa_0 = 0.0$ s)的地壳放大模型

频率(Hz)	BJ97gr760 模型
0.010	1.00
0.015	1.01
0.021	1.02
0.031	1.02
0.045	1.04
0.065	1.06
0.095	1.09
0.138	1.13
0.200	1.18
0.291	1.25
0.423	1.32
0.615	1.41
0.894	1.51
1.301	1.64
1.892	1.80
2.751	1.99
4.000	2.18
5.817	2.38
8.459	2.56
12.301	2.75
17.889	2.95
26.014	3.17
37.830	3.42
55.012	3.68
80.000	3.96

注:表 1 所给密度和速度(v_S)模型的地壳放大,它是相对于速度和密度分别为 3.5 km/s 和 2.72 g/cm^3 的模型的。

4　讨论和结论

　　这里给出的由两个速度模型插值获取速度模型和由 v_S 获取密度的方法是未发表短文给出的方法更新。因此,本文的贡献使一些研究中使用的材料得以正式发表。此外,我给出 BJ97gr760 放大来替代广泛应用的 BJ97gr 放大(像 Boore 和 Thompson(2015)的表 4

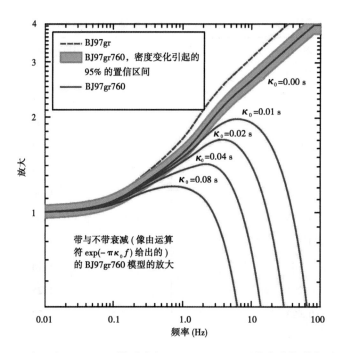

图 3 表 1 中 BJ97gr760 模型放大和 $\exp(-\pi\kappa_0 f)$ 所给衰减的联合影响

（$\kappa_0 = 0$ 曲线周围的阴影带表示密度—速度关系中不确定性产生的置信区间（见正文）。

作为比较，虚线是使用由本文方法计算密度的 BJ97gr 速度模型的放大。

本图与 Boore 和 Joyner（1997）文章中的图 8 等价）

给出的那样）。

数据来源

本文图件由 CoPlot（www. cohort. com，最后的访问时间是 2015 年 10 月）绘制。用于模拟的场地放大程序最新版本是 SMSIM 软件包的一部分，由 onhttp：//www. daveboore. com（最后的访问时间是 2015 年 10 月）的在线软件链接可以获得 SMSIM 软件包。daves_notes_on_interpolating_two_given_velocity_profiles_to_obtain_a_velocity_profile_with_specified_vz. v2. 0. pdf 中含有关于获得指定 $\bar{v}(Z)$ 的第三个剖面的两个速度剖面的插值的更多讨论，daves_notes_on_relating_density_to_velocity_v3. 0. pdf 中给出了密度和速度之间关系的更多信息，这二者都可由网站 http：//www. daveboore. com/daves_notes. html（最新访问时间是 2015 年 10 月）获得。P. Anbazhagan、U. Anjali、S. Moustafa 与 N. Al-Arifi 的未发表手稿已被投稿到地球物理与工程杂志。

译自：Bull Seismol Soc Am. 2016，106（1）：313-317

原题：Determining Generic Velocity and Density Models for Crustal Amplification Calculations，with an Update of the Boore and Joyner（1997）Generic Site Amplification for $\bar{v}_S(Z) = 760$ m/s

杨国栋　译

使用伊朗地震 P 波快速估计震级和震中距

Reza Heidar

摘要: P 波到达后几秒内震级和震中距的可靠估计对地震早期预警系统非常重要。本项目旨在研究 P 波初始部分包络线和具有伊朗构造条件的地震震中距与震级之间的关系。为此,我们选取了矩震级小于 7.8 与震中距小于 150 km 的 17 个地震的波形记录。使用最小二乘法以形为 $y = Bt\exp(-At)$ 的简单函数拟合时窗为 2 s、3 s、4 s 和 5 s 的波形包络线的初始部分,这样设计简单地保持了每个时刻的过去最大振幅。为标度震级和震中距,我们获得了参数 A 和 B。结果表明, $-\lg A$ 和 $\lg B$ 成正比,其中 Δ 表示震中距。所有时窗的震中距标度关系表明了 $\lg\Delta$ 的标准偏差在 ±0.16 km 和 ±0.17 km 之间。与日本气象厅早期预警系统中采用的关系相比,结果表明了不同的斜率和截距,这可能是由这两个地区的构造结构和震源特征的差异造成的。对震中距小于 50 km 的记录还重复了同样的做法。结果表明,4 个时窗的标准偏差较小,介于 ±0.13 km 和 ±0.14 km 之间。考虑到伊朗包括德黑兰在内的很多人口稠密地区的危险断层情况,建议采用获得的震中距小于 50 km 的关系。而且,当前的研究表达了 P 波到达 3 s 之内具有 P_{max} 和 AP_{max} 震级的双震中距依赖关系,标准偏差分别为 ±0.42 和 ±0.46 震级单位。

引言

使用地震早期预警系统(EEWSs)可以检测破坏性地震的初始信号和发布即将到来的强震动警告。因此,这些系统具有减轻包括基础设施破坏和人员伤亡在内的破坏性影响的潜力。地震早期预警系统的关键是震源参数的相对快速、稳健估计。事实上,早期预警系统应该在 P 波到达后的几秒内估计出震级和震中距,并对可能遭受毁灭性波动的地区给出警告信号。日本应用的制动高速列车的第一个早期预警系统(EWS)被称为应急地震检测和报警系统(UrEDAS)(Bito 和 Nakamura,1986;Nakamura,1988)。在应急地震检测和报警系统中,震级是 P 波初至部分频率成分首要估计的基础(主要时段 τ_P^{max},Allen 和 Kanamori,2003)。接下来,由随震级、震中距离和 P 波峰值振幅而变化的经验关系确定震中距(Bito 和 Nakamura,1986;Nakamura,1988;Odaka 等,2003)。

Odaka 等(2003)提出了称为 $B-\Delta$ 方法的另一种方法使用 P 波初至振幅的函数公式估计地震震中距。这种方法被用于日本气象厅(JMA)的第一个预警系统(Kamigaichi,2004;Kamigaichi 等,2009),并产生了可接受的结果。2007 年以来,日本气象厅就一直负责破坏性地震的快速识别并在日本发布警告(Kamigaichi 等,2009)。

近年来,德黑兰减灾管理组织(TDMMO)与日本国际合作机构(JICA)合作做了很多努力来运用类似于像墨西哥、日本、中国台湾和美国这些国家和地区的早期预警系统(Espinosa Aranda 等,1995;Wu 等,1998;Wu 和 Teng,2002;Allen 和 Kanamori,2003;Erdik 等,2003;Odaka 等,2003;Boese 等,2004;Kamigaichi,2004;Nakamura,2004;Horiuchi 等,2005;Wu 和 Kanamori,2005a)。德黑兰位于伊朗北部和中阿尔伯兹山脉南

部,由于活动断裂,即 Mosha 断裂、North Tehran 断裂和 South/North Rey 断裂,以具有高地震可能性而出名。这试验性预警系统 TDMMO 到了试验测试的最后阶段。发生大地震的高概率和德黑兰中强地震波形的缺乏成为在这个城市应用地震早期预警系统的主要障碍。在易于遭受大地震的其他伊朗城市像大不里士、巴姆、马什哈德、博鲁杰尔德、布什尔等,也可能看到这种问题。因为在德黑兰的早期预警系统中已经使用了 $B-\Delta$ 方法,所以,日本气象厅建立的关系为:

$$\lg\Delta = -0.498\lg B + 1.965 \tag{1}$$

式(1)被用于震中距的快速估计(Noda 等,2012),式中 B 表示 P 波振幅最初几秒包络线(Gal/s)的斜率,Δ 表示震中距(km)。在本研究中,我们使用发生在伊朗的地震 P 波初始部分包络线研究震中距和震级标度关系。

1 数据库

在本研究中,我们测试了震级在 $4.0 < M < 7.8$ 内的 17 个地震的 440 多个加速度波形。本研究中使用的数据取自于与建设和房地产研究中心有关的伊朗加速度台网(见数据来源部分),伊朗加速度台网使用采样率为每秒 200 的 250 多个数字型三分向加速度计(SSA – 2)记录数据。我们使用了峰值地震动为 10 ~ 400 Gal 的各个数据的垂直分量。我们在 P 波振幅清晰震中距为 8 ~ 150 km 的数据中选取了这些记录。记录的信噪比(SNRs)很高,我们舍弃了 $SNR < 3$ 的波形。表 1 给出了这些地震的技术参数。

表 1　本研究使用的地震

地震	日期(年-月-日)	时间(UIC)(时:分:秒)	纬度(°)	经度(°)	M_w
Avaj	2002-06-22	02:58:20	35.36	48.93	6.5
Barn	2003-12-26	01:56:56	29.00	58.33	6.6
Kajoor	2004-05-28	12:38:44	36.30	51.56	6.3
Kahak	2007-06-18	14:29:50	34.54	50.95	5.5
Rigan	2011-01-27	08:38:28	28.15	59.00	6.2
Ahar	2012-08-11	12:23:15	38.55	46.87	6.4
—	2012-08-11	12:30:32	38.41	46.78	5.0
Varzaghan	2012-08-11	12:34:34	38.45	46.75	6.2
—	2012-08-11	12:44:38	38.44	46.70	4.0
—	2012-08-11	12:49:15	38.39	46.69	4.6
—	2012-08-11	13:14:05	38.40	46.65	4.4
—	2012-08-11	15:21:14	38.42	46.80	4.7
—	2012-08-11	15:43:19	38.46	46.73	5.0
—	2012-08-11	19:52:44	38.46	46.83	4.4
—	2012-08-11	22:24:02	38.43	46.75	5.1
Shonbeh	2013-04-09	11:52:50	28.46	51.62	6.4
Gosht	2013-04-16	10:44:20	28.24	61.14	7.7

注:M_w,美国地质调查局报告给出的矩震级(USGS,见数据来源部分)。

2 B-Δ 方法

在日本气象厅的 EWS 中采用了 Odaka 等（2003）引进的方法,这种方法使用 P 波前几秒振幅增加的一个模拟函数能够提供适当的震级和震中距估计。这种方法假定,相对于后面到来的 S 波和面波,P 波初至振幅很小,但含有即将到来的强波的非常重要的信息;与估计震级和震中距的其他方法相似(例如,Wu 和 Kanamori,2005a,2005b)。虽然地震波初始阶段(约前 3 s)的振幅行为可以随震源的很多因素(像方向性)和波传播环境而变化,Odaka 等（2003）的研究结果表明,这些初至振幅包络线的斜率和震中距良好相关。因此,Odaka 等(2003)定义了函数 $y = Bt\exp(-At)$,用它拟合前几秒波形的观测振幅。使用最小二乘法确定参数 A 和 B。在这个函数中,t 表示到达时间,B 表示 P 波初始部分的斜率。Odaka 等(2003)的结果表明,$\lg\Delta$ 和 $\lg B$ 之间存在不依赖震级的适当线性关系。对于参数 A 的正值,B/Ae 等于最高振幅;在 P 波到达之后振幅迅速增加而又立即减小的小地震中观察到了这种现象。这里的 e 是自然对数的底。然而,当 A 为负值时,振幅随时间呈指数增加;在大地震期间,人们观察到了这种现象(Odaka 等,2003)。尽管此函数似乎相对简单,但由各个函数提取的参数 A 和 B 意义重大,显示了关于震源的重要信息。

3 参数 B 的求取

根据 Odaka 等(2003)提出的方法,执行下列流程,由伊朗地震波形(见表 1)提取参数 A 和 B。

首先,把相应波形去趋势和滤波以提高 SNR,然后仔细确定 P 波到时。与 Noda 等(2012)的做法类似,对加速度波形进行 10~20 Hz 的带通滤波。考虑到在伊朗大部分地区没有适当的速度模型,我们手工确定 P 波到时。$y = Bt\exp(-At)$ 的函数形式表明,P 波的触发是很敏感的,P 波触发的小误差可能导致 A 和 B 参数估计中的显著误差(见图 1)。接下来测量波形绝对值的对数。为了避免对数计算期间的 0 振幅,把小的噪声加到了较小振幅上。最后,选取 P 波初至部分的 2 s、3 s、4 s 和 5 s 的时窗,用函数 $y = Bt\exp(-At)$ 对它们进行拟合。为此,这个函数的对数是作为 $\ln y = \ln(Bt) - At$ 使用的。这样,使用最小二乘法可以容易地计算参数 A 和 $\ln B$。图 1 表明了这种流程在选择波形上的例子。

图 2 给出了 3 个时窗的 B 参数值。很明显,在所有时窗的这个参数的多数值之间存在适当的线性一致性。因此,一些受到 S 波干扰的 P 波波形对 B 值的精度没有大影响。而且,3 s 的时窗对估计所研究地震的震中距和震级范围已经足够了。

4 震中距的估计

提取 A 和 B 参数后,我们画出了地震波形 4 个时窗的震中距的对数值与 B 值的对数的关系(图 3 中的灰色圆圈),并使用最小二乘法获得了最佳拟合线。为比较这些结果,我们还给出了 Noda 等(2012)使用的关系。由图 3 可以推断,伊朗数据的 $\lg\Delta$ 和 $\lg B$ 之间存在适当的线性关系。由于两个地区的构造差异,这种线性关系具有比在日本应用的关

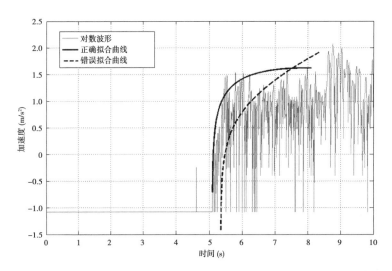

图1 选择的伊朗西北部震级为 6.2、震中距为 35 km 的地震波形绝对值的对数

(实线和点线分别表示 P 波到时被正确和错误触发时函数 $Bt\exp(-At)$ 对振幅包络的拟合。
像在本图中可以看到的那样,P 波的错误触发导致的一些 A 和 B 估计误差)

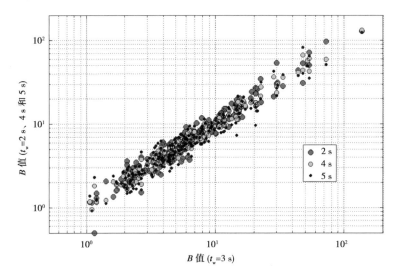

图2 比较 2 s、3 s 和 4 s 时窗内 $\lg B$ 的值(在不同时窗内获得的 $\lg B$ 值
显示出了良好的线性一致性。因此,3 s 的时窗被认为在时间上能够连续估计震中距)

系更低的斜率。各个时窗的关系如下:

$$\lg\Delta = -0.908\lg B + 2.527 \pm 0.17 \quad t_w = 2\ \text{s} \qquad (2)$$

$$\lg\Delta = -0.908\lg B + 2.518 \pm 0.17 \quad t_w = 3\ \text{s} \qquad (3)$$

$$\lg\Delta = -0.912\lg B + 2.520 \pm 0.16 \quad t_w = 4\ \text{s} \qquad (4)$$

$$\lg\Delta = -0.934\lg B + 2.532 \pm 0.16 \quad t_w = 5\ \text{s} \qquad (5)$$

式中:t_w 为以 s 为单位的时窗宽度。

为了研究上述关系的误差,我们计算了所有波形的 $|\Delta_{est} - \Delta_{obs}|$ 残差。图 4(a)示出了在式(2)~式(5)震中距估计中的累积误差函数。如图 4(a)所示,仅 35% 的波形的震中

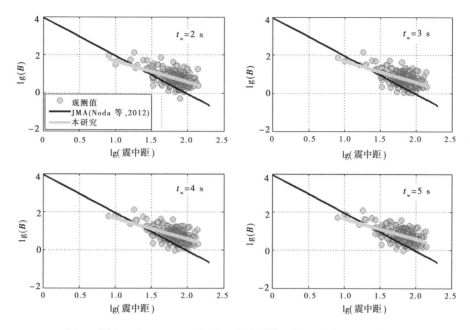

图 3 震中距小于 150 km 记录研究地震的 B 值和震中距之间的关系

(灰色圆圈表示 B 值,灰色直线表示 lgΔ 和 lgB 之间的线性关系,

黑色直线表示日本气象厅的早期报警系统中使用的线性关系(Noda 等,2012)。

这两个关系的斜率和截距之间的差异由伊朗和日本的构造差异造成)

距估计误差小于 ±20 km 。因此,用式(2)~式(5)中给出的相应关系可以估计震中距,lgΔ 的标准偏差的量级在 ±0.16 km 和 ±0.17 km 之间。较长时窗误差的小幅增加是因为一些 P 波记录的初至振幅受到了 S 波干扰。

考虑到德黑兰的活动断层分布接近城市中心,对震中距小于 50 km 的地震记录,执行 2 次上述流程。图 5 给出了如下结果:

$$\lg\Delta = -0.678\lg B + 2.281 \pm 0.14 \quad t_w = 2 \text{ s} \tag{6}$$

$$\lg\Delta = -0.656\lg B + 2.240 \pm 0.13 \quad t_w = 3 \text{ s} \tag{7}$$

$$\lg\Delta = -0.638\lg B + 2.212 \pm 0.13 \quad t_w = 4 \text{ s} \tag{8}$$

$$\lg\Delta = -0.631\lg B + 2.189 \pm 0.13 \quad t_w = 5 \text{ s} \tag{9}$$

这些获得的方程可以用于实现试验性德黑兰早期预警系统,以对 50 km 范围内台站提供震中距的快速稳健估计,lgΔ 的标准偏差小于 ±0.14 km 。图 4(b)示出了上述方程震中距估计中的累积残差函数。如图 4(b)所示,90% 的波形的震中距估计误差小于 ±20 km 。而且,结果显示了与日本气象厅早期预警系统所用关系(Noda 等,2012)的可接受的一致性。

5 震级的估计

借助基于参数 B 估计震中距,人们可以容易地获得随前几秒接受的最大震相振幅和震中距变化的震级估计关系。在现在的研究中,我们选择了式 $M = \alpha\lg P_{\max} + \beta\lg B + \gamma$ 估计震级,式中 $P_{\max}$ 表示 P 波到达后 3 s 内的最大垂直加速度。对地震波形的常数 α、β 和 γ

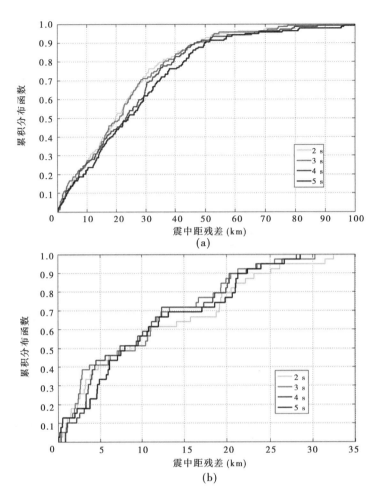

图4 (a)震中距小于150 km不同时窗基于式(2)～式(5)进行震中距估计
的误差概率累积函数;(b)震中距小于50 km不同时窗基于式(6)～式(9)进行
震中距估计的误差概率累积函数

可由最小二乘法确定。

此外,我们选择了$P_{\max}$随对A^{-1}归一化的函数而变化的另一个快速估计震级的关系$M = \alpha\lg(AP_{\max}) + \beta\lg B + \gamma$。$A^{-1}$的值示出了曲线$Bt\exp(-At)$达到它的初始值的$\mathrm{e}^{-1}$所需要的时间。结果显示了如下两种关系:

$$\begin{cases} M = 1.116\lg P_{\max} - 1.102\lg B + 5.837 \\ \delta = \pm 0.42 \end{cases} \tag{10}$$

和

$$\begin{cases} M = -0.122\lg(AP_{\max}) - 0.190\lg B + 6.407 \\ \delta = \pm 0.46 \end{cases} \tag{11}$$

式中:δ为标准偏差。

图6(a)说明了观测震级与估计震级之差绝对值$|M_{\mathrm{est}} - M_{\mathrm{obs}}|$的累积分布函数。虽然

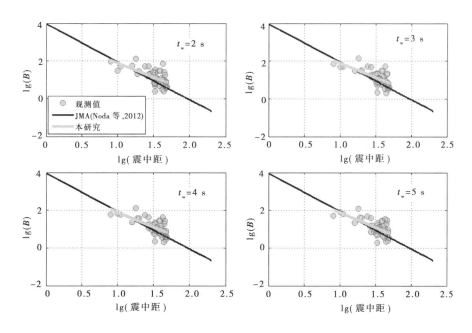

图 5 震中距小于 50 km 记录的 B 值和在研地震震中距之间的关系

(灰色圆圈示出了 B 值,灰色直线示出了 lgΔ 和 lgB 之间的线性关系,

黑色实线示出了 JMA 的关系(Noda 等,2012)。

在这些震中距中可以观察到伊朗和日本地震线性关系之间存在适当的一致性)

式(10)中的标准偏差比式(11)中的小,但在约 70% 的记录中使用 AP_{max} 方法估计的震级比使用 P_{max} 估计的震级更稳健。我们对矩震级大于 5 的加速度记录进行了另外的研究,以验证式(10)和式(11)引入的所得震级标度关系的可靠性和稳健性。图 6(b)中 $|M_{est} - M_{obs}|$ 的累积分布函数表明,在 90% 多的记录中,AP_{max} 方法可能更精确。考虑到早期预警方面,很明显,根据 P 波到达后 3 s 内的 B、A 和 P_{max} 参数,使用式(11)可以估计地震的大小。然而,应该对覆盖较大震级和震中距范围的更多地震数据做深入研究。

6 结论和讨论

本研究旨在通过分析地震记录初始几秒振幅的上升斜率给出适当关系以估计试验性预警系统 TDMMO 中的地震震级和震中距。1830 年以来,德黑兰没有发生过强震,而且伊朗地震数据中心的公告涵盖的时间不长(如从 1995 年)。这里,由于缺少德黑兰地区的大震仪器波形,我们研究了整个伊朗具有适当加速度波形的 17 个地震的数据。

Odaka 等(2003)使用了形为 $y = Bt\exp(-At)$ 的简单函数,通过这个函数拟合 P 波前 3 s 初至包络线,根据最小二乘法计算参数 A 和 B。他发现,在 lgB 和 lgΔ 之间存在适当的反线性关系,这里 B 是引入函数 y 的斜率。这种关系也可以用于 EWSs 快速估计震中距。本研究根据 Odaka 等(2003)引入的 B-Δ 方法对伊朗地震建立了震级和震中距标度关系。为此,我们对 P 波到达后 2 s、3 s、4 s 和 5 s 的不同时窗确定了 lgB 和 lgΔ 之间的各种回归关系。对这些时窗,我们对 lgΔ 估计震中距标度关系的标准偏差为 ±0.17 km 的量级。对震中距小于 50 km 的记录重复上述流程,我们得到了一些估计震

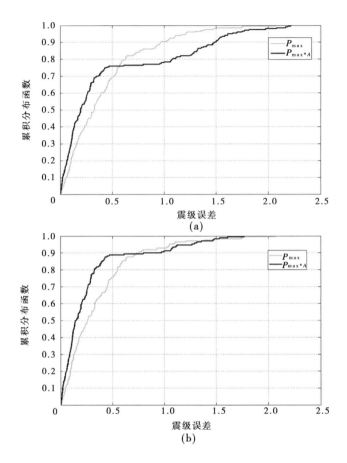

图6 (a)震中距150 km以内3 s时窗根据式(10)和式(11)估计震级中
的误差概率累积函数;(b)震级大于M_w5的估计震级中误差概率累积函数

中距的适当关系,lgΔ的标准偏差约为±0.14 km。对于这个城市附近的断裂分布,我们建议使用通过在德黑兰附近安装更多压缩加速计给出的有可接受精度的关系。因为缺少德黑兰大地震数据,不确定性肯定是不小的。

此外,为建立地震的震级标度关系,我们使用了P波到达的起始3 s内的两个参数P_{max}和AP_{max}。一般来说,根据式(10)和式(11)给出的结果,基于AP_{max}方法估计的震级在70%以上的记录中产生了比P_{max}更精确的结果,它提高到了约90%的5级以上波形记录。因此,相应式(11)提供的标度关系可以用于德黑兰试验性早期预警系统以给出地震震级的快速稳健估计,其标准偏差小于±0.5个震级单位。

一般来说,本研究给出了基于$B-\Delta$方法的在P波到达后任意规定时窗内估计震中距和震级的经验关系(比如3 s)。我们认为,3 s的时窗足以产生这里研究的震级范围的可以接受的结果。然而,对于破裂持续时间超过10 s的大地震,许多研究人员不能认同这样的概念,不能确定P波到达几秒后的地震动能否含有整个破裂过程的所有信息(例如,Iio,1992;Ellsworth和Beroza,1995;Mori和Kanamori,1996;Shibazaki和Matsu'ura,1998;Nakatani等,2000)。例如,Hoshiba等(2011)和Colombelli等(2012,2015)指出,3 s的P波时窗太短,不能用于大地震的早期预警系统。实际上,考虑用于估计标度关系的时窗,首先应该考虑阴影区域(震中附近区域)的半径,在 P 波到达后,这大约是 3.5 km/s。

数据来源

本研究使用的加速度波形和信息取自于伊朗建设与房地产研究中心(BHRC)和美国地质调查局的报告(http://earthquake. usgs. gov, 最后访问时间是 2015 年 1 月)。从 BHRC 网站(http://www. bhrc. ac. ir, 最后访问时间是 2015 年 3 月)上可以获取这些数据。图件使用 Matrix Laboratory(MATLAB v. R2010b; www. mathworks. com/products/, 最后访问时间是 2015 年 3 月)绘制,数据由地震分析程序处理(https://ds. iris. edu/ds/nodes/dmc/software/downloads/sac, 最后访问时间是 2013 年 7 月)。

译自:Bull Seismol Soc Am. 2016,106(1):225-231

原题: Quick Estimation of the Magnitude and Epicentral Distance Using the *P* Wave for Earthquakes in Iran

杨国栋　译

使用欧洲、中国、日本和澳大利亚台阵由反传播投影方法确定的 2015 年 4 月 25 日尼泊尔 M_w 7.8 级地震的短周期能量

Dun Wang   Jim Mori

摘要:我们应用反传播投影分析方法确定了 2015 年尼泊尔地震产生的短周期(0.5~5 s)能量的震源位置和时间。我们使用了欧洲、中国、日本及澳大利亚不同方位的不同台阵的数据,它们通常显示了一致的破裂传播特性。在发震后的 25~55 s 时段内,强短周期能量震源一般分布在震中以东 10~100 km 距离内。前 20 s 破裂速度为约 1.0 km/s,而后剩余的 30~40 s 加速到约 3.0 km/s。短周期能量震源位置接近于断层下倾边缘,它补充了更靠上发生的大断裂滑动区域。尼泊尔地震可能是大断层滑动区域与短周期能量震源区域不一致的另一个实例,这可能和破坏性强地震动有关。

在线材料:使用 4 个不同台阵对尼泊尔地震反传播投影的动画。

引言

沿低角(约10°)主喜马拉雅逆冲断层,也就是印度和欧亚板块的边界,2015 年 4 月 25 日发生了 7.8 级地震(美国地质调查局,USGS)。本次地震是极具破坏性的一个事件,其强震动对建筑物造成了广泛的破坏,致使本地 8 500 多人死亡。因为地震附近强震仪很少,很难定量估计破坏烈度的等级和分布。我们根据远震记录研究短周期能量辐射,并使用这些数据推断强震动的震源区域。

另外,短周期能量辐射提供了不依赖于由低频数据推断的独立信息(如使用远震波形数据确定的破裂过程)。比如,1994 年远东日本三陆近海地震(Nakahara 等,1998)、2010 年智利莫尔地震(例如,Koper 等,2012)和 2011 年日本东北冲电气地震(例如,Honda 等,2011;Koper 等,2011;Meng 等,2011;Wang 和 Mori,2011a;Yagi 等,2012;Kurahashi 和 Irikura,2013;Yao 等,2013;Satriano 等,2014)的短周期能量同大断层位移区域差异很大。另外,其他地震短周期震源显示了和大滑动区域类似的位置(Nakahara,2008)。因此,短周期能量辐射的时空演化可能是理解个体地震破裂动力学复杂性的关键。

这里,我们使用反传播投影方法追踪地震产生的短周期能量震源。这种方法已常用于映射大地震破裂传播(例如,Vallée 等,2008;Honda 和 Aoi,2009;Walker 和 Shearer,2009;Meng 等,2011;Suzuki 和 Yagi,2011;Wang 和 Mori,2011a;Zhang 等,2011;Koper 等,2012;Satriano 等,2012;Yao 等,2012;Kennett 等,2014)。

与台阵方向有关的反传播投影结果可能存在一些偏差,所以使用不同方位的不同地震台网来验证破裂传播的细节。在本研究中,我们使用欧洲、中国、日本和澳大利亚的 4 个独立台阵研究短周期能量破裂图案。澳大利亚的数据还得到了东南亚台站的补充。

1 数据

我们使用了欧洲（由 50 多个网络运营商构成的欧洲联合台阵）、中国（中国地震局运营的中国台阵）、日本（国家地球科学与灾害预防研究所运营的 Hi-net）和澳大利亚 4 个大区域台阵（见图 1）2015 年 4 月 25 日尼泊尔 M_w 7.8 级地震和几个余震记录。表 1 给出了这些台阵的具体信息。欧洲台阵对尼泊尔地震的方位角范围是 300°～340°、中国台阵方位角范围是 35°～77°、日本 Hi-net 的范围是 52°～72°和澳大利亚台阵（包括一些东南亚台站）的范围是 105°～165°。

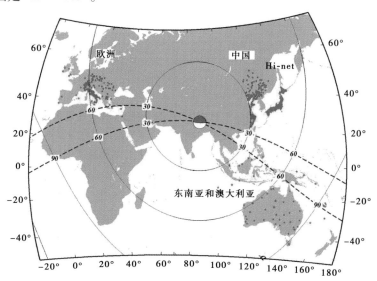

图 1　欧洲区域台阵（左）、中国台阵（中）、日本 Hi-net 台阵（右）和澳大利亚台阵（底）的台站分布图

（震源机制由全球矩心矩张量项目组确定。实线和虚线分别示出了震中距和断面走向）

表 1　本研究使用的 4 个区域台阵的信息

台阵	台站数	到尼泊尔的距离	到尼泊尔的方位	仪器
欧洲台阵	>500(494)	40°～76°	300°～340°	宽带
中国台阵	>800(123)	10°～43°	35°～77°	宽带
日本 Hi-net	>770(729)	38°～50°	52°～72°	1 s 传感器,钻孔
澳大利亚台阵(包括东南亚)	>99(58)	31°～98°	105°～165°	宽带

注:台站数的第一个数为台站总数,括号内的数为反传播投影使用的台站数。

图 2 示出了台站分布和每个数据集的波形,其中 Hi-net 的波形是经仪器校正到和宽带数据相同的频率范围的(Maeda 等,2011)。一个记录台阵内的波形具有良好的相似性,但不同台阵之间的波形存在一些差异,一个台阵内波形的相似性对获得好的结果很重要。如果一个台阵覆盖很大区域(相对宽方位角和大震源距范围),波形开始不同,结果变得较不可靠。具有众多台站也是一个重要因素,所以对选择反传播投影分析中使用的数据,存在区域范围和台站数目之间的权衡。为了确保我们分析中包含数据的波形相似,

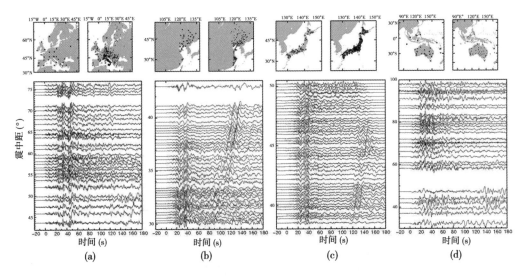

图2　欧洲(a)、中国(b)、日本(c)和澳大利亚(d)台站记录波形
(Hi-net 数据波形已对仪器响应做了校正并转换成了类似于欧洲和中国台阵宽带记录的速度。
记录剖面上边的两张图显示了现有所有台站(右)和在记录剖面画出的选择台站(左))

我们使用了波形相关系数为0.4的阈值。

2　方法

　　我们的反传播投影方法使用对齐的 P 波时窗叠加寻找产生最高叠加振幅的震源位置。在这个算法中,我们使用了像 Wang 与 Mori (2011b)在其文章中详细描述的平方叠加振幅。因为要获得短周期能量辐射的精确振幅估计值,所以我们应用了线性叠加(Xu等,2009)。

　　我们将具有最大叠加振幅的位置推断为那个时窗的震源位置。预测的台站之间的时差(Kennett 和 Engdahl,1991)由 IASP91 地球模型计算。我们首先使用与在每个台阵地理中心记录的模型波形(欧洲台阵的 GR. GRB5,中国台阵的 JL. FST,日本 Hi-net 台阵的N. HMNH 和澳大利亚台阵的 AU. AS31)的互相关对齐滤了波的 P 波(2.0~100 s)的初始10 s,这意味着我们仅使用了相对波初至的时差。因为我们使用了时差,所以对用于计算相对到时的具体地球模型依赖性不强。假设的起始破裂位置固定在美国地质调查局确定的震中(84.731°E, 28.230°N)。反传播投影结果的相对位置对假设震中的依赖性不强(Wang,2013)。也只对随深度而变的(Kiser 和 Ishii,2012)到时差存在轻度依赖,所以我们所有的震源位置使用了 15 km 的固定深度(据美国地质调查局)。对每个时窗,我们使用间距为 15 km 的 50 × 35 个点的网格在震源区域很宽的范围上测试了位置。时窗具有10 s 的持时和 2 s 的偏差。

　　对反传播投影算法,我们着眼于辐射能量的短周期成分,对0.5 s 和5.0 s 之间的数据滤了波。我们试过 0.1 s 和 10 s 之间的几个周期范围。较长的周期需要较长的时窗,且时间分辨率较低。可能因为震源和台站区域的局部结构,对较短的周期,波形之间的相关性变差。这些结果的选择周期范围表达了具有良好波形相关性又具有研究破裂细节足够时间分辨率的带宽。

3 结果

图 3 示出了使用欧洲、中国、日本和澳大利亚台阵对每个时窗确定的震源位置(最高叠加振幅的位置)。正方形的尺度和叠加振幅的平方成正比。根据 4 个台阵确定的较大短周期能量震源的时间和位置结果通常存在良好的相似性:人们可以清晰地看到向东传播,在破裂开始后的 25 ~ 55 s 的时段内,辐射最强短周期能量从震中东边的约 10 km 扩展到 100 km。

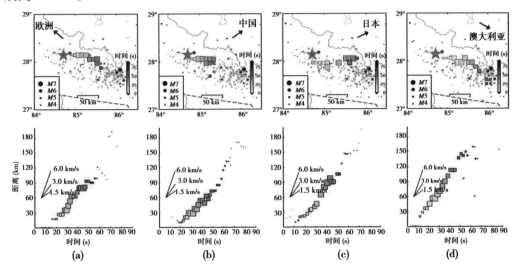

图 3 欧洲(a)、中国 (b)、日本(c)和澳大利亚(d)台阵的反传播投影分析结果

(在地图视图(顶)和时距曲线(底)显示了每个时间步长(2 s)具有最大相关叠加
的时间(正方形的颜色深浅)和振幅(正方形的大小)。这里,距离为重新定位震中的直线距离。
地震图对 0.5 ~ 5.0 s 的短周期范围进行了滤波。圆圈是由美国地质调查局(USGS)确定的余震。
星号表示由美国地质调查局确定的震中)

日本 Hi-net 和澳大利亚台阵的震源比欧洲和中国台阵向东扩展得更远些,这可能是受到了地震台阵的时间和距离之间权衡引起的游泳假象影响,这种游泳假象在反传播投影的结果中时有发生(Xu 等,2009;Koper 等,2012;Meng 等,2012)。不同方位台阵获得的略有不同的震源分布可能反映了沿路径及台站附近的速度结构复杂性。例如,澳大利亚台阵一些能量向东扩展得更远。欧洲台阵在澳大利亚台阵的相反方向,因此推断的破裂长度比由澳大利亚台阵推断的短得多。使用不同方位多台阵是评价反传播投影结果台阵偏差的一种直观方法。

对每个时窗的震源位置,图 3 的下幅显示了震中距随时间的变化。与最高叠加振幅的位置不同,由不同数据集获得的破裂速度显示了良好一致性结果。这 4 个台阵显示了 2.0 ~ 2.2 km/s 的平均破裂速率,此破裂速率大致为当地剪切波速的 57% ~ 63%(Bassin 等,2000)。从细节着眼,人们可由这 4 个台阵看到起初破裂相对缓慢,前 10 ~ 20 s 的破裂传播更慢。后来,随着大振幅高频能量的产生,破裂以约 3.0 km/s 的较快速率扩展。

4 分辨率测试

为了评估来自于不同方位与具有不同台站下方局部结构的台阵的可能位置偏差,我们使用在欧洲、日本和澳大利亚记录的震级从 M_w 6.6 ~ 7.3 的三个余震数据进行了反传播投影,还使用了由主震导出的台站校正(见图4)。使用像用于主震的相同周期范围(0.5 ~ 5.0 s)对波形进行了滤波。

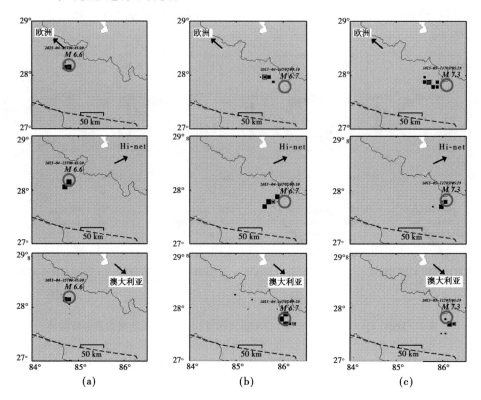

图4 使用由主震对欧洲台阵、Hi-net 台阵和澳大利亚台阵导出
的台站校正的一系列余震(M_w 6.3 ~ 7.3,从(a)到(c))的反传播投影结果

(这些方块是每个时窗的叠加振幅局部最大值,大小和振幅成正比,
空心圆表示美国地质调查局确定的震中)

欧洲台阵似乎存在20 ~ 30 km 向西北的显著偏差。日本 Hi-net 和澳大利亚数据没有显示出大的偏差。考虑到 M_w 6 ~ 7 级地震的有限长度和震中位置的不确定性,我们推断出,我们的反传播投影结果的分辨率是 10 ~ 20 km。

位置测试还表明了依赖于记录台阵方向的差异,这就是所谓的游泳假象。因为欧洲和澳大利亚台阵在相反方向,短周期能量中心的正确位置可能在中间位置。前50 s 两个结果之间的位置差异为10 ~ 30 km(见图3),这就限制了短周期能量辐射源的位置。

5 全球观测

广泛分布的全球台站记录的波形记录剖面可以显示破裂传播和大滑动震源脉冲的位

置(例如,Zhan 等,2014)。我们对在 40°~100°距离上记录的波形对齐了竖向宽带地震速度波形的初至(见图 5(a))。在 0.05~0.2 Hz 对这些数据做了滤波以观看比我们的反传播投影结果更低的频率。从图 5(c)可以看到,低频全球波形由于方向性效应显著不同,这可能使我们得不到反传播投影高分辨率图像。

使用不同方位记录的数据比较全球波形相似性是一种评价反传播投影定位不确定性的定性方法。对前 50~60 s,图 5 中的波形示出了反映破裂向东南传播的方位依赖性。对东南亚和澳大利亚记录的波形,在 P 波到达后的 40~60 s 似乎存在一些显著差异,这可能是由沿射线路径和台站下方的局部结构造成的。

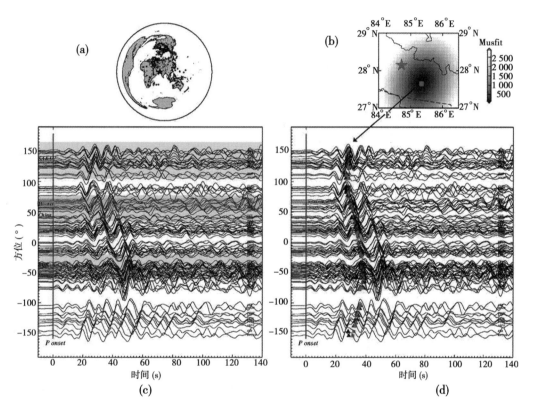

图 5 (a)全球宽带台站(圆点)及震中(星号)位置分布;(b)使用相对定位方法的拾取最大脉冲时间及对应震源震脉冲位置(方块);(c)以 P 波初至对齐和以方位角分类的全球台网 40°~100°震中距范围的竖向宽带地震记录图;半透明方块指示 4 个台阵的方位角范围;(d)黑色三角表示最大脉冲峰值,它约束了被确定类似于大滑动形心的位置((b)中的方块)(Galetzka 等,2015)。方块表示使用确定的脉冲位置的到时

这些波形显示出,前 20~30 s 的振幅小,时差不大,这表明了相对低的破裂速度。而后从 30~60 s,随着大振幅的出现,破裂似乎向东南加速。我们拾取了所有方位清晰可见的最大脉冲的时间,使用相对定位方法确定了震源位置(Wang 和 Mori,2012)。这脉冲的位置在震中东南 79.7 km 处(见图 5(b)),和图 6 示出的低频模型一致。脉冲的时空位置还给出了约 2.5 km/s 的平均滑动扩展速度。在 P 波到达 60 s 时振幅降到了噪声水平。但是有趣的是,在 P 波到达 100 s 前后,出现了一连串的波,这可能是早期的余震或余滑。

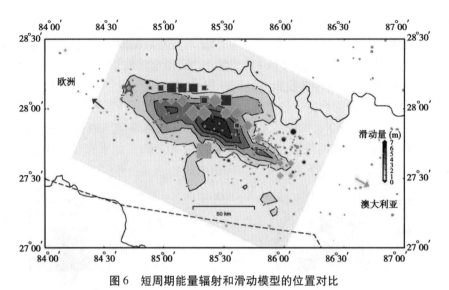

图6 短周期能量辐射和滑动模型的位置对比

（正方形和菱形表示根据两个方向（正方形是欧洲台阵的,菱形是澳大利亚台阵的）
的数据推出的短周期能量辐射震源。星号示出了主震震中。等值线示出了由
全球定位系统（GPS）和合成孔径干涉雷达（InSAR）数据反演的滑动分布模型
（Galetzka 等,2015）。灰色正方形表示使用全球波形由相对定位方法确定的大脉冲位置）

　　我们的反传播投影显示了前20 s约1.0 km/s的缓慢破裂速度和高能量破裂阶段的
约3.0 km/s的速度（20～60 s）,这和全球一般观测结果一致,开始破裂缓慢,而后快速扩
展。然而,高频辐射能量的位置好像和大低频脉冲的位置不同,即使考虑了反传播投影结
果的不确定性,也仍然不同。

6　讨论

　　图6示出了我们的短周期能量辐射位置和由反演全球定位系统（GPS）及合成孔径干
涉雷达（InSAR）数据（Galetzka 等,2015）获得的主要强调断面上静态滑动的滑动分布模
型的对比。这个模型由包括GPS静态位移量的低频数据和InSAR数据的静态位移获得。
低频滑动模型的滑动量分布图案表明了加德满都城市北部和北东部大幅滑动,这也和前
一节描述的大低频脉冲位置一致。不同于大幅滑动的区域,我们的短周期辐射震源似乎
是沿着滑动量相对较小的断面下倾边缘更靠北。我们的短周期能量辐射震源的位置和由
反传播投影全球地震数据获得的相似（Fan 和 Shearer, 2015；Yagi 和 Okuwaki,2015）。

　　对最近发生的其他大地震,像2010年智利莫尔地震和2011年日本东北冲电气地震,
人们也观察到了这样的图案（Honda 等,2011；Koketsu 等, 2011；Koper 等,2011；Lay
等, 2011, 2012；Wang 和 Mori,2011a；Zhang 等, 2011；Huang 等, 2012；Zhan 等, 2012；
Kurahashi 和 Irikura, 2013；Yao 等, 2013；Ye 等, 2013；Yue 和 Lay, 2013）。然而,智利
地震和日本地震之间的差异是这两个例子都显示了频率依赖辐射的巨大深度差异。对尼
泊尔地震,因为断层面近于水平,所以短周期和长周期地震辐射的不同区域都位于大致同
样的深度。由于和开始滑动有关的应力集中（Ide, 2002）和破裂速度的变化（Spudich 和
Frazer, 1984）,人们认为大地震的破裂前缘会产生较高水平的短周期能量。因为这高振

幅短周期能量暴发出现在大幅滑动之前,所以它可能和破裂加速(破裂速度的变化)(Nakahara 等,1999)或大滑动区域的边界有关(Ide,2002)。

前 20 s 破裂以较慢的传播速度(约 1.0 km/s)开始,然后在剩下的 30~40 s,以约 3.0 km/s 快得多的速度扩展。这与 Satriano 与 Hutko 做的其他研究结果(见数据来源部分)一致。使用全球数据的反传播投影表明破裂速度变化很大,但平均破裂速度和我们的结果类似(Fan 和 Shearer,2015)。短周期波形叠加能量和全球宽带波形叠加都显示了初始破裂阶段的小振幅和后来快速扩展阶段的大能量/滑动暴发。对青海玉树地震,人们也观察到了同样的现象(Wang 和 Mori,2012)。玉树地震破裂开始很弱,速度为 2.5 km/s,而后加速到 4.7~5.8 km/s,在玉树镇发生了大幅滑动。因此,我们认为,破裂速度和释放的能量或滑动量之间可能存在联系。快速破裂扩展可能和大滑动的范围有关。

7 结论

我们使用欧洲、中国、日本和澳大利亚 4 个地震台阵分析了 2015 年 4 月 25 日尼泊尔 M_w 7.8 级地震辐射的短周期能量。前 20 s 破裂以约 1.0 km/s 的速度开始,后 30~40 s 破裂以约 3.0 km/s 的较快速度扩展。短周期能量主要来自于向东的破裂传播,靠近俯冲断层下倾边缘,并对加德满都城市东北 20~30 km 的高强度体震源形成了补充。

数据来源

本研究使用的数据由联合地震研究所(IRIS;www. iris. edu,最新访问时间为 2015 年 4 月)、欧洲台阵(http://eida. gfz-potsdam. de/webdc3/,最新访问时间为 2015 年 4 月)、中国台阵(http://www. ceic. ac. cn/,最新访问时间为 2015 年 4 月)和日本国家地球科学与灾害预防研究所数据中心(http://www. hinet. bosai. go. jp,最新访问时间为 2015 年 4 月)获取。IRIS 的 Alex Hutko 和 Claudio Satriano 的反传播投影结果在网站 http://www. ipgp. fr/~satriano(最新访问时间是 2015 年 8 月)和 http://ds. iris. edu/ds/products/backprojection(最新访问时间是 2015 年 8 月)上可以得到。震源机制由全球矩心矩张量项目组网站(GCMT;www. globalcmt. org,最新访问时间为 2015 年 5 月)下载。本文使用的其他数据来自于参考文献列出的出版资源。所有图件由 Wessel 与 Smith(1991)的通用绘图工具(GMT)绘制。

译自:Bull Seismol Soc Am. 2016,106(1):259-266

原题:Short-Period Energy of the 25 April 2015 M_w 7.8 Nepal Earthquake Determined from Backprojection Using Four Arrays in Europe, China, Japan, and Australia

杨国栋 译

基于等价点源模拟的区域可调整地震动预测方程:对北美中东部地区的应用

Emrah Yenier   Gail M. Atkinson

摘要:我们研发了通过改变几个模型主要参数可以调整适用于任何地区的通用地震动预测方程(GMPE)。该通用地震动预测方程是以其参数校正到加利福尼亚州经验数据的点源模拟模型为基础的,这样可以确定震源和衰减基本参数对地震动振幅的解耦影响。我们该通用地震动预测方程用公式表示为震级、距离、应力参数、几何扩散率和滞弹衰减的函数。这提供了使用户能够根据目标地区观测地震动校准其参数的完全可调整预测模型。本文还包含了经验校正因子以解释模拟中不同于目标地区观测地震动和/或缺失的残差影响。作为一个例子,我们展示了如何使用下一代衰减 – 东数据库(Next Generation Attenuation-East database)调整和校准该通用地震动预测方程使其适用于北美中东部地区(CENA)。我们提供了 M 3 ~ 8 级地震直到 600 km 距离的北美中东部地区平均水平分量峰值地震动和 5% 阻尼比伪谱加速度(周期直到 $T = 10$ s)地震动中值预测结果。

引言

可靠估计未来地震可能产生的地震动需要震源和感兴趣地区衰减属性的稳健模拟。过去事件的地震动观测结果为研发振幅随震级、距离和场地条件变量变化的地震动预测方程(GMPEs)提供了宝贵经验基础。然而,除像加利福尼亚州和日本这样的具有良好监测的活跃地区外,在具有工程意义的震级—距离范围内(如,震级 $M > 6$ 和距离 $R < 50$ km),实测地震动数据通常是稀少的。因此,在很多地区没有足够的数据来研发可靠的地震动预测方程,北美中东部地区(CENA)就是一个典型例子。

在资料匮乏地区有几种可选择的用于推导地震动预测方程的方法。一个广泛使用的方法是基于模拟的方法,在这种方法中,生成宽阔震级—距离范围的人工地震动,根据模拟振幅数据研发地震动预测方程。模拟是以震源、路径和场地影响的地震模型及被校准到该地区现有数据的参数为基础的。可以使用从简单随机点源方法到更复杂的有限元宽带模拟的多种技术进行模拟(例如,Atkinson 和 Boore,1995,2006;Toro 等,1997;Atkinson 和 Silva,2000;Somerville 等,2001,2009;Silva 等,2002;Frankel,2009)。另一种常用方法是混合经验方法(Campbell,2002,2003)。该方法根据从移植地区和目标地区随机模拟的响应谱比获得的调整因子(例如,Campbell,2002,2003;Scherbaum 等,2005;Pezeshk 等,2011)校准资料丰富移植地区受到实测数据良好约束(例如,Western North America,WNA)的地震动预测方程为资料匮乏的目标地区(例如,CENA)所用。第 3 种方法是 Atkinson(2008)引入的引用经验方法。它在概念上类似于混合经验方法,但调整因子通过目标地区观测地震动与移植地区经验地震动预测方程的预测值的谱比确定(例如,Atkinson,2008,2010;Atkinson 和 Boore,2011,Atkinson 和 Motazedian,2013;

Hassani 和 Atkinson，2015）。

混合经验方法和引用经验方法都把它们的预测值固定到资料丰富地区观测的震级标度和震级效应上，假设这些效应是可以转移的。虽然假设地区间的震级标度类似，但关于地震动振幅的总体水平没有做这样的假设。地区之间总体振幅水平和距离标度的差异归因于震源和衰减基本参数的区域差异。混合经验方法需要很好地了解移植地区和目标地区的这些参数以通过可靠模拟确定移植至目标地区的调整因子。这可能限制了这种方法的适用性（Campbell，2003）。引用经验方法通过经验确定调整因子解决了这个问题，而无需假设移植地区和目标地区的震源和衰减参数。然而，引用经验方法的的一个重要局限性是目标地区可用的地震动数据可能不足以表达所有的区域特征（Atkinson，2008）。

本研究中，我们利用混合经验方法和引用经验方法的主要概念研发基于模拟的通用稳健地震动预测方程。通过修改几个主要模拟参数可以调整通用地震动预测方程用于任何地区，并校准该通用地震动预测方程匹配目标地区的经验数据。基本思路是先使用基于 Yenier 和 Atkinson（2015）校准到加利福尼亚州观测地震动的参数的合成地震动研发基于模拟的地震动预测方程。再把该地震动预测方程参数化以分离基本震源和衰减参数对峰值地震动和响应谱的影响。加利福尼亚州可用的丰富实测数据能够使这种参数化在很宽的震级—距离范围上得以实现。通过以一些基本地震参数铸造这校准模型，我们提供了地区之间转移因子的有效透明控制。通用地震动预测方程中用作预测变量的基本地震参数包括震级、距离、应力参数、几何扩散率和滞弹衰减系数。这提供了很容易由最少区域数据校准的具有良好行为标度特征的可调整预测模型。在通用地震动预测方程中，我们还使用经验校准因子以解释相对经验数据模拟中不同的或没有的残差影响。这封闭了模拟地震动和观测地震动之间的任何剩余间隙。

通过分解公式化表达中模型主要参数的影响，我们创建了基本"即插即用"地震动预测方程。如果通过适当的研究知道了目标地区的震源和衰减参数值，人们通过把这些有关的参数值输入到通用地震动预测方程中，可以容易地生成一个地区的预测模型，而无需进行多重模拟和计算模型系数。如果不知道目标地区的这样的信息，通用地震动预测方程的参数化形式也能够根据现有经验数据计算震源和衰减参数的区域值。最终，这种公式化表达可以容易高效地探索应力降和衰减主要地震学参数认知不确定性对地震动预测方程的影响。重要的是，通过把模型形式校准到由下一代衰减－西2（the NGA-West 2）数据库获得的加利福尼亚州扩展经验数据上保证了在近距离饱和效应和震级饱和效应中地震动预测方程的良好标度行为（Yenier 和 Atkinson，2015）。

我们提供了把通用地震动预测方程调整到一个具体地区的方法。作为通用模型的示例实现，通过调整应力和滞弹衰减，我们用通用地震动预测方程研发了北美中东部地区的地震动预测方程，并使用下一代衰减－东数据库（the NGA-East database）校准了模型。在校准期间，我们根据由研究事件获得的值推断了震级依赖和深度依赖的应力参数模型及区域衰减模型。这提供了如何使用通用地震动预测模型根据区域数据库确定应力和衰减参数的例子。研发的地震动预测方程给出了很宽震级范围（M 为 3 ~ 8）和距离范围（$R < 600$ km）内北美中东部平均水平分量峰值地震动和 5% 阻尼比伪谱加速度（PSA；周期到 $T = 10$ s）的中值地震动预测结果。

1 通用地震动预测方程的函数形式

区域可调整通用地震动预测方程需要一个能成功分解震源和衰减基本参数对地震动振幅值影响的稳健且简单的函数形式。我们把通用地震动预测方程定义为

$$\ln Y = F_E + F_Z + F_\gamma + F_S + C \tag{1}$$

式中:$\ln Y$ 为地震动强度测度的自然对数;F_E、F_Z、F_γ 和 F_S 分别为震源、几何扩散、滞弹衰减和场地影响的函数;C 为解释模拟数据和实测数据之间残差差异的经验校正因子。

我们使用带有校准到加利福尼亚州观测地震动上的参数的等价点源模拟确定震源和几何扩散影响(F_E 和 F_Z)。在等价点源方法中,假设地震波从位于模拟观测的近距离饱和影响的整个有效距离上的一个虚拟点源辐射(例如,Boore,2009;Yenier 和 Atkinson,2014)。这个有效距离在概念上可以认为包含依赖震级的"附加深度"项,这样,大破裂面的地震动通常看起来像是来自更远的地方。调整滞弹衰减(F_γ)以优化观测的频率依赖衰减影响。在本研究中,我们提供了不依赖方向的峰值加速度(PGA)、峰值速度(PGA)和5%阻尼比的 PSA 的水平分量预测结果,其中峰值加速度和伪谱加速度是重力加速度的单位,峰值速度的单位是 cm/s。

震源函数(F_E)把震级和应力参数对地震动振幅的影响描述为

$$F_E = F_M + F_{\Delta\sigma} \tag{2}$$

式中:F_M 为假如不存在距离饱和效应在震源处会观测到的震级对地震动振幅的影响,它是对参考应力($\Delta\sigma$)、κ_0 参数和场地条件定义的,根据 Yenier 与 Atkinson(2015)对加利福尼亚州地震的发现,我们选取 $\Delta\sigma = 100$ bar 和 $\kappa_0 = 0.025$ s 作为参考模拟参数;$F_{\Delta\sigma}$ 表示 $\Delta\sigma$ 不为 100 bar 时需要的应力调整因子。

我们使用铰链式二次函数:

$$F_M = \begin{cases} e_0 + e_1(M - M_h) + e_2(M - M_h)^2 & M \leqslant M_h \\ e_0 + e_3(M - M_h) & M > M_h \end{cases} \tag{3}$$

把 F_M 定义为矩震级的函数,式中铰链震级 M_h 和模型系数 $e_0 \sim e_3$ 是周期依赖的,这模仿了 Boore,Stewart 等(2014;简称 BSSA14)在他们的下一代衰减 – 西2(NGA – West 2)经验地震动预测方程中使用的震级标度函数形式。应力调整项被定义为

$$F_{\Delta\sigma} = e_{\Delta\sigma}\ln(\Delta\sigma/100) \tag{4}$$

式中:$e_{\Delta\sigma}$ 表述了地震动随 $\Delta\sigma$ 的标度率。

式(4)描述了应力参数和地震动响应谱振幅之间的关系,它使根据目标地区伪谱加速度数据确定 $\Delta\sigma$ 更容易。

我们根据等价点源方法模拟了几何扩散影响,在等价点源方法中,假设地震波从位于到场地的整个有效距离上的一个虚拟点源辐射,这样,可以成功再生经验观测饱和效应。我们给出此有效距离为

$$R = \sqrt{D_{\text{rup}}^2 + h^2} \tag{5}$$

式中:D_{rup} 为场点距断层破裂面的最短距离(断层距);h 为解释近距离饱和效应的伪深度项。

h 是表达有限断层影响的震级依赖的模型拟合参数,它不能解释为震源深度。伪深

度通常被定义为震级的函数以解释随震级增加向更大距离的扩展。在本研究中,我们把伪深度定义为

$$h = 10^{-0.405+0.235M} \tag{6}$$

根据使用实现与经验数据整体吻合而又避免了高震级预测振幅过度饱和的试错法进行的全球(例如, California, Italy, Japan, New Zeal 和 Taiwan of China 及 Turkey)具有良好记录的 $M > 4.0$ 级地震的模拟确定的伪深度导出了这个方程(Yenier 和 Atkinson, 2015)。借助采用该伪深度表达,我们本质上是假设所有地区的有限断层效应将以同样的方式影响近距离地震动饱和。

我们把几何扩散函数定义为

$$F_Z = \ln Z + (b_3 + b_4 M) \ln(R/R_{ref}) \tag{7}$$

式中:Z 为付氏振幅的几何扩散,而相乘项 $(b_3 + b_4 M) \ln(R/R_{ref})$ 解释了地震动在响应谱而不是付氏谱域被模拟时发生的视衰减的变化,系数 b_3 和 b_4 是频率依赖的,R_{ref} 是参考有效距离,以 $R_{ref} = \sqrt{1 + h^2}$ 给出。

在地震动模拟中,通常以最简单的形式把 Z 模拟为 $1/R$。模拟区域衰减更严格的方式应该把 Z 考虑为描述依赖距离几何扩散属性的分段连续函数,以解释来自近距离直达波扩散(由于地壳的分层可能不同于 $1/R$)和远距离多次反射及折射的复杂衰减影响。Babaie Mahani 和 Atkinson (2012)评价了各种函数形式描述北美地区几何衰减的能力,结论是,双线性模型给出了简单性和捕捉很宽距离范围上主要衰减属性之间的良好平衡。在本研究中,我们使用提供从直达波扩散到反射及折射面波扩散过度的铰链式双线性模型定义了 Z:

$$Z = \begin{cases} R^{b_1} & R \leq R_t \\ R_t^{b_1}(R/R_t)^{b_2} & R > R_t \end{cases} \tag{8}$$

式中:R_t 为过渡距离;b_1 和 b_2 分别为付氏振幅在 $R \leq R_t$ 和 $R > R_t$ 时的几何衰减率。

根据 Yenier 和 Atkinson (2014)的发现,在通用地震动预测方程中,我们把过渡距离固定为 $R_t = 50$ km。

基于整个均匀空间的近似,通常假设近距离的几何扩散率为 $b_1 = -1.0$ ($1/R$)。然而理论波形模拟结果表明,典型成层地球模型具有更快的扩散率,为 $b_1 \approx -1.3$ (Ojo 和 Mereu,1986;Burger 等, 1987;Ou 和 Hemann, 1990;Somerville 等, 1990;Chapman 和 Godbee, 2012;Chapman,2013)。包括北美西部、北美中东部和澳大利亚在内各地区的地震动经验模拟也支持了这一发现(Atkinson, 2004;Allen 等, 2007;Babaie Mahani 和 Atkinson, 2012;Yenier 和 Atkinson, 2014, 2015)。因此,在通用模型中,我们把 $R \leq 50$ km 的扩散率定义为 $b_1 = -1.3$。我们把 $R > 50$ km 的扩散率固定为 $b_2 = -0.5$ 的广泛使用值,这一致于半空间中面波的衰减(Ou 和 Herrmann,1990;Atkinson,2012)。

式(7)有效地分解了付氏振幅的几何衰减(Z)和地震动由响应谱转移函数卷积时发生的视衰减的变化。这种分解是我们的公式化表达的要素,它对研发"即插即用"的地震动预测方程至关重要,在"即插即用"地震动预测方程中,可以对指定的衰减率(例如, in the Fourier domain)定义新的响应谱地震动预测方程,无需再做模拟。虽然在我们的模型中把几何衰减的形状和比率固定在通用值,只要有令人信服的证据支持改变,我们仍然可

以改变 Z 以获得不同的形状和衰减率(如三线性模型)。在这种情况下,像式(8)给出的优选模型可由另一个与目标地区付氏振幅衰减匹配的几何扩散模型替代。

我们给出了如下滞弹衰减函数:

$$F_\gamma = \gamma D_{rup} \tag{9}$$

式中:D_{rup} 为到破裂面的最近距离;γ 为由区域地震动数据经验确定的周期依赖的滞弹衰减系数。

我们研发了传播时间加权的上 30 m 平均剪切波速为 $v_{S30} = 760$ m/s 参考场地条件(称为地震灾害减轻计划(NEHRP),2 000 B/C 场地条件)的通用地震动预测方程。在本研究中,我们采用 BSSA14 的场地效应模型(原始由 Seyhan 和 Stewart 导出,2014)预测随 v_{S30} 变化的不同场地条件的地震动:

$$F_S = F_{lin} + F_{nl} \tag{10}$$

式中:F_{lin} 为线性场地效应;F_{nl} 为非线性场地效应。

线性场地效应被定义为

$$F_{lin} = \begin{cases} c\ln(v_{S30}/760) & v_{S30} \leqslant v_c \\ c\ln(v_c/760) & v_{S30} > v_c \end{cases} \tag{11}$$

式中:c 描述了 v_{S30} 标度,v_c 是速度界限,超过了这个速度界限,地震动不再由 v_{S30} 标度。非线性场地响应被给出为

$$F_{nl} = f_1 + f_2\ln\left(\frac{PGA_r + f_3}{f_3}\right) \tag{12}$$

式中:f_2 表示随 v_{S30} 变化的非线性程度:

$$f_2 = f_4\left\{\exp\left[f_5(\min(v_{S30}, 760) - 360)\right] - \exp\left[f_5(760 - 360)\right]\right\} \tag{13}$$

在式(11)~式(13)中,c、v_c、f_1、f_3、f_4 和 f_5 为 BSSA14 中给出的模型系,PGA_r 为预测的参考场地条件($v_{S30} = 760$ m/s)的中值峰值水平加速度。

2 模型系数确定

我们根据由地震动模拟生成的振幅数据计算了震级影响(F_M)、几何扩散函数(F_Z)和应力调整因子($F_{\Delta\sigma}$)模型系数。模拟基于等价点源随机方法,模拟参数被校准到 Yenier 和 Atkinson(2015)描述的加利福尼亚州观测地震动上;表 1 给出了模型参数。简单归纳一下,我们使用了带有 Yenier 和 Atkinson(2015)建议的谱凹陷参数(ε)的 Boore, Di Alessandro 等(2014)的附加双拐角频率震源模型。在模拟中,像式(8)给出的那样($b_1 = -1.3$,$b_2 = -0.5$ 和 $R_t = 50$ km),根据有效距离定义了付氏振幅(Z)的几何衰减。我们使用式(6)给出的伪深度模型解释近距离饱和效应。我们约束了该伪深度函数以避免高震级预测振幅的过度饱和(见图 1)。模拟不包含滞弹衰减,因为我们要根据区域地震动数据经验确定这些影响。我们利用 Atkinson 和 Boore(2006)给出的通用地壳放大因

子,模拟了国家地震减灾计划(NEHRP)B/C 场地条件($v_{S30} = 760$ m/s)的地震动。我们假设这个场地类别的近地表高频衰减参数为 $\kappa_0 = 0.025$ s。Yenier 和 Atkinson(2015)的研究表明,对直到 $M7.5$ 的震级和小于 400 km 的距离,使用这些模拟参数(但也包含了区域滞弹衰减影响和震级与距离依赖的应力参数)的等价点源模拟可以再生加利福尼亚州地震的平均观测谱振幅,误差在 $\pm 25\%$ 范围内。使用很好校准到加利福尼亚州观测地震动上的一套自洽模拟参数,我们定义了通用基础地震动预测方程。任何模拟和经验数据之间的不足或误配将反映在未解决的残差中,我们将通过校准因子 C 考虑这个问题。

表1   随机等价点源模拟中使用的参数值(据 Yenier 和 Atkinson,2015)

参数	值
剪切波速	$\beta = 3.7$ km/s
密度	$\rho = 2.8$ g/cm^3
震源模型	Boore,Di Alessandro 等(2014)的广义加法双拐角频率震源模型
谱凹陷	$\varepsilon = \min(1, 10^{1.2 - 0.3M})$
有效距离	$R = (D_{\mathrm{rup}}^2 + h^2)^{0.5}$
伪深度	$h = 10^{-0.405 + 0.235M}$
几何衰减	$R^{-1.3}$ 对 $R \leqslant 50$ km $50^{-1.3}(R/50)^{-0.5}$ 对 $R > 50$ km
滞弹衰减	在模拟中没有考虑(由经验确定)
场地放大(国家地震减灾计划(NEHRP)B/C)	Atkinson 和 Boore(2006)的表4 由分号分隔的频率–放大对: 0.000 1 Hz – 1;0.1 Hz – 1.07; 0.24 Hz – 1.15; 0.45 Hz – 1.24;0.79 Hz – 1.39; 1.38 Hz – 1.67;1.93 Hz – 1.88; 2.85 Hz – 2.08;4.03 Hz – 2.2; 6.34 Hz – 2.31;12.5 Hz – 2.41; 21.2 Hz – 2.45;33.4 Hz – 2.47; 82 Hz – 2.50
卡帕因子	$\kappa_0 = 0.025$ s
震源持时	$0.5/f_a + 0.5/f_b$,式中 f_a 和 f_b 为拐角频率
路径持时[*]	Boore 和 Thompson(2014)的表1 由分号分隔的破裂距离–路径持时对: 0 km – 0 s;7 km – 2.4 s;45 km – 8.4 s; 125 km – 10.9 s;175 km – 17.4 s; 270 km – 34.2 s; 在一个节点后,路径持时以 0.156 km/s 的速度增加
加利福尼亚州的模拟校准因子[+]	$C_{\mathrm{sim}} = 3.16$

注:[*] 在模拟中,根据式(6),把每个震级档的节点破裂距离转换成有效距离。

[+] 应用于匹配加利福尼亚州模拟与观测响应谱的模拟的零偏差因子(关于 C_{sim} 参数的更多信息,参见 Yenier 和 Atkinson 的文章,2015)。

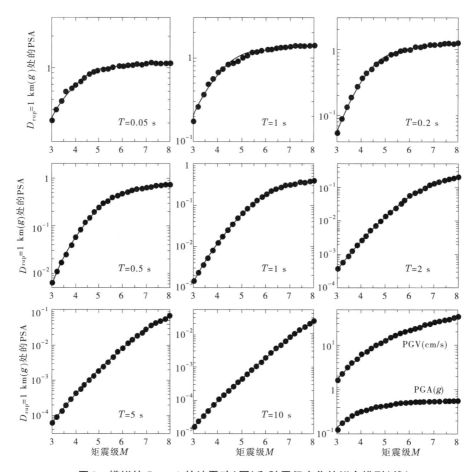

图1　模拟的 $D_{rup}=1$ 的地震动(圆)和随震级变化的拟合模型(线)

对 $M\,3\sim8$(增量为 $0.1M$ 单位)震级范围、$1\sim400$ km 的距离范围(增量为 0.1 个以 10 为底的对数单位)和固定的应力参数 $\Delta\sigma=100$ bar,我们使用广泛引用的随机方法模拟(SMSIM)软件(Boore,2003,2005)进行了时域等价点源随机模拟。我们对每组 M 和 D_{rup} 生成了 100 个合成地震动。对每个模拟的时间序列,我们计算了峰值加速度、峰值速度和 $0.01\sim10$ s 31 个周期的伪谱加速度,而后对每个参数取了 100 个模拟结果的几何均值。

根据获得的 $D_{rup}=1$ km($Y_{sim,1\,km}$)处的模拟结果回归计算震级标度项 F_M 的系数。F_M 表示在不同饱和效应情况下震源处会被观测到的地震动的震级标度。因此,我们需要去除在模拟中我们对 1 km 处施加的饱和效应以提取未饱和的震级影响 F_M:

$$\ln Y_{sim,1\,km} = F_M - 1.3\ln\left(\sqrt{1+h^2}\right) \qquad (14)$$

式中:$-1.3\ln\sqrt{1+h^2}$ 说明了在模拟中我们施加的饱和效应($D_{rup}=1$ km 处的 F_Z)。我们使用网格搜索确定铰接震级(M_h),在铰接震级处,对每个 M_h 尝试值,由 1 km 处的振幅回归确定系数(e_0-e_3)。根据模拟振幅对模型方程的残差极小化选取最佳拟合 M_h 和相关的系数(e_0-e_3)。图 1 对峰值地震动和响应谱比较了 $D_{rup}=1$ km 的模拟地震动和作为震级函数的拟合模型(式(14))。在图 1 中,拟合的函数形式很好地捕捉了模拟隐含的震级标度和饱和效应。

　　在去除震级影响后（即 $\ln Y_{\text{sim}} - F_M$），由不同距离模拟振幅回归确定了几何衰减函数模型系数。我们使用如下形式：

$$\ln Y_{\text{sim}} - F_M = \ln Z + (b_3 + b_4 M)\ln(R/R_{\text{ref}}) \qquad (15)$$

在回归中，我们把 Z 限制到在模拟中使用的衰减形状（即 $b_1 = -1.3$、$b_2 = -0.5$ 和 $R_t = 50$ km）。这迫使付氏和反应谱衰减速率之间的差异反映到 $(b_3 + b_4 M)\ln(R/R_{\text{ref}})$ 中去。在图2中我们对比了此通用模型（即 $F_M + F_Z$）和模拟结果以评价拟合的 F_Z 模型的性能。这表明，通用地震动预测方程很好地吻合了模拟振幅的行为。表2中列出了 F_M 和 F_Z 的模型系数值。这指定了加利福尼亚州参考应力参数（100 bar）和参考场地条件（NEHRP B/C）的通用地震动预测方程，但不含滞弹衰减或综合振幅校正因子。正如后面进一步表述的那样，这些因子可以经验确定。

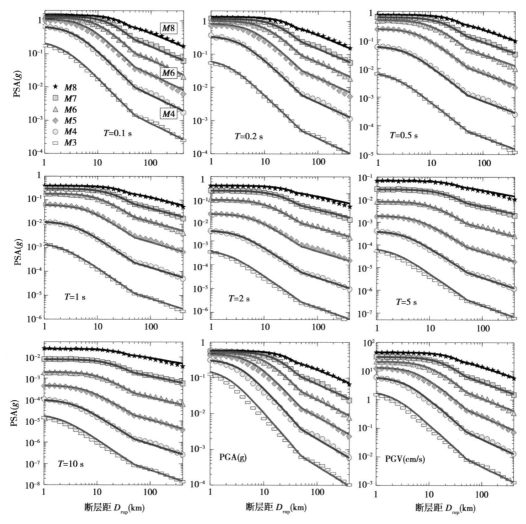

图2　$M3 \sim 8$ 级地震（$\Delta\sigma = 100$ bar，$v_{S30} = 760$ m/s）的模拟（符号）和通用模型预测结果（线）的对比

（在模拟或通用地震动预测方程中都不含滞弹衰减，因为这些影响由经验确定）

表2 震级标度(F_M)和几何扩散(F_Z)函数的模型系数值

$T(\text{s})$	M_h	e_0	e_1	e_2	e_3	b_3	b_4
0.010	5.85	$2.23 \times 10^{+0}$	6.87×10^{-1}	-1.36×10^{-1}	7.64×10^{-1}	-6.21×10^{-1}	6.06×10^{-2}
0.013	5.90	$2.28 \times 10^{+0}$	6.85×10^{-1}	-1.29×10^{-1}	7.62×10^{-1}	-6.26×10^{-1}	6.13×10^{-2}
0.016	5.85	$2.27 \times 10^{+0}$	6.97×10^{-1}	-1.23×10^{-1}	7.59×10^{-1}	-6.31×10^{-1}	6.19×10^{-2}
0.020	5.90	$2.38 \times 10^{+0}$	7.00×10^{-1}	-1.07×10^{-1}	7.49×10^{-1}	-6.38×10^{-1}	6.25×10^{-2}
0.025	6.00	$2.56 \times 10^{+0}$	6.84×10^{-1}	-9.42×10^{-2}	7.41×10^{-1}	-6.31×10^{-1}	6.10×10^{-2}
0.030	6.15	$2.81 \times 10^{+0}$	6.61×10^{-1}	-9.09×10^{-2}	7.39×10^{-1}	-6.03×10^{-1}	5.64×10^{-2}
0.040	5.75	$2.73 \times 10^{+0}$	7.03×10^{-1}	-1.09×10^{-1}	7.38×10^{-1}	-5.48×10^{-1}	$4.82 \leq 10^{-2}$
0.050	5.35	$2.56 \times 10^{+0}$	7.19×10^{-1}	-1.64×10^{-1}	7.54×10^{-1}	-5.10×10^{-1}	4.28×10^{-2}
0.065	5.75	$3.00 \times 10^{+0}$	6.84×10^{-1}	-1.55×10^{-1}	7.55×10^{-1}	-4.67×10^{-1}	3.64×10^{-2}
0.080	5.20	$2.58 \times 10^{+0}$	7.65×10^{-1}	-2.43×10^{-1}	7.87×10^{-1}	-4.21×10^{-1}	3.07×10^{-2}
0.100	5.45	$2.78 \times 10^{+0}$	7.12×10^{-1}	-2.62×10^{-1}	7.94×10^{-1}	-3.77×10^{-1}	2.47×10^{-2}
0.130	5.35	$2.64 \times 10^{+0}$	7.35×10^{-1}	-3.32×10^{-1}	8.12×10^{-1}	-3.55×10^{-1}	2.22×10^{-2}
0.160	5.25	$2.47 \times 10^{+0}$	8.09×10^{-1}	-3.87×10^{-1}	8.41×10^{-1}	-3.26×10^{-1}	1.92×10^{-2}
0.200	5.45	$2.55 \times 10^{+0}$	8.19×10^{-1}	-3.86×10^{-1}	8.43×10^{-1}	-2.87×10^{-1}	1.38×10^{-2}
0.250	5.60	$2.52 \times 10^{+0}$	8.67×10^{-1}	-3.77×10^{-1}	8.78×10^{-1}	-2.43×10^{-1}	9.21×10^{-3}
0.300	5.85	$2.63 \times 10^{+0}$	8.47×10^{-1}	-3.63×10^{-1}	8.76×10^{-1}	-2.12×10^{-1}	5.16×10^{-3}
0.400	6.15	$2.67 \times 10^{+0}$	8.50×10^{-1}	-3.47×10^{-1}	8.97×10^{-1}	-1.93×10^{-1}	4.85×10^{-3}
0.500	6.25	$2.54 \times 10^{+0}$	8.86×10^{-1}	-3.49×10^{-1}	9.18×10^{-1}	-2.08×10^{-1}	8.54×10^{-3}
0.650	6.60	$2.62 \times 10^{+0}$	8.76×10^{-1}	-3.16×10^{-1}	9.25×10^{-1}	-2.28×10^{-1}	1.37×10^{-2}
0.800	6.85	$2.66 \times 10^{+0}$	9.05×10^{-1}	-2.89×10^{-1}	8.94×10^{-1}	-2.52×10^{-1}	1.91×10^{-2}
1.000	6.45	$1.99 \times 10^{+0}$	1.34×10^{-1}	-2.46×10^{-1}	9.83×10^{-1}	-2.97×10^{-1}	2.76×10^{-2}
1.300	6.75	$2.01 \times 10^{+0}$	1.39×10^{-1}	-2.06×10^{-1}	1.00×10^{-1}	-3.50×10^{-1}	3.78×10^{-2}
1.600	6.75	$1.75 \times 10^{+0}$	1.56×10^{-1}	-1.68×10^{-1}	1.05×10^{-1}	-3.85×10^{-1}	4.43×10^{-2}
2.000	6.65	$1.25 \times 10^{+0}$	$1.75 \times 10^{+0}$	-1.32×10^{-1}	$1.19 \times 10^{+0}$	-4.35×10^{-1}	5.36×10^{-2}
2.500	6.70	9.31×10^{-1}	$1.82 \times 10^{+0}$	-1.09×10^{-1}	$1.29 \times 10^{+0}$	-4.79×10^{-1}	6.14×10^{-2}
3.000	6.65	5.16×10^{-1}	$1.91 \times 10^{+0}$	-8.98×10^{-2}	$1.42 \times 10^{+0}$	-5.13×10^{-1}	6.76×10^{-2}
4.000	6.85	3.44×10^{-1}	$1.93 \times 10^{+0}$	-7.47×10^{-2}	$1.51 \times 10^{+0}$	-5.51×10^{-1}	7.34×10^{-2}
5.000	6.85	-7.92×10^{-2}	$1.98 \times 10^{+0}$	-6.21×10^{-2}	$1.59 \times 10^{+0}$	-5.80×10^{-1}	7.90×10^{-2}
6.500	7.15	-6.67×10^{-3}	$1.97 \times 10^{+0}$	-5.45×10^{-2}	$1.63 \times 10^{+0}$	-5.96×10^{-1}	8.12×10^{-2}
8.000	7.50	2.56×10^{-1}	$1.94 \times 10^{+0}$	-5.23×10^{-2}	$1.59 \times 10^{+0}$	-6.09×10^{-1}	8.30×10^{-2}
10.000	7.45	-2.76×10^{-1}	$1.97 \times 10^{+0}$	-4.63×10^{-2}	$1.72 \times 10^{+0}$	-6.20×10^{-1}	8.42×10^{-2}
PGA	5.85	$2.22 \times 10^{+0}$	6.86×10^{-1}	-1.39×10^{-1}	7.66×10^{-1}	-6.19×10^{-1}	6.03×10^{-2}
PGV	5.90	$5.96 \times 10^{+0}$	$1.03 \times 10^{+0}$	-1.65×10^{-1}	$1.08 \times 10^{+0}$	-5.79×10^{-1}	5.74×10^{-2}

为了计算应力调整因子,我们还生成了一套模拟数据。在这第二套模拟中,我们模拟了同样震级范围($M\,3 \sim 8$)但距离固定 $D_{\text{rup}} = 1\ \text{km}$ 的不同应力参数($10\ \text{bar} \leqslant \Delta\sigma \leqslant 1\,000\ \text{bar}$)的地震动。类似于第一套,对每个 M、D_{rup} 和 $\Delta\sigma$ 组合,我们生成了 100 条合成地震动,并计算了峰值地震动和响应谱的几何平均值。

应力调整因子模拟了 $\Delta\sigma$ 不同于 100 bar 的预期振幅变化。我们使用获得的 $D_{rup} = 1$ km 模拟数据确定 $F_{\Delta\sigma}$,其表达式为

$$F_{\Delta\sigma} = \ln Y_{sim,1\,km}(M,\Delta\sigma) - \ln Y_{sim,1\,km}(M,100\ bar) \qquad (16)$$

式中:$Y_{sim,1\,km}(M,\Delta\sigma)$ 为模拟的给定震级和应力的地震动;$Y_{sim,1\,km}(M,100\ bar)$ 表示模拟的同样震级、参考应力($\Delta\sigma = 100\ bar$)$D_{rup} = 1$ km 处的地震动。

图 3 示出了需要的各种震级和周期随 $\Delta\sigma$ 变化的应力调整因子。这因子具有随应力增加的趋势,依据定义在 $\Delta\sigma = 100$ bar 处 $F_{\Delta\sigma} = 0$。由式(4)系数 $e_{\Delta\sigma}$ 决定的 $F_{\Delta\sigma}$ 的斜率表示地震动随应力参数标度的强度。斜率越陡,应力对地震动的影响越大。在图 3 中,不管震级大小,$\Delta\sigma$ 对短周期段($T < 0.2$ s)都有显著的影响。然而,它的影响随着周期增大而减弱,特别是对中小地震事件($M < 6$)。由于双拐角频率随震级的变化,高震级事件的 $\Delta\sigma$ 影响延伸到较大的周期。

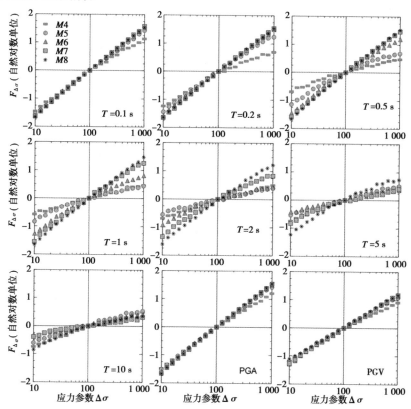

图 3　根据模拟确定的应力调整因子(符号)

我们把 $e_{\Delta\sigma}$ 值回归(利用式(4)依 $F_{\Delta\sigma}$ 值对每个震级和周期计算的)到如下函数形式:

$$e_{\Delta\sigma} = \begin{cases} s_0 + s_1 M + s_2 M^2 + s_3 M^3 + s_4 M^4 & \Delta\sigma \leqslant 100\ bar \\ s_5 + s_6 M + s_7 M^2 + s_8 M^3 + s_9 M^4 & \Delta\sigma > 100\ bar \end{cases} \qquad (17)$$

式中:$s_0 \sim s_9$ 为周期依赖的模型系数。因为我们对 $\Delta\sigma \leqslant 100$ bar 和 $\Delta\sigma > 100$ bar 的 $e_{\Delta\sigma}$ 值要求不同的形状,我们使用了两个多项式;我们约束回归以达到 $\Delta\sigma = 100$ bar 时 $F_{\Delta\sigma} = 0$。图 4 表明了 $e_{\Delta\sigma}$ 值随震级和周期如何变化。因为高频源振幅标度、双拐角频率的变化和拐角

频率之间谱凹陷中的变化的交互作用,应力参数的净影响是很复杂的。此外,应力参数影响震源持时,进而影响响应谱振幅。响应谱域内所有这些因素的耦合需要一个高阶多项式来令人满意地模拟很宽周期范围的 $\Delta\sigma$ 标度。表 3 列出了应力调整因子的模型系数值。

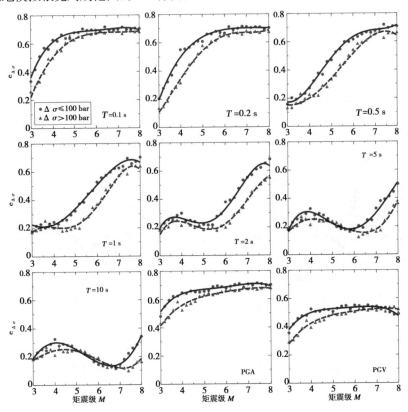

图 4　由模拟获得的应力标度系数($e_{\Delta\sigma}$)(符号)和拟合的模型(式(17),线)

我们已经定义了 NEHRP B/C 场地条件的震源和衰减函数,假定参考场地的 $\kappa_0 = 0.025$ s。对 NEHRP B/C 场地条件,为研究 κ_0 对预测振幅的影响,我们又做了一套模拟。在这套模拟中,我们模拟了参考应力($\Delta\sigma = 100$ bar)和 κ_0 为 $0.01 \sim 0.04$ s 的地震动。选择的 κ_0 参数范围涵盖了对 NEHRP B/C 场地条件不同研究获得的值(例如,Youssef 等,2014)。模拟是对同样的震级($M\ 3 \sim 8$)和距离(直到 400 km)范围进行的。对每个 M、D_{rup} 和 κ_0 组合,生成了 100 条合成地震动记录,并计算了峰值地震动和响应谱的几何均值。对 M、D_{rup}、κ_0 每个组合,我们根据由变化的 κ_0 值获得的模拟结果和由参考 κ_0 值获得的比率计算了 κ_0 的影响。我们发现参数 κ_0 主要影响 $T < 0.2$ s 和 $M < 4$ 的地震动。对 $T > 0.2$ s 和 $M > 4$,它的影响一般小于 25%,不管距离远近。因此,为了实现模型的简单化,我们在通用地震动预测方程中忽略了 κ_0 的影响。注意,任何忽略了的可能存在的 κ_0 影响将被映射到区域校正因子 C(假如目标地区 NEHRP B/C 场地的 κ_0 参数不同于假设的 $\kappa_0 = 0.025$ s)。

3　目标地区通用地震动预测方程调整

对具体地区的通用模型调整包括对震源和衰减参数需要的任何修改以及解释模拟中

表 3 应力调整因子的模型系数值（$F_{\Delta\sigma}$）

$T(s)$	s_0	s_1	s_2	s_3	s_4	s_5	s_6	s_7	s_8	s_9
0.010	$-2.05\times10^{+0}$	$1.88\times10^{+0}$	-4.90×10^{-1}	5.67×10^{-2}	-2.43×10^{-3}	$-1.44\times10^{+0}$	$1.24\times10^{+0}$	-2.89×10^{-1}	3.09×10^{-2}	-1.25×10^{-3}
0.013	$-1.92\times10^{+0}$	$1.80\times10^{+0}$	-4.71×10^{-1}	5.47×10^{-2}	-2.36×10^{-3}	$-1.35\times10^{+0}$	$1.20\times10^{+0}$	-2.80×10^{-1}	3.01×10^{-2}	-1.23×10^{-3}
0.016	$-1.71\times10^{+0}$	$1.66\times10^{+0}$	-4.36×10^{-1}	5.09×10^{-2}	-2.20×10^{-3}	$-1.08\times10^{+0}$	$1.04\times10^{+0}$	-2.47×10^{-1}	2.69×10^{-2}	-1.11×10^{-3}
0.020	$-1.16\times10^{+0}$	$1.27\times10^{+0}$	-3.34×10^{-1}	3.91×10^{-2}	-1.70×10^{-3}	$-1.27\times10^{+0}$	$1.25\times10^{+0}$	-3.17×10^{-1}	3.62×10^{-2}	-1.55×10^{-3}
0.025	$-1.54\times10^{+0}$	$1.59\times10^{+0}$	-4.29×10^{-1}	5.10×10^{-2}	-2.24×10^{-3}	$-1.45\times10^{+0}$	$1.37\times10^{+0}$	-3.37×10^{-1}	3.73×10^{-2}	-1.54×10^{-3}
0.030	$-1.06\times10^{+0}$	$1.20\times10^{+0}$	-3.13×10^{-1}	3.62×10^{-2}	-1.55×10^{-3}	$-2.24\times10^{+0}$	$1.98\times10^{+0}$	-5.09×10^{-1}	5.78×10^{-2}	-2.44×10^{-3}
0.040	-8.57×10^{-1}	$1.04\times10^{+0}$	-2.68×10^{-1}	3.08×10^{-2}	-1.33×10^{-3}	$-3.31\times10^{+0}$	$2.66\times10^{+0}$	-6.68×10^{-1}	7.42×10^{-2}	-3.06×10^{-3}
0.050	-9.63×10^{-1}	9.83×10^{-1}	-2.16×10^{-1}	2.08×10^{-2}	-7.42×10^{-4}	$-4.23\times10^{+0}$	$3.29\times10^{+0}$	-8.32×10^{-1}	9.30×10^{-2}	-3.87×10^{-3}
0.065	$-2.23\times10^{+0}$	$1.95\times10^{+0}$	-4.90×10^{-1}	5.49×10^{-2}	-2.29×10^{-3}	$-3.96\times10^{+0}$	$2.87\times10^{+0}$	-6.67×10^{-1}	6.88×10^{-2}	-2.65×10^{-3}
0.080	$-3.68\times10^{+0}$	$2.96\times10^{+0}$	-7.51×10^{-1}	8.42×10^{-2}	-3.51×10^{-3}	$-3.14\times10^{+0}$	$2.18\times10^{+0}$	-4.67×10^{-1}	4.47×10^{-2}	-1.60×10^{-3}
0.100	$-4.05\times10^{+0}$	$3.10\times10^{+0}$	-7.62×10^{-1}	8.33×10^{-2}	-3.39×10^{-3}	$-2.45\times10^{+0}$	$1.57\times10^{+0}$	-2.89×10^{-1}	2.30×10^{-2}	-6.57×10^{-4}
0.130	$-4.17\times10^{+0}$	$3.09\times10^{+0}$	-7.44×10^{-1}	7.89×10^{-2}	-3.21×10^{-3}	$-1.38\times10^{+0}$	6.26×10^{-1}	-1.16×10^{-2}	-1.09×10^{-2}	8.28×10^{-4}
0.160	$-3.96\times10^{+0}$	$2.82\times10^{+0}$	-6.50×10^{-1}	6.72×10^{-2}	-2.61×10^{-3}	-2.00×10^{-1}	-3.37×10^{-1}	2.57×10^{-1}	-4.25×10^{-2}	2.81×10^{-3}
0.200	$-2.71\times10^{+0}$	$1.73\times10^{+0}$	-3.30×10^{-1}	2.82×10^{-2}	-9.06×10^{-4}	8.20×10^{-1}	$-1.80\times10^{+0}$	4.40×10^{-1}	-6.10×10^{-2}	2.85×10^{-3}
0.250	$-1.77\times10^{+0}$	9.80×10^{-1}	-1.31×10^{-1}	6.00×10^{-3}	-1.16×10^{-5}	$1.78\times10^{+0}$	$-1.77\times10^{+0}$	6.07×10^{-1}	-7.83×10^{-2}	3.50×10^{-3}
0.300	-3.18×10^{-1}	-1.39×10^{-1}	1.70×10^{-1}	-2.85×10^{-2}	1.42×10^{-3}	$2.25\times10^{+0}$	$-2.00\times10^{+0}$	6.33×10^{-1}	-7.70×10^{-2}	3.27×10^{-3}

$T(s)$	s_0	s_1	s_2	s_3	s_4	s_5	s_6	s_7	s_8	s_9
0.400	$2.02\times10^{+0}$	$-1.86\times10^{+0}$	6.12×10^{-1}	-7.67×10^{-2}	3.34×10^{-3}	$2.42\times10^{+0}$	$-1.94\times10^{+0}$	5.56×10^{-1}	-6.17×10^{-2}	2.39×10^{-3}
0.500	$3.96\times10^{+0}$	$-3.29\times10^{+0}$	9.88×10^{-1}	-1.20×10^{-1}	5.14×10^{-3}	8.56×10^{-1}	-4.53×10^{-1}	6.46×10^{-2}	5.22×10^{-3}	-8.30×10^{-4}
0.650	$3.65\times10^{+0}$	$-2.82\times10^{+0}$	7.93×10^{-1}	-8.93×10^{-2}	3.55×10^{-3}	-6.67×10^{-1}	9.28×10^{-1}	-3.71×10^{-1}	6.18×10^{-2}	-3.43×10^{-3}
0.800	$2.40\times10^{+0}$	$-1.65\times10^{+0}$	4.09×10^{-1}	-3.71×10^{-2}	1.05×10^{-3}	$-2.12\times10^{+0}$	$2.15\times10^{+0}$	-7.30×10^{-1}	1.05×10^{-1}	-5.29×10^{-3}
1.000	$1.07\times10^{+0}$	-4.55×10^{-1}	3.74×10^{-2}	1.03×10^{-2}	-1.08×10^{-3}	$-4.47\times10^{+0}$	$4.05\times10^{+0}$	$-1.27\times10^{+0}$	1.71×10^{-1}	-8.14×10^{-3}
1.300	$-2.51\times10^{+0}$	$2.52\times10^{+0}$	-8.45×10^{-1}	1.21×10^{-1}	-6.02×10^{-3}	$-5.49\times10^{+0}$	$4.77\times10^{+0}$	$-1.44\times10^{+0}$	1.85×10^{-1}	-8.46×10^{-3}
1.600	$-5.26\times10^{+0}$	$4.74\times10^{+0}$	$-1.48\times10^{+0}$	1.96×10^{-1}	-9.28×10^{-3}	$-5.88\times10^{+0}$	$4.98\times10^{+0}$	$-1.46\times10^{+0}$	1.83×10^{-1}	-8.16×10^{-3}
2.000	$-6.64\times10^{+0}$	$5.77\times10^{+0}$	$-1.74\times10^{+0}$	2.24×10^{-1}	-1.03×10^{-2}	$-6.01\times10^{+0}$	$4.99\times10^{+0}$	$-1.43\times10^{+0}$	1.75×10^{-1}	-7.59×10^{-3}
2.500	$-8.08\times10^{+0}$	$6.84\times10^{+0}$	$-2.02\times10^{+0}$	2.54×10^{-1}	-1.14×10^{-2}	$-4.88\times10^{+0}$	$3.95\times10^{+0}$	$-1.09\times10^{+0}$	1.26×10^{-1}	-5.17×10^{-3}
3.000	$-7.98\times10^{+0}$	$6.64\times10^{+0}$	$-1.92\times10^{+0}$	2.37×10^{-1}	-1.04×10^{-2}	$-4.18\times10^{+0}$	$3.32\times10^{+0}$	-8.86×10^{-1}	9.89×10^{-2}	-3.85×10^{-3}
4.000	$-7.12\times10^{+0}$	$5.78\times10^{+0}$	$-1.61\times10^{+0}$	1.90×10^{-1}	-7.98×10^{-3}	$-2.63\times10^{+0}$	$1.96\times10^{+0}$	-4.62×10^{-1}	4.24×10^{-2}	-1.18×10^{-3}
5.000	$-6.39\times10^{+0}$	$5.08\times10^{+0}$	$-1.38\times10^{+0}$	1.58×10^{-1}	-6.36×10^{-3}	$-1.38\times10^{+0}$	9.09×10^{-1}	-1.42×10^{-1}	1.32×10^{-2}	7.11×10^{-4}
6.500	$-4.80\times10^{+0}$	$3.68\times10^{+0}$	-9.37×10^{-1}	9.76×10^{-2}	-3.47×10^{-3}	-3.93×10^{-1}	9.83×10^{-2}	9.53×10^{-2}	-2.78×10^{-2}	1.96×10^{-3}
8.000	$-3.42\times10^{+0}$	$2.51\times10^{+0}$	-5.80×10^{-1}	5.15×10^{-2}	-1.34×10^{-3}	-6.87×10^{-3}	-1.89×10^{-1}	1.69×10^{-1}	-3.53×10^{-2}	2.20×10^{-3}
10.000	$-2.19\times10^{+0}$	$1.51\times10^{+0}$	-2.87×10^{-1}	1.53×10^{-2}	2.38×10^{-4}	2.68×10^{-1}	-3.86×10^{-1}	2.17×10^{-1}	-3.97×10^{-2}	2.30×10^{-3}
PGA	$-2.13\times10^{+0}$	$1.94\times10^{+0}$	-5.04×10^{-1}	5.82×10^{-2}	-2.50×10^{-3}	$-1.44\times10^{+0}$	$1.24\times10^{+0}$	-2.85×10^{-1}	3.02×10^{-2}	1.22×10^{-3}
PGV	$-2.25\times10^{+0}$	$1.95\times10^{+0}$	-5.18×10^{-1}	6.14×10^{-2}	-2.73×10^{-3}	$-1.76\times10^{+0}$	$1.38\times10^{+0}$	-3.26×10^{-1}	3.50×10^{-2}	-1.42×10^{-3}

缺失或不同于观测地震动的残差影响的经验校准因子的确定。我们假设由模拟确定的震级(F_M)饱和(h)效应可以转移到其他地区，但各地区的应力参数或许不同。当把应力参数的区域值插入 $F_{\Delta\sigma}$ 时，我们可以对这种效应调整通用地震动预测方程；在应用示例中，我们示出了怎么使用区域数据研发区域应力参数的模型。像下节表明的那样，利用由区域数据确定的 Z 和 γ 做所需要的区域衰减的修改。我们建议保留通用模型中定义的假设 Z 模型（几何扩散），除非有令人信服的证据需要改变它。使用感兴趣地区的区域距离的经验数据确定滞弹衰减系数 γ，这样的数据可由弱地震动研究获得。先使用导出的 $\Delta\sigma$、Z 和 γ 的区域值，通过目标地区观测地震动和地震动预测方程之间残差的回归分析，按照其他区域调整步骤计算校准因子。

4 应用示例:通用地震动预测方程对北美中东部地区的调整

作为本方法的一个例子，我们使用北美中东部地区获得的地震动对该地区调整了通用地震动预测方程。对 600 km 之内至少有 3 个台站记录的北美中东部地区 $M \geqslant 3.0$ 的地震，我们使用了下一代衰减－东扁平文件(NGA-East flatfile)的峰值加速度、峰值速度和 5%阻尼比伪谱加速度数据库(见资料来源部分)。我们考虑了天然和潜在诱发地震(下一代衰减－东扁平文件标识的)。然而，由于湾岸地区衰减属性差异很大，不包含该地区记录的地震动(电力研究院(EPRI)，2004)(利用现有经验数据和文献中报道的区域震源和衰减特征还可以使用该通用地震动预测方程单独研发湾岸地区的预测模型)。我们使用了下一代衰减－东扁平文件提供的根据 RotD50 测度(Boore，2010)计算的与方向无关的水平分量地震动均值;这近似等价于模拟中提供的几何平均地震动。图 5 示出了研究事件的震中分布，图 6 给出了台站位置和它们的场地条件，图 7 示出了选取记录的震级—距离分布。

在分析中，我们考虑了直到最大可用周期的响应谱以减小长周期噪声对调整的地震动预测方程的影响。对于一个给定的地震动记录，最大可用周期被定义为

$$T_{\max} = \frac{1}{\max(1.25 f_{\mathrm{lc}}, f_{\min})} \tag{18}$$

式中:f_{lc} 为下一代衰减－东扁平文件中报告的记录低截止滤波器频率;$f_{\min}$ 为假设其下频率谱振幅由噪声主导的界限频率，可以描述为

$$f_{\min} = \max(0.1, 10^{0.75 - M/3}) \tag{19}$$

如此定义这个方程以使它给出和分解滤波频率(即 $1.25 f_{\mathrm{lc}}$)的几何均值总体一致，如图 8 所示。对 $M < 6$，给出的北美中东部地区的 $f_{\min}$ 模型不如 Yenier 和 Atkinson(2015)用于加利福尼亚州的模型保守，因为北美中东部地区的地震动衰减慢得多，它提供了更远距离的可用信号。

我们使用 BSSA14 采用的 F_S 函数把记录的地震动振幅校正到 NEHRP B/C 场地条件($v_{S30} = 760 \mathrm{\ m/s}$)的等价值。$F_S$ 函数是基于 v_{S30} 值和每个记录的 PGA_r 的，这里，下一代衰减－东扁平文件中给出了 v_{S30} 值，我们假设 PGA_r 可以根据 BSSA14 合理地近似估计。因为我们不想要北美中东部地区较高的频率成分施加更大的非线性，我们故意使用 BSSA14 而不使用北美中东部地区的地震动预测方程。我们根据模型残差评价了采用的场地效应模

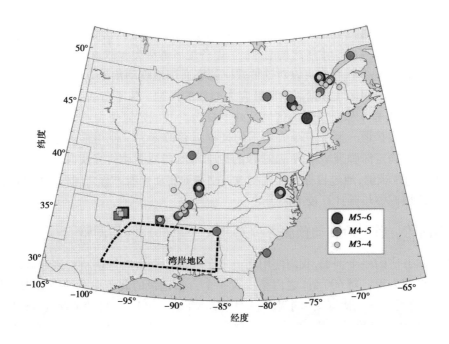

图 5　北美中东部地区(CENA)研究事件的震中分布

(圆示出了发生的天然地震的震中,方块表示在下一代衰减-东扁平文件中
已被标示为潜在诱发地震的事件。虚线标出了湾岸地区)

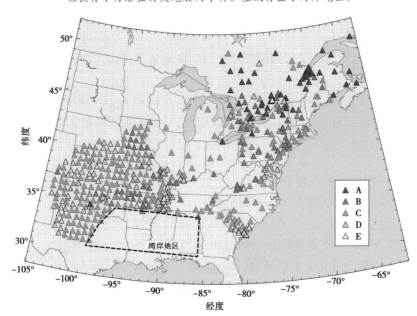

图 6　记录台站位置和相应的国家地震减灾计划(NEHRP)场地类别

(A,$v_{S30} > 1\,500$ m/s;B,760 m/s $< v_{S30} \leqslant 1\,500$ m/s;C,360 m/s $< v_{S30} \leqslant 760$ m/s;

D,180 m/s $< v_{S30} \leqslant 360$ m/s 和 E,$v_{S30} \leqslant 180$ m/s(NEHRP,2000)。

我们去除了位于湾岸地区的台站(虚线))

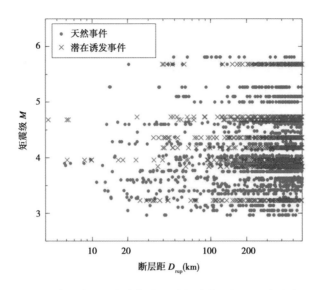

图7　选取的北美中东部地区地震动的震级—距离分布

（不考虑600 km以外记录的地震动）

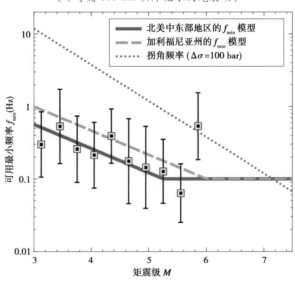

图8　对北美中东部地区记录考虑的最小可用频率(f_{min})模型（实线）

（方块表示对等间距震级段确定的分解低截断滤波器频率（即$1.25f_{lc}$）的几何平均值。

误差棒表示均值的一个标准偏差。虚线表示Yenier和Atkinson（2015）用于加利福尼亚州的

f_{min}模型。点线示出了$\Delta\sigma=100$ bar的Brune（1970）震源模型的拐角频率）

型的适用性（后面讨论）。

4.1　区域衰减

经验研究表明,北美中东部地区的付氏振幅的几何扩散50 km内足以由$R^{-1.3}$描述,更远的距离足以由$R^{-0.5}$描述(Babaie、Mahani和Atkinson,2012；Atkinson和Boore, 2014)。因此,我们使用了Yenier和Atkinson（2015）对加利福尼亚州确定的通用双线性

Z 模型($b_1 = -1.3$、$b_2 = -0.5$ 和 $R_t = 50$ km),未做修改。唯有需要的衰减调整是对区域滞弹衰减的。正如前面给出的方法中描述的那样,我们根据经验数据使用下式确定区域滞弹衰减(γ_{CENA})

$$\ln Y_{B/C,ij} - (F_{M,i} + F_{Z,ij}) = E_i + \gamma_{CENA}D_{rup,ij} \qquad (20)$$

式中:$Y_{B/C,ij}$ 为台站 j 事件 i 的 B/C 校正地震动;$F_{M,i}$ 和 $F_{Z,ij}$ 分别为对已知记录震级和距离($D_{rup,ij}$)估算的震级和几何扩散函数;E_i 为事件项,它提供了匹配事件 i 观测振幅所需的平均调整量。

E_i 值可归因于以下两个主要因素:

(1)由 F_M 函数(100 bar)隐含带入的参考应力和第 i 个事件的真值(由 $F_{\Delta\sigma}$ 模拟的)之间的差异。

(2)合成地震动和北美中东部地区观测地震动(由 C 模拟的)之间的总体差异。我们计算了每个震荡周期和地震动参数的区域滞弹衰减系数(γ_{CENA})和事件项(E_i),表 4 列出了(γ_{CENA})项的值。

表 4 北美中东部地区和加利福尼亚州调整地震动预测方程的滞弹衰减系数

$T(s)$	γ_{CENA}	$\gamma_{CENA,min}$
0.010	-4.66×10^{-3}	-9.82×10^{-3}
0.013	-4.69×10^{-3}	-9.83×10^{-3}
0.016	-4.69×10^{-3}	-9.83×10^{-3}
0.020	-4.67×10^{-3}	-9.82×10^{-3}
0.025	-4.88×10^{-3}	-9.88×10^{-3}
0.030	-5.11×10^{-3}	-1.01×10^{-2}
0.040	-5.27×10^{-3}	-1.08×10^{-2}
0.050	-5.47×10^{-3}	-1.13×10^{-2}
0.065	-5.71×10^{-3}	-1.19×10^{-2}
0.080	-5.79×10^{-3}	-1.24×10^{-2}
0.100	-5.64×10^{-3}	-1.25×10^{-2}
0.130	-5.24×10^{-3}	-1.22×10^{-2}
0.160	-4.77×10^{-3}	-1.17×10^{-2}
0.200	-4.20×10^{-3}	-1.09×10^{-2}
0.250	-3.65×10^{-3}	-1.02×10^{-2}
0.300	-3.12×10^{-3}	-9.43×10^{-3}
0.400	-2.44×10^{-3}	-8.26×10^{-3}
0.500	-2.04×10^{-3}	-7.36×10^{-3}
0.650	-1.64×10^{-3}	-6.45×10^{-3}

$T(\mathrm{s})$	γ_{CENA}	$\gamma_{\mathrm{CENA,min}}$
0.800	-1.43×10^{-3}	-5.85×10^{-3}
1.000	-1.26×10^{-3}	-5.13×10^{-3}
1.300	-1.06×10^{-3}	-4.35×10^{-3}
1.600	-1.17×10^{-3}	-3.90×10^{-3}
2.000	-1.02×10^{-3}	-3.36×10^{-3}
2.500	-1.06×10^{-3}	-3.01×10^{-3}
3.000	-1.09×10^{-3}	-2.72×10^{-3}
4.000	-1.30×10^{-3}	-2.12×10^{-3}
5.000	-9.35×10^{-4}	-1.70×10^{-3}
6.500	-7.87×10^{-4}	-1.31×10^{-3}
8.000	-6.43×10^{-4}	-1.06×10^{-3}
10.000	-3.65×10^{-4}	-8.49×10^{-4}
PGA	-4.67×10^{-3}	-9.81×10^{-3}
PGV	-2.79×10^{-3}	-6.31×10^{-3}

4.2　区域应力参数

应力参数通常由匹配指定矩的短周期的预测和观测谱振幅确定。然而,这种方法导致了震源和衰减之间平衡引起的非唯一 $\Delta\sigma$ 解(Boore 等,2010;Yenier 和 Atkinson,2014)。而且,$\Delta\sigma$ 对长周期响应谱影响不大(见图 3),特别是对中小事件,这限制了我们对长周期响应谱振幅的校准能力。为保证在宽阔周期范围上一致的模型校准,我们通过匹配已知矩(拐角频率)的观测谱形状而不是谱振幅来确定应力参数。这打破了震源和衰减参数之间的平衡,把总振幅差异转移到了校准因子 C(Yenier 和 Atkinson,2015)。按照这个方法,我们使用网格搜索单独确定每个事件的 $\Delta\sigma$。根据宽阔周期范围($0.01\ \mathrm{s}\leqslant T\leqslant 10\ \mathrm{s}$)上 E_i 和 $F_{\Delta\sigma}$ 之间残差的最小标准偏差,我们选取最佳拟合 $\Delta\sigma$;通过最小化残差的标准偏差,我们实际上是在找最佳形状,而不是最佳幅值。因为我们的公式表达中的分解效应方式,可以根据响应谱确定出这种基于形状的应力,而不需要付氏域的单独研究。

图 9 示出了由北美中东部地区事件获得的随震源深度(d)变化的基于谱形的 $\Delta\sigma$ 值。对等间隔震源深度段确定的平均应力表明了从 $d=2.5\ \mathrm{km}$、$\Delta\sigma\approx30\ \mathrm{bar}$ 到 $d=10\ \mathrm{km}$、$\Delta\sigma\approx$ 250 bar 的增加趋势;它在更大的深度上相对保持不变。图 10 示出了随震级变化的最佳拟合 $\Delta\sigma$。对于 $M<5$,应力参数呈现出大的变化性。尽管小震级的 $\Delta\sigma$ 值变化很大,深度集结的清晰分离表明深度影响明显可见。对于 $M>5$,应力参数达到了平均 $\Delta\sigma\approx300\ \mathrm{bar}$ 的值;注意,这大约是加利福尼亚州事件平均应力的 3 倍。

我们回归最佳拟合应力 $\Delta\sigma$ 值建立北美中东部地区应力模型。根据在图 9 和图 10

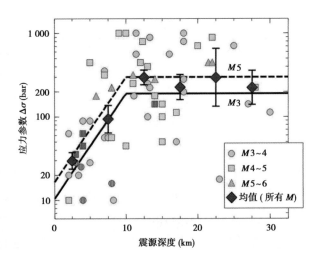

图 9　对北美中东部地区事件确定的随震源深度(d)变化的最佳拟合应力参数($\Delta\sigma$)
（$\Delta\sigma$ 值集结到如图例所示的不同震级段内。圆形符号表示由潜在诱发事件获得的 $\Delta\sigma$ 值。
菱形表示对所有震级上等间隔震源深度段计算的平均 $\Delta\sigma$，误差棒示出了平均应力的
标准误差。线表示对 M3（实线）和 M5（虚线）估计导出的 $\Delta\sigma$ 模型(式21)）

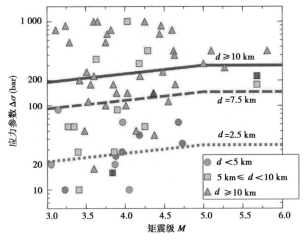

图 10　根据匹配北美中东部地区事件观测响应谱形状确定的随震级变化的最佳拟合应力参数($\Delta\sigma$)
（$\Delta\sigma$ 值集结到如图例所示的不同的震源深度段内。圆形符号表示由潜在诱发
事件获得的 $\Delta\sigma$ 值。线示出了对 $d=2.5$ km（点线）、$d=7.5$ km（虚线）
和 $d\geqslant10$ km（实线）估算的导出 $\Delta\sigma$ 模型（式21））

中做的观测数据,我们限制模型对 $M\geqslant5$ 和 $d\geqslant10$ km 达到 $\Delta\sigma=300$ bar。北美中东部地区地震的应力参数均值表达为

$$\ln\Delta\sigma_{\mathrm{CEMA}} = 5.704 + \min[0,0.29(d-10)] + \\ \min[0,0.229(M-5)] \tag{21}$$

图 9 和图 10 示出了不同震级和深度的式(21)的估计值。如图 11 所示,观测和预测 $\Delta\sigma$ 值之间的平均残差约等于 0。整体上,提出的 $\Delta\sigma$ 模型和根据推断谱形状确定的 $\Delta\sigma$ 值具有良好的一致性。

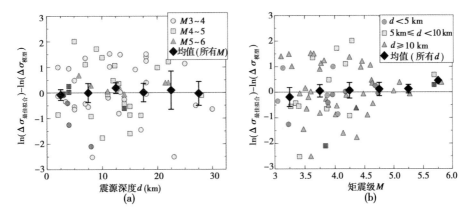

图 11　由北美中东部地区事件获得的最佳拟合 $\Delta\sigma$ 值和对已知研究事件
震级与深度估计的 $\Delta\sigma$ 模型(式(21))估计值之间的残差
(残差分别集结到图(a)和(b)的不同震级和深度段内)

4.3　校正因子

需要一个总校正因子以使预测结果和目标地区的观测振幅一致,解释模拟中缺失和/
或不同的影响(比如,介于假设和真实的地壳属性、场地放大、κ_0 和路径持时值之间的差
异)。我们根据残差(见式(22))分析计算了该校正因子:

$$\delta_{ij} = \ln Y_{B/C,ij} - (F_{M,i} + F_{\Delta\sigma CENA,i} + F_{Z,ij} + \gamma_{CENA}D_{rup,ij}) \tag{22}$$

式中:δ_{ij} 为获得的台站 j 第 i 个事件给定谱周期或峰值地震动的残差;$F_{\Delta\sigma CENA,i}$ 为在已知事
件 i 的震级和震源深度情况下由式(21)估算的 $\Delta\sigma$ 应力调整因子;最后一项说明了前面
确定的区域滞弹衰减。

图 12 示出了随震级变化的事件残差($\delta_i = \sum\delta_{ij}/n_i$,式中 n_i 是获得的事件 i 的记录数;
给定周期的 $n_i \geqslant 3$)。δ_i 通常获取负值,似乎是随机分布的,这表明,天然和潜在诱发事件
没有不同的属性。确定的等间隔震级段 δ_i 平均值一般没有呈现出震级依赖趋势。这表
明,F_M 函数很好地捕捉了北美中东部地区的地震动的震级标度,至少对现有数据是这样。
根据这些观测结果,我们把每个谱周期或峰值地震动的基于事件的校正因子($C_{e,CENA}$)计
算为所有震级上的 δ_i 值的平均。对于 $T < 3$ s 的周期,$C_{e,CENA}$ 项随周期波动,介于 0 和
-0.5(自然对数单位)之间,在长周期端具有增加的趋势获取正值,如图 13 所示。这种
长周期段的增加趋势的可能成因是,像在长周期段看到的那样,随机模拟生成连贯地震动
的能力在本质上具有局限性,它没有充分模拟面波影响。我们把 $C_{e,CENA}$ 描述为

$$C_{e,CENA} = \begin{cases} -0.25 + \max[0,0.39\ln(T/2)] & T \leqslant 10 \text{ s} \\ -0.25 & \text{对 PGA} \\ -0.21 & \text{对 PGV} \end{cases} \tag{23}$$

我们从单个残差中减去基于事件的 δ_i 项计算每个台站的平均残差($\delta_j = \sum\delta_{ij} -
\delta_i)/n_j$,式中 n_j 是台站 j 观测数目;每个周期的 $n_j \geqslant 3$)。图 14 表明了 δ_j 随 v_{S30} 的变化。通
常确定的 NEHRP C 场地的 δ_j 均值接近于 0,这表明 BSSA14 场地影响模型对这种场地类
别是合理的。然而,NEHRP B 场地的地震动平均被低估了约 15%,NEHRP D 场地的地震
动平均被高估了约 20%。除了短周期,确定的 NEHRP A 场地的 δ_j 均值接近于 0。对

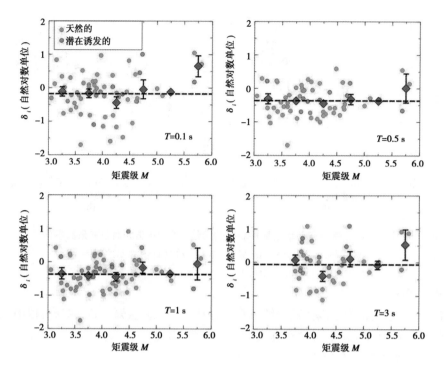

图 12　对给定周期至少有三个观测数据的每个事件确定的平均残差(δ_i,圆形)

(菱形示出了对每个等间隔震级段确定的 δ_i 值的均值,误差棒表示均值的标准误差。
虚线表示给定周期的基于事件的被定义为所有震级上 δ_i 值均值的校准因子($C_{e,\text{CENA}}$))

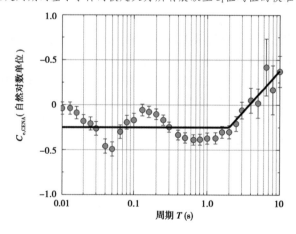

图 13　北美中东部地区基于事件的校准因子(式(23),实线)

(圆形表示对每个周期所有事件确定的 $C_{e,\text{CENA}}$ 平均值。误差棒表示均值的标准误差)

$T<0.1$ s,NEHRP A 场地的地震动平均被低估了约 20% 。根据图 14 做的观测结果,我们推断,在平均可接受的误差范围($\pm20\%$)内,BSSA14 场地效应模型对下一代衰减 - 东数据库(the NGA-East database)中的北美中东部地区数据是合理适用的(至少在结合确定的校准常数应用时)。

最后,我们校正每个事件和台站项的单个残差($\delta_{ij}'=\delta_{ij}-\delta_i-\delta_j$)以评价假设的几何衰

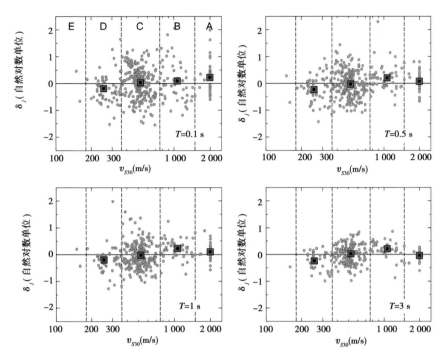

图 14　每个台站随 v_{S30} 变化的事件校准平均残差(δ_j,圆形)

(方块(均值的标准差比符号小)示出了 NEHRP 场地类别的 δ_j 平均值)

减函数的性能。图 15 比较了随断层距变化的 δ'_{ij} 值。确定的常用对数间隔距离段的 δ'_{ij} 均值在 $D_{rup} > 150$ km 时接近于 0,这表明,γ_{CENA} 参数可以成功表达远距离的整体衰减。然而,当 $D_{rup} < 150$ km 时,δ'_{ij} 均值偏离了水平零线,它随距离而减小,如图 15 所示。这种差异可能是由路径持时模型引起的。在模拟中,我们使用了主要根据北美西部地区观测地震动导出的路径持时模型。Boore 和 Thompson(2015)最近指出,北美东部地区(ENA)的路径持时比北美西部地区的长得多,特别是 D_{rup} 小于 150 km 时。这种差异可能导致北美中东部地区 $D_{rup} < 150$ km 的地震动的某种程度的高估,这是因为通过 F_z 函数隐含地把假设的北美西部地区的持时模型带进了北美中东部地区。

对路径持时中的区域差异,我们又考虑了一个小校准项。我们把这路径相关校准($C_{p,CENA}$)描述为

$$C_{p,CENA} = \begin{cases} \Delta b_3 \ln(R/150) & R \leqslant 150 \text{ km} \\ 0 & R > 150 \text{ km} \end{cases} \tag{24}$$

式中:Δb_3 表示响应谱域中几何衰减率的校准。

我们根据式(24)由 δ'_{ij} 的回归分别确定每个周期和峰值地震动的 Δb_3 项。图 16 示出了 Δb_3 系数随周期的变化。它的值只能确定到 $T = 3$ s,这是因为 $D_{rup} < 100$ km 的长周期数据的有限。我们把 Δb_3 值平滑为

$$\Delta b_3 = \begin{cases} \min\{0.095, 0.030 + \max[0, 0.095\ln(T/0.065)]\} & T \leqslant 10 \text{ s} \\ 0.030 & \text{对 PGA} \\ 0.052 & \text{对 PGV} \end{cases} \tag{25}$$

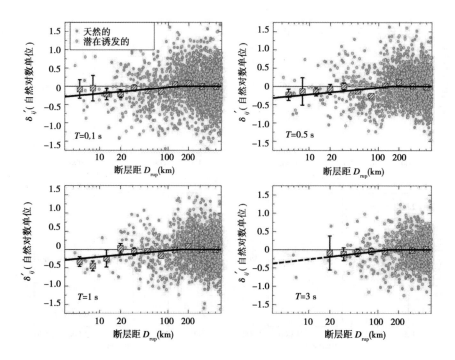

图 15　由天然和潜在诱发事件获得的地震动随距离变化的事件和场地校正残差(δ_{ij})

（方块示出了确定的等对数间隔距离段的 δ_{ij} 均值，误差棒表示均值的标准误差。

实线表示拟合的北美中东部地区路径相关校正模型（$C_{\mathrm{p,CENA}}$，式（24）））

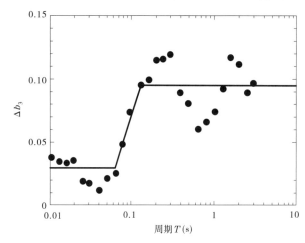

图 16　根据回归分析确定的 Δb_3 值（圆）和北美中东部地区的 Δb_3 平滑模型（式（25），实线）

北美中东部地区调整预测方程需要的总校准是 $C_{\mathrm{e,CENA}}$ 和 $C_{\mathrm{p,CENA}}$ 两项的和，这封闭了基于模拟和北美中东部地区观测地震动之间的间隙。得到的北美中东部地区调整预测方程为

$$\ln Y_{\mathrm{CENA}} = F_M + F_{\Delta\sigma\mathrm{CENA}} + F_Z + \gamma_{\mathrm{CENA}} D_{\mathrm{rup}} + F_S + C_{\mathrm{e,CENA}} + C_{\mathrm{p,CENA}} \tag{26}$$

比如，通过把模型系数（表4）代入到式（26）可以预测北美中东部地区 $M6$ 事件（震源深度，$d = 10\ \mathrm{km}$）$D_{\mathrm{rup}} = 10\ \mathrm{km}$ 处 NEHRP B/C 场地条件（$v_{S30} = 760\ \mathrm{m/s}$）的期望中值峰值加速

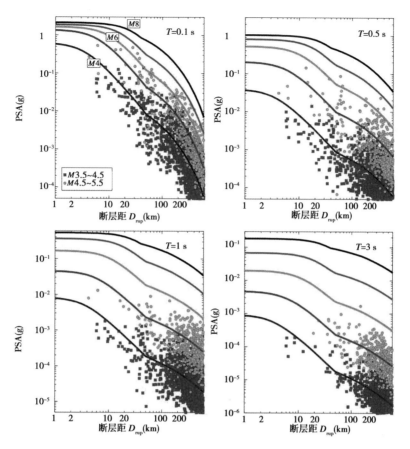

图 17　由北美中东部地区调整地震动预测方程(式(26))获得的 $v_{S30}=760$ m/s

$M4\sim8$ 地震(震源深度,$d=10$ km)的伪谱加速度预测结果(线)

(圆表示由北美中东部地区 $M3.5\sim4.5$ 和 $M4.5\sim5.5$ 两个震级范围的地震获得的 B/C 校正地震动)

度;PGA $=\exp(2.33+0.71-3.54-0.05+0-0.25-0.07)=0.42$ g。图 17 图解说明了根据式(26)预测的随断层距变化的 NEHRP B/C 场地条件($v_{S30}=760$ m/s)的 $M4\sim8$ 地震的伪谱加速度。图中还示出了 $M3.5\sim4.5$ 和 $M4.5\sim5.5$ 两个震级范围的由北美中东部地区地震获得的 B/C 校正地震动。北美中东部地区调整地震动预测方程和有数据地方的经验数据很一致,它提供了中强地震($M>6$)含有地震学信息的均值地震动预测数据。

5　讨论

　　为了能够对比北美东、西部预期的地震动,我们重复了上述对下一代衰减-西2数据库中含有的加利尼亚州事件描述的校准(Ancheta 等,2014)。按照 Yenier 和 Atkinson (2015)的做法,我们假设把加利福尼亚州 $D_{rup}<50$ km 的几何扩散模拟为 $R^{-1.3}$ 和更远距离的模拟为 $R^{-0.5}$(这样做比 $D_{rup}<50$ km 的传统 $1/R$ 模型更好地匹配了衰减趋势,特别是对 $M<5.5$ 的事件)。因此,我们使用了通用双线性 Z 模型($b_1=-1.3$、$b_2=-0.5$ 和 R_t $=50$ km),没有做修改。仅需要的衰减调整是区域滞弹衰减。按照上述方法,我们基于下一代衰减-西2扁平文件编辑的响应谱和峰值地震动计算了区域滞弹衰减系数和加利

福尼亚州的总校正因子(Ancheta 等，2014)。我们采用 Yenier 和 Atkinson（2015）为加利福尼亚州地震研发的应力参数模型 $\Delta\sigma_{California}$：

$$\ln\Delta\sigma_{California} = \{2.18 + \min[0, \max(0.06, 0.3 - 0.04M)(d - 12)]\}\ln10 \qquad (27)$$

式中：d 为震源深度，km。

得到的加利福尼亚州调整预测方程为

$$\ln\gamma_{California} = F_M + F_{\Delta\sigma, California} + F_Z + \gamma_{California}D_{rup} + F_S + C_{California} \qquad (28)$$

式中：$F_{\Delta\sigma, California}$ 使用式(27)估算的加利福尼亚州平均应力的应力调整因子。表 4 给出了滞弹衰减系数 $\gamma_{California}$。我们把区域总校正因子定义为

$$C_{California} = \begin{cases} \max[-0.25, -0.25 + 0.36\ln(T/0.1)] & T \leqslant 0.2 \text{ s} \\ \max[0, 0.39\ln(T/1.5)] & 0.2 \text{ s} < T \leqslant 10 \text{ s} \\ -0.25 & \text{对 PGA} \\ -0.15 & \text{对 PGV} \end{cases} \qquad (29)$$

调整的加利福尼亚州模型无需路径效应校正($C_{p, California} = 0$)，因为用于推导通用地震动预测方程的模拟数据是基于 Boore 和 Thompson（2014）的北美西部兼容持时模型生成的。图 18 和图 19 分别图解说明了随距离和周期变化的北美中东部地区和加利福尼亚州的伪

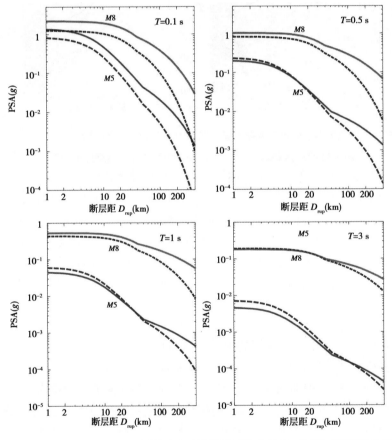

图 18　北美中东部地区(式(26)，实线)和加利福尼亚州(式(28)，虚线) NEHRP B/C 场地条件
($v_{S30} = 760$ m/s) 震源深度为 $d = 10$ km 的 M 5 和 M 8 地震的伪谱加速度预测结果的对比

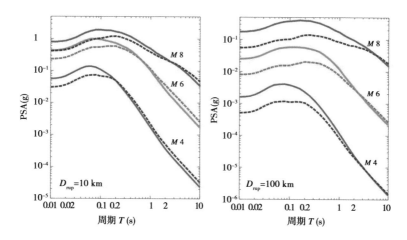

图 19 北美中东部地区(式(26),实线)和加利福尼亚州(式(28),虚线)
$D_{rup} = 10$ km 和 $D_{rup} = 100$ km 的 M 4 ~ 8 地震预测响应谱的对比

(响应谱是对震源深度 $d = 10$ km 和 NEHRP B/C 场地条件($v_{S30} = 760$ m/s)计算的)

谱加速度预测结果的对比。介于利福尼亚加州和北美中东部地区之间的区域应力参数和滞弹衰减的差异的影响在这些图中是明显的。

6 结论

我们得出了这样的结论:通用地震动预测方程方法提供了北美中东部地区预测地震动的校准模型,该模型和下一代衰减 - 东数据库的平均地震动一致,并受到了已表明在加利福尼亚州很宽的震级和距离范围起作用的基于模拟的标度原则的约束。我们给出了校正的 M 3 ~ 8 震级范围 600 km 以内的均值水平峰值地震动和 5% 阻尼比的响应谱的北美中东部地区地震动中值预测结果。

我们采用的方法,在把我们的模型铸造成由地震矩、应力和衰减基本地震参数参数化的构架方面具有概念和实践优势。通用地震动预测方程有效地分解了基本震源和衰减参数对地震动振幅的影响。这使我们能够根据目标地区的观测响应谱数据确定模拟参数的区域值。本研究提出的通用地震动预测方程是一个自调整模型,一旦把区域参数值代入模型,它可以很容易地被调整到目标地区。因此,它不需要进行地震动模拟确定区域校正因子,仍能保证确定的模型稳健和标度行为良好。而且,被隐含带进通用模型的震源和衰减参数通用值是已知的。所以,可以容易地确定区域应用需要修改的模拟参数。这提供了区域之间转移因子的有效和透明控制。通用地震动预测方程的另一个优势是:通过考虑对区域(或区域的一个子集)可能合理的一些可能参数值,我们能容易地建立可以理解和形成文档的备选地震动预测方程。对每个参数集,我们可以使用经验数据导出每个频率的新校正因子,以使给定模型的总残差极小化。那么,残差趋势和它们在备选模型下的变化性的分析提供了备选参数集的局限性的信息。这使我们能够模拟地震动预测方程中的认知不确定性,对概率地震危险性分析应用程序具有重要意义。

资料来源

在 http://www.seismotoolbox.ca 网站上可以得到表 2、表 3 和表 4 的电子版(最后的访问时间是 2015 年 5 月)。我们根据 Christine A. Goulet(书面通信,2014)提供的下一代衰减－东扁平文件编辑了北美中东部地区的地震动,根据 http://peer.berkeley.edu/ngawest2/databases 网站上的下一代衰减－西 2 扁平文件编辑了加利福尼亚州的地震动(最后的访问时间是 2014 年 7 月)。我们使用 http://www.daveboore.com/software_online.html 网站上的 3.8 版随机模拟软件(SMSIM)做了地震动模拟(最后访问时间是 2014 年 10 月)。所有图件使用 CoPlot 软件绘制(www.cohort.com;最后访问时间是 2014 年 10 月)。

译自:Bull Seismol Soc Am. 2015,105(4):1989-2009

原题:Regionally Adjustable Generic Ground-Motion Prediction Equation Based on Equivalent Point-Source Simulations:Application to Central and Eastern North America

杨国栋　译

基于 v_{S30} 的场地响应不确定性

Eric M. Thompson   David. J. Wald

摘要:说明场地响应的方法变化复杂,从简单的线性分类调整因子到复杂的非线性本构模型。地震危险性分析通常依赖于地震动预测方程(GMPEs);在这个框架内,场地响应由包括直到30 m深的时间平均剪切波速(v_{S30})和盆地深度的简化场地参数统计模拟。因为大多数位置的 v_{S30} 是未知的,人们必须通过插值或由像地质或地形的辅助信息推断获取 v_{S30}。在本文中,我们分析实测了 v_{S30} 的一个台站子集,以说明 v_{S30} 替代对地震动预测方程模拟的地震动不确定性的影响。我们分析的台站还包含多个记录,这使我们能够由地震动计算可复验的场地影响(或经验放大因子(EAFs))。虽然所有方法呈现了类似的偏差,但和没有场地项的地震动预测方程相比,替代方法仅减小了长周期的地震动标准偏差,而实测的 v_{S30} 值减小了所有周期的标准偏差。使用经验放大因子的地震动标准偏差低得多,这表明,将来地震动预测方程中场地项的改进对减少 GMPEs 地震动预测中总体不确定性具有很大的潜力。

引言

最近,为了绘制加利福尼亚州 EAFs 图,我们报告了由 Ancheta 等(2014)数据库(称为下一代衰减(NGA)-West 2 数据库)获得的经验放大因子(EAFs)。另外,获得的这套 EAFs 还使我们能够回顾基于 v_{S30} 的场地响应模型和我们在本文给出的常用于估计 v_{S30} 的替代方法的总体精度。因为我们的原始目标是绘制加利福尼亚州 EAFs 图,所以本文考虑的地理区域也是加利福尼亚州。本文的目标是比较基于 v_{S30} 的场地模型精度,在这些模型中,v_{S30} 值由包括特定场地实测和不同成图技术在内的许多各种不同的现有方法估计。特别是,我们试图定量表达使用 v_{S30}(通过实测和替代)改进模拟地震动能力和可能改进当前基于 v_{S30} 的场地响应模型的程度。

虽然更详细的模型可以包括振幅增加时成层速度模型完整的 S 波谐波响应和土层性质的应变依赖(例如,Hartzell 等,2004),本研究仅专注于基于 v_{S30} 的场地响应模型。因为这些简单的场地响应模型使用广泛,并用于地震动预测方程(GMPEs;例如,Boore 等,2014),而这些地震动预测方程又用于概率地震危险性分析(例如,Petersen 等,2014)和像震动图(Wald 等,1999;Worden 等,2010)这样的风险产品,所以它们仍然是很重要的。

我们以前关于 v_{S30} 替代方法精度的努力以 v_{S30} 残差评价替代 v_{S30} 估计值。然而,从地震危险性分析的角度看,得到的地震动的精度更重要。相关精度测度应该注重于如何精确地表达地震动。因此,在本文中我们注重于以地震动强度测度(IMs,即峰值加速度、峰值速度或谱加速度)评价不同 v_{S30} 估计值的精度。这样,我们必须采用像 Choi 和 Stewart(2005)、Walling 等(2008)、Seyhan 和 Stewart(2014)和 Kamai 等(2014)的基于 v_{S30} 的场地响应模型。我们可以任意采用一个特定场地模型来比较 v_{S30} 的放大,因为当前这一代基于 v_{S30} 的场地响应模型所依据的方法和数据都是类似的。我们预计,这个选择对结果影响甚微。然而,我们承认,关于盆地深度参数的少部分结果会对这个选择更敏感,因为在提出的模型中存在较大的变化性,且可用于约束和评价这些模型的数据较少。

不同于关联 v_{S30} 与放大的方程,估计 v_{S30} 的不同方法在尺度和适用性上变化很大。所以,考虑不同替代方法的精度很重要。正如 Thompson 等(2011)讨论的那样,我们通常认为,v_{S30} 成图方法的精度和它的空间覆盖范围呈负相关。Wald 和 Allen(2007)(由 Allen 和 Wald 更新,2009)的地形斜率方法和 Yong 等(2012)的地形地貌方法给出了全球覆盖,而 Wills 等(2015)和 Thompson 等(2014)的图仅覆盖了加利福尼亚州。因此,以仅考虑一个场地响应模型的同样方式,我们仅比较了在全球、区域和场点的每个空间尺度确定 v_{S30} 的一种方法。我们在全球的尺度使用 Allen 和 Wald(2009)的方法,在区域尺度上使用 Wills 等(2015)的图。在本文我们把 Allen 和 Wald(2009)的方法称为地形方法,把 Wills 等(2015)的成图方法称为地质方法。

对特定场点的调查,很多估计 v_{S30} 的不同方法都可应用。v_{S30} 由剪切波速剖面计算,剪切波速剖面由不同精度和穿透深度的地球物理方法估计(关于不同方法的比较见 Boore 和 Asten(2008)文章)。我们不想把不同的地球物理方法看为附加的变量,所以我们把所有 NGA – West 2 中由延伸到 20 m 或更深的剪切波速剖面得到的 v_{S30} 记录作为特定场地测量数据处理(详情见 Seyhan 等(2014)的文章)。

1 数据

对于记录选择,我们使用了和 Boore 等(2014,这里我们称为 BSSA14)描述相同的基本筛选标准。一个棘手的问题是,虽然他们的方程可以应用到 400 km 的最大 Joyner-Boore 距离(R_{JB};到破裂地表投影的水平距离),但在确定一些项的第 2 阶段回归中,他们没有使用超过 R_{JB} = 80 km 的记录。所以,对我们来说重要的是,调查较远距离记录对残差的影响。图 1 对周期画出了 R_{JB} < 80 km(顶排)与 R_{JB} < 400 km(底排)的乖离率(c)、事件间和事件内标准偏差(τ 和 ϕ;方法部分给出了更多细节)和这些参数的 95% 的置信界限。为了比较,我们还画出了表示 BSSA14 给出的模型 τ 和 ϕ 的曲线。使人担忧的是,当包含超过 R_{JB} = 80 km 的数据时,长中期的乖离率增加了。然而,我们认为,在我们的分析中包含这些数据比试图避免这种小而持续的乖离率更重要。

对有多条记录的场点,场点的 EAF 可以根据多个地震动估计(例如,Joyner 和 Boore,1993;Tinsley 等,2004;Lin 等,2011;Rodriguez-Marek 等,2011)。因为 EAF 由记录和常数参考条件的 IMs 的比较估计,它们不受简单的 v_{S30} 替代方法和通用场地模拟假设,如 1D 垂直波传播的限制。因此,EAF 能够捕获任何可重复的场地影响,包括比 30 m 更深的速度结构和对 1D 行为的偏离,像水平传播的面波(Graves,1993;Baise 等,2003)和地震散射(Thompson 等,2009)。然而,因为 EAF 由有限数量的记录地震动计算,所以它仍然具有不确定性。这种不确定性随着每个台站的记录数量增加而减小。因此,我们在分析中仅包含能够由 4 个以上记录计算 EAF 的台站,要求这些记录的 BSSA14 非线性项(F_{nl};见方法部分)在 1 的 5% 以内以保证线性放大的假设(记录也必须是在 80 km 内能够使用 4 个记录计算事件项的地震的)。使用这些选择标准获得了 555 个台站,其中,194 个具有实测 v_{S30} 值。这是本文我们分析的数据子集。图 2 示出的满足这些标准的台站数随周期

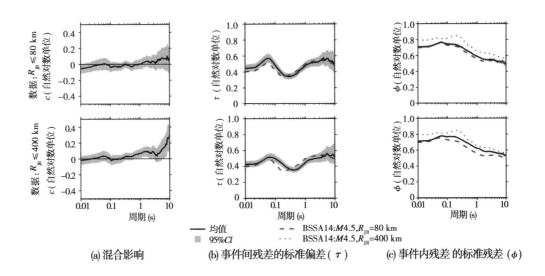

(a) 混合影响   (b) 事件间残差的标准偏差（τ）   (c) 事件内残差的标准残差（ϕ）

图1　混合影响回归参数（黑色实线表示最大似然估计值，阴影灰色区域表示95%的置信区间（CI）。顶排仅使用了 Joyner-Boore 距离 $R_{JB} < 80$ km 的记录；底排仅使用了 Joyner-Boore 距离 $R_{JB} < 400$ km 的记录。注意，因为不依赖于距离，Boore 等（2014，或 BSSA14）的模型仅有一条曲线）

而变化，其原因有以下2个：

（1）各个记录的最长可用周期不同，周期增加，可用记录数减少。

τ（2）短周期的非线性影响更强，周期减小，可用记录数较少。

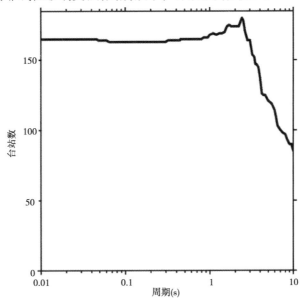

图2　随周期变化的满足数据筛选标准的台站数目

2　方法

现代地震动预测方程把场地响应典型地模拟为 v_{S30} 及粗略估计的盆地深度（z_1）（如

剪切波速剖面超过 1.0 km/s 的深度)的函数。在本文中,我们根据 NGA-West 2 简单文本文件使用 z_1,NGA-West 2 简单文本文件由一些不同的数据源编辑而成(详见 Ancheta 等,2014)。按照 BSSA14 方法,我们把场地放大项表达为

$$F_S = \ln(F_{\text{lin}}) + \ln(F_{\text{nl}}) + F_{\delta z1} \qquad (1)$$

式中:F_{lin} 为表示线性场地效应的函数;F_{nl} 为表示非线性场地效应的函数,而 $F_{\delta z1}$ 表示盆地深度效应。

为方便起见,表 1 提供了本文采用的选择变量定义。注意,以 $F_{\delta z1}$ 为中心以致它与那个场点 v_{S30} 的 z_1 期望值相关。

表 1　选择变量定义

变量	定义
IM	地震动 IM;如,峰值加速度,和谱加速度
F_S	基于 v_{S30} 的场地放大;放大比的自然对数
F_{lin}	线性场地放大
F_{nl}	非线性场地放大
$F_{\delta z1}$	盆地深度引起的场地放大
y	记录的地震动 IM
$y_r = y/F_S$	校准到 $v_{S30} = 760$ m/s 的记录地震动 IM
R	相对 $v_{S30} = 760$ m/s 预测值的对数地震动残差
R_r	校正到 $v_{S30} = 760$ m/s 相对 $v_{S30} = 760$ m/s 预测值的对数地震动残差
c	地震动预测方程(GMPE)乖离率
τ	事件间残差标准差
ϕ	事件内残差标准差
$(R_r)_{i,j}$	事件 i 和记录 j 的 R_r
$(R_{ec})_{i,j}$	对事件间残差校准的 R
EAF	一个场点的 $(R_{ec})_{i,j}$ 均值
μ_X	场地项的乖离率;EAF 的均值减去 F_S;下标表示 F_S 的计算方法
ϕ_X	EAF 的标准偏差减去 F_S;下标表示 F_S 的计算方法
ϕ_E, ϕ_{SS}	F_S 等于 EAF 的 ϕ_X 特例;Atkinson(2006)称之为单台 σ,Al Atik 等(2010)定义为 ϕ_{SS}
$\delta S2S_S$	$EAF - F_S$
ϕ_{S2S}	$\delta S2S_S$ 的标准偏差

注:IM 为强度测度;EAF 为经验放大因子。

计算相对 GMPE 参考条件的 EAF 的第一步是计算事件项,它是每个事件的残差均值。它们随周期而变化,必须从数据中把它们减掉以分离场地影响。我们把记录的 IM

称为 y，它是振子周期的函数，为计算事件项。我们把记录数据校准到统一的参考场地条件，为此我们采用 v_{S30} 为 760 m/s（这意味着 $F_S=0$）的 BSSA14 方程。我们把校准到 $v_{S30}=$ 760 m/s 的记录值称为 $y_r=y/\exp(F_S)$，所以未校准和校准到参考场地条件的残差分别为

$$R = \ln y - \ln \hat{y} \tag{2}$$

$$R_r = \ln y_r - \ln \hat{y} \tag{3}$$

式中：$\hat{y}$ 为 $v_{S30}=760$ m/s 的 BSSA14 预测值。然后通过使用混合效应构架：

$$(R_r)_{i,j} = c + \eta_i + \varepsilon_{i,j} \tag{4}$$

把式（3）中定义的总残差分离成事件间和事件内残差计算事件项。式中 i 为地震事件指数，j 为记录指数，c 为平均残差（即相对于 BSSA14 预测值残差的总偏差），η_i 为第 i 个事件的平均残差（即事件项，事件间残差或事件之间的残差），而 $\varepsilon_{i,j}$ 为事件内（即事件内部的）残差。η_i 的标准偏差为 τ，$\varepsilon_{i,j}$ 的标准偏差为 ϕ。我们使用 R 中的混合效应回归包 nlme 估计残差和它们的标准偏差（Pinheiro 等，2013）。

定义 EAF 的相关残差应该从未校准的残差中减去事件项，得到

$$(R_{ec})_{i,j} = R - \eta_i - c \tag{5}$$

式中，下标"ec"表示这是事件校正的残差。直到这个时候，我们已经定性地使用了 EAF 项。我们定量地把 EAF 定义为一个场点的均值 $(R_{ec})_{i,j}$：

$$EAF = \frac{1}{n}\sum_{j=1}^{n}(R_{ec})_{i,j} \tag{6}$$

式中：n 为那个场点的记录数中值放大因子为 $\exp(EAF)$。我们由混合效应回归事件间残差的分析计算 EAF。Stafford（2014）已经指出，这不是最优的，因为场地项会影响事件项，所以更正式的分析应该同时计算场地项和事件项。

为了量化 F_S 线性部分的精度，我们使用下列 F_S 的 5 个不同假设计算了场地响应残差（$(R_{ec})_{i,j} - F_S$）的乖离率（μ）和标准偏差（ϕ）。

（1）μ_X 和 ϕ_X 为 μ 和 ϕ，$F_S=0$ 和 $F_{\delta z1}=0$。换句话说，没有使用场地项。

（2）μ_T 和 ϕ_T 为 μ 和 ϕ，F_S 由 Allen 与 Wald（2009）基于地形斜率的 v_{S30} 计算，且 $F_{\delta z1}=0$。

（3）μ_G 和 ϕ_G 为 μ 和 ϕ，F_S 由 Wills 等（2015）的基于地质的 v_{S30} 计算，且 $F_{\delta z1}=0$。

（4）μ_G 和 ϕ_G 为 μ 和 ϕ，F_S 由实测 v_{S30} 计算，且 $F_{\delta z1}=0$。

（5）$\mu_{M,z}$ 和 $\phi_{M,z}$ 为 μ 和 ϕ，F_S 由实测 v_{S30} 计算，而 $F_{\delta z1}$ 由 z_1（取自南北加利福尼亚州 3D 速度模型）计算。

（6）μ_E 和 ϕ_E 为 μ 和 ϕ 时，F_S 作为 EAF 计算；μ_E 不是人们感兴趣的，依定义等于 0。注意，ϕ_E 和 Atkinson（2006）定义的单台 σ 及 Al Atik 等（2010）称为 ϕ_{SS} 的是一样的。

3 实例场地

几个实例场点的 EAF 和基于 v_{S30} 的放大对比表明了场地项模拟中不同类型的不确定性。除非另有声明，在本节中我们假设 $F_{\delta z1}=0$。图 3 画出了 4 个不同台站的 EAF 及 F_S 的曲线。表 2 中给出了每个台站的摘要信息。基于地质和地形替代方法的 v_{S30} 值导致了 Chino 台站 EAF 和 F_S 的良好匹配。在本例中，我们认为，更精确的实测 v_{S30} 或即使特定场

地分析也不能给出基于替代方法的场地响应模型的显著改进。

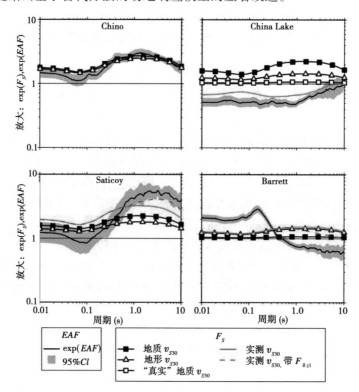

图 3　比较不同 v_{S30} 估计值的经验放大因子(EAF)和基于 v_{S30} 的放大(F_S)的 4 个实例场点
(在所有情况下,$F_{nl}=0$,$F_{\delta 1}=0$,除非另有声明。阴影灰色区域表示 EAF 的 95% 的置信区间。
地质 v_{S30} 取自 Wills 等 (2015) 的图,地形 v_{S30} 取自 Allen 和 Wald (2009) 的图)

表 2　图 2 中台站的场地参数

台站名	经度(°)	纬度(°)	v_{S30} (m/s)			z_1 (km)
			实测	地质	地形	
Chino	−117.68	33.999	292	293.5	319	0.320
China Lake	−117.597	35.815 74	1 464	351.9	538	0.003
Saticoy	−119.164 6	34.293	249	351.9	433	0.740
Barrett	−116.672 2	32.680 05	511	710.1	539	——

China Lake 台的 EAF 没有得到基于地质和地形的 v_{S30} 估计值的良好拟合:二者导致了大于 1 的放大,而 EAF 表明,场地放大没有 $v_{S30}=760$ m/s 的参考场地条件的大。Yong 等(2013) 在 China Lake 台实测了 v_S 剖面,报告称本地为花岗岩,而 Wills 等 (2015) 的图把这个地方划成了陡峭冲积层($v_{S30}=351.9$ m/s)。如果我们通过使用 Wills 等 (2015) 报告的 710.1 m/s 的结晶岩石的 v_{S30} 均值去除由数字化地质图的精度导致的分类错误,可以看到,F_S 和 EAF 之间的一致性得到了改善(这对应于图 3 中 China Lake 的标识为"真

实"地质的 F_S 曲线)。然而,这个 v_{S30} 值仍然没有再生出 China Lake 台观测到的缩小(相对于 $v_{S30} = 760$ m/s)。如果我们使用 Yong 等(2013)报告的特定场地实测 1 463 m/s 的 v_{S30} 值,那么我们看到,得到的 F_S 足以再生 EAF 。

图 3 表明,对场点 Saticoy ,基于替代的 v_{S30} 放大没有精确匹配 EAF 。对长周期,实测 v_{S30} 值给出了比基于替代的 v_{S30} 值更好的结果,但仍然低估了 EAF 。 Saticoy 台的中值 EAF 在长周期(2~10 s)达到了 5~6 的最大值,它表明这是深土层场点。通过增加长周期方法到 4 倍左右,加上 $F_{\delta z1}$ 项的 F_S 计算进一步改善了拟合。 BSSA14 中场地项 $F_{\delta z1}$ 的表达只会影响大于 0.65 s 的周期,所以短周期仍不受影响。参数 z_1 是有用的,因为它表明了这个场点深于具有相同 v_{S30} 值的平均场点。

Barrett 台的 EAF 表明了短周期(0.01~0.3 s)2~3 倍的放大和中长周期(>0.6 s)信号的稍微衰减。仅因为对任何 v_{S30} - z_1 组合,在这些更短的周期都不产生峰值,这是个没有值能够模拟放大形状的场点。这里的实测 v_{S30} 值为 511 m/s,表明这是硬土软岩石场地。虽然 F_S 和 EAF 不匹配,但在坚硬场地谐振周期更短的意义下,EAF 的形状一致于和这 v_{S30} 值相关的场地条件的解释。取自于该场点速度剖面(Yong 等,2013)的 z_1 为 25 m ,图 3 表明,这给出了 F_S 和 EAF 之间的长周期稍有改进的拟合结果,不能有意义地改进这个位置的场地响应模型。对像这样的硬场地,参数 z_1 会理想地增大短周期的 F_S 而减小长周期的 F_S 以反映场地变硬时谐振周期向短周期的移动变化。

这些实例表明,EAF 可能由简单的 v_{S30} 替代精确模拟或者可能受到替代不确定性的限制。场点 Saticoy 和 Barrett 进一步表明,即使精确知道 v_{S30},包含 $F_{\delta z1}$ 项,且 z_1 也是确切知道的,EAF 也是不可能用现有的 v_{S30} 模型复制的。然而,图 3 中的这 4 个实例场点不能给出这些不同类型错误的发生率。换句话说,重要的是要知道像 Barrett 或 Chino 的场点是否更常见。我们在下节解决这个问题,对 NGA - West 2 数据库中估计了 EAF 和实测了 v_{S30} 的所有场点,我们计算汇总统计数字。

4 场地响应模型中的不确定性

为可视化跨越所有场点的数据,我们在图 4 中画出了每个不同 F_S 估计值 $T = 1$ s 的场地响应残差(($R_{ec})_{i,j} - F_S$)对 v_{S30} 的曲线;图中标识了每个例子的乖离率和标准偏差。因为在图 4 中我们在画($R_{ec})_{i,j} - F_S$,像 Al Atik 等(2010)讨论的那样,它含有两部分变化性:每个场点 EAF(即均值 R_{ec})对 F_S 的偏差($\delta S2S_S$;即 $EAF - F_S$)和记录到记录的剩余残差(($R_{ec})_{i,j} - EAF$)。虽然因为($R_{ec})_{i,j}$ 的变化性类同于 GMPEs 中报告的 ϕ,它是有用的,但因为 $\delta S2S_S$(图 5 中给出的)包含了每个场点记录到记录的变化部分,它也是有用的。 $\delta S2S_S$ 的另一个优点是它对每个场点给出相同的权重,而($R_{ec})_{i,j}$ 对具有较多记录的场点放置了较大的权重。 Al Atik 等(2010)把 $\delta S2S_S$ 的标准偏差定义为 ϕ_{S2S},我们在图 5 中给出了不同 v_{S30} 估计值的 $\phi_{\delta S}$。图 5 中仅有 5 幅画面,因为没有包含 $F_S = EAF$ 的依据定义为 0 的 $\delta S2S_S$ 的图。

图 5 中 v_{S30} 低值的离群点是 Salton Sea Wildlife Refuge(SSWR)台。负残差表明,$T = 1$ s 的谱加速度的 EAF 被 F_S 高估了,它是基于 v_{S30} 为 191 m/s 的。虽然详细分析单个场点超出了本文的范畴,但我们必须指出,这个台位于帝王谷冲积层,我们没有理由怀疑 v_S 剖

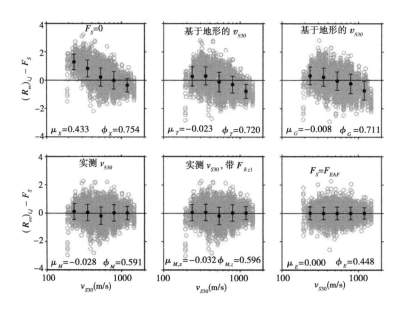

图4 不同场地项(F_s)假设 $T=1$ s的场地响应残差随v_{S30}变化的图

（每幅图中的横坐标为实测v_{S30}值，即使在没有使用实测v_{S30}
的图面中也是。黑色圆点和竖直条给出了分段均值和±1倍标准差）

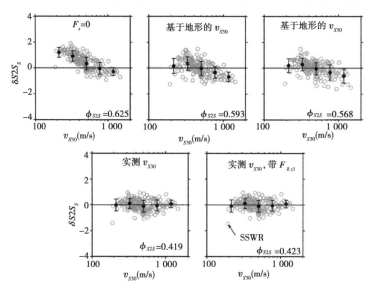

图5 不同场地项(F_s)假设 $T=1$ s的$\delta S2S_s$随v_{S30}变化的图

（每幅图中的横坐标为实测v_{S30}值，即使在没有使用实测v_{S30}的图面中也是。
黑色圆点和竖直条给出了分段均值和±1倍标准差。因为 Salton Sea Wildlife Refuge(SSWR)
为离群点并在文章中被讨论，所以在图中把它标示出来了）

面或v_{S30}是不精确的。然而，这个台位于石山东南300 m，高出冲积层25 m。石山为一系列穹顶之一，这一系列穹顶沿近北东—南西向横切了沙顿海地热场（Robinson 等，1976）。

因此,我们怀疑这个台附近的速度结构呈现复杂的 3D 变化性,这是异常线性响应行为的根本原因。

所有 v_{S30} 估计值都大幅减小了 $T=1$ s 的乖离率和标准偏差(见图4和图5)。为了解跨越很大周期范围的趋势,我们在图6中画出了周期为 $0.01\sim10$ s 的场地响应残差的乖离率和标准偏差,图7给出了 $\delta S2S_s$ 的类似图。在这些图中我们包含了乖离率和标准偏差以给出精度的完整描述。也就是说,标准偏差更为重要,因为即使在残差离散很大时乖离率可能仍然很小。在图6中,我们也包含了 Rodriguez-Marek 等(2013)的 ϕ_{SS}(它类同于 ϕ_E)模型。他们的模型依赖于震级和破裂距(R_{rup});为了比较,我们选择 $R_{rup}=84$ km(我们的数据集的中值)和 $M=5$(我们的数据的中值是 4.2,但 $M<5$ 的方程是不变的)。Rodriguez-Marek 等(2013)的 ϕ_{SS} 模型与我们的 ϕ_E 估计值的比较表明了长周期的良好一致性,但随着周期减小,我们一致获得了比他们的模型更大的值。

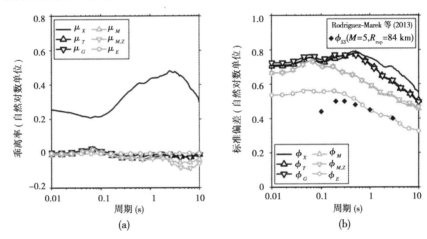

图6　不同场地项(F_S)假设的随周期变化的$(R_{ec})_{i,j}$的(a)乖离率和(b)标准偏差

(我们包含了 Rodriguez-Marek 等(2013)的 ϕ_{SS} 以和我们的估计值(标识的 ϕ_E)比较)

图6和图7中看到的假设 $F_S=0$ 的曲线的大正乖离率是因为线性场地效应趋于放大地震动;没有场地项的 GMPE 导致了低估(正乖离率)。加入场地项后,所有不同的方法显著地减小了乖离率。标准偏差呈现了不同的趋势:基于替代 v_{S30} 的值没有减小短周期($T<1$ s)的标准偏差,但稍微减少了长周期的。实测值进一步减少了标准偏差。加入参数 z_1 后,我们没有看到有多大改进,这可能是因为我们的分析中半数以上场点的这个参数是不可用的。

5　讨论

相对 $F_S=0$ 的乖离率减小是由假设的参考 v_{S30} 任意确定的。例如,如果我们假设 $v_{S30}=373$ m/s(我们分析中场地的中值 v_{S30})参考场地条件,图6和图7中"无场地"曲线的乖离率会减小,所以,重要的是不要把所有乖离率的这种减小都归因于 v_{S30} 的应用。然而,图6和图7中的乖离率曲线的确表明,实测 v_{S30} 值相对使用基于替代的 v_{S30} 估计值没有减小乖离率。

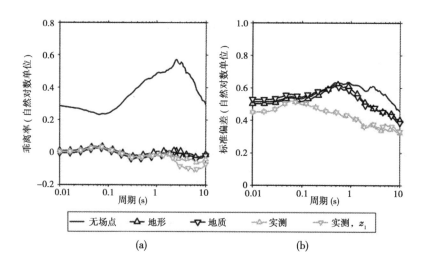

图 7　不同场地项(F_S)假设随周期变化的$\delta S2S_s$(即ϕ_{SS})的(a)乖离率和(b)标准偏差

为进一步说明不同场地项方法的ϕ和ϕ_{S2S}的减小,在图 8 中我们计算了相对于获得的不带场地项的标准偏差百分比变化。出乎意料的是,替代值没有减小短周期($T<1$ s)的ϕ和ϕ_{S2S}。替代值把长周期($T>1$ s)的ϕ和ϕ_{S2S}分别减小了5% ~12%和8% ~22%。实测v_{S30}值(带或不带z_1)把短周期(<0.2 s)的ϕ和ϕ_{S2S}分别减小了3% ~9%和5% ~18%,把大于0.5 s的长周期的ϕ和ϕ_{S2S}分别减小了15% ~24%和26% ~40%。重要的是要记住,ϕ的减小总是小于ϕ_{S2S}的减小,因为后者不含对可重复场地效应校准后保留的记录的变化(即$(R_{ec})_{i,j}$ – EAF的标准偏差或ϕ_E)。作为总变化的百分比ϕ_E,在图 8 中由EAF的ϕ百分比变化曲线表达。也有可能,如果 GMPE 研发者已经对基于替代的v_{S30}做过回归,那么那种方法或许在我们的比较中表现会略好些。也就是说,我们预期这种影响不大,尤其是研发者在回归中使用了推断和实测混合的v_{S30}之后。

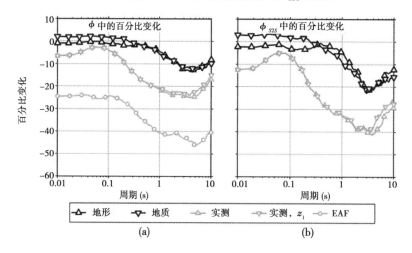

图 8　相对没有使用场地项的(a)ϕ和 (b)ϕ_{S2S}百分比变化

很久以前人们已经认识到,除v_{S30}外,盆地深度也是一个重要因素(例如,Campbell,

1997；Field，2000）。对 BSSA14 的场地项，盆地深度由参数 z_1 模拟。目前，尽管对单个场点（像图 3 中的 Saticoy 台）使用这个参数比单独使用 v_{S30} 有所改善，但我们的结果表明，平均来说，在跨越所有场点没有显示出显著优势，这主要是因为半数以上的场点的 z_1 是未知的。重要的是获取更多场点的 z_1 估计值，特别是当前盆地深度项不能反映高频放大增强的硬土层场地（像图 3 中的 Barrett 台）的。也有人提出基础频率（f_0）作为增强 v_{S30} 的参数，它可以起到和 z_1 相同的作用。用 f_0 增强 v_{S30} 的一个主要优点是在不能进行深场地调查和没有 3D 速度模型的地方获取基础频率比较容易。无论使用哪个参数，重要的是，像在 Barrett 台看到的那样（见图 3），场地项能够反映硬场地的场地周期向短周期的变化。

我们的分析和 Rodriguez-Marek 等（2013）及 Boore（2004；4.1.2 部分）给出的分析有一些相似之处。我们在图 8 中观察到的事件间标准偏差的减少（从 ϕ_M 到 ϕ_E）类似于像 Rodriguez-Marek 等（2013）讨论过的从使用遍历性事件间标准偏差到部分非遍历性事件间标准偏差的变化。虽然 Rodriguez-Marek 等（2013）研发了应用于部分非遍历性概率地震危险性分析（PSHA）的单台模型 ϕ（即 ϕ_{SS}），我们计算 ϕ_E 的目的是评价 GMPEs 中场地项的相对精度。在这种背景下，ϕ_E 代表不可获得的场地项的最小标准偏差。对 PSHA 应用程序，最好直接使用单台 ϕ 模型，不要由配有像图 8 中那样的修改项的历遍性模型计算它。Boore（2004）绘制了一个具有实测值场地子集随 v_{S30} 变化的 $T = 2$ s 响应谱残差图，比较了不同场地项构成的标准残差。此分析的重点是评价使用 v_{S30} 作为场地项相对使用场地类别（如土层对岩石）的价值。$T = 2$ s 的结果获得了没有场地类别 0.25 的对数（以 10 为底）标准偏差，0.25 对应于二元的土 – 岩场地类别，0.21 对应于国家地震减灾规划场地类别，0.20 对应于作为连续随机变量，相应的百分比变化为 – 20%，它类似于在图 8 中我们在 $T = 2$ s 给出的值（约 23%）。考虑到分析中数据和 GMPEs 的不同，这种差异并不奇怪。我们的分析和 Boore（2004）的分析存在如下不同：

（1）我们重点关注备选 v_{S30} 替代而不是对连续场地项分类的性能。v_{S30} 在 GMPEs 中的应用比 Boore（2004）的文章发表时更流行（虽然仍有争议）。

（2）我们示出了对标准偏差影响的周期依赖。

（3）EAF 的应用提供了通过将来场地项的改进我们能够希望获得的标准偏差下限估计值。

6 结论

在本文中，我们根据 NGA-West 2 数据库计算和分析了 EAFs，以量化不同场地响应项计算方法在地震动标准偏差中的差异。我们考虑了 v_{S30} 的不同估计值及作为替代盆地深度 z_1 的应用。对所有这些计算场地项的方法，我们几乎没有发现差异。根据场地响应残差的标准偏差，我们有如下发现：

（1）基于地质和地形的 v_{S30} 值没有减少短周期的标准偏差，但对于周期大于 1 s 的标准偏差确实减小了 8% ~ 22%。

（2）实测 v_{S30}（带或不带 z_1）减少了周期小于 0.2 s 的标准偏差 3% ~ 9%，减少了周期大于 0.5 s 的标准偏差 26% ~ 40%。

（3）使用 EAFs 减少了周期小于 0.1 s 的事件内标准偏差约 25%，减少了周期大于 1 s

的事件内标准偏差在40%以上。

数据来源

我们编辑、处理了本文使用的地震动数据,并合并了太平洋地震工程研究(PEER)下一代衰减(NGA)-West 2 计划(http://peer. berkeley. edu/ngawest2/;最后访问时间是2015 年7 月)组成部分的元数据。选择场点的详细场地特征由 Alan Yong 提供,详细报告在 http://pubs. usgs. gov/of/2013/1102/(最后访问时间是2015 年7 月)网站上可以得到。我们使用 R 中的 nlme 包计算了混合效应回归。

译自:Bull Seismol Soc Am. 2016,106(2):453- 463
原题: Uncertainty in v_{S30}—Based Site Response
杨国栋　译

捕捉概率地震危险性评估中
地震活动率的不确定性

D. Stromeyer G. Grünthal

摘要:我们提出了量化由逻辑树-驱动概率地震危险性分析潜在震源区 Gutenberg-Richter (GR)关系估计的地震活动率 $\nu(M)$ 不确定性的新两步法。第一步利用协方差矩阵 $C(\alpha,\beta)$（或 $C(a,b)$）表示的 GR 参数 α 和 β（或 a 和 b）不确定性可被完全传播到 $\nu(M)$ 的可能性。在第二步中,用统计最优方式下有限的一组值和权重近似对任意固定震级 M 得到的 $\nu(M)$ 1D 概率分布(Miller 和 Rice,1983)。这个过程产生了详尽近似地震活动率认知不确定性的一组可选复发模型。

引言

基于编目地震数据的地震活动率估计是任何概率地震危险性分析(PSHA)的先决条件。为量化结果危险性的不确定性,这一步还需要估计和这些输入数据有关的不确定性(Abrahamson 和 Bommer,2005;Bommer 等,2005)。

本文的主题是改进关于作为假设内部地震活动均匀分布的潜在震源区标准率模型的 Gutenberg-Richter (GR)震级—频度关系不确定性的统计描述。

固定时段观测的特定区域震级不小于 M 地震总数经验关系由带有活动和比率参数 α 与 β(Gutenberg 和 Richter,1944)的表达式定量化描述:

$$\nu(M) = \int_M e^{\alpha-\beta m} dm \tag{1}$$

就危险性计算而言,它通常被表示为

$$\nu(M) = \nu_0 \int_M^{M_{max}} \frac{\beta e^{-\beta m}}{e^{-\beta M_{min}} - e^{-\beta M_{max}}} dm \tag{2}$$

式中:$\nu(M)$ 为震级间隔 $[M,M_{max}]$ 内的年累积地震频率;$\nu_0 = \nu(M_{min})$ 为不小于最小完整震级 M_{min} 的总频率;积分项代表比率为 β(Page,1968)的双截断指数概率分布。

进行地震活动性研究和地震危险性评估采用 GR 关系存在显著差异。在第一种情况中,兴趣往往局限于比率参数 β 和它的不确定性,而 $\nu(M)$ 几乎没有意义(Wiemer 和 Wyss,2002;Schorlemmer 等,2004)。β 适当估计值追朔到 Aki (1965)和 Utsu (1965)的早期著述。随着扩展到分段震级类别(Utsu,1966;Bender,1983;Tinti 和 Mulargia,1987)和改进误差评估(Shi 和 Bold,1982),特别是为分析固定完整震级之上的大量仪器记录事件(Marzocchi 和 Sandri,2003),在地震学中建立了这些 β 估计量。与此相反,地震危险性评估的基本目标是震级率 $\nu(M)$ 本身。这需要 GR 关系的两个参数 ν_0 和 β（或 α 和 β）的联合估计。而且,在地震危险性评估中使用历史和仪器记录地震活动隐含着不同观测时段的分段震级类别估计方法。

Weichert（1980）最先发表了关于危险性评估的 GR 参数适宜估计方法。他的最大似然估计（MLE）提供了基于分段震级率和不同完整时段的 β 和 ν_0 的期望值和不确定性。首次能够以正确统计方式联合分析仪器和历史数据。另外，这个方法还考虑了地震序列可由稳定泊松过程描述的经典 PSHA 的基本假设（Cornell，1968）。

虽然 Weichert（1980）的研究有条不紊，但 β 和 ν_0 的确定是相继而不是同时进行的。因此，β 方差 var(β)的估计是正确的，但仅当预先固定 β 时，var(ν_0)才是正确的。β 和 ν_0 之间的相关性失掉了。在美国中东部潜在震源区（CEUS-SSC 对核设施）（EPRI/DOE/NRC，2012）特征项目的电力研究院（EPRI）的报告（Johnston，1994）中首次把两参数的联合不确定性提及为带有协方差矩阵 $C(\nu_0,\beta)$ 的 2D 正态分布。从那时起，这种技术在若干个地震危险性项目中被用作 Weichert 修正方法，比如，瑞士核电厂厂址的概率地震危险性分析（PEGASOS，Coppersmith 等，2009）。在欧洲的地震危险性协调 EC 项目纲要中也计划了使用这种方法（SHARE；Giardini 等，2013）。

通常用一组（ν_0,β）对和适当权重因子离散化参数分布 $C(\nu_0,\beta)$，把参数不确定性传播到地震活动速率 $\nu(M)$。然后把得到的 GR 关系用为逻辑树中认知模型不确定性（Johnston，1994；Coppersmith 等，2009）。这种方法具有以下几个缺点：

（1）不存在用一组有限采样点和权重以统计最优方式近似多维概率分布的有效方法。

（2）推荐了一组 k^2（ν_0,β）对（$k=5$）（Johnston，1994），这实际上扩展了地震危险性评估的逻辑树，对大危险性项目需要很强的计算能力。

这里给出的量化 PSHA 中 $\nu(M)$ 不确定性的方法是以传统 GR 参数 α 和 β 及其协方差矩阵 $C(\alpha,\beta)$ 为基础的。可以使用任何估计方法提供这种输入。相应公式的优点是 $C(\alpha,\beta)$ 表示的不确定性可以被完全传播到式（1）中的 $\alpha-\beta m$ 线性表达，这以封闭解析形式给任意固定震级提供了地震活动率 $\nu(M)$ 的概率密度。而且，有被认可的算法来离散化具有适当权重的 k 个采样点的结果概率密度，以使相应离散分布的头（$2k-1$）个矩等于原始密度的矩（Miller 和 Rice，1983）。如果给出了最大震级 M_{max} 的概率密度分布，也可以使用这种离散化技术，比如，对稳定大陆地区 M_{max} 由 EPRI 方法估计的情况（Coppersmith，1994a，1994b）。这里提出的方法提供了一组详尽近似逻辑树—驱动 PSHA 中地震活动率认知不确定性的可选复发模型。

在这整篇文章中，提出的方法使用修正的 Weichert（1980）MLE 确定 α、β 和 $C(\alpha,\beta)$ 输入。它是经典 PSHA 中广泛接受的技术。然而，任何产出 α、β 和 $C(\alpha,\beta)$ 的其他估计方法对提供的新方法的输入都是适用的。为完整起见，在量化 $\nu(M)$ 的不确定性之前，我们给出了修正 MLE 的简短推导。除通常的小震级段近似外，我们还详细描述了有限震级段的 MLE。特别是如果考虑复发关系不确定性，对不小于 0.5 个震级单位的段应该改进。在给出提出的方法后，以中欧潜在震源区为例做了示范。此外，通过结合量化的 GR 关系不确定性和由 EPRI 方法（Coppersmith，1994a，1994b）导出的 M_{max} 的概率密度，说明了整个潜在震源区的总地震活动率不确定性。虽然在推导 GR 关系及其不确定性时仅考虑了单个潜在震源区的最简单情况，附录 A 汇总了带有预先 β_0 估计值的相应方程，这些估计值是为了稳定地震活动有限地区的评价结果（Veneziano 和 Van Dyck，1985）。附录 B 对若干低地震活动潜在震源区组合提供了联合估计共用 β 值但活动参数不同的可选方法。

1 震级—频度参数估计

在 PSHA 中,GR 关系常用 ν_0 和 β 表示(见式(2))。虽然和原始参数 α 相比,ν_0 直观上更容易使用,但这个公式遮掩了式(1)中指数 $\alpha - \beta m$ 的线性结构,阻碍了参数不确定性向地震活动率 $\nu(M)$ 的顺利传播。为了保持尽可能简单的技术考虑,下列推导是以带有 α 和 β 参数的式(1)形式的 GR 关系为基础的。然而,两个公式是等价的,可以根据下列把一个公式转换成另一个:

$$e^{\alpha} = \frac{\beta \nu_0}{e^{-\beta M_{\min}} - e^{-\beta M_{\max}}} \tag{3}$$

人们普遍认为,只有 MLE 方法适合估计 GR 参数,且它们的不确定性是足够正确的。虽然最小二乘法仍在应用,但人们已经认识到它不应该用于这复发估计(Page,1968;Bender,1983;Sandri 和 Marzocchi,2007)。因此,在下面使用修正后的 MLE(Johnston,1994)提供 α 和 β 的期望值和协方差,但 α、β 和 $C(\alpha,\beta)$ 的任何其他估计方法也是适用的。本文描述了一种新方法,在这种方法中,把这些推导的量结合到不依赖于任何估计方法的地震活动率 $\nu(M)$ 的不确定性中去。

1.1 MLE 公式

根据式(1),一个以 M 为中心、半段尺度为 dM 的震级段 $[M - \mathrm{d}M, M + \mathrm{d}M]$ 的震级—频度率可表示为

$$\delta \nu(M) = \int_{M - \mathrm{d}M}^{M + \mathrm{d}M} e^{\alpha - \beta m} \mathrm{d}m = 2 e^{\alpha - \beta M} \frac{\sinh(\beta \mathrm{d}M)}{\beta} \approx 2 e^{\alpha - \beta m} \mathrm{d}M \tag{4}$$

最后一项适用于 2 dM < 0.5 的小尺度震级段,式中,$\sinh(\beta \mathrm{d}M)/\beta \approx \mathrm{d}M$。下面通过小震级段和有限震级段概念区分 $\delta \nu(M) = 2 e^{\alpha - \beta M} \mathrm{d}M$ 和 $\delta \nu(M) = 2 e^{\alpha - \beta M} \sinh(\beta \mathrm{d}M)/\beta$ 的两种情况。

假设带有速率参数 λ 的泊松过程,时段 t 震级段 $[M - \mathrm{d}M, M + \mathrm{d}M]$ 内发生 n 次地震的概率为

$$P(n,\lambda) = \frac{\lambda^n}{n!} e^{-\lambda} \tag{5}$$

其中,$\lambda = \delta \nu(M) t$ 让单个潜在震源区的地震活动由 $M = \{M_1, \cdots, M_I\}$ 的 I 个震级段分类,其半段尺度 $\mathrm{d}M = \{\mathrm{d}M_1, \cdots, \mathrm{d}M_I\}$ 不是常数,其适当的完整时段是 $t = \{t_1, \cdots, t_I\}$,各时段期间每个震级段的地震数目为 $n = \{n_1, \cdots, n_I\}$。相应的频度—震级率满足带有参数 α 和 β 的 GR 关系的概率由似然函数描述:

$$\mathfrak{L}(\alpha,\beta) = \prod_{i=1}^{I} \frac{(\delta \nu(M_i) t_i)^{n_i}}{n_i!} e^{-\delta \nu(M_i) t_i} \tag{6}$$

段震级 M 不需要完全覆盖震级区间 $[M_{\min}, M_{\max}]$,但缺失震级段不等于空震级段。在第一种情况下,对各个震级类别一无所知,而空震级段意味着在特定的观测时段没有地震活动。

1.2 小震级段

对所有 dM_i < 0.5 的小震级段,似然函数 $\mathfrak{L}(\alpha,\beta)$ 的对数写(式(4))为

$$\mathfrak{L}(\alpha,\beta) = \prod_{i=1}^{I} \frac{(\delta\nu(M_i)t_i)^{n_i}}{n_i!} \mathrm{e}^{-\delta\nu(M_i)t_i} \tag{7}$$

极小化 $\ln\mathfrak{L}(\alpha,\beta)$ 负值的标准程序得到

$$-\frac{\partial\ln\mathfrak{L}}{\partial\alpha} = \sum_{i=1}^{I}(2t_i\mathrm{d}M_i\mathrm{e}^{\alpha-\beta M_i} - n_i) = 0 \tag{8}$$

$$-\frac{\partial\ln\mathfrak{L}}{\partial\beta} = \sum_{i=1}^{I}(n_iM_i - 2M_it_i\mathrm{d}M_i\mathrm{e}^{\alpha-\beta M_i}) = 0 \tag{9}$$

从式(8)显而易见,观测的地震累积数目等于由以下模型预测的累积事件数目:

$$N = \sum_{i=1}^{I}n_i = \sum_{i=1}^{I}2t_i\mathrm{d}M_i\mathrm{e}^{\alpha-\beta M_i} \tag{10}$$

对 e^{α} 解式(10):

$$\mathrm{e}^{\alpha} = \frac{N}{\displaystyle\sum_{i=1}^{I}2t_i\mathrm{d}M_i\mathrm{e}^{-\beta M_i}} \tag{11}$$

把式(11)代入式(9)给出了必须进行数值求解 β 的如下非线性方程:

$$\sum_{i=1}^{I}n_iM_i = N\frac{\displaystyle\sum_{i=1}^{I}M_it_i\mathrm{d}M_i\mathrm{e}^{-\beta M_i}}{\displaystyle\sum_{i=1}^{I}t_i\mathrm{d}M_i\mathrm{e}^{-\beta M_i}} \tag{12}$$

对 $\mathrm{d}M_i=$ 常数的整个常数段尺度,式(12)相当于 Weichert(1980)的 β 估计。描述足够大事件数估计参数不确定性的协方差矩阵 C 可由 $\ln\mathfrak{L}(\alpha,\beta)$ 的海赛函数的逆来近似:

$$C = \begin{pmatrix} \mathrm{cov}(\alpha,\alpha) & \mathrm{cov}(\alpha,\beta) \\ \mathrm{cov}(\beta,\alpha) & \mathrm{cov}(\beta,\beta) \end{pmatrix} = \begin{pmatrix} -\dfrac{\partial^2\ln\mathfrak{L}}{\partial\alpha\partial\alpha} & -\dfrac{\partial^2\ln\mathfrak{L}}{\partial\alpha\partial\beta} \\ -\dfrac{\partial^2\ln\mathfrak{L}}{\partial\beta\partial\alpha} & -\dfrac{\partial^2\ln\mathfrak{L}}{\partial\beta\partial\beta} \end{pmatrix}^{-1} \tag{13}$$

这些导数显然可以写为

$$-\frac{\partial^2\ln\mathfrak{L}}{\partial\alpha\partial\alpha} = 2\sum_{i=1}^{I}t_i\mathrm{d}M_i\mathrm{e}^{\alpha-\beta M_i}$$

$$-\frac{\partial^2\ln\mathfrak{L}}{\partial\alpha\partial\beta} = -\frac{\partial^2\ln\mathfrak{L}}{\partial\beta\partial\alpha} = -2\sum_{i=1}^{I}M_it_i\mathrm{d}M_i\mathrm{e}^{\alpha-\beta M_i}$$

$$-\frac{\partial^2\ln\mathfrak{L}}{\partial\beta\partial\beta} = 2\sum_{i=1}^{I}M_i^2t_i\mathrm{d}M_i\mathrm{e}^{\alpha-\beta M_i} \tag{14}$$

像 Weichert(1980)给出的那样,很容易验证,$\mathrm{cov}(\beta,\beta)$ 和 $\mathrm{var}(\beta)$ 是相等的。

1.3 有限震级段

对任何 $2\mathrm{d}M_i\geqslant0.5$ 的有限震级段,给出了没有显式导数的式(11)、式(12)和式(14)的等价表达。现在 β 的非线性方程写为

$$\sum_{i=1}^{I}n_i[M_i - \mathrm{d}M_i\mathrm{coth}(\beta\mathrm{d}M_i)] = N\frac{\displaystyle\sum_{i=1}^{I}t_i\mathrm{sinh}(\beta\mathrm{d}M_i)[M_i - \mathrm{d}M_i\mathrm{coth}(\beta\mathrm{d}M_i)]\mathrm{e}^{-\beta M_i}}{\displaystyle\sum_{i=1}^{I}t_i\mathrm{sinh}(\beta\mathrm{d}M_i)\mathrm{e}^{-\beta M_i}}$$

$$\tag{15}$$

这个表达式比式(12)更复杂些,但可以以同样的方法进行数值求解。现在活动参数 α 由下式给出:

$$e^\alpha = \frac{\beta N}{\displaystyle\sum_{i=1}^{I} 2t_i \sinh(\beta dM_i) e^{-\beta M_i}} \tag{16}$$

描述协方差矩阵的表达式为

$$-\frac{\partial^2 \ln \mathfrak{L}}{\partial\alpha\partial\alpha} = 2\sum_{i=1}^{I} t_i \frac{\sinh(\beta dM_i)}{\beta} e^{\alpha-\beta M_i} = N$$

$$-\frac{\partial^2 \ln \mathfrak{L}}{\partial\alpha\partial\beta} = -\frac{\partial^2 \ln \mathfrak{L}}{\partial\beta\partial\alpha} = -2\sum_{i=1}^{I} t_i \frac{\sinh(\beta dM_i)}{\beta} [M_i - dM_i \coth(\beta dM_i)] e^{\alpha-\beta M_i}$$

$$-\frac{\partial^2 \ln \mathfrak{L}}{\partial\beta\partial\beta} = 2\sum_{i=1}^{I} t_i \frac{\sinh(\beta dM_i)}{\beta} [M_i - dM_i \coth(\beta dM_i)]^2 e^{\alpha-\beta M_i} \tag{17}$$

2 量化的地震活动率 $\nu(M)$ 的不确定性

GR 参数的 MLE 提供了 α 和 β 的期望值 $\hat\alpha$ 及 $\hat\beta$ 与协方差 $C(\alpha,\beta)$,这些值确定了一个 2D 正态分布。因为这些值线性依赖于 α 和 β,它们可以直接被传播到表达式 $\alpha-\beta m$。因此,对每个固定的 m,$\alpha-\beta m$ 的不确定性符合均值为 $\hat\alpha-\hat\beta m$、方差为 $\sigma^2(m)$ 的正态分布,即 $\alpha-\beta m \sim \mathbb{N}(\hat\alpha-\hat\beta m, \sigma^2(m))$

其中

$$\sigma^2(m) = \begin{pmatrix} 1 \\ -m \end{pmatrix}^{\mathrm{T}} C \begin{pmatrix} 1 \\ -m \end{pmatrix} \tag{18}$$

归一化变量

$$z = \frac{(\alpha-\hat\alpha)-(\beta-\hat\beta)m}{\sigma(m)} \tag{19}$$

把 $\alpha-\beta m$ 和它的不确定性变成

$$\alpha-\beta m = \hat\alpha-\hat\beta m + \sigma(m)z = \hat\alpha-\hat\beta m + \sigma(m)\mathbb{N}(0,1) \tag{20}$$

式中用 z 表述的概率可由标准正态分布 $\mathbb{N}(0,1)$ 描述。对频度—震级率,这意味着

$$\nu(M) = \int_M^{M_{\max}} e^{\hat\alpha-\hat\beta m+\sigma(m)\mathbb{N}(0,1)} dm \tag{21}$$

包括所有不确定性的 $\nu(M)$ 的离散化现在化简为 $\mathbb{N}(0,1)$ 的一个适当近似。有了认可的基于高斯积分的 Miller 和 Rice(1983)简单采样程序,任何 1D 概率分布可被近似为最优意义下的一些采样点 $z_i(i=1,\cdots,k)$ 有代表性的值和有关的权重 p_i 值。这种离散近似精度标准是保留尽可能多的原始分布的矩。k 对 (z_i,p_i) 离散值至少能够精确匹配前 $(2k-1)$ 个矩。表 1 中给出了标准正态分布 $\mathbb{N}(0,1)$ 中 $k=3$、4 和 5 的采样点与权重值。

协方差矩阵方程(13)仅近似了参数 α 和 β 的不确定性。特别对研究区域的小地震数目 N,应该使用引导程序模拟现在不同于正态分布的 $\alpha-\beta m$ 的 1D 概率。然而,还把 Miller 和 Rice(1983)的近似技术用到了这样的数值生成概率密度。所以,通过分析 $\alpha-$

βm 的分布提供捕获频度—震级率的程序可以转移到这种情况。进一步的研究将确定式（13）足以近似参数不确定性或需要引导的有效范围。

表 1　标准正态分布的 $k=3$、4 和 5 的最优采样点 z 与相应的权重值 p

$k=3$	采样点位置	$-\sqrt{3}$	0	$-\sqrt{3}$	
	权重值	$1/6$	$4/6$	$1/6$	
$k=4$	采样点位置	$-\sqrt{3+\sqrt{6}}$	$-\sqrt{3-\sqrt{6}}$	$\sqrt{3-\sqrt{6}}$	$\sqrt{3+\sqrt{6}}$
	权重值	$(3-\sqrt{6})/12$	$(3+\sqrt{6})/12$	$(3+\sqrt{6})/12$	$(3-\sqrt{6})/12$

$k=5$	采样点位置	$-\sqrt{5+\sqrt{10}}$	$-\sqrt{5-\sqrt{10}}$	0	$\sqrt{5-\sqrt{10}}$	$\sqrt{5+\sqrt{10}}$
	权重值	$(7-2\sqrt{10})/60$	$(7+2\sqrt{10})/60$	$8/15$	$(7+2\sqrt{10})/60$	$(7-2\sqrt{10})/60$

3　新方法的应用

下面的例子说明了提出的量化 PSHA 中地震活动率 $\nu(M)$ 不确定性的方法。我们选择了小尺度 Hohenzollernalb 潜在震源区（SSZ），该潜在震源区位于德国西南部阿尔卑斯山前缘北面和上莱茵河东面的地堑内。Burkhard 和 Grünthal（2009）描述了确定这个 SSZ 的地震构造约束。这个小 SSZ 是 1911 年以来德国地震最活跃的区域。1911 年 11 月 16 日该潜在震源区曾经发生里氏震级 $M_L=6.1$（矩震级 M_w 5.7）称为中欧地震的德国最大仪器记录地震。这里最近发生的 $M_w>5$ 的事件是 1978 年 9 月 3 日。大部分覆盖德国（例如，Grünthal 等，1998，2009）及涉及中欧（例如，Grünthal 等，1999，2010；Burkhard 和 Grünthal，2009）的地震危险性项目包含了该小潜在震源区。在最近完成的欧洲项目 SHARE（Giardini 等，2013）中，它在各个逻辑树的潜在震源区部分被标识为“DEAS140”。从项目的入口网站（Giardini 等，2013）可以查看 SHARE 中 SSZ 的表征。因为这个 SSZ 的地震活动已在提到的论文中有详细表述，我们在这里可以重点演示这种新方法。

我们也选择了 SSZ Hohenzollernalb，因为当普通的 b 值技术（例如，Burkhard 和 Grünthal，2009）或者 β 判罚方法不可用时（Veneziano 和 Van Dyck，1985；Johnston，1994），它是中欧为数不多的具有足够地震活动无需任何 β 稳定约束能够估计 $\nu(M)$ 的小尺度 SSZ 之一。

这里使用的地震活动数据取自于已被调整为统一 M_w 值的欧洲地中海地震目录 EMEC（Grünthal 和 Wahlström，2012）数据库。根据相应的国内目录（参见数据来源；Grünthal，2014），按照 Grünthal 和 Wahlström（2012）描述的方法，我们已把这数据集扩展到了 M_w2 的低震级。该数据由成功用于覆盖中欧（Grünthal 等，1998，1999；Burkhard 和 Grünthal，2009；Coppersmith 等，2009）和整个欧洲（Grünthal 等，2010；Woessner 等，2013）的几个项目的时空窗口技术（Grünthal，1985；Grünthal 等，2009；Hakimhashemi 和 Grünthal，2012）解集。为估计不同震级段的完整时段，我们使用了基于地震时间间隔方差变化的统计方法（Hakimhashemi 和 Grünthal，2012）。我们使用非扩展稳定大陆地壳的 EPRI 方法（Coppersmith，1994a，1994b）确定研究区域可能最大震级范围的期望概率分布。依照 Miller 和 Rice（1983）的文章，这个分布的最优三点离散化提供了 $M_{max}=5.7$、

6.0 和 6.6 的相应权重值分别为 0.27、0.60 和 0.13。

描述数据预处理后剩下的 155 个 $M_w \geqslant 2.0$ 事件分布在 0.5 个震级单位常数段尺度的八个震级类别上。图 1 中示出了 $M_{max} = 6.0$ 的相应累积速率（圆圈）和估计的 GR 关系。使用根据下式的适当权重 p_i 由所得分布 z_i 处的五点离散化表示关系的不确定性：

$$\nu_i(M) = \int_M^{M_{max}} e^{\hat{\alpha} - \hat{\beta}m + \sigma(m)z_i} dm \tag{22}$$

图 1 不仅说明了正常使用的 $\delta\nu(M)$ 小震级段近似（黑线）的关系，还说明了有限震级段近似（灰线）的更精确结果。对选择的 0.5 个震级单位的段尺度，均值关系（实线）之间没有显著差异。对描述不确定性低权重关系可以观察到细微的差异。表 2 定量地比较了两种近似的结果。

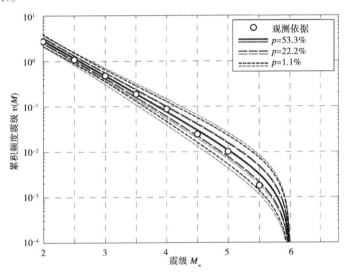

**图 1 观测累积地震活动率（圆圈）和捕捉用所得分布五点离散化估计的
Gutenberg-Richter（GR）关系不确定性的带有注释权重 p 的震级—频度图**
（黑线和灰线分别相应于小震级段近似和更精确的有限震级段计算结果）

表 2 $\delta\nu(M)$ 小震级段和有限震级段近似分别估计的 GR 参数及其不确定性

近似	$\hat{\alpha}$	$\hat{\beta}$	$var(\hat{\alpha}, \hat{\alpha})$	$var(\hat{\alpha}, \hat{\beta})$	$var(\hat{\beta}, \hat{\beta})$
小震级段	5.225 4	1.795 1	0.099 0	0.031 2	0.010 5
有限震级段	5.192 0	1.795 1	0.065 7	0.024 9	0.010 5

显然，两种方法的 $\hat{\beta}$ 和 $var(\hat{\beta}, \hat{\beta})$ 一致。这一事实由当前例子的整个常数段尺度 dM_i 造成，比较式（12）和式（15）或式（14）中最后的表达式和式（17）可以验证这一事实。

图 2 示出了根据下式 GR 关系的非累积表达：

$$-\frac{d\nu_i(M)}{dM} = e^{\hat{\alpha} - \hat{\beta}m + \sigma(m)z_i} \tag{23}$$

仅均值关系在对数图中呈现为经典直线。其他四个关系反应了 $\sigma(M)$ 对 M 的非线性依赖。图3汇总了提出的方法对研究区域结合GR关系不确定性和最大震级分布不确定性的结果,仅示出了小震级段近似的图。

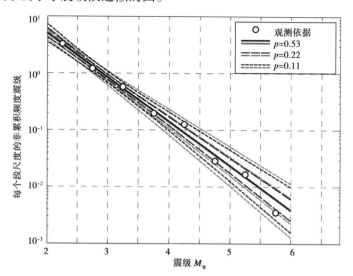

图2　观测的非累积地震活动率(圆圈)和带有注释权重 p 的震级—频度图

(它用所得分布的五点离散化估计捕捉了GR关系的不确定性。黑线和灰线分别相应于小震级段近似和更精确的有限段计算结果)

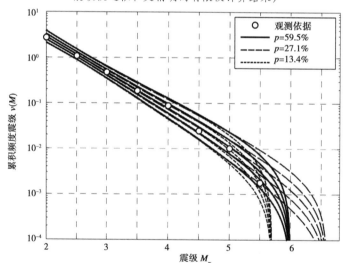

图3　观测的累积地震活动率(圆圈)和相应于 M_{max} 验后分布的三点离散化的震级—频度图

(带注解的权重 p 参考 M_{max} 的离散分布)

4　结论

　　我们给出了量化逻辑树—驱动PSHA中地震潜在震源区GR关系估计的地震活动率 $\nu(M)$ 不确定性的新方法。它可以被描述为一个两阶段的过程。第一步是以协方差矩阵 $C(\alpha,\beta)$ (或 $C(a,b)$)表示的GR参数 α 和 β (或 a 和 b)不确定性可以完全传播到 $\nu(M)$

的简单观察为基础。使用以前方法中传统表达的 GR 关系参数 ν_0 和 β（或 b）时，它不适用（Weichert，1980；Johnston，1994；Coppersmith 等，2009）。在第二步中，用一组统计最优（Miller 和 Rice，1983）有限值和权重来近似得到的 $\nu(M)$ 1D 概率分布。提出的方法产生自由选择数目的详尽近似地震活动率认知不确定性的替代复发模型。用不同模型数量实现的精度可由保留的 $\nu(M)$ 矩数表达。进行的第一步不依赖于提供 GR 参数及其协方差的估计方法。

此外，使用 Weichert（1980）的方法，不仅给出了常用 MLE 小震级段近似，也给出了有限震级段扩展的所有数值推导。我们极力推荐使用这种近似，特别当震级段不小于 0.5 个震级单位和地震活动率需要精确描述时更要使用这种近似。

附录 B 中给出了有限地震活动地区带有预先估计值 β_0（Veneziano 和 Van Dyck，1985）的另一种 MLE。它对一组几个低地震活动潜在震源区联合估计了公用值 β 值和每个潜在震源区不同的参数 α。这在选择 β_0 和由相应权重因子 W_0 表示其可靠性方面消除了一些主观影响。

数据来源

用数学软件包 MATLAB 做的计算（www.mathworks.com；最近的访问时间是 2014 年 4 月）。视需要向作者索要相应的脚本。可从网址 http://www.gfz-potsdam.de/emec/下载欧洲 - 地中海地震目录（EMEC）（Grünthal 和 Wahlström，2012）数据（最近的访问时间是 2014 年 6 月）。可以从 http://www.bgr.bund.de/DE/Themen/Erdbeben_Gefaehrdungsanalysen/Seismologie/Seismologie/Erdbebenauswertung/Erdbebenkataloge/Kataloge_Bulletins/kataloge_bulletins_node.html 取得研究区域 1995 年以来 $M \leqslant 3.5$ 的数据（最近的访问时间是 2014 年 6 月）。

附录 A

Veneziano 和 Van Dyck（1984）扩展了 α 和 β 最大似然估计以包含假设统一区域速率密度的大潜在震源区固定震级段的不同完整时段。后来他们引入了稳定地震活动有限区域评价结果的预先估计值 β_0（Veneziano 和 Van Dyck，1985）。

让 $S = \{S_1, \cdots, S_J\}$ 为一组具有同样地震活动率面密度的子潜在震源区 S_j。每个子潜在震源区由一个具有适当半段宽度 $dM = \{dM_{1j}, \cdots, dM_{I_j}\}$、完整时段 $t = \{t_{ij}, \cdots, t_{I_j}\}$ 和每段地震数目 $n = \{n_{ij}, \cdots, n_{I_j}\}$ 一系列的 I_j 震级段 $M_j = \{M_{1j}, \cdots, M_{I_j}\}$ 表征。假定预先估计值 β_0，震级—频度率 $\delta\nu(m_{ij})$ 满足带有参数 α 和 β 的 Gutenberg-Richter（GR）关系的概率写为

$$\mathfrak{L}(\alpha, \beta) = \prod_{j=1}^{J} \prod_{i=1}^{I_j} \frac{(\delta\nu(M_{ij}) t_{ij})^{n_{ij}}}{n_{ij}!} e^{-\delta\nu(m_{ij}) t_{ij}} e^{-W_0(\beta-\beta_0)^2/2} \quad (A1)$$

惩罚项 $e^{-W_0(\beta-\beta_0)^2/2}$ 的权重参数 W_0 控制着 β_0 的强度，可以认为和 β_0 方差的倒数等价（Johnston，1994）。

A.1 小震级段

对一个震级段，区域 S 上的统一速率密度需要使用因子 W_j 的 $\delta\nu$ 定标关系

$$\delta\nu(M_{ij}) = 2W_j \mathrm{e}^{\alpha-\beta M_{ij}\mathrm{d}M_{ij}}$$

且
$$W_j = A_j \Big/ \sum_{k=1}^{J} A_k \qquad (\text{A2})$$

式中,下标 j 指不同的子潜在震源区,每个具有面积 A_j。

用如上所述同样的极小化方法,计算 β 的方程写为

$$W(\beta-\beta_0) + \sum_{j=1}^{J}\sum_{i=1}^{l_j} n_{ij}M_{ij} = \sum_{j=1}^{J} N_j \frac{\displaystyle\sum_{j=1}^{J} W_j \sum_{i=1}^{l_j} t_{ij}\mathrm{d}M_{ij}M_{ij}M_{ij}\mathrm{e}^{-\beta M_{ij}}}{\displaystyle\sum_{j=1}^{J} W_j \sum_{i=1}^{l_j} t_{ij}\mathrm{d}M_{ij}\mathrm{e}^{-\beta M_{ij}}} \qquad (\text{A3})$$

α 由下式表达:

$$\mathrm{e}^{\alpha} = \frac{N}{\displaystyle\sum_{j=1}^{J} W_j \sum_{i=1}^{l_j} 2t_{ij}\mathrm{d}M_{ij}\mathrm{e}^{-\beta M_{ij}}} \qquad (\text{A4})$$

其中
$$N = \sum_{j=1}^{J} N_j = \sum_{j=1}^{J}\sum_{i=1}^{l_j} n_{ij}$$

它提供了每个子潜在震源区的活动参数 $\alpha_j = \alpha + \ln(W_j)$。估计协方差矩阵的相应表达式为

$$-\frac{\partial^2 \ln \mathfrak{L}}{\partial\alpha\partial\alpha} = 2\sum_{j=1}^{J} W_j \sum_{i=1}^{l_j} t_{ij}\mathrm{d}M_{ij}\mathrm{e}^{\alpha-\beta M_{ij}} = N$$

$$-\frac{\partial^2 \ln \mathfrak{L}}{\partial\alpha\partial\beta} = -\frac{\partial^2 \ln \mathfrak{L}}{\partial\beta\partial\alpha} = -2\sum_{j=1}^{J} W_j \sum_{i=1}^{l_j} M_{ij}t_{ij}\mathrm{d}M_{ij}\mathrm{e}^{\alpha-\beta M_{ij}}$$

$$-\frac{\partial^2 \ln \mathfrak{L}}{\partial\beta\partial\beta} = W_0 + 2\sum_{j=1}^{J} W_j \sum_{i=1}^{l_j} M_{ij}^2 t_{ij}\mathrm{d}M_{ij}\mathrm{e}^{\alpha-\beta M_{ij}} \qquad (\text{A5})$$

A.2 有限震级段

有限震级段近似的频度—震级率 $\delta\nu(M_{ij})$ 现在可以写为

$$\delta\nu(M_{ij}) = 2W_j\mathrm{e}^{\alpha-\beta M_{ij}}\frac{\sinh(\beta\mathrm{d}M_{ij})}{\beta} \qquad (\text{A6})$$

对估计 β 导出的适当方程为

$$W(\beta-\beta_0) + \sum_{j=1}^{J}\sum_{i=1}^{l_j} n_{ij}\big[M_{ij} - \mathrm{d}M_{ij}\coth(\beta\mathrm{d}M_{ij})\big]$$

$$= N \frac{\displaystyle\sum_{j=1}^{J}\sum_{i=1}^{l_j} t_{ij}W_j\sinh(\beta\mathrm{d}M_{ij})\big[m_{ij} - \mathrm{d}M_{ij}\coth(\beta\mathrm{d}M_{ij})\big]\mathrm{e}^{-\beta M_{ij}}}{\displaystyle\sum_{j=1}^{J}\sum_{i=1}^{l_j} t_{ij}W_j\sinh(\beta\mathrm{d}M_{ij})\mathrm{e}^{-\beta M_{ij}}} \qquad (\text{A7})$$

对估计活动参数 α 导出的适当方程为

$$\mathrm{e}^{\alpha} = \frac{\beta N}{\displaystyle\sum_{j=1}^{J}\sum_{i=1}^{l_j} 2W_j t_{ij}\sinh(\beta\mathrm{d}M_{ij})\mathrm{e}^{-\beta M_{ij}}} \qquad (\text{A8})$$

对计算协方差矩阵 $C(\alpha,\beta)$ 导出的适当方程为

$$-\frac{\partial^2 \ln \mathfrak{L}}{\partial\alpha\partial\alpha} = 2\sum_{j=1}^{J} W_j \sum_{i=1}^{l_j} \frac{\sinh(\beta\mathrm{d}M_{ij})}{\beta}\mathrm{e}^{\alpha-\beta M_{ij}} = N$$

$$- \frac{\partial^2 \ln \mathfrak{L}}{\partial \alpha \partial \beta} = - \frac{\partial^2 \ln \mathfrak{L}}{\partial \beta \partial \alpha} = - 2 \sum_{j=1}^{J} W_j \sum_{i=1}^{I_j} t_{ij} \frac{\sinh(\beta \mathrm{d}M_{ij})}{\beta} \left[M_{ij} - \mathrm{d}M_{ij} \coth(\beta \mathrm{d}M_{ij}) \right] \mathrm{e}^{\alpha - \beta M_{ij}}$$

$$- \frac{\partial^2 \ln \mathfrak{L}}{\partial \beta \partial \beta} = W_0 + 2 \sum_{j=1}^{J} W_j \sum_{i=1}^{I_j} t_{ij} \frac{\sinh(\beta \mathrm{d}M_{ij})}{\beta} \left[M_{ij} - \mathrm{d}M_{ij} \coth(\beta \mathrm{d}M_{ij}) \right]^2 \mathrm{e}^{\alpha - \beta M_{ij}} \quad (A9)$$

附录 B

另外,可以预先假设有限地震活动地区的 β_0,作为几个低地震活动子潜在震源区 S_j 的组合 S 的公共 β 值。在这种情况下,我们必须在下列最大似然函数中考虑所有子潜在震源区的活动参数 α_j:

$$\mathfrak{L}(\alpha_1, \cdots, \alpha_J, \beta) = \prod_{j=1}^{J} \mathfrak{L}_j(\alpha_j, \beta) = \prod_{j=1}^{J} \prod_{i=1}^{I_j} \frac{(\delta \nu(m_{ij}) t_{ij})^{n_{ij}}}{n_{ij}!} \mathrm{e}^{-\delta \nu(m_{ij}) t_{ij}} \quad (B1)$$

B.1 小震级段

对小震级段近似,得到频度—震级率 $\delta \nu(M_{ij})$

$$\delta \nu(M_{ij}) = 2 \mathrm{e}^{\alpha_j - \beta M_{ij}} \mathrm{d}M_{ij} \quad (B2)$$

β 为下列非线性方程的解:

$$\sum_{j=1}^{J} \sum_{i=1}^{I_j} n_{ij} M_{ij} = \sum_{j=1}^{J} N_j \frac{\sum_{i=1}^{I_j} t_{ij} \mathrm{d}M_{ij} m_{ij} \mathrm{e}^{-\beta M_{ij}}}{\sum_{i=1}^{I_j} t_{ij} \mathrm{d}M_{ij} \mathrm{e}^{-\beta M_{ij}}} \quad (B3)$$

子潜在震源区 S_j 的活动参数 α_j 可由下式表示:

$$\mathrm{e}^{\alpha_j} = \frac{N_j}{\sum_{i=1}^{I_j} 2 t_{ij} \mathrm{d}M_{ij} \mathrm{e}^{-\beta M_{ij}}} \quad (B4)$$

现在的协方差矩阵具有 $(J+1) \times (J+1)$ 维,即

$$C = \begin{pmatrix} \mathrm{cov}(\alpha_1, \alpha_1) & \mathrm{cov}(\alpha_1, \alpha_2) & \cdots & \mathrm{cov}(\alpha_1, \alpha_J) & \mathrm{cov}(\alpha_1, \beta) \\ \mathrm{cov}(\alpha_2, \alpha_1) & \mathrm{cov}(\alpha_2, \alpha_2) & \cdots & \mathrm{cov}(\alpha_2, \alpha_J) & \mathrm{cov}(\alpha_2, \beta) \\ \vdots & \vdots & & \vdots & \vdots \\ \mathrm{cov}(\beta, \alpha_1) & \mathrm{cov}(\beta, \alpha_2) & \cdots & \mathrm{cov}(\beta, \alpha_J) & \mathrm{cov}(\beta, \beta) \end{pmatrix}$$

$$= \begin{pmatrix} - \dfrac{\partial^2 \ln \mathfrak{L}}{\partial \alpha_1 \partial \alpha_1} & - \dfrac{\partial^2 \ln \mathfrak{L}}{\partial \alpha_1 \partial \alpha_2} & \cdots & - \dfrac{\partial^2 \ln \mathfrak{L}}{\partial \alpha_1 \partial \alpha_J} & - \dfrac{\partial^2 \ln \mathfrak{L}}{\partial \alpha_1 \partial \beta} \\ - \dfrac{\partial^2 \ln \mathfrak{L}}{\partial \alpha_2 \partial \alpha_1} & - \dfrac{\partial^2 \ln \mathfrak{L}}{\partial \alpha_2 \partial \alpha_2} & \cdots & - \dfrac{\partial^2 \ln \mathfrak{L}}{\partial \alpha_2 \partial \alpha_J} & - \dfrac{\partial^2 \ln \mathfrak{L}}{\partial \alpha_2 \partial \beta} \\ \vdots & \vdots & & \vdots & \vdots \\ - \dfrac{\partial^2 \ln \mathfrak{L}}{\partial \beta \partial \alpha_1} & - \dfrac{\partial^2 \ln \mathfrak{L}}{\partial \beta \partial \alpha_2} & \cdots & - \dfrac{\partial^2 \ln \mathfrak{L}}{\partial \beta \partial \alpha_J} & - \dfrac{\partial^2 \ln \mathfrak{L}}{\partial \beta \partial \beta} \end{pmatrix} \quad (B5)$$

完全可由下列表达式描述:

$$- \frac{\partial^2 \ln \mathfrak{L}}{\partial \alpha_i \partial \alpha_j} = 0 \quad \text{for } i \neq j$$

$$-\frac{\partial^2 \ln \mathfrak{L}}{\partial \alpha_j \partial \alpha_j} = 2 \sum_{i=1}^{I_j} t_{ij} \mathrm{d}M_{ij} \mathrm{e}^{\alpha_j - \beta M_{ij}} = N_j$$

$$-\frac{\partial^2 \ln \mathfrak{L}}{\partial \alpha_j \partial \beta} = -\frac{\partial^2 \ln \mathfrak{L}}{\partial \beta \partial \alpha_j} = -2 \sum_{i=1}^{I_j} M_{ij} t_{ij} \mathrm{d}M_{ij} \mathrm{e}^{\alpha_j - \beta M_{ij}}$$

$$-\frac{\partial^2 \ln \mathfrak{L}}{\partial \beta \partial \beta} = 2 \sum_{j=1}^{J} \sum_{i=1}^{I_j} m_{ij}^2 t_{ij} \mathrm{d}M_{ij} \mathrm{e}^{\alpha_j - \beta M_{ij}} \tag{B6}$$

对子潜在震源区 S_j,GR 参数的不确定性由下列子矩阵确定:

$$C_j = \begin{pmatrix} \mathrm{cov}(\alpha_j, \alpha_j) & \mathrm{cov}(\alpha_j, \beta) \\ \mathrm{cov}(\beta, \alpha_j) & \mathrm{cov}(\beta, \beta) \end{pmatrix} \tag{B7}$$

B.2 有限震级段

有限震级段近似的频度—震级率现在可以写为

$$\delta \nu (M_{ij}) = 2\mathrm{e}^{\alpha_j - \beta M_{ij}} \frac{\sinh(\beta \mathrm{d}M_{ij})}{\beta} \tag{B8}$$

对估计 β 导出的适当方程是

$$\sum_{j=1}^{J} \sum_{i=1}^{I_j} n_{ij} \left[M_{ij} - \mathrm{d}M_{ij} \coth(\beta \mathrm{d}M_{ij}) \right]$$

$$= \sum_{j=1}^{J} N_j \frac{\sum_{i=1}^{I_j} t_{ij} \sinh(\beta \mathrm{d}M_{ij}) \left[m_{ij} - \mathrm{d}M_{ij} \coth(\beta \mathrm{d}M_{ij}) \right] e^{-\beta M_{ij}}}{\sum_{j=1}^{I_j} t_{ij} \sinh(\beta \mathrm{d}M_{ij}) \, e^{-\beta M_{ij}}} \tag{B9}$$

对估计子潜在震源区活动参数 α_j 导出的适当方程是

$$\mathrm{e}^{\alpha_j} = \frac{\beta N_j}{\sum_{i=1}^{I_j} 2 t_{ij} \sinh(\beta \mathrm{d}M_{ij}) \, e^{-\beta M_{ij}}} \tag{B10}$$

对计算协方差导出的适当方程是

$$-\frac{\partial^2 \ln \mathfrak{L}}{\partial \alpha_i \partial \alpha_j} = 0 \quad \text{für} i \neq j$$

$$-\frac{\partial^2 \ln \mathfrak{L}}{\partial \alpha_j \partial \alpha_j} = 2 \sum_{i=1}^{I_j} t_{ij} \frac{\sinh(\beta \mathrm{d}M_{ij})}{\beta} \mathrm{e}^{\alpha_j - \beta M_{ij}} = N_j$$

$$-\frac{\partial^2 \ln \mathfrak{L}}{\partial \alpha_j \partial \beta} = -\frac{\partial^2 \ln \mathfrak{L}}{\partial \beta \partial \alpha_j} = -2 \sum_{i=1}^{I_j} t_{ij} \frac{\sinh(\beta \mathrm{d}M_{ij})}{\beta} \left[M_{ij} - \mathrm{d}M_{ij} \coth(\beta \mathrm{d}M_{ij}) \right] \mathrm{e}^{\alpha_j - \beta M_{ij}}$$

$$-\frac{\partial^2 \ln \mathfrak{L}}{\partial \beta \partial \beta} = 2 \sum_{j=1}^{J} \sum_{i=1}^{I_j} t_{ij} \frac{\sinh(\beta \mathrm{d}M_{ij})}{\beta} \left[M_{ij} - \mathrm{d}M_{ij} \coth(\beta \mathrm{d}M_{ij}) \right]^2 \mathrm{e}^{\alpha_j - \beta M_{ij}} \tag{B11}$$

译自:Bull Seismol Soc Am. 2015,105(2A):580-589

原题:Capturing the Uncertainty of Seismic Activity Rates in Probabilistic Seismic-Hazard Assessments

杨国栋　译

k_0 :本征和散射衰减的作用

Stefano Parolai　Dino Bindi　Marco Pilz

摘要：了解加速度谱形对地震动预测很重要。我们使用可以估计视衰减、构成生成随机地震动和当前校准地震动预测方程基本输入参数的谱衰减因子 k 模拟了控制峰值高频谱振幅的快速下降。根据地震动数值模拟，我们研究了本征衰减和散射衰减在确定地震引起的地震动高频衰减中的作用。结果表明，散射衰减项非线性地依赖于本征项，这意味着当分析数秒宽的信号窗时，通常对高频衰减谱参数使用的解释可能是不合适的。

引言

Anderson 和 Hough（1984）引进的由加速度记录付氏谱高频衰减推断的高频参数 k 和地震波场从震源产生到记录场点传播经历的衰减有关。和场地下面衰减有关的 k 分量 k_0（Anderson，1991）已经成为了工程地震学中的重要参数，特别是在地震危险性评估研究中（例如，Douglas 等，2009）。尽管已经提出了估计 k（a comprehensive review can be found in Ktenidou 等，2014）及确定估计偏差（Parolai 和 Bindi，2004）的若干种方法，但对它的物理意义仍不完全清楚。

人们通常认为，k 通过以下关系提供了本征因子 Q_i 和散射品质因子 Q_{sc} 联合影响引起的场地下面视衰减（$1/Q_{app}$）估计：

$$\frac{1}{Q_{app}} = \frac{1}{Q_i} + \frac{1}{Q_{sc}} \tag{1}$$

像在地震试验中做的那样，当分析信号的第一个脉冲时，这种近似是成立的（Menke 和 Chen，1984），但当在数秒宽度的信号窗口上分析时，它可能是不适当的。

事实上，也正如本文使用数值模拟示出的那样，当在时间域分析信号时，本征衰减和散射的影响是减小第一个传播脉冲的振幅（见图1）。然而，本征衰减通过作为信号低通滤波器导致了这种影响，而散射由于地震波从首到信号到后面部分的能量再分布（主要从低频到高频）导致了第一个脉冲振幅的减小（见图1）（Richards 和 Menke，1983）。而且，谱振幅受散射波场的影响方式取决于阻抗模型的谱（Menke 和 Chen，1984）。

由此可见，如果仅分析不受后到的散射波影响的短信号窗口，式（1）可以描述频率域中的净衰减影响。然而，当分析的信号窗口较宽，含有后续场地下面非均匀性的散射波，像在数秒长度信号窗口求 k 值的情况那样，频率域本征衰减和散射衰减的联合影响可能导致更复杂的模式。实际上，低通滤波本征衰减影响结合了散射引起的信号谱的能量再分布。同时，因为散射波一般通过台站下面的非弹性结构传播，地表记录中散射波的重要性会反过来依赖于场地下面的本征衰减。

因为在地震危险性研究中用 k_0 改变局部地震动（例如，Douglas 等，2009），所以理解

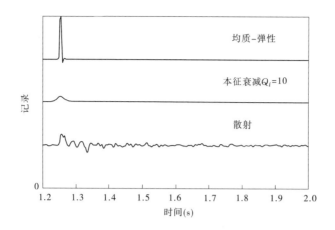

图1 （上）由带限脉冲在近于弹性波速（$Q_S = 1\,000$）和均匀波速（400 m/s）介质中传播获得的地震记录。（中）模型上 100 m 中 Q_S 设置为 10 获得的地震记录。（下）考虑带有竖直方向随机波速变化弹性介质获得的地震记录（详见分离散射和本征衰减部分及图3）

其物理意义极其重要。例如，如果场地 k_0 主要由净向前散射确定，在地震动数值模拟中用由它导出的品质因子替代 Q_i 会导致具有现实峰值振幅但持时严重偏离的地震记录。

本研究中，根据浅层地震动数值模拟，我们研究了本征衰减和散射衰减在确定高频地震动衰减中的作用。特别是在均匀或垂直非均匀模型中我们考虑了 S 波垂直传播进行模拟。为了突出本征衰减和散射对高频谱形状及由此导致的 k_0 估计的不同贡献，我们对这一结果进行了研究。

1 数值模拟

1.1 分离散射和本征衰减

为了理解散射和本征衰减对地面加速度付氏谱高频斜率的不同作用，我们首先使用三个极端模型进行了模拟。我们使用包含改进 Thompson-Haskell 传播矩阵算法的半解析方法计算了合成地震图（Wang，1999）。虽然传播算法的构成非常清晰，可以用到无限的层数，但它的数值结果表明了和动态解同样的不稳定性。Wang（1999）从物理的角度研究了这个问题，使用标准正交化方法提出了避免来自每层源入射波之间数值不稳定性的算法。

第一步使用 S 波波速为 400 m/s 和 S 波常数品质因子 Q_S（相当于从这里开始的所有分析中的 Q_i）为 1\,000 的半空间模型。这个值是任意选择的，足够大能够模拟平面波在近于弹性介质中的传播。带有任意振幅的横源位于 500 m 的深度（对所有的下列模拟使用同样的位置）。相应的模拟地表记录（见图 1）接近于介质的有限带宽（0~100 Hz）S 波格林函数。该信号的付氏谱是下列分析的参考谱（见图 2）。图 2 表明，该付氏谱几乎是平的，由于使用了高 Q_S 值，略带倾斜。

第二步，使上 100 m 内的 $Q_S = 10$，研究单独本征衰减的作用。与标准工程实践保持一致（Parolai 等，2010），采用不依赖频率的品质因子。有关品质因子的频率依赖仍然是

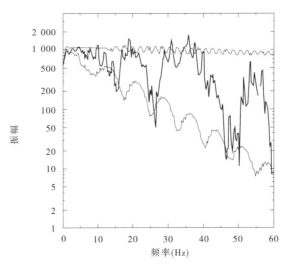

图 2　参考地震记录的谱（这里的细黑线，图 1 中的上部记录）、仅考虑本征衰减
影响获得的记录的谱（这里的灰线，图 1 中的中部记录）和在散射介质
中获得的记录的谱（这里的粗黑线，图 1 中的下部记录）（绝对振幅值是任意的）

个悬而未决的问题（Morozov，2008，2010；Cantore 等，2012），在任何情况下，它的引入都
不会改变本项研究关于本征衰减和散射衰减分别作用的主要结果。图 1（中部）表明，当
在时域分析时，在计算地震图中考虑本征衰减的主要影响是振幅的减小和脉冲的加宽。
图 2（灰色）描述了相应信号付氏谱，清晰表明了随频率而衰减。当我们进行谱拟合（这里
我们采用了非线性最小二乘 Marquardt-Levenberg 算法）模拟谱的高频衰减（考虑了 10～
50 Hz 频段）时，找回了 $Q_S = 10$ 的正确值。

　　第三步，通过把这部分细分成厚度为 1 m 的 100 层模拟了上 100 m 内的散射。每层
内的传播时间，始于均匀模型的 S 波波速（400 m/s）推断的均值（0.002 5 s），考虑标准偏
差为均值 0.3 的高斯扰动分布，随机受扰。使用的唯一约束是在整个 100 m 上每层内传
播时间的和等于本来的平均传播时间（0.25 s）。在图 3（左）中示出了这样导出的 S 波波
速模型。图 1（下）显示了得到的模拟地表记录。首至波振幅大幅减小，可以识别出若干
个后至波。考虑到该模拟中计算的频率范围和考虑的波速模型与层厚，这些后至波主要
是由瑞雷和米氏散射机制引起的（Wu 和 Aki，1988）。反过来，图 2（粗黑线）表明，由相
关谱（灰色线）估算 k 的试图会强烈依赖于谱拟合选择的频带。比如，像 Ktenidou 等
（2014）建议的那样，使用 10～50 Hz 的频带并考虑以下关系会导致约 17 的视 Q_S：

$$k = \sum_{i=1}^{n} \frac{t_i}{Q_{Si}} \qquad (2)$$

式中：n 为模型的层数；t_i 为每层的传播时间（Hough 和 Anderson，1988）。

　　从图 2 清晰可见，在 15～25 Hz 的频带会看到小得多的衰减估计，相当于 91 的视 Q_S，
而考虑 15～20 Hz 的频带甚至会导致 $Q_S = -2$ 的负值。

1.2　散射和本征衰减的联合影响

　　为了估算散射和本征衰减的联合影响，我们考虑了三种其他情况的研究。在第一种

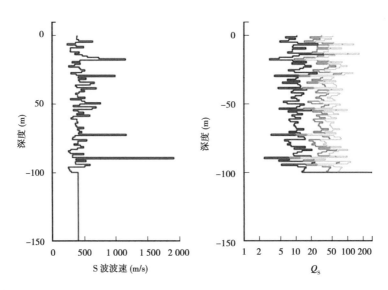

图 3 （左）用于模拟净向前散射的 S 波波速度模型。（右）考虑向前散射的模拟 Q_S 变化性的 Q_S 速度模型（详见散射和本征衰减联合影响部分）。考虑了 $Q_S = 10$（黑色）、30（深灰色）和 50（浅灰色）三个不同参考值

情况中,我们使用了和图 3 示出的一样的 S 波波速模型,在这模型中,考虑了

$$\frac{t_{\text{tot}}}{Q_S} = \sum_{i=1}^{n} \frac{t_i}{Q_{Si}} \tag{3}$$

约束下的在上 100 m 内要么是均匀（$Q_S = 10$）的,要么是由每米厚层中传播时间和品质因子之间的随机扰动比（始于均匀模型值）推断的 Q_S 结构。式中 t_{tot} 为上 100 m 内的总传播时间,Q_S 为均匀模型中采用的值（这里为 10）,t_i 为每一随机扰动层内的传播时间,Q_{Si} 为每层的本征品质因子。在另外两种考虑的情况下,唯一不同的是,扰动的 t_{tot}/Q_S 与假设 Q_S 值分别为 30 和 50。图 3（右）示出了得到的所有 Q_S 剖面。

在这些情况下,对 10～50 Hz 频带应用谱拟合结合散射影响,对 Q_S 分别取为 10、30 和 50 的情况下导致了 Q_S 分别等于 7、9 和 11 的结果。结果的分析表明,本征衰减越高,散射影响越小。当本征衰减很强时（比如 $Q_S = 10$）,高频谱衰减趋于仅考虑本征衰减确定的值。当计算谱拟合选取的频带内的谱振幅对数和线性趋势（Q_S 从 10 变到 50,rms 从 0.53 增加到 1.02 的线性趋势）推断值之间差值的均方根（rms）时可以估计这种影响。当本征衰减很小时,仅通过考虑宽频带谱拟合可以获得稳定（相关的本征衰减）的高频衰减值。在其他情况下,散射影响妨碍了合理稳定的高频估计（就是在任何情况下都会存在强烈的频带依赖）。

2 结论

在本项研究中,我们分析了本征衰减和散射对高频衰减谱参数 k_0 的贡献。结果证实了二者影响的联合贡献,回顾脉冲传播的分析,也说明了通常使用的对这个参数的解释当使用数秒长度窗口的付氏谱时是不合适的（式（1））。我们的结果表明,当考虑净向前散射影响时,能量在不同的谱坐标上重新分布,难以得到稳定的 k_0 估计值,特别是对本征衰

减很弱和谱带宽很窄的情况。当本征衰减很强时,散射影响大幅减小(对同样的阻抗量,相对随机变化)。在这些情况下,k_0 主要指示了场地下面的品质因子,按照类似于 Hough 和 Anderson(1988)估计场地下面 Q_S 结构的方法,可以使用它。更重要的是,这些结果暗示着 k_0 和由它推断的 Q_S 值在这些情况下可以用作地震动模拟的适当参数。

我们获得了仅考虑上 100 m 内散射影响的这些结果。然而,因为衰减影响和波在介质中的传播时间成正比,图 4 中给出的结果可以容易地扩展到更薄或更厚的沉积盖层。因此,如果本征 Q 值固定,较薄沉积盖层会导致在记录中更大的散射贡献。

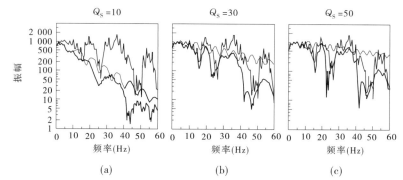

图 4　(a)仅考虑散射获得的记录的谱(细黑线,相当于图(c)中的粗黑线)、
仅有本征衰减(浅灰色,相当于图(c)中的灰线)和联合影响(粗黑线)

(在这个例子中,图(a)中采用的 Q_S 固定到 10。(b)和(a)相同,不过是对 $Q_S=30$ 的。

(c)和(a)相同,不过是对 $Q_S=50$ 的,绝对振幅值是任意的)

最后,我们想说,当考虑 S 波近于垂直传播和净向前散射影响时这些结果是有效的。这样的假设在绝大多数情况下是合理的,因为考虑的高频范围内的水平信号窗口可能由 S 波主导,考虑到事件的震源深度和向着地表减小的阻抗,我们可以猜想对于地方地震活动,波近于以垂直方向到达,但它们也不是总是适用的。

数据来源

本文没有使用真实数据。像文中所述,使用的信号是用 Wang(1999)的矩阵传播方法获得的模拟结果。

译自:Bull Seismol Soc Am. 2015,105(2A):1049-1052
原题:k_0:The Role of Intrinsic and Scattering Attenuation
杨国栋　译

带有地质和地形约束的加利福尼亚州 v_{S30} 图

E. M. Thompson   D. J. Wald   C. B. Worden

摘要: 许多地震工程应用程序的场地响应由其与直到 30 m 深度的时间平均剪切波速 (v_{S30}) 的经验关系式估计。因此,这些应用程序依赖于特定场地的 v_{S30} 测量数据或全球、区域或局部尺度的 v_{S30} 图的可用性。由于 v_{S30} 测量数据稀少,所以我们通常需要代用资料估计未采样区域的 v_{S30}。我们给出了一幅新加利福尼亚州 v_{S30} 图,它考虑了像地质、地形与特定场地 U_{S30} 测量数据的多源不同空间尺度观测约束。我们使用回归克里格(RK)地学统计方法结合这些约束预测 v_{S30}。对 v_{S30} 趋势,我们从基于地质的 v_{S30} 值开始,识别了地形梯度和地质 v_{S30} 模型残差之间的两种清晰趋势。第一种趋势适用于深、细砂第四纪冲积层,而第二种趋势略强,适用于更新世沉积单元。RK 框架确保形成的加利福尼亚州图在局部上精细地反映了整个加利福尼亚州快速扩展的 v_{S30} 数据库。我们比较了这种新制图方法和以前绘制的加利福尼亚州 v_{S30} 图的精度。通过比较使用我们新图和现有图 v_{S30} 值的真实场景地震动图,我们也说明了新 v_{S30} 图对地震动的敏感性。

引言

在像地震动预测方程(GMPEs)、建筑规范和地震危险性区划图的很多应用程序中,场地响应由其与直到 30 m 深度的时间平均剪切波速 v_{S30} 的经验关系式估计。为了制图,我们需要像地表地质(Wills 和 Clahan,2006)、地形梯度(Wald 和 Allen,2007)或地貌(Yong 等,2012)的辅助资料(即代用资料)来估计未采样区域的 v_{S30}。这里,我们对加利福尼亚州采用了既利用地表地质又利用地形梯度的混合方法。我们使用回归克里格方法(RK)绘制 v_{S30} 图(Thompson 等,2010;Thompson 等,2011)以保证得到的反应 v_{S30} 测量数据库迅速扩展(例如,Yong 等,2013)的加利福尼亚州图在局部区域上得到改善。这里使用的 v_{S30} RK 制图方法类似于 Worden 等(2010)在地震动图中绘制地震动强度的制图方法,在地震动图中,空间的代理资料(事件校正的 GMPEs)在局部区域上精细地反映了仪器和宏观强度。

我们的长期目标是绘制一幅包括给定地点现有最精确 v_{S30} 估计的全球 v_{S30} 图。基于全球可用地形的方法(Wald 和 Allen,2007;Allen 和 Wald,2009;Yong 等,2012)实现了完全的覆盖。然而,像加利福尼亚州、台湾和日本这些已被较详细研究过的区域,应该有更详细的 v_{S30} 图和测量数据可用。Wills 和 Gutierrez(2008)绘制了一幅基于地表地质单元的加利福尼亚州 v_{S30} 均值和标准偏差图。随后,Wills 和 Gutierrez(2008)使用地形坡度确定的因子修改了第四纪地质单元的 v_{S30},对图进行了更新。目前,这些所有绘制 v_{S30} 估计图方法的一个局限性是:虽然最初来源于或受约束于观测的 v_{S30} 值,但得到的图实际上忽视了测量位置的已知 v_{S30} 值,RK 方法解决了这个问题。这里,我们使用既有地质又有地形约束的 RK 方法,但它是能够并入现有任何 v_{S30} 预测因子组合的一个通用方法。例如,在缺乏足够详细地质资料成图的地方,人们可以仅用地形坡度的 RK 方法。

RK 方法中的关键步骤是对均值的空间波动定义一个函数(称为"趋势"),定义趋势有很多可能的方法。最直观的选择是进行回归分析,回归分析中的方程函数形式包括地质单元、地形坡度及地形坡度和地质单元的交互作用项。使用这种方法的一个主要障碍是岩石单元中缺乏测量数据,这在沉积单元中或许呈现出随地形坡度不同的趋势,岩石单元中的严重选择偏差加剧了这个问题。岩石单元中成图的很多 v_{S30} 测量数据实际被用在了至少部分下伏有沉积物的地方,就产生了上述偏差。地质图必须忽略小于某种特征尺度的特征,这种特征尺度取决于地图比例尺。被成图为岩石单元的区域仍可包含小片的沉积物(如沿河岸)。实际上,地震调查区域通常不是成图的地质单元,而是易于进入的平坦区域。对日益增多的流行非侵入面波反演方法更是这样,这些反演方法依赖于捕捉约束 30 m 及其以下速度结构长周期面波的长距离(数十米到数百米)地表地震仪台阵。结果是划分为岩石单元的 v_{S30} 测量数据通常不代表成图材料。比较起来,Wills 和 Clahan (2006)的图几乎仅依赖于不易产生同样采样偏差的井下测量数据,所以我们认为对于岩石单元 Wills 和 Clahan (2006)的图比我们使用加利福尼亚州当前可用数据统一回归制作的图更精确。

另一个合理的方法是分层模拟 v_{S30},这种方法首先分析最广泛适用模型的残差。残差中的趋势将可能明显是局部地质或地理区域的函数。这些趋势而后可以被用来在局部区域上改善更广泛适用的模型。Wald 等(2011)的研究表明 v_{S30} 和地形坡度的关系式在中国台湾和美国犹他州是类似的,但这关系式呈现出了偏移(即不同的截距项)。一个相关的例子是 Magistrale 等(2012)绘制的美国大陆 v_{S30} 图,它对年轻的湖相沉积确认了 v_{S30} 和地形坡度之间清晰不同的相关性。

然而,对于加利福尼亚州,因为前面讨论的岩石单元中的采样偏差问题,我们比较喜欢第三种方法,这种方法的基础或背景模型是 Wills 和 Clahan (2006;hereafter WC06)的图,在这个基础上,我们进行了残差分析,以确定作为地形坡度函数的 v_{S30} 标度关系。

1 数据

我们使用太平洋工程分析数据库(Walt Silva,书面通信,2011)和 Yong 等(2013)的 v_{S30} 测量数据。为避开因 WC06 图有限空间精度和测量数据位置误差造成的错误分类场地,我们从数据库中去除了地质单元分类有疑问的 v_{S30} 测量数据,即根据地质图指示土层单元的 v_{S30} 值位于岩石单元上的数据,反之亦然。加利福尼亚州最终的数据库包含 801 个点。图 1(a)绘出了这些点,且内插了 v_{S30} 直方图;图 1(b)示出了 WC06 图。

Allen 和 Wald(2009)的研究表明 9 角秒分辨率(即 9c)地形梯度比 30 角秒分辨率地形梯度(即 30c)描述地形或地质特征的效果更好。然而,Thompson 和 Wald(2012)发现台湾的测量数据和 30 角秒分辨率(约 900 m 间距)地形梯度比 9 角秒分辨率(约 270 m 间距)地形梯度相关得更好。粗糙的地形相关性为什么更好原因尚不清楚,但我们推测 9 角秒分辨率地形梯度可能反映了非地形特征(如植被或建筑)。因此,在我们的分析中包含了 9 角秒和 30 角秒两种分辨率的地形梯度,使用测量数据确定哪一种分辨率更适合加利福尼亚州。

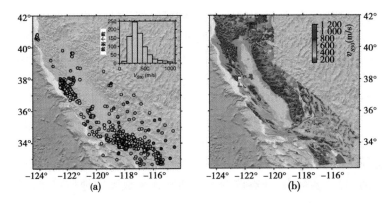

图1　(a)我们在分析中使用的加利福尼亚州 v_{S30} 测量数据分布图及直方插图；
（b）Wills 和 Clahan（2006）的 v_{S30} 地表地质模型

2　空间趋势

为了把模型以方程表示和有助于明确表述后续提出的制图算法,我们对地质单元的 WC06 分组定义了一组指示变量:如果测量数据在地质单元 g 内,G 等于1,否则等于0,这里 g 是 WC06 表1中列出的任何一个地质单元。这样,我们可以把模型写成

$$v_{S30}(g) = \sum_i c_i G_i \tag{1}$$

式中:c_i 是 g_i 地质单元 WC06 表1中报告的 v_{S30} 均值。我们把 WC06 模型的残差定义为下列比值

$$r_{geo} = v_{S30}^{obs}/v_{S30}(g) \tag{2}$$

式中:v_{S30}^{obs} 是 v_{S30} 测量向量。接下来我们核实这些残差的任何变化是否可由地形梯度解释。r_{geo} 对地形梯度的曲线没有显示出显著的趋势。趋势的缺乏并不太令人惊讶,因为地形坡度应该主要和沉积层中的 v_{S30} 相关,岩石单元中相关性的缺乏或许模糊了沉积单元中的趋势。因此,我们研究了各个地质单元内是否存在趋势。图2总结了我们能够发现的最强趋势:30角秒分辨率地形梯度对 r_{geo} 的趋势,图2(a)示出了深、细砂第四纪冲积层地质单元(Q_{df})的,包括 WC06 的深(包含洛杉矶和帝王谷)和细砂第四纪冲积层地质单元;图2(b)示出了更新世地质单元(Q_p)的,包括 WC06 的 Q_{oa}、Q_s 和 Q_T 地质单元。图2中两回归直线的斜率值都小于0.001,这表明我们可以得出在非常高的置信水平上这些斜率显著不同于0的结论。我们也做了类似的9角秒分辨率地形梯度的图,但发现相关性不是这么高。为解释图2中随地形梯度(∇)的变化趋势,我们修改式(1)得到

$$v_{S30}(g, \nabla) = \sum_i G_i c_i f(\nabla) \tag{3}$$

式中

$$f(\nabla) = \begin{cases} l_i & \text{对 } \nabla < a_i \\ \exp(\beta_{0i} + \beta_{1i}\ln\nabla) & \text{对 } a_i \leq \nabla \leq b_i \\ u_i & \text{对 } \nabla > b_i \end{cases} \tag{4}$$

这里直线的系数(β_{0i}, β_{1i})由最小二乘回归确定,其他系数(l_i, u_i, a_i 和 b_i)根据数据的范

围确定以避免外推趋势。选取这个函数形式以反映像图 2 中示出的 r_{geo} 和地形坡度对数之间的近似线性关系（即幂率关系）。表 1 提供了 β_{0i} 和 β_{1i} 的最小二乘估计值和 95% 的置信区间以及未经回归确定的其他系数。对于表 1 未列出的地质单元，式（4）等于 1.0。因为式（3）包含了地质和地形梯度引起的变化，我们把它称为混合 v_{S30} 模型。

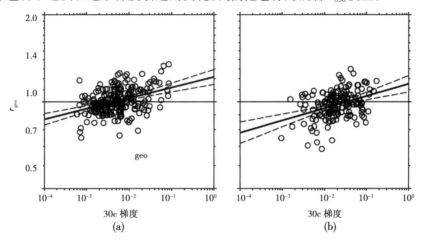

图 2　随 30 角秒分辨率航天飞机雷达成像地形梯度变化的 r_{geo} 曲线图。

（a）深/细砂第四纪冲积层的 r_{geo} 曲线图；（b）更新世冲积层单元的 r_{geo} 曲线图

（实线给出了最小二乘线性模型，虚线给出了 95% 的置信区间）

表 1　估算混合 v_{S30} 模型需要的参数

WC06 地质单元	深/细砂第四纪冲积层地质单元 深第四纪冲积层地质单元 深帝王谷第四纪冲积层地质单元 深洛杉矶盆地第四纪冲积层地质单元 细砂第四纪冲积层地质单元	更新世地质单元 Q_{oa} 地质单元 Q_s 地质单元 Q_T 地质单元
l_i	0.928 3	0.859 7
u_i	1.113	1.071
β_{0i}	0.197 2 ± 0.059 7	0.142 6 ± 0.065 4
β_{1i}	0.036 58 ± 0.011 1	0.042 32 ± 0.016 1
a_i	5.948 × 10⁻⁴	9.663 × 10⁻⁴
b_i	8.577 × 10⁻²	1.741 × 10⁻¹

　　图 3 比较了洛杉矶地区的 WC06 图和混合 v_{S30} 模型。在 118°W、33.8°N 附近的沉积盆地内地形梯度效应是显而易见的，在这个地方，WC06 模型是不变的（实橙色），但混合模型显示出了 v_{S30} 的变化（图中橙黄色的变化）。虽然这个单元的均值和 WC06 模型的相近，但在接近盆地边缘处通常变化得更快。其他区域上显示出了地形梯度效应引起的空

间分布广泛但幅度不大的v_{S30}均值变化。例如,117.3°W、34.1°N 附近的缓慢第四纪沉积物在 WC06 模型中较快,而在 118.3°W、33.8°N 附近的更新世单元上却一般较慢(虽然在混合模型中显然存在较快材料的脊)。

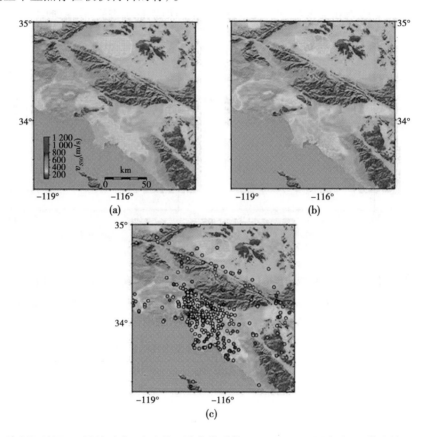

图 3   洛杉矶地区 v_{S30} 图的对比。(a)基于地表地质的 WC06 图;(b)混合地形/梯度的 v_{S30} 图;
(c)在(b)图上添加了测点数据(G_i,$\triangledown$)

3   回归克里格

地质和地形坡度通常被称为 v_{S30} 的"代用资料"。在地学统计文献中更常用的另一个适当术语是"辅助信息",人们已经研发了各种地学统计方法,用这些方法来绘制局部解释所关心变量及辅助信息的直接测量数据的变量图(即"代用资料")。术语"克里格"包括很多不同利用数据中空间相关结构的地学统计插值方法,其中的一些结构也解释了各种辅助信息。根据 Goovaerts(1997)的研究,我们可以把各种克里格表述成

$$Z*(u) - m(u) = \sum_{\alpha=1}^{n} \lambda_{\alpha}(u)\left[Z(u_{\alpha}) - m(u_{\alpha})\right] \tag{5}$$

式中:u 为未采样的位置;$Z*(u)$ 为插值;$m(u)$ 为均值;$\lambda_{\alpha}(u)$ 为和 $Z(u_{\alpha})$ 的 n 个测量数据有关的权重,它们实现了随机变量 $Z(u_{\alpha})$。

简单克里格(SK)假定 $m(u)$ 是已知常数,普通克里格假定 $m(u)$ 是未知常数,带有趋

势的克里格(KT)把 $m(u)$ 定义为随空间变化的函数。回归克里格(RK)有时被称为带有外部漂移的克里格,RK 在 KT 上是变化的,在 KT 中趋势回归独立于克里格系统,并用于趋势的残差。本文中,我们把 $m(u)$ 定义为 $v_{S30}(g, \nabla)$(式(3)),因此均值由地质和地形坡度二者确定。

我们通过应用 SK 方法对趋势的残差进行插值(称为 r_{hyb})和使用得到的 r_{hyb} 估计图更新未采样位置的趋势评估了 RK 模型。在 5% 显著水平上,正态检验拒绝了 $v_{S30}^{obs} - v_{S30}(g, \nabla)$,得到了小于 1×10^{-6} 的 p 值;然而,该检验未能拒绝对数残差 $\lg10(v_{S30}^{obs}) - \lg10(v_{S30}(g, \nabla))$ 的正态性,得到 0.525 的 p 值。因此,我们把混合趋势的残差定义为

$$r_{hyb} = \lg10(v_{S30}^{obs}) - \lg10(v_{S30}(g, \nabla)) \tag{6}$$

我们把 r_{hyb} 的估计值称为 r_{hyb}^*。图 4 中给出了 r_{hyb} 的实测和模型半变异函数。我们选择由下式给出的 Whittle-Matérn 半变异函数模型:

$$\gamma(h) = \sigma^2 \left[1 - \frac{2^{1-\nu}}{\Gamma(\nu)} \left(\frac{h}{a} \right)^\nu K_\nu \left(\frac{h}{a} \right) \right] + \tau \tag{7}$$

式中:h 为分离距离;σ^2 为偏基台值;τ 为块金值;a 为范围参数;ν 为形状参数;K_ν 为 v 阶的第二类变形贝塞函数;Γ 为伽马函数。

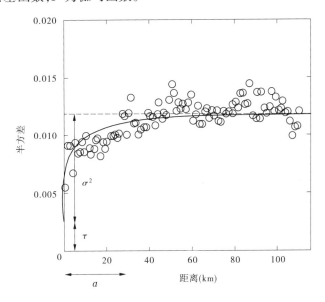

图 4 r_{hyb} 的实测(点)和模型(线)半变异函数图

(文章中定义了标识的参数:σ^2 为偏基台值,τ 为块金值,a 为范围参数)

通过试错法我们选取了 0.1 作为 ν 值;剩余参数的最大似然估计值是 $\sigma^2 = 9.26 \times 10^{-3}$, $\tau = 2.60 \times 10^{-3}$, $a = 29.2$。图 4 中标识了这些参数值,关于 Whittle-Matérn 模型更多的讨论见 Thompson 等(2010)的文章,关于根据半变异函数模型计算可参阅地学统计教科书(比如 Chilès 和 Delfiner(1999))。

为了制作加利福尼亚州的 v_{S30} 图,我们创建了 3 角秒分辨率的网格,在网格中计算 r_{hyb}^* 和 $v_{S30}(g, \nabla)$。图 5(a)示出了洛杉矶地区的 $\exp(r_{hyb}^*)$。对于这张图,我们取 r_{hyb}^* 的幂,把

对数单位转换成比值,以便这些值和式(2)给出的残差及图2画出的曲线可比(我们也发现这种表达比对数残差更容易解释)。最终的模型是 $v_{S30}(g, \nabla)$ 和 $\exp(r_{\text{hyb}}^*)$ 的乘积,图5(b)示出了洛杉矶地区的最终模型结果。残差图显示出广泛存在与地质单元或地形梯度不相关的空间趋势。在测量值上也存在 r_{hyb}^* 的局部最大值和最小值,这使得成图的 v_{S30} 值与测量结果有较好的一致性。

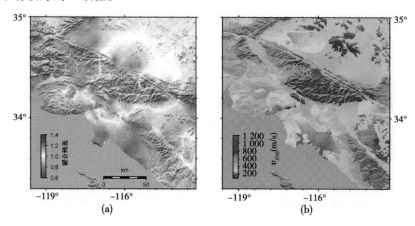

图5　(a)加利福尼亚州洛杉矶地区内插的混合模型残差 $\exp r_{\text{hyb}}^*$ 图;
(b)加利福尼亚州洛杉矶地区最终回归克里格(RK)v_{S30} 图。这里趋势被定义为 $v_{S30}(G_i, \nabla)$。
(a)中的蓝色区域表示实测数据一般低于 Wills 和 Clanhan(2006)分配值的区域,红色区域
表示实测值一般高于 Wills 和 Clanhan(2006)分配值的区域

4　不确定性

克里格中的不确定性传统上由未采样位置的估计值和它的误差方差来表达:$\sigma_{\text{E}}^2 = \text{var}\{Z^*(u) - Z(u)\}$。对 SK,误差方差为

$$\sigma_{\text{SK}}^2 = C(0) - \sum_{\alpha=1}^{n} \lambda_\alpha(u) C(u_\alpha - u) \tag{8}$$

式中:$C(h)$ 为协方差函数。

协方差通过 $\gamma(h) = C(0) - C(h)$ 与变差函数简单相关。由于没有解释回归步骤的不确定性,式(8)给出了根据数据估计地形坡度趋势的地质单元内的最小不确定性。图6示出了洛杉矶地区的误差标准偏差(σ_{E},以 10 为底的对数为单位)。这张图清晰地说明了被降低了的与 v_{S30} 测量值附近位置有关的不确定性。在测量值位置几千米内的 σ_{E} 低至 0.08,但在远处增加到 0.11。此外,在人们最关心的区域,也就是人口密度最大的区域,不确定性一直都很小(约 0.09)。

另一个评价不确定性的方法是把实测 v_{S30} 值与各种绘图的值进行对比。图7给出了(a)WC06 图、(b)混合趋势图、(c)全分辨率(3 角秒,约 90 m)RK 图和(d)缩减采样到 20 角秒(约 600 m)的 RK 图的预测值对实测值的曲线图。每幅图左上角标出了以 10 为底的样本标准偏差(s)。这张图表明随地形坡度的趋势虽然解释了一些地质单元内的偏差,但它使 s 减少不到百分之几。相比之下,RK 模型的 s 明显小得多,为 0.060。然而,重

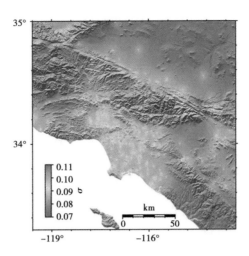

图6 洛杉矶地区以 10 为底的对数为单位的误差标准偏差图

(它说明了被降低了的与实测 v_{S30} 值附近位置有关的不确定性)

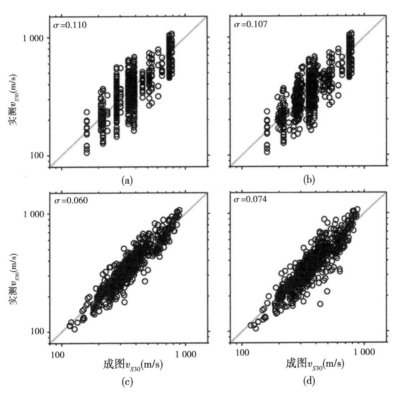

图7 (a) Wills 和 Clanhan(2006) 成图的 v_{S30} 对实测 v_{S30} 变化的图;(b) 式(3)、式(4)的混合趋势成图的 v_{S30} 对实测 v_{S30} 变化的图;(c) 全分辨率(3 角秒,约 90 m) RK 图成图的 v_{S30} 对实测 v_{S30} 变化的图;

(d) 缩减采样到 20 角秒(约 600 m)的 RK 图成图的 v_{S30} 对实测 v_{S30} 变化的图

(每幅图的左上角给出了以 10 为底的对数标准采样偏差(s))

要的是要记住,计算 s 是在具有测量值的位置,所以这意味着最小的不确定性,不确定性随着距最近的测量值位置的距离而增加(见图6)。这个值大约相当于图6给出的 σ_E 的最低值,而 WC06 和混合趋势的样本标准偏差接近于图6给出的 σ_E 的最大值。图7也说明了缩减采样直到20角秒分辨率增加的不确定性(见图7(d)),这个分辨率正是典型的地震动图计算的分辨率。我们可以看到发散性略有增加,较粗分辨率的 RK 图仍比这里考虑的其他图更精确。

不同的读者往往喜欢不同拟合优度的统计数据。因此表2给出了一些本文涉及的每个 v_{S30} 模型的不同汇总统计数据(只含有地形坡度的模型是 Allen 和 Wald(2009)做的活跃区域30角秒分辨率的改进模型,地质模型是 WC06,混合模型是式(3)、式(4),Hyb-RK 模型是指趋势被定义为混合模型的 RK 模型)。为了完整性和说明不同汇总统计数据的一些特性,我们也包括了预报数据均值的这些统计数据(视觉上,这将是一幅带有一种颜色的 v_{S30} 图)。我们给出了 s 和以10为底的对数为单位的残差均值(乖离率)、效率系数(E;Nash 和 Sutcliffe,1970)与方差缩减($VR = 1 - ($残差的方差$)/($数据的方差$)$)。E 和 VR 的值很相似;像由表2中均值模型的值示出的那样(尽管对任何的常数预测,未必是均值,VR 也为0),当模型完全预测数据时,二者的值为1,预测均值时,二者的值为0。当根据完整数据库计算这些汇总统计数据时,一个合理的解释是虽然对混合模型我们发现了随地形梯度变化的清晰显著趋势,但这模型没有实质的改进(混合模型的 s、E 和 VR 实质上不比仅地质模型的好)。问题是数据库中一半多的点不受模型地形坡度的影响,因此我们仅对混合模型地形坡度被应用的那些点也计算了这些统计数据(Q_{df} 和 Q_p)。这些值说明通过在地质单元内相对仅地质模型包含地形坡度趋势获得了结果的改善。

表2 拟合优度汇总,包括样品数(n)、乖离率($bias$)、标准偏差(s)、效率系数(E)和方差缩减(VR)

项目	n	v_{S30} 范围(m/s)	模型	$bias$	s	E	VR
所有数据	801	106 ~ 1 070	均值	0	0.180	0	0
			地形坡度	- 0.034	0.153	0.263	0.273
			地质	- 0.021	0.110	0.617	0.625
			混合	- 0.020	0.107	0.635	0.642
			Hyb-RK	- 0.005	0.060	0.887	0.888
Q_{df} 和 Q_p	400	145 ~ 649	均值	0	0.128	0	0
			地形坡度	- 0.006	0.112	0.228	0.228
			地质	- 0.007	0.104	0.337	0.338
			混合	- 0.004	0.098	0.412	0.412
			Hyb-RK	0.002	0.051	0.838	0.839

Seyhan 等(2014)评价了各种 v_{S30} 成图方法的精度。他们使用 Wills 和 Gutierrez(2008)的方法计算得到 $s = 0.14$。虽然 Wills 和 Gutierrez(2008)的方法给出的 s 值可能稍微小一些,为了讨论,我们期望这值和 WC06 的 s 值相同。Seyhan 等(2014)给出的值大于我们在图7中对 WC06 给出的0.110的值。因为我们计算 s 使用了不同的数据库,所以

我们的值小一些。我们数据库较低的数据偏差可以确定地归因于在数据来源部分表述的一个事实,即去除了一些我们认为是由 WC06 错误分类的离群值。错误分类的问题或许可以由将来更详细的地质图细化来解决。此外,我们分析中的数据筛选步骤可能夸大了地质模型相对表 2 中给出的汇总统计数据的纯地形坡度模型的改进性能。我们还注意到表 2 给出的地形坡度模型的乖离率与 s 与 Wald 和 Allen(2007)对加利福尼亚州给出的几乎是一样的。

5 敏感性

弄清楚 v_{S30} 的变化对地震动的影响程度很重要。在本节中,我们定量化地震动强度对 WC06 的 v_{S30} 图和提出的 RK 图之间差异的敏感性。为此,我们在除 v_{S30} 图外所有输入不变的条件下计算了 1994 年北岭的地震动场景。图 8 示出了(a)采用 WC06 v_{S30} 图和(b)采用 RK v_{S30} 图的地震动峰值速度(PGV)图。虽然在 PGV 轮廓线上能够看到一些差异,但通过绘制地震动强度的比值图,这种差异更容易定量化,也看起来更清晰。因此,图 8 也

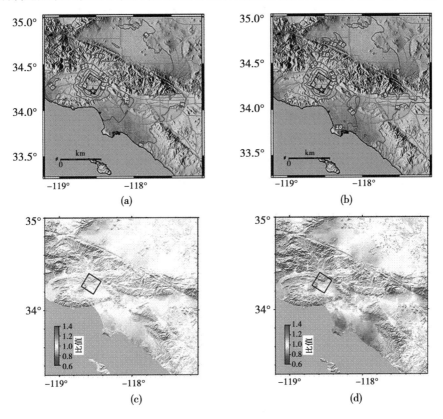

图 8 (a)使用 Wills 和 Clahan(2006;WC06) v_{S30} 图和(b)使用 RK v_{S30}

图的 1994 年北岭地震地震动场 PGV(cm/s)等值线图

(星号标示出了震中位置,黑框标示出了破裂面的地表投影)(c)和(d)也分别示出了使用 RK v_{S30}

和 WC06 v_{S30} 图的北岭地震地面峰值加速度(PGA)比值和地面峰值速度(PGV)比值

给出了(c)用 WC06 v_{S30} 图计算与用 RK v_{S30} 图计算的地震动峰值加速度(PGA)比值图和(d)类似的地震动峰值速度比值图。PGV 比值距 1 较大的偏差表明它对 v_{S30} 的变化比PGA 更敏感。在很多区域使用不同 v_{S30} 图的地震动图 PGV 的差异超过了 40% 。我们之所以使用地震动强度的比值而不使用地震动强度差是因为地震动强度比值正比于相对的差异而不是绝对的差异。这类似于检验地震动方程的响应谱残差(例如,Scasserra 等,2009;Atkinson 和 Boore,2011)时经常做的对数残差分析。

6 结论

这里表述的方法利用了最普通可用的辅助(代用) v_{S30} 数据资源:地形坡度、地表地质图和附近的 v_{S30} 测量数据。因为这种成图方法把这些不同的技术运用于一张图,可以认为它是一种混合方法。图的精度在空间上显著变化,所以考虑该 v_{S30} 图的误差方差(或标准偏差)图对我们来说很重要。我们的研究已经表明,这种方法在测量数据稠密覆盖区域实现了显著改进,这是克里格方法的重要特质;这里前文所述的代用模型不适应特定场地的 v_{S30} 值。相对 WC06 v_{S30} 图,这里提出的 v_{S30} 图在洛杉矶的很多地方调整 1994 年北岭地震地震动图的 PGV 超过 40% 。我们相信本更新会对依赖推断 v_{S30} 值的地震动模拟或分析给予显著改善。

资料来源

我们使用了太平洋工程分析数据库(Walt Silva,书信,2011)和 Yong 等 (2013)的 v_{S30} 测量数据。按照 Wald 和 Allen(2007)的方法,根据 30 角秒航天飞机雷达层析成像任务数据库(Farr 和 Kobrick,2000)计算了地形梯度(即最大地形坡度),图件是使用通用绘图工具命令"grdgradient"绘制的。Wills 和 Clahan (2006)的图由 Chris Wills 提供。

译自:Bull Seismol Soc Am. 2014,104(5):2313-2321
原题:A v_{S30} Map for California with Geologic and Topographic Constraints
杨国栋　译

地震动预测的实时近场地震动更新

Raffaella De Matteisa　　Vincenzo Convertitob

摘要:现代工程地震学的主要挑战之一是减轻地震负面影响。虽然现代工程技术可以进行抗震结构设计,但人们仍然需要能够预测更可靠的地震动估计值及其有关不确定性。为着这一目标,本文研究了使用地震期间记录数据改进经验地震动预测方程(GMPE)的可能性。特别是,我们提出了考虑震源和传播介质具体特点更新初始 GMPE 系数的做法。最近发生在意大利造成人员伤亡和显著破坏且具有完好记录的地震的震后瞬间时间段我们应用了该项技术,这三场地震是:2009 年 4 月 6 日拉奎拉 M_w6.3 地震、2012 年 5 月 20 日艾米利亚 M_w5.9 地震和 2012 年 10 月 25 日波里诺 M_w5.2 地震。为了未来可能的发展,我们使用了同样的地震和记录这些地震的台网,我们也探索了这种技术在地震早期预警系统中实时应用的可能潜力。

引言

在地震危险性分析中,一个关键的方面是估计至少发生一次地震的结果超越确定破坏程度的概率。不管使用什么方法评估破坏,结果都强烈依赖于预测影响结构的地震动的能力。

对于场景研究,人们认可的计算强震地震动方法是基于点源或断层扩展模型的(例如,Emolo 等,2008;Cultrera 等,2010)。然而,当震源信息尚不完整或地震正在发生时地震开始后的数秒或数十秒(这里称为震后瞬间时段)预期的地震动预测仍是一个研究课题(例如,Dreger 和 Kaverina,2000;Convertito 等,2007)。在这些情况下,通常的预测工具是一个或者一套基于区域和断层类型的地震动预测方程(GMPE)。GMPE 是通过须由现有数据推出的一些系数关联一个表征地震动参数(例如,峰值地震动加速度(PGA)、峰值地震动速度或其他谱纵坐标)和模拟震源、传播介质及场地影响参数(即像震级、震源距、土层/岩石场地条件等的预测变量)的数学函数(例如,Douglas,2003)。GMPE 通常假设点状震源和各项同性的辐射。但是,像在下一代地震动衰减计划期间研发的和 Somerville 等(1997)提出的那些现代 GMPE 并入了震源机制、有限断层几何和方向性影响。

GMPE 的一个局限性是它们高度依赖于估计系数的数据数量和质量。对像美国东北部的低地震活动区域更是如此,在这些区域,GMPE 主要是基于震源和传播的模拟或 GMPE 的混合修改研发(Atkinson,2004;Atkinson 和 Boore,2006;Campbell,2008)。

此外,地震波激发和衰减的区域差异也可能影响 GMPE 的可靠性(Douglas,2007;Malagnini 等,2011)。因为它们是预先计算的,主要需要了解震级和位置。尽管具有这些局限性,GMPE 也是估计地震动最简单最易于应用的工具。考虑到地震数据分析中涉及的技术进步水平和方法精度,可靠的预测地震动信息在震后立即(甚至发震后的几秒钟之内)可以用于地震早期预警系统(EEWS)(例如,Allen 和 Kanamori,2003;Satriano 等,2008;Wu 和 Kanamori,2008;Zollo 等,2010)。

在本文我们希望回答的问题是通过地震期间记录数据回归获得的 GMPE 是否比原始方程在震后瞬间时段具有更好的预测能力。此外,我们使用地震期间记录数据更新的 GMPE 能否用于估计尚未记录破坏性地震波到来的场点的预期地震动。

为了回答本文的第一个问题,我们提出了一种估计特定事件(根据震源和衰减)地震动的方法。至于场地影响,需要预测(例如,重要结构和(或)设施)的记录台站和场地的传递函数可以事先确定,当事件发生了再用其修改估计值。这能够使用地震刚发生后记录数据更新初始 GMPE 的系数。修改由 GMPE 获得的估计值来解释所谓事件间变化性的想法并不新鲜(例如,Atik 等,2010;Convertito 等,2010)。例如,震动图的地震动估计值乘以偏差因子以和分析的特定事件的记录数据保持一致(Wald 等,1999,2005)。然而,因为这个偏差因子是个常数,它将以同样的量改变所有的估计值,所以 GMPE 随距离的趋势不变。

为了评估所提出方法的可靠性,它被用到了具有良好监测的意大利最近发生三场地震的 PGA 记录,这三场地震是:2009 年 4 月 6 日拉奎拉 M_w6.3 地震、2012 年 5 月 20 日艾米利亚 M_w5.9 地震和 2012 年 10 月 25 日波里诺 M_w5.2 地震。选择的事件将使我们能够考虑研究区域的不同构造环境和地震台网几何的影响。

对分析的事件,我们观察到,在震后瞬间时间段获得的特定事件的 GMPE 提供了比选为原始模型的 GMPE 更接近观测值的地震动估计值。在基于提前时间选择和预警可接受风险水平级别的实时应用方面,结果依赖于台站的分布和密度以及目标场点的震中距。

1 数据

本研究分析的地震发生在意大利亚平宁山脉的三个不同区域。它们代表了在近场和远场由密集地震台网高质量数字记录的地震事件。2009 年 4 月 6 日拉奎拉 M_w6.3 地震发生在阿拉鲁佐地区亚平宁山脉的中部(见图 1(a)),它代表了位于震中距小于 1 km(当考虑 Joyner-Boore 距离量度时为 0)(例如,Akinci 等,2010)台站记录的意大利中强地震的首例。本次地震在 20 km × 20 km 的震中区造成了 300 多人的伤亡和文化与历史遗产建筑的显著破坏。由于公认的方向性效应,破坏区域向东南方向扩展(例如,Maercklin 等,2011;Convertito 等,2012)。地震发生在亚平宁山脉中部山前嵌入正断裂系中(Cirella 等,2009;Walters 等,2009),表 1 中列出了主要参数。我们通过管理国家加速度台网(RAN)的民防部(DPC)使用(见数据来源)了这个地震的波形。为了本项研究,我们检索了 32 个台站的三分量加速度记录。这些台站的震中距的范围为 2~186 km(见图 1(a))。对于这个地震事件,本研究进行的测试不是根据现有台网的实际配置。实际上,在研究地震的时间,只有属于 RAN 的台站可用,而国家地球物理和火山研究所(INGV)管理的台站不可用。

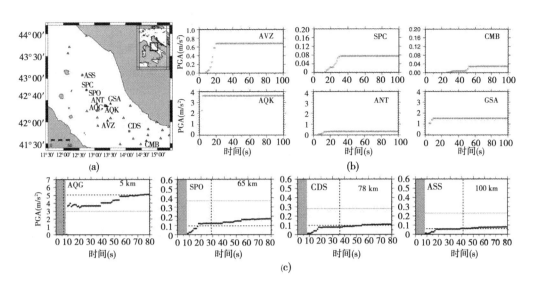

图1 (a)2009年4月6日拉奎拉 M_w 6.3 地震的震中(黑色星号)和台站分布。黑三角标识了
我们画出(b)根据地震期间记录波形实测峰值加速度(PGAs)时间演化曲线的台站。(a)中方块标识
了我们比较了(c)记录 PGA 值(水平虚线)和使用更新地震动预测方程(黑点)与 ITA08 模型
(水平灰线)所得预测值的场点。在(c)中还给出了震中距。(c)中的灰色阴影带标识了在开始
更新程序前获得稳定震级和位置估计值需要的时间间隔。(c)中的虚垂直线标识了波形上测得的
PGA 到达时间。插图中的方块显示了(a)显示的详细地图位置

表1 由国家地球物理和火山研究所(INGV)目录检索的本文分析的三个地震的位置、
震级和震源参数(见资料来源)

事	发震时刻(UTC) (年-月-日 T 时-分-秒)	纬度 (°N)	经度 (°E)	深度 (km)	M_w	走向 (°)	倾角 (°)	滑移角 (°)
拉奎拉	2009-04-06 T01:32:39	42.33	13.33	8.8	6.3	139	48	−87
艾米利亚	2012-05-20 T02:03:52	44.89	11.23	6.3	5.9	103	46	92
波里诺	2012-10-25 T23:05:24	39.88	16.01	6.3	5.2	164	47	−84

  表1中列出了2012年5月20日艾米利亚 M_w 5.9 地震的主要参数,该次地震是持续
数周影响的复杂地震序列的第一个主震,它位于波河平原之下,影响了(意大利艾米利亚
地区)亚平宁山脉北部部分地区(Pieri 和 Groppi,1981)。该地震序列发生深度在 2～12
km 人们熟知的下埋逆冲断裂系上(Ventura 和 Di Giovambattista,2013)。这序列造成了
17 人死亡、数百人受伤和建筑与工厂的严重破坏。对这个地震事件,从 RAN 到 INGV 管
理的国家地震台网的波形都是可用的(见资料来源)。我们检索了震中距为 13～200 km
的 96 个台站的三分量加速度和速度时程(见图2(a))。
  2012年10月25日波里诺地震(M_w 5.2)是2010年以来影响亚平宁山脉南部的地震
序列的最大地震。该序列的震源深度为 2～10 km,主要被分成了两丛。几乎所有断裂机

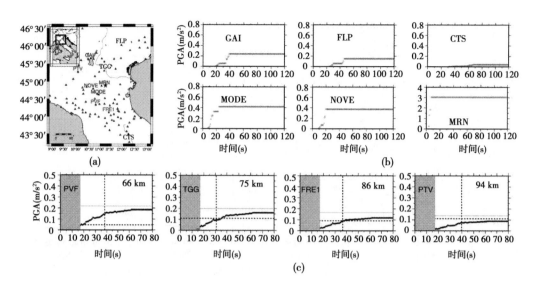

图2 和图1相同,但它是对2012年5月20日艾米利亚M_w5.9地震的

制都表明了具有北西—南东方向正断层的张性构造体系(见资料来源)。对于这个事件,一共从DPC和INGV台网检索了99个台的加速度和速度时程记录。这些台站的震中距为2~192 km(见图3(a))。

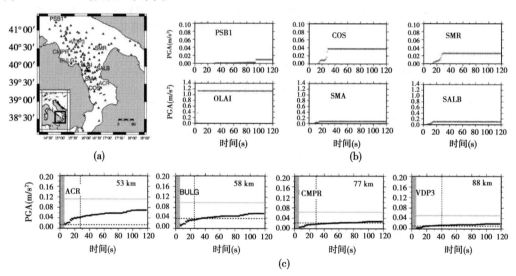

图3 和图1相同,但它是对2012年10月25日波里诺M_w5.2地震的

像引言中描述的那样,本文提出的分析是基于实测PGA值的。所有的波形都做了仪器响应校正,并转换成了加速度的单位,以m/s²表达。选择的地震震级使我们采用了0.1~20 Hz频率范围的带通滤波。而且,我们采用了0填补以获得具有同样持时的波形数据库,并手工识别了首波到时。

因PGAs受局部土层条件(场地影响)的影响,使用上30 m (v_{S30};见数据来源)剪切波速对记录场地分了类以区分岩石、土层和软土层。通过在选择初始模型中提供一套虚拟变量来考虑 GMPE 中这些土层类别的相对放大,在提出的方法中没有再做评估。注意,上述分类代表一阶近似。显然,在可用的地方,更有效的方法应该是使用随震级、距离和输入 PGA 幅度而变化的 PGA 土层/(岩石)数值模型。

2 方法概述

提出方法的主要目标是使当前用于预测地震动事件的现行 GMPE 及标准偏差事件内分量具有事件针对性。这一目标通过重估关联 GMPE 中响应变量和预测变量的系数来追逐。所以,我们用分析事件波形实测 PGA 值更新在震后瞬间时间段被选为初始模型用于预测的 GMPE 的系数值。对初始模型,我们选择了 Bindi 等 (2010;此后称为 ITA08)提出的 GMPE ,它是根据意大利强震数据库导出的最新最先进的模型。它的形式为

$$
\begin{aligned}
\lg Y = a &+ b_1(M - M_{ref}) + b_2(M - M_{ref})^2 + \\
&[c_1 + c_2(M - M_{ref})]\lg\sqrt{R^2 + h^2} + e_i S_i + f_j F_j
\end{aligned} \tag{1}
$$

式中:Y 为响应变量(我们使用的是 PGA);M_{ref} 为参考震级;R 为距离;h 为伪深度;S_i 为虚拟变量($i = 1$、2、3),其值要么为 0 要么为 1,取决于土层类型;F_j 是虚拟变量,其值要么为 0 要么为 1,取决于断层类型(即震源机制);e_i 和 f_j 分别为场地和断层类型系数。

对目前的应用,我们使用了把震中距(R_{epi})称为距离测度的系数。ITA08 考虑了标准差的两个分量:事件内分量和事件间分量。

系数 a、b_1 和 b_2 主要与震源影响有关。c_1 与传播影响有关,而 c_2 与震源对传播的影响有关。

本程序在震后瞬间时间段内运行。它可以根据台网布局和相对震中位置最远台站剪切波或面波旅行时间的理论估计,由用户或自动启动。

通过极小化实测和预测 PGA 值之间的残差平方根,在模型参数空间进行网格搜寻探索获得新系数。允许每个参数在中心位于其初始值 x_i、宽度限制在 x_i 的一个百分比的范围内变化。根据以保证结果稳定为目标的初始试验,我们选择了要探索的值范围(即对本研究分析的事件为 ±30%)。而后用最佳拟合参数计算更新模型的标准误差,把这标准误差和初始模型与用于更新的 PGA 数据集的标准误差作比较。使用 F 统计检验(在95% 的显著水平上)来确立是否能够拒绝相同标准误差的零假设,这决定能否使用更新模型替代原始模型。

为避免不切实际的估计,在满足选择标准时,更新程序不推演新系数。选择标准是基于当前可用的 PGA 测量值数目(场地影响校正的)、震中距(小于 150 km)和它们相对于同样台站使用原始 GMPE 获得的预测值差异的(假设震级值和位置已知)。当差异超过 ±3σ(σ 为初始模型的标准误差)时,拒绝 PGAs 。

波形可用性使我们还研究了我们提出的更新计划实时应用的可能性。大体在一定程度上,我们按照 Allen (2007)起初使用地震发生期间记录数据更新原始 GMPE 的想法。实际上,在常数时间间隔(本研究给出的离线应用为 1 s)上使用当前最大测量幅值重复以上描述的更新程序。这个幅值未必相应于最终的 PGA ,但从事件开始随着时间的增加,存在一系列显著不同的震中距。

因此，这个想法是使用事件早期在震中区记录数据预测位于尚未记录到最终 PGA 或者没有记录台站的较远距离场点以后的 PGA 值。在区域结构上这种方法和 EEWS 基本思路一致(例如, Gasparini 等, 2007; Zollo 等, 2009)，它使用位于震中区域的一组台站实时记录的波形识别事件，估计事件的震级和位置，进而预测预期地震动水平以采取适当对策减少地震影响。可用的提前时间越长，系统的效果越好。在这方面，我们的项目研究了实施的更新程序在对 EEWS 有用的时间窗口内能否提供最终记录 PGA 的较好实时预测估计值。这结果不仅主要取决于源—场距离，还取决于台网布局。

为了模拟 EEWS，我们假设已知事件位置，因为在实时应用中，现今地震监测方法在发震后几秒钟内能够精确地估计出地震位置(例如, Allen 和 Kanamori, 2003; Satriano 等, 2008; Wu 和 Kanamori, 2008)，上述假设不影响预期结果。对实时震级估计，我们使用了 Allen (2007)提出的触发台站数目和平均震级误差之间的经验关系。平均震级误差范围为 0.7(只有一个台站可用)到 0.3(10 个以上台站记录了 P 波)。对本研究给出的事件和一般的早期预警应用，这种不确定性和通过 GMPE 估计 PGA 有关的标准误差影响相比较小(Iervolino 等, 2009)。

为了评估我们提出的方法的性能，我们分析了给定数目场点的 PGA 估计值的时间演化，在这些场点有波形但未用于系数推导程序。用实际记录的 PGA 值和使用更新与初始 GMPE 获得的预测值做了对比。

3 结果

对本研究给出的应用，我们选择 Bindi 等(2010)提出的 GMPE 作为初始模型(ITA08)。用于 GMPE 回归的数据集主要是基于仅 200 km 内的记录数据，没有包含本研究分析的三个地震的其中两个。

4 震后分析

对震后瞬时段，当实测 PGA 值验证了上节描述的它们相对初始预测方程估计值的差异标准时，使用更新初始 GMPE 系数的程序。

对三个分析事件的图 4 的下幅，我们给出了初始 ITA08 模型、更新 GMPE 模型和长至保证震后条件，也就是信号再到达震前幅值的瞬时回归可用数据。

因为模型中没有完全分离距离和震级的影响(见式(1))，不管随距离可用数据如何分布，我们都更新了所有的初始 GMPE 系数。后果之一是甚至在没有数据或数据不足以约束拟合的距离上更新模型可能也被修改了。对艾米利亚地震和波里诺地震显然是这样。在第一种情况下，10 km 内没有数据，而对第二场地震，10 km (在约 2 km)内只有一个数据。

相比之下，拉奎拉地震数据对距离的近乎均匀分布可以对整个距离范围更好地约束更新模型。

除前面的考虑外，对这三个分析事件，可以观察到两个主要特征：第一，对于大于 20~30 km 的距离，ITA08 趋于高估记录数据，而更新模型在这些距离上提供了更好的拟合(见图 4)。第二，相应于这里使用的方法，事件内分量的更新 GMPE 的标准误差显著减

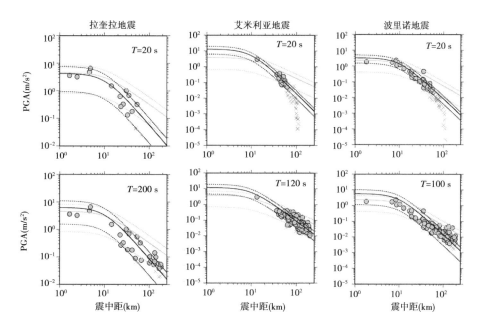

图4 三个分析地震距发震时刻的两个瞬间 PGA 数据拟合实例

(在每幅图中,圆是用于同图指示瞬间的回归数据,而叉是被排除数据。
黑色实线(中值)和虚线(±1σ)表示使用实时测量的 PGA(圆)推出的更新 GMPE,
而灰色实线和虚线表示 ITA08 模型)

小了(见图4)。

通过比较更新模型与初始模型的预测值和回归数据未包含的台站的 PGA 测量值(见图1(c)、图2(c)和图3(c)),可以推出这些结果的一个更清晰画面。注意,对现在的讨论,比较必须在满足震后条件的瞬间进行。

对拉奎拉地震,距离直到 100 km,更新模型提供了比 ITA08 模型更接近实测 PGA 的 PGA 估计值(见图1)。对艾米利亚地震,我们分析了位于 60~100 km 距离范围的台站,图2(c)中报告的结果表明,虽然更新模型没有显著改善预测值,初始模型 ITA08 高估了 PGA 测量值。这或许可以归因于用于更新模型的具体数据分布。

对波里诺地震,分析的台站位于 50~90 km 的距离范围,图3(c)显示出,对考虑的台站使用更新模型获得的预测值和记录的 PGA 非常接近,ACR 台例外。但对这个特殊的台,更新的预测值和 ITA08 模型预测值相比更接近 PGA 观测值。

到目前为止讨论的结果似乎表明,在震后瞬间时段可以使用更新模型获得改善的预测值。然而我们强调,对于应用更新模型不存在域值距离,这取决于台网布局,特别是近源台站的数目。为了更好地说明应该使用新模型,我们提出使用 F 检验来检查更新模型的方差是否比初始模型减少了。在图5的上幅图中,我们根据 F 值和 P 值示出了 F 检验结果。这些结果表明两个模型之间存在着显著统计差异。此外,对这三个事件,这同一幅图的下幅图表明相对初始模型方差减小。这两个模型的方差计算的自由度是相同的。

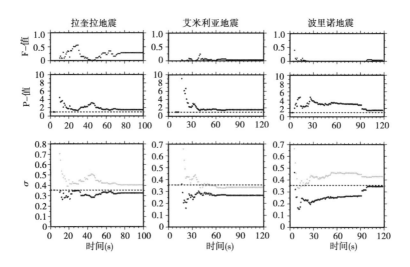

图5 三个选择地震更新 GMPE 统计显著分析的实时 F 检验结果

(下图示出了由更新程序获得的 GMPE 标准误差的实时演化(黑点)、初始 GMPE 标准误差
(ITA08;虚线,常数)和根据实时记录数据计算时的标准误差实时演化(灰色点)。

上幅图分别示出了 F 值和 P 值。这幅图中显示 F 值的虚线表示

相应于两个等同方差的零假设的单位值)

5 实时分析

像方法概述部分报告的那样,波形的可用使我们能够试验更新程序在实时应用中实现的可能性。为了这么做,我们首先分析了当前测量的最大幅值随时间如何变化。对每一个地震,我们显示了根据震中距和方位角选择的六个台站记录的最大幅值的演化(见图 1(b)、图 2(b)和图 3(b))。像预料的那样,在更靠近震中区的台站,以平滑的速率达到最终的 PGA 值,这表明,它起初和 P 波有关,很快和控制波形的 S 波有关。例如,这个观测结果在图 1(b)中的 AVZ 台和图 2(b)中的 NOVE 台是显而易见的。更有趣的是后来一些台站幅值相对于预期的 S 波到时突然增加的观测结果。这清晰表明最终的 PGA 值应归因于面波(图 1(b)中的 CMB 台、图 2(b)中的 FLP 台和图 3(b)中的 PSB1 与 COS 台)。

对提出的更新程序的实时应用,我们必须模拟波形采集和记录台网的精心设计。对震级,我们使用了 Allen(2007)提出的联系震级估计值演化和给定瞬间记录台站数目的经验方法。在当前的应用中,我们证实了最终的真实值仅在发震后 3~5 s 达到。因为在稳定震级达到后程序开始(目前应用中为约 5 s),我们可以合理地假设在第一次更新之前事件的位置是已知且稳定的(Satriano 等,2008)。

GMPE 的新系数推断以 1 s 常数时间间隔重复。在图 4 中,我们示出了分析事件发生后两个瞬间可用的数据和带有标准误差的更新 GMPE 和初始 GMPE 。在 20 s 的瞬间,显然当时一些最大实测幅值,特别是较远距离的那些还没有资格更新。而在 100 s,这些数据和结果正是震后部分描述的那些。

类似于震后应用,在每一瞬间,我们通过 F 检验核实更新模型能否用于替代初始模

型。在图 5 的下幅图中,我们示出了根据相同数据集估算的更新模型与 ITA08 模型的标准误差的时间演化。注意,相应方差(也是实时的)对同样的自由度估算。根据图 5 的下幅图,和初始模型相比,更新 GMPE 总是具有较低的标准误差(在提出的方法中,它表达了总标准误差的事件内分量)。图 5 的上幅图表明,当数据点数小于域值 或不满足选择标准时,F 值等于 1.0,因此使用初始模型。

为了核实提出方法潜在的实时应用,更新的估计值比初始模型的估计值必须更接近真实 PGA 值,提前时间必须长至可以进行早期预警。为实现这个目标,根据震后分析获得的结果,对每个事件我们选择不同震中距的四个场点,在可用波形上,我们捡起了 PGA 的到时。

对拉奎拉地震,除 AQG 外,选择的台站位于大于 60 km 的震中距(见图 1(a))。对于这些台站,更新模型的预测值仅在发震时刻 20 s 后收敛于真正的 PGA 值(见图 1(c))。ITA08 模型趋于高估实时观测最大幅值,这似乎是一个公共特点,对另外两个事件都观测到了。然而,最重要的结果是使用更新模型获得的预测值接近最终的 PGA 值至少比 PGA 值到时提前了 10 s(在最近的选择台站)。对 AQG 台,因为台站距震仅 5 km,所以提前时间是零。

对艾米利亚地震,无论是根据预测能力还是提前时间,获得的结果都较不稳定。然而,像从每一瞬间的差异注意到的那样,更新模型比初始模型通常更接近最终的 PGA 值。但是在 PVF 不是这样,在这个台更新模型和 ITA08 模型的估计值都偏离了实际的 PGA 值。

对波里诺地震,用于实时应用的台站位于 50~90 km 的距离范围(见图 3(c)),结果介于拉奎拉地震和艾米利亚地震获得的结果之间。对两个台站(CMPR 和 BULG),我们观测到了好的预测值和有用的提前时间;而对 ACR 和 VDP3 两个台站,实时预测值比 ITA08 模型的好。

6 结论

本文的目的是研究改善震后和(或)实时应用中地震动估计值的可能性。想法是使用与感兴趣事件有关的 PGA 值推断 GMPE 系数的新值。

我们把这种方法用于了最近发生在亚平宁山脉三个不同部分的三个破坏性地震数据,这三个地震是:2009 年 4 月 6 日拉奎拉 M_w6.3 地震、2012 年 5 月 20 日艾米利亚 M_w5.9 地震和 2012 年 10 月 25 日波里诺 M_w5.2 地震。

在震后应用中,获得的结果表明,更新的 GMPE 在不同距离和方位上提供了比初始模型 ITA08 更可靠的 PGA 估计值。通过比较观测数据和 Bindi 等(2010)更新初始模型(ITA08)记录的一组台站的预测值,核实了这个结论。且不说记录台网几何布局,观测结果表明,三个分析事件的更新地震动预测值比使用 ITA08 获得的预测值通常更接近观测值。

我们检验了提出的实时应用的更新技术的潜力。特别是模拟波形采集(一旦知道了事件的位置和震级),我们测量了实时最大幅值并用它们每隔 1 s 更新初始模型。三个选择地震的分析表明,通过更新 GMPE 的实时预测值在任意时刻都比初始模型更接近最终记录的 PGA 值,而且,在位于距离大于 50 km 的场地,提前时间足以长至 10~20 s 用于地震早期预警。

我们强调这些结果强烈依赖于网络布局,特别是近源区域台站的密度。实际上,对拉奎拉地震,它有近距离的记录,这种方法对震后和实时估计都有效。相比之下,对艾米利亚地震和波里诺地震虽然在震中距大于 50 km 有一些台站,实时预测值仅在破坏性波到达后接近 PGA 真值;这种现象的最可能原因是回归受近源台站缺乏的影响;结果,使用仅代表最终 PGA 幅值部分的数据更新了 PGA。然而,作为一般的评论,我们观察到,对提前时间很小甚至为零的所有的情况,在发震 10~15 s(平均)后更新预测值(在 PGA 到时前)比 ITA08 预测值更接近真实值(见图 1(c)、图 2(c)和图 3(c))。

总之,本项研究表明,提出的方法在震后瞬间时段的应用比使用初始模型好。然而,实时应用的结果虽然值得鼓励,但还不能得出最后的一般性结论,仍需要分析不同几何布局地震台网记录的大量地震。

数据来源

数据可由国家地球物理和火山研究所(INGV)数据管理中心网站 http://iside. rm. ingv. it(最后的访问时间是 2014 年 2 月)和民防部网站 http://www. protezionecivile. gov. it/jcms/it/ran. wp(最后的访问时间是 2014 年 2 月)获得。所有台站和感兴趣场点的 v_{S30} 值取自 http://earthquake. usgs. gov/hazards/apps/vs30/predefined. php 网站的图(最后的访问时间是 2014 年 4 月)上。波里诺地震序列信息由 http://earthquake. usgs. gov/hazards/apps/vs30/predefined. php 网站获得。本文分析的三个地震的震中位置、震级和震源参数可从 http://cnt. rm. ingv. it/(最后的访问时间是 2014 年 3 月)网站的 INGV 目录检索。

一些图件由通用绘图(www. soest. hawaii. edu/gmt,最后的访问时间是 2014 年 1 月;Wessel 和 Smith,1991)工具绘制。

译自:Bull Seismol Soc Am. 2015,105(1):400-408
原题:Near-Real-Time Ground-Motion Updating for Earthquake Shaking Prediction
杨国栋　译

替代地形影响放大和地震动变化性的频率标度曲率

Emeline Maufroya   Víctor M. Cruz-Atienzab

Fabrice Cottona   Stéphane Gaffetc

摘要:我们引入了一个预测地形场地影响放大新方法。由3D地震模拟大数据库获得的地震动表明,定义为高程地图第二空间导数的地表曲率和地形场地放大相关。地表曲率在等于0.5S波长的特征长度上平滑时(即,频率标度曲率[FSC]),频率依赖的地形放大和地表曲率达到最大相关。这意味着放大由水平尺度等同于0.5S波长的地形特征造成。在位于山坡和最大山峰的场点上发现了最大地震动变化性,中等的变化性发生在狭窄的山脊上,峡谷底部行为稳定。FSC替代可以识别具有类似特征尺度的地形特征和确定考虑源场相互作用引起地震动变化性的放大因子概率估计值。只要感兴趣的区域有合理的S速值可用,使用FSC替代的放大因子估计值是稳定的,也是容易根据数字高程地图计算的。

引言

地形场地影响是一种复杂的频率依赖3D现象(Sánchez-Sesma,1983;Geli 等,1988;Sánchez-Sesma 和 Campillo,1991;Bouchon 和 Barker,1996;Buech 等,2010;Maufroy 等,2012;Massa 等,2014),它在山峰附近可能产生地震动大幅放大,在大震期间也可能造成破坏(çelebi,1987;Kawase 和 Aki,1990;Bouchon 和 Barker,1996;Spudich 等,1996;Assimaki,Gazetas 和 Kausel,2005;Hough 等,2010;Pischiutta 等,2010)。在带有地形区域上传播的1 Hz 以上频率的地震波通常受到干扰(Boore,1973;Sánchez-Sesma 和 Campillo,1991;Durand 等,1999;Assimaki,Kausel 和 Gazetas,2005;Pischiutta 等,2010)。

关于地形场地影响的很多研究已经提供了预测由地形产生放大的有趣发现(Geli 等,1988;Assimaki,Kausel 和 Gazetas,2005;Bouckovalas 和 Papadimitriou,2005)。他们中的大多数提出了基于简单2D几何考虑(如山的斜坡、高度和(或)宽度)的模型来估计由于孤立山峰产生的放大(如,Sánchez-Sesma,1983;Geli 等,1988;Ashford 等,1997;Bouckovalas 和 Papadimitriou,2005)。但是,这种现象的复杂性(即频率和源依赖、固有的3D影响)使得难以提供能够预测真实地形组合中地震动模式的通用模型。最近,3D地震动数值模拟对估计现实、复杂地形的场地影响很有帮助(Lee,Chan,Komatitsch,等,2009;Lee,Komatitsch,Huang,等,2009;Chaljub 等,2010;Maufroy 等,2012;De Martin 等,2013)。然而,这种复杂模拟仍然计算昂贵(Chaljub 等,2010),不适宜于普通的地震危险性研究。基于地表几何性质、整合3D影响和震源变化性的简单稳健方法实际上是非常有用的。

在这项工作中,我们引入了基于地表曲率预测地形场地影响的一个新方法,地表曲率是很容易从数字高程地图(DEMs)导出的单一指标。我们的结果由旨在分离地形和不同地质特征影响的 3D 数值模拟大数据集得到(如低速层)。

我们也估计了地表地形对地震动变化性的影响和地震动预测相关的随机变化性(西格玛)强烈影响地震危险曲线计算(特别是对长复发周期)(Bommer 和 Abrahamson,2006),它激发我们进行了这样的分析。虽然地震动变化性的物理原因尚不清楚,但地形是提出的一种解释(如,Rai 等,2012;Rodriguez-Marek 等,2013)。我们的模拟为分析地震动变化性空间差异和讨论帮助识别地震动变化性更大及高度依赖源—场组合的场地提供了独特机会。

1 地震动合成数据库

在以前的工作中(Maufroy,2010;Maufroy 等,2012),我们在法国吕斯特勒跨学科地下科学和技术实验室(i-DUST/LSBB),Rustrel,France (见图 1)周围山区做了双力偶点源产生的 200 个地震动模拟。为了实现包括图 1(b)中示出的不规则地形在内直到 4 Hz 的数值精度,我们使用了 10 m 空间离散化(每个最小波长不少于 70 个单元;Bohlen 和 Saenger,2006)的部分交错有限差分代码 SHAKE3D (Cruz-Atienza,2006;Cruz-Atienza,Virieux 和 Aochi,2007;Cruz-Atienza,Virieux,Khors-Sansorny,等,2007)。Maufroy (2010)通过和 Etienne 等(2010)引入的不连续伽辽金方法的定量对比做了包括地形的有限差分方法验证检验。检验结果表明,在多数研究区域内,对低于 4 Hz 的频率,解的差异小于 25%(见 Maufroy 的图 4-3,2010)。借助使用吸收计算域的每个外部界限边界条件的完全匹配层,SHAKE3D 模拟了无限半空间,通过使用真空形式体系,SHAKE3D 验证了 3D 模型上部的自由表面边界条件(Cruz-Atienza,2006;references therein)。为了分离地形和地下材料非均匀性的其他场地影响,我们在所有的模拟中假设 P 波速度、S 波速度和密度分别为 $v_P = 5.0$ km/s、$v_S = 3.0$ km/s 和 $\rho = 2.6$ g/cm³ 的均匀线性弹性半空间(数值框尺寸为 5 km×5 km×7 km)。在 Maufroy 等(2012)的文章中可以看到建模过程的补充细节。

合成数据库依靠 200 个 M_w 4.5 具有高斯形状时间演化的双力偶点源,其震源机制和位置在感兴趣区域下面随机产生(图 1(b)中的空心圆)。576 个接受器(图 1(b)中的黑点)的台阵规则地分布在含有像山谷、斜坡和山丘(Maufroy 等,2012)多种地形特征的 2.5 km×2.5 km 区域上。在每个接收器计算的平均震源距离变化范围是 5.1~5.7 km。

为了评估如何根据多种地震射线方位角和自由表面入射角,我们进行一般案例研究,考虑了接收器位置地表法向量和地震射线方向的几何分析。图 2(a)示出了接收器方阵上的地表法向量分布。我们发现多数法向量具有小于 40°的倾角(即地形斜坡不超过40°),且具有趋向于南(180°)的宽阔方位角范围,因为研究区域位于阿尔比恩高原南边的山坡上,这些是我们可以预料到的(见图 1)。

图 2(b)给出了台阵下面的地震射线方向(即源—接收器向量)分布,表示震源涵盖整个方位。相比之下,因为我们只考虑了局部震源,射线倾角范围是 0°(垂直射线)~60°。通过简单地把射线方向向量(见图 2(b))投影到地表法向量(见图 2(a)),我们可以确定考虑复杂地形沿台阵的波前入射角。在见图 2(c)中示出了结果,在这些结果中,我们发现所有的入射角小于 60°,这意味着在我们的研究情况中不存在掠入射。虽然在该地区没有悬崖,我们估计,我们的合成数据库背后的几何布局涵盖了在 3D 场地影响可

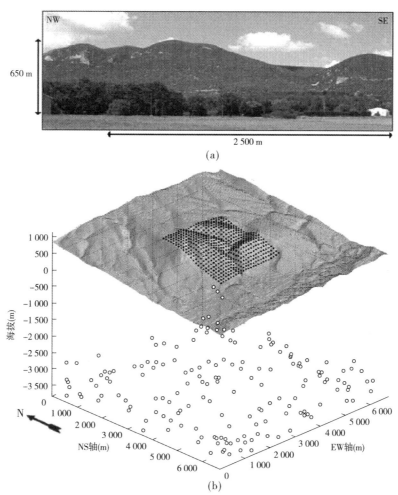

(a)

(b)

图1 (a)跨学科地下科学和技术实验室(i-DUST/LSBB)周围区域地形照片(属于宽阔的阿尔比恩高原(法国));(b)200个随机双力偶点源的位置(空心圆)和相对于地表地形的576个虚拟接收器方阵(黑点,每100 m一个台)

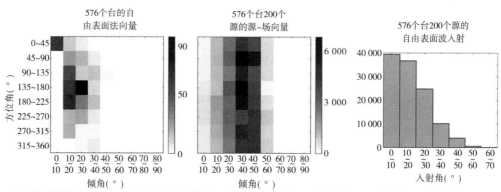

(a)地形的地表法向量   (b)相对虚拟接收器的震源位置的源-站向量   (c)波入射自由表面的直方图

图2 我们的合成数据库几何组合向量特征(当考虑的向量垂直时,横坐标角度等于0°)

能发生的实际情形中通常出现的多种地形特征的几何组合。

2　放大模式分析

按照 Maufroy 等(2012)的思路,台阵上的地形放大可由地震动每个水平分量中值参考方法(MRM)估计。像这些作者描述的那样,假设作为参考水平的区域内中值地震动在接收器位置采样,以避免参考场地的临界选择,MRM 定量化了绝对放大。这样,即使在复杂的地形区域内,MRM 也是稳健且精确的,在这些区域,场地放大强烈依赖于频率(Poppeliers 和 Pavlis,2002;Maufroy 等,2012)。在本项工作中,我们依靠每个场点每个地震一个的 200 个放大值,对给定的频率,平均了水平放大因子。因为地震台阵具有 576 个接收器,对下面 1~4 Hz,我们研究了相隔 0.5 Hz 的每个频率,我们的合成数据库整合了115 200 个放大值。报告的每个台站每个频率的值是 200 个地震总体的中值,我们称它们为中值放大因子(MAFs)。

人们知道,因地形场地影响而产生强烈依赖震源的地震波放大(Trifunac,1972;Bouchon,1973;Wong 等,1977)。对我们的数据库,在 Maufroy 等(2012)的工作中可以看到这种现象。实际上,最大的地震动放大通常发生在即将到来波场对面的山峰上,这导致了依赖地形和震源位置的放大模式的高空间变化性。因此,我们数据库中的放大模式从一个模拟到另一个模拟显著不同。在图 3(a)中概括反映了这些,图 3(a)示出了根据我们的数据库使用 MRM 确定的区域(对三分量地震动的任意分量的 1~4 Hz 任意频率)中放大因子超过 2 和 3 的概率(Maufroy 等,2012)。虽然在最深的山谷中很小(约 2%),但不存在超过因子 2 的概率为零的地方。而且,放在山峰或山丘上的接收器经历了 50% 和直到 80% 超过放大因子 2 的概率。关于放大因子 3,在最低的区域我们没有发现概率,而概率的变化范围是 10%(山坡)到山峰处的 30%。

通过图 3(a)中示出的放大模式的简单检查(对照彩图和地形轮廓水平)可以看出,超越概率和地表形状(地表曲率)而不是高程和斜坡明显相关。比如,较高的概率沿凸点(山脊)分布,而较低的概率分布在凹点(山谷)里。下面,我们比较放大模式和定量化地表如何凹凸的指标——地形曲率。

3　地形曲率的估计

Zevenbergen 与 Thorne (1987)引入了一种沿下坡和跨越斜坡方向估计地形斜率的方法。按照这种方法,一个区域的 DEM E 应该是一个等间隔高程值空间增量为 h 的长方形矩阵。DEM 曲率 C 因此被定义为矩阵 E 的第二空间导数(斜率被定义为第一空间导数)。为了估计 C,这个方法用第四阶多项式近似函数 E(Zevenbergen 和 Thorne,1987;Moore 等,1991)以便矩阵 E 的任意点(x_i, y_i)的曲率可由下式给出:

$$C(x_i, y_i) = E''(x_i, y_i) \approx -2(\delta + \varepsilon) \times 100\% \tag{1}$$

式中:δ 和 ε 是这二次方程的第四系数和第五系数,它们可由有限差分近似为

$$\delta = \frac{1}{h^2}\left[\frac{E(x_{i-1}, y_i) + E(x_{i+1}, y_i)}{2} - E(x_i, y_i)\right] \tag{2}$$

200个随机双力偶震源1~4 Hz范围频率的地形放大因子2和3的发生

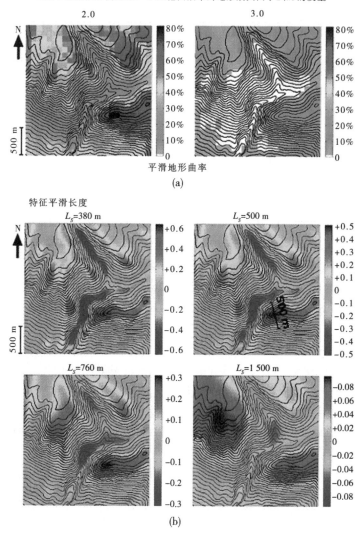

(b)

图3 (a)在1~4 Hz频率范围内200个随机双力偶源上地形放大因子2和3的发生图;(b)由380~1 500 m范围的四个不同平滑特征长度计算的平滑地形曲率图(单个的地形放大因子由中值参考方法(Maufroy 等,2012)计算;以百分比的形式给出了任意地震动速度分量介于1.0 ~4.0 Hz任意频率达到给定因子的放大的发生。(a)中的白色表示低于1.0%的发生。(b)中示出的曲率图揭示出了不同长度标度的山脊(正曲率,红色)和山谷(负曲率,蓝色)。海拔轮廓线的间距是20 m)

$$\varepsilon = \frac{1}{h^2}\left[\frac{E(x_i,y_{i-1}) + E(x_i,y_{i+1})}{2} - E(x_i,y_i)\right] \quad (3)$$

在这些方程中,空间增量应该和 E 中高程具有同样的单位(如,我们使用的米)。以上过程按照了 Zevenbergen 与 Thorne (1987) 和 Moore 等(1991)的做法,这样可以估计出 DEM 任意点的地形曲率。

给定频率的地形场地影响受特征尺度和相关波长可比(Geli 等, 1988;Sánchez-

Sesma和Campillo, 1991；Durand 等, 1999；Buech 等, 2010；Pischiutta 等, 2010) 的地形特征控制。频率越高, 这些特征尺度越小。因此, 为了把地形曲率和地震动放大之间的相关表征为频率的函数, 我们在 C 上引入了平滑算子。这算子包含在矩阵 C 与由因子 n^4 规化的 $n \times n$ 单位矩阵的双卷积中, 规划因子的使用是为了对任何 n 值都保持类似的曲率估计(每个导数一个)。光滑的曲率矩阵由下式给出

$$C_S = \frac{1}{n^4}\left[C \begin{pmatrix} l_{11} & \cdots & l_{1n} \\ \vdots & \vdots & \vdots \\ l_{n1} & \cdots & l_{nn} \end{pmatrix} \begin{pmatrix} l_{11} & \cdots & l_{1n} \\ \vdots & \vdots & \vdots \\ l_{n1} & \cdots & l_{nn} \end{pmatrix} \right] \qquad (4)$$

这样平滑取决于我们以米为单位由特征长度 $L_S = 2 \times n \times h$ 定义的单位矩阵的空间扩展。因为两个同样矩形函数的卷积是双倍的函数, 所以因子 2 肯定应该保持指望的平滑长度。L_S 越大, C_S 越平滑。从图 3(b) 中可以看出这一点, 在图 3(b) 中我们给出了使用 4 个从 380 ~ 1 500 m 不同 L_S 值基于 10 m 分辨率 i-DUST/LSBB 区域 DEM 的地形曲率估计值。C_S 正值表示凸地形特征(如山脊), 而 C_S 负值相应于凹地形特征(如山谷)。地表弯曲平坦区域由零值标识。$L_S = 380$ m 曲率模式和超越放大因子 2 的概率高度相关(比较图 3(a) 中的左幅图)。从这个比较中, 显而易见, 像下部分给出的那样, 特征长度 L_S 在确定地形放大和地表曲率之间的频率依赖关系中起关键作用。

4 地形放大和曲率之间的频率依赖关系

为确定平滑地形曲率 C_S(式(4)) 和沿地震台阵的 MAFs 之间的关系, 我们进行了系统的线性回归。使用 576 个接收器台阵每个场点 200 个源的 MAFs 对 1 ~ 4 Hz 的每个频率作了线性回归。另外, 计算了很宽范围特征长度 L_S(200 ~ 2 000 m 的) 每个台站的平滑曲率估计值 C_S。图 4 示出了线性回归的结果, 在图 4 中我们给出了(对不同的频率) 整个台阵随 L_S 而变的相应系数。这么做分离了两个主要观测结果: ① 回归系数曲线显示了不同 L_S 值的单一轮廓分明的极大值; ② 极大值点的 L_S 值取决于频率和 S 波长 λ_S($L_S = \lambda_S/2 = v_S/2f$, 其中在我们的研究中 $v_S = 3$ km/s; 见灰色段) 的 1/2 一致。比如, 在 2 Hz, 最大值出现在 $L_S = 750$ m, 且 $\lambda_S/2 = 3\,000/4 = 750$(m)。通过仅用一次平滑(仅通过矩阵 C 和 $n \times n$ 单位矩阵一次卷积, 见式(4) 计算 C_S 值做了类似的分析, 确认了最大值和 λ_S 之间不存在清晰的相关性(没有示出结果)。的确, 卷积要求平滑感兴趣尺度的导数, 但每次求导都要进行(平滑 DEM 第二导数的双卷积)。

图 5(a) 示出了四个相同频率的沿台阵随 C_S 变化的 MAF 估计值。每幅图指示了对每个频率用于平滑地形曲率的等于 $\lambda_S/2$ 的特征长度 L_S(极大化线性回归系数的特征长度)。注意, 小曲率值($C_S \approx 0$, 即平坦地形区域) 相当于几乎没有放大($MAF \approx 1$)。虽然放大因子和曲率之间的相关性高, 数据集还是明显显示了一些分散。这意味着同样的地形曲率 MAFs 可能显著不同。

放大分布的仔细研究揭示出第 84 百分位(MAF 是第 50 百分位) 也和 L_S 相关(见图 5(b)), 相应于大于 1 的放大因子, 即使在像山谷那样的凹地形场地(负曲率值) 也是。相比之下, 放大分布的第 16 百分位主要对应于小于 1 的放大因子(缩小, 见图 5(c)), 即使在像山脊和山峰那样的凸场地(具有正曲率值)。因此, 图 5(b)、(c) 清晰表明地形场地

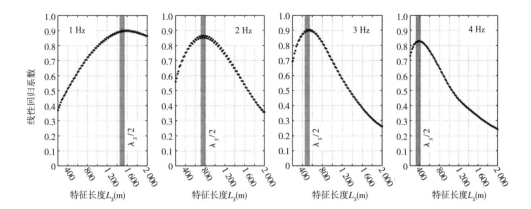

图 4 获得的 1 ～ 4 Hz 频率范围内不同频率的介于平滑地形曲率和 576 个场点(每个场点一个曲率值对一个放大中值)200 个震源上的中值放大因子(MAFs)之间的线性回归系数(给出了和有关用于平滑地形曲率的特征长度 L_S 的线性回归系数。当曲率是 2 倍的平滑且特征长度等于 S 波波长 1/2(如垂直灰线所示)时,每个考虑频率的线性回归系数达到了它们的最大值)

影响变化的程度。虽然发生的概率不高,但山谷里仍然可以产生放大,山脊和山峰上仍然可以产生缩小。对给定的场地,这将取决于震源的位置和震源机制。下面将进一步分析地形场地影响的变化性。

从图 4 和图 5 我们可以得到场地影响和地形曲率之间存在线性相关的结论。因为 C_S 通过特征平滑长度 $L_S(f) = \lambda_S/2 = v_S/2f$ 依赖于 S 波波长,显然这样的相关是依赖于频率的,所以可以用下面的关系表达这种相关性。

$$\mathrm{MAF}(f) = \alpha \times C_S(L_S) + \beta \tag{5}$$

图 5 进一步表明,MAF 频率依赖于系数 $\alpha(f)$,它和 f 成反比,和 λ_S 成正比。在对 α 和 λ_S 线性回归分析之后(具有高回归系数 $R^2 = 0.997$),我们发现 $\alpha = 0.000\ 8\lambda_S$。关于式(5)中的截距系数 β,从图 5 我们可以知道,在研究范围内不管频率大小,小地形曲率($C_S \approx 0$)的 MAFs 接近于 1,所以可以把式(5)写成:

$$\mathrm{MAF}(f) = (0.000\ 8\lambda_S) \times C_S(L_S) + 1 \tag{6}$$

对图 5(b)、(c)显示的第 84 百分位和第 16 百分位按照同样的步骤,在两种情况下对系数的线性回归获得 $R^2 > 0.99$,相应的关系式为:$\alpha_{84th} = 0.001\ 2\lambda_S - 0.1$ 和 $\alpha_{16th} = 0.000\ 7\lambda_S - 0.1$。关于截距,我们得到 $\beta_{84th} = 1.4$ 和 $\beta_{16th} = 0.7$。这样,根据式(5)我们最终获得:

$$AF_{84th}(f) = (0.001\ 2\lambda_S - 0.1) \times C_S(L_S) + 1.4 \tag{7}$$

$$AF_{16th}(f) = (0.000\ 7\lambda_S - 0.1) \times C_S(L_S) + 0.7 \tag{8}$$

为了准确地在给定场点上居中平滑窗口,n 的值(式(4))必须为不小于 3 的奇数。对每一个 n 值,相应的 S 波波长由 $\lambda_S = 2L_S = 4nh$ 确定。因为 n 取离散奇数值(3,5,7…),曲率 C_S 和因此的预测放大仅在 S 波波长由 $8h$($12h$,$20h$,$28h$…)增加的离散值上计算。当使用高分辨的 DEM 时,这个限定并不重要。

图 6 示出了式(6)对不同 S 波波长预测的 MAFs。选择的 λ_S 值相应于从 1 ～ 4 Hz 范围每隔 0.5 Hz 的频率。本图展示的理论 MAFs 被限制在本研究的界限,所以我们画出了

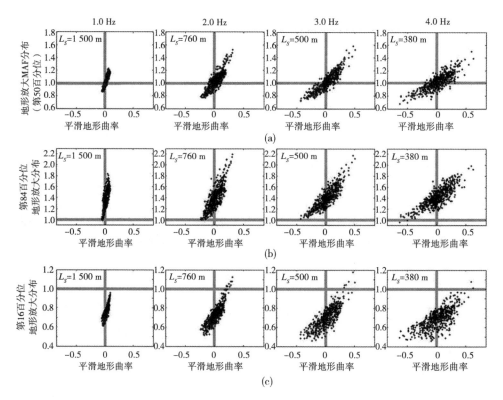

图5 （a）平滑地形曲率和200个震源576个场点（每个场点一个曲率值对一个放大中值）上水平地形放大分布中值（第50百分位）之间的相关性；（b）平滑地形曲率和同样放大因子分布第84百分位数之间的相关性；（c）平滑地形曲率和同样放大因子分布第16百分位数之间的相关性

（本图示出了1~4 Hz范围内不同频率的相关性。选择0.5S波长作为平滑每个频率的曲率的特征长度L_S。垂直灰线指示了曲率0（相当于平坦表面或斜坡）。水平灰线表示放大因子1.0（没有放大也没有缩小）。曲率0和地形放大分布中值等于1相关）

介于地形域发现的最小和最大C_S值之间的每条线。在图中我们发现两个独立区域：一个是负曲率和缩小的，相应于位于山谷中的场点；另一个是正曲率和放大的，这包括山脊和山峰上的场点。我们回想一下，式（6）预测根据我们的200个震源总体确定的中值，所以像图3（a）表明的和后边图7中清晰示出的那样，大于图中示出的放大因子实际发生在这个区域。

对1 000 m和1 200 m（3.0 Hz和2.5 Hz）左右的中等波长，我们发现了研究区最大的MAFs。我们也知道，要达到同样的放大水平，较小的波长需要更大的曲率（更陡峭的地形）。假设超过我们的研究界限，地形放大行为像图6显示的那样为线性的，虽然我们的合成数据库不能使我们观测到S波波长小于750 m场地影响模式，我们估计，要产生最高频率的一些中等放大，需要大于1的曲率值。例如，对280 m的S波波长（相当于我们研究中10.7 Hz），理论上MAF在我们地形区域的50×50（m²）小区域发现的最大曲率1.6处仅达到1.36。

图7中画出了由式（7）和式（8）预测的第84百分位数和第16百分位数（虚线）及对

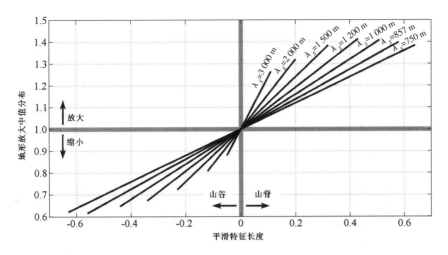

图 6　建立的平滑地形曲率和按照式(6)计算的地形放大分布中值之间的线性关系

(像对 750～3 000 m 范围的 S 波长示出的那样,这线性关系依赖 S 波长。在本项研究界限外边没有画出波长依赖关系(仅画出了在我们的研究中对相应波长获得的最小和最大曲率值之间的每条线)。垂直灰线指出了分离山谷和山脊的 0 曲率,而水平灰线表示分离放大和缩小的 1.0 的放大因子)

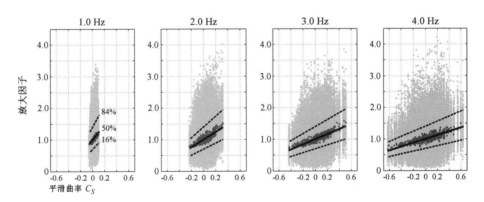

图 7　200 个震源 576 个场点的所有地形放大因子的分布(浅灰色点,
由两水平分量的均值单独计算)和 1～4.0 Hz 范围内各个频率平滑地形曲率 C_S 的关系

(每个接收器获得的 200 个震源的 MAFs 被叠加为深色的点。MAF(黑实线)和百分位 16% 与 84%
(黑虚线)的线性关系被示出以表达每个频率获得的分布)

不同频率预测的 MAFs(实线,式(6))。本图也包含了水平放大因子(浅灰色点)的总体分布和有关的所有接收器上的 MAF(深灰色点)。值得关注的是,所有频率的实际 MAF 值和由式(6)产生的它们预测值(实线)之间的良好一致性。此外,我们也看到了基于线性回归模型预测的 MAFs 不足以包含由地形和入射波场相互作用产生的地震动的变化性(比较深灰色点的中值和浅灰色点的实际放大因子的总体最大值)。为了更好地理解这一现象从而改善其预测,有必要表征这种变化性的程度及其与地形的关系。我们在以下部分解决这个问题。

5 地形对地震动变化性的影响

我们的合成数据库提供了详细研究由每个单台地形引起的地震动变化性的独特机会。为此,根据200个随机-震源场景计算了水平分量的中值峰值加速度(PGA)空间分布(见图8(a))和有关的对每个台站算出的PGA变化性 σ_S(见图8(d))。估计值相应于4 Hz的最大频率。出现了两个主要观测结果:①中值PGA和式(6)预测的4 Hz的放大模式之间明显相关(比较图8(a)和(b));②山谷中的PGA变化性(标准偏差 σ_S)明显较低

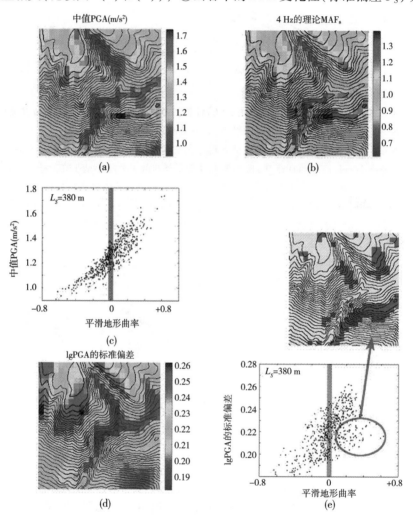

图8 (a)根据我们的合成数据库获得的中值峰值地震动加速度(PGA);(b)按照式(6)估计的4 Hz的MAFs;(c)中值PGA和达到特征平滑长度 $L_s = 380$ m的平滑地形曲率之间的最佳拟合线性关系;(d)由我们的合成数据库获得的lgPGA的标准偏差;(e)lgPGA的标准偏差和对特征平滑长度 $L_s = 380$ m的平滑地形曲率之间的线性关系(垂直粗灰线表示分离山谷和山脊的0曲率。像(e)中红色圆圈指出的那样,插图中的红色示出了显示高曲率场点的空间位置和lgPGA的相对低标准差值。单个的PGA由地震动加速度两个水平分量的绝对峰值的均值计算)

(见图8(d))。这意味着像图8(c)显示的那样,对4 Hz($L_S = \lambda_S/2 \approx 380$ m)的波长,像图8(c)显示的那样,PGA也和平滑地形曲率C_S相关。然而,虽然凹地形区域的PGA的变化性σ_S往往较小(负C_S值,见图8(e)),实质上变化模式更复杂;对给定的曲率值,我们发现的σ_S变化达到约30%,我们还发现,像红圈指示的那些一样,沿具有高曲率确定的凸点存在相对低的地震动变化性。C_S和σ_S之间的线性回归分析是不合理的(见图8(e)),即使对极大化了本研究中相关系数(未示出)的特征平滑长度$L_S = 760$ m也是如此。

图9(a)示出了576个中值PGA(图8(a)的那些)的分布。这些值除以最大分辨频率(4 Hz)的MAF预测值将会满意地去除中值PGAs的大部分地形场地影响。在图9(b)中示出了这个过程的结果,在图9(b)中我们画出了去除场地影响放大之后的PGA值。这说明了把地形曲率整合到这个地震动模型中如何减小了576个中值PGA的分散性(标准偏差从0.049减小到0.025)。同时,这个过程对σ_S值几乎没有影响,因此对整个数据库的地震动变化性(δ)也几乎没有影响。实际上,总σ值的减小是很温和的(从0.224到0.221)。这和以前的工作结果一致(例如,Strasser等,2009),在以前的工作中,把场地影响项整合到地震动模型中未必导致地震动变化性的更好描述。

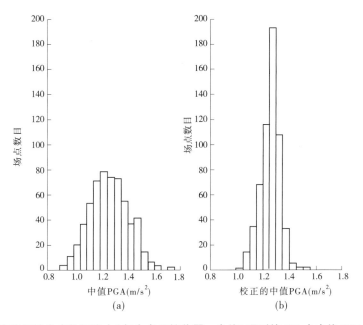

图9 (a)在我们的合成数据库中(每个虚拟接收器一个值)观测的576个中值PGA的分布;
(b)校正后的式(6)预测的中值地形放大的4 Hz(合成地震动的最大频率)的相同数据的分布
(两幅图的段宽是0.05 Hz)

图10示出了PGA变化性(σ_S)沿台阵的分布,有趣的观测结果从这个分布和从与图8(e)有关的图8(d)中的相应图分离了出来。在位于山坡和最高山峰的场点发现了最大的PGA变化性。我们把大山峰定义为由带有栖息谷的高山坡界定的大平坦山顶。一个可以解释大山顶上的这种变化性的假设是对源—场组合的高度依赖。位于大山峰的场点或许因为它的扩展不受周围山坡或山峰的影响:取决于入射波场的方向,场点或许不经历地形放大。包含山谷的上斜坡的粗糙度可能强烈干扰放大模式的情况也可能发生。相

比之下,被定义为细小地形特征的四面陡峭的窄山脊经历了中等水平的变化性:不管怎样的源—场组合,这些区域通常显示大的地震动。最后,峡谷底部呈现稳定的行为(小变化性)和较低的地震动。这些结果表明,理解地震动变化性的物理原因值得进一步研究,地震动变化性不仅可能由地形产生,还可能由源—场相互作用产生。

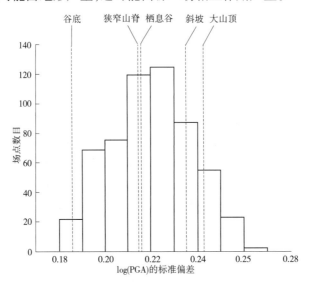

图10   我们的合成数据库中观测的 log(PGA) 的标准偏差的分布
(每个虚拟接收器一个值;图8(d)中示出的图)

(直方图中标出了五个特定场点的值;图11示出了这些场点的位置)

虽然平滑地形曲率单独不能完全解释单个场点的地震动变化性,第16百分位和第84百分位的放大因子回归(式(7)和式(8))成功地捕获了多数情况的频率依赖变化性。图11显示了五个选择场点预测的(实线和虚线,右幅)和实际的(空心圆圈)随 S 波长而变的水平放大因子及有关的地形曲率估计值 C_S(左幅)。该图也显示了整个数据库的单个放大因子(浅灰色点)。场点位于像陡峭程度不同的山峰和最深的山谷的不同特征的地形(像图10指出的那些)上。除了我们在整个地形域发现最大误配低估大约30%的狭窄山脊场点,式(6)~式(8)的中值和百分位数预测令人满意地包含了相应的基于数据的值。实际的误配来自于本研究假设的不能解释数据分散(如,比较图7中的实线和深灰色点)的线性回归。分散性随频率趋于增加(见图5),可能是由于不同的原因,如:①由 MRM 估计放大因子的不确定性(Maufroy 等,2012);②关于 DEM 分辨率的曲率计算中的不确定性;③地震动模拟的不精确(Maufroy,2010)等。为了极小化它们的影响,我们考虑了:①数百个接收器;②一幅 10 m 分辨率的 DEM;③每个最小波长不少于70的数值单元。尽管不确定性很小,它们的累积效应随频率而增加,产生了分散的估计值。因此,当估计给定地区的地形场地影响的变化范围时必须考虑由我们的频率标度的曲率(FSC)替代(由我们的地形放大预测式(6)~式(8))产生的30%的最大误差。

图11中示出的选择场点的地形多样性可以通过用于进行场地放大因子预测的函数 C_S(左幅)定量化。大山峰和狭窄山脊场点给出了仅具有正值的曲率函数,这意味着所有

考虑波长的中值放大(见右幅)。相反,谷底场地给出了仅具有负值的曲率函数,这意味着地形缩小。斜坡场地的C_S函数看来更复杂,但值小,所以几乎不存在地形影响。栖息谷显示了有趣的行为;对曲率为负的短波长,产生和局部山谷几何有关的小幅缩小,而对较大波长,曲率变成正的,导致了和位于山谷的大山峰有关的地形放大。分析表明,FSC替代是表征频率依赖的地形场地影响及其变化性概率估计的强有力工具。

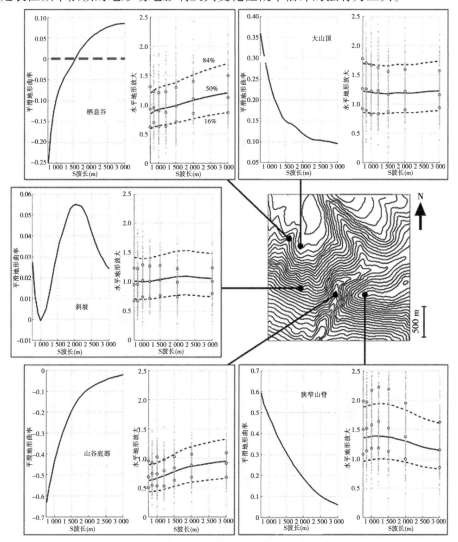

图 11 i-DUST/LSBB 区域五个特定场点与 S 波波长有关的平滑地形曲率剖面和水平地形放大(预测的地形放大中值(实线,式(6))和百分位数(16% 和 84%,虚线,式(7)和式(8))被叠加在我们的合成数据库的观测值上(空圆圈)和对选择 S 波波长示出的单个放大因子上(浅灰色点))

6 讨论

本项工作定义的 FSC 替代可以预测随频率变化的地形放大因子统计值,这在震源位置和震源不确定的地区非常有用。但是,对特定震源场景的地形放大预测,为避免昂贵的

3D 数值模拟,从统计学的观点,仍需深入理解震源—场地的相互作用。

关于本研究提出的地形放大预测式(6)~式(8),应该知道:①它们预测了中值,第84 百分位数(式(7))对预期的特定场点高放大水平更具有代表性;②预测结果相当于两个水平分量的平均值,这意味着一个分量的放大因子可能不同于另一个分量(Massa 等,2014);③i-DUST/LSBB 研究区域的地形不是很陡(坡度小于40°),所以人们应该想到,更陡地形的放大水平可能会高于本项研究中报告的放大水平。

因为我们不能建立 C_s 和地震动两个独立水平分量放大之间的清晰相关关系,所以在本项研究中我们把放大定义为均值。虽然已经提出了一些见解,但目前还不能清晰理解两水平分量上的地形放大的不同的机制(Bouchon 和 Barker,1996;Spudich 等,1996;Del Gaudio 和 Wasowski,2007;Massa 等,2010,2014)。因此,FSC 替代不能预测极端的方向效应,比如不能进而区分是否一个分量放大而同时另一个分量缩小。

很容易根据 DEM 计算地形曲率。但是,因为地形场地影响对当地波长敏感,所以要获得信任 FSC 替代产生的放大因子,需要了解一些研究区域的弹性性质。我们的数值研究在均匀介质中进行,这对从近地表地质产生的其他具体影响中分离地震动的地形几何影响是有用的。因此,FSC 替代在很少有或没有当地地质和可能地震动结果(山体滑坡)信息的很多地区是有用的,它为工程目的在山区提供了产生物理估计值(和合理的变化范围)的定量方法。然而,要考虑局部速度结构和地形(Assimaki 和 Jeong,2013;Burjánek 等,2014;Massa 等,2014)可能的双重影响详细研究放大水平,加上现场数值模拟可能更为适宜。

为了进行给定区域的详细场地响应分析,我们提出了图 12 示出的流程图,它归纳了我们引入的使用在给定感兴趣场点和选择频率的 FSC 替代统计预测地震动地形影响的过程。这个过程从使用 DEM 和 S 波速度结构特征开始,以实际应用 FSC 替代的例子结束。如果它主要用于场地影响估计,这个工具可以提供一些辅助用途,像评估岩石场点参考台站、规划试验场地的接收器空间分布或估计 3D 数值地震动模拟中需要的地表表达精度等。

7 结论

我们已经引入了基于定义为地表高程地图第二空间导数的地表曲率预测地形场地影响放大的一种新方法。由 3D 地震模拟大数据库获得的地震动表明,地形曲率和地形放大相关。当曲率在等于 0.5S 波长的特征长度上平滑时,频率依赖的放大和 FSC 之间达到最大相关。这意味着,对给定的频率,具有水平尺度类似于那个长度的地形特征产生放大。我们指出,使用像由 Zevenbergen 与 Thorne(1987)和 Moore 等(1991)提出计算地形曲率的平滑适应算子是精确确定对同样波长敏感的地形特征的有力工具。

FSC 替代可以通过考虑场地影响变化性的一组预测方程估计地形放大的统计值。的确,最大的地震动变化性被发现在位于山坡和大山峰上的场点。解释这些变化性的一个假设是这些地形特征对源 – 场组合的较强依赖。相比之下,狭窄的山脊呈现出了中等变化性,而山谷底部则显示更稳定的行为。

对曲率计算不需要高性能计算。如果有合理的感兴趣区域的 S 波速值,根据 FSC 替

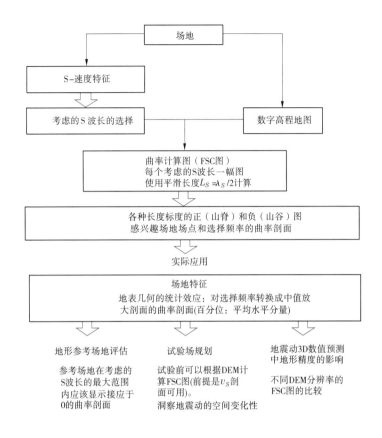

图 12　在一致的 S 波波速表征和感兴趣的场点数字高程
地图可用的前提下,频率标度的曲率替代的潜在应用流程图

代的地形放大估计值是稳健且容易由 DEMs 获得的。

资料来源

本项工作被授权访问国家大容量计算设备(GENCI)的 i2009046038 分配地址下的科学信息资源发展研究所(IDRIS)的高性能计算机(HPC)资源。跨学科地下科学技术实验室(i-DUST/LSBB, Rustrel, France)周围地形的数字化资料由法国国家地理和林业信息研究所(IGN)提供。

译自:Bull Seismol Soc Am. 2015,105(1):354-367

原题: Frequency-Scaled Curvature as a Proxy for Topographic Site-Effect Amplification and Ground-Motion Variability

杨国栋　译

未知最后地震日期的时间依赖
更新模型概率

Edward H. Fielda   Thomas H. Jordanb

摘要:对最后事件日期完全未知的情况,我们导出了时间依赖更新模型地震概率,并把这些概率和在这种情况下通常作为近似使用的不依赖时间的泊松概率做了对比。对典型的参数值,当预报区间超过平均复发间隔20%时,更新模型概率超过泊松结果10%以上。我们也导出了把最后事件进一步约束到发生在历史记录保持开始之前(历史性的开区间)的概率,这仅可以用来增加典型使用的更新模型地震概率。我们可以得出这样的结论:考虑历史性开区间可以改进加利福利亚州和其他地区的长期地震破裂预报。

引言

在长期地震危险性分析中,通常使用 Reid 的弹性回跳假说计算一条断层的时间依赖地震概率。Reid 的弹性回跳假说认为断层破裂后,大震发生的可能性降低,随着局部构造应力的重建,大震发生的可能性随时间增加。例如,所有为策略被委任的以前的加利福利亚州地震概率工作团队(WGCEP, 1988, 1990, 1995, 2003, 2008)已经使用了 Reid 假说的一些变体(例如, Field, 2007, for a review of those through 2003)。这些研究使用了点过程更新模型表达弹性回跳(例如, Lindh, 1983)。例如, WGCEP(1988,1990)使用对数正态分布模拟了连续复发间隔,在模拟中,主要通过用断层滑动速率除以观测的每个事件滑移量获得平均扰动时间。两个最近的 WGCEPs(WGCEP,2003, 2008)使用了 Matthews 等(2002)的布朗离世时间模型(BPT),给出了一般类似于对数正态模型的结果。在所有这些研究中,定义为标准偏差除以均值($\alpha = \sigma/\mu$)的复发非周期性在0.2 和0.7 范围内变化。

时间依赖更新模型的应用取决于最后一个事件的日期信息。对最后事件日期未知的断层,程序必须使用一个不依赖时间的泊松模型获得地震概率(例如, WGCEP, 2008)。因为泊松分布($\alpha = 1$)未必是你通过时间依赖模型在最后事件的所有可能日期上积分得到的,这样的正式替代是不正确的。在这里,我们评价了更新模型直接积分如何不同于泊松替换。我们使用这些结果还研究了受历史性开区间约束的地震概率,即在这历史性开区间上,历史地震活动记录表明特定断层部分的最后一个事件很可能发生在某个固定日期之前。在加利福利亚州,书面记录建立了大约160 年的历史性开区间,这是和对滑动较快的圣安德烈斯断层系统估计的复发间隔可以比较的。结果表明,对于这种情况,更新模型的一致性处理导致了比从泊松替换获得了更高地震概率。

1 未知的最后地震日期

用 $f(t)$ 表示所选更新模型复发间隔的概率密度函数（PDF），让最后事件的离世时间 $T > 0$。接下来的 ΔT 年内（预测区间）至少发生一次地震的条件概率为

$$P(\Delta T \mid T) = \frac{\int_T^{T+\Delta T} f(t)\,\mathrm{d}t}{\int_T^\infty f(t)\,\mathrm{d}t} = \frac{F(T+\Delta T) - F(T)}{1 - F(T)} \tag{1}$$

式中，竖线表示对第二变量的条件，$F(T) = \int_0^T f(t)\,\mathrm{d}t$ 是复发间隔的累积分布函数（CDF）。

图 1 给出了使用 BPT 模型的例子。

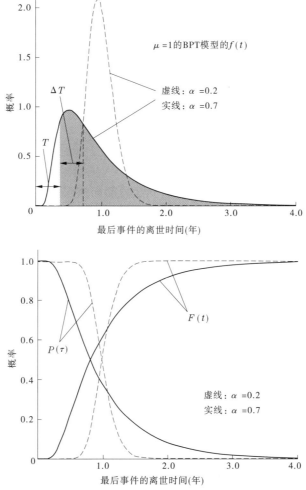

图 1　平均复发间隔(μ)为 1.0 和非周期性值(α)为 0.2 与 0.7 的布朗离世时间（BPT）模型的样板概率分布
（上图示出了复发间隔的概率密度函数（PDF）$f(t)$。式（1）的条件概率计算涉及
用浅色阴影区域除暗色阴影区域（对像标识的 T 和 ΔT）。上图示出了最后
事件日期完全未知对离世时间的相关累积分布 $F(t)$ 和 PDFs）

如果我们不知道最后破裂日期,那么我们必须考虑所有的可能性。让 $p(\tau)$ 表示离世时间的概率分布,这里的 τ 是正数。考虑一个完全的周期性系统,PDF 是一个复发间隔为 μ 的狄拉克 δ 函数。我们知道,对于这种情况,离世时间肯定小于复发间隔($T \leqslant \mu$),$p(\tau)$ 的概率分布肯定是均匀的(因为我们没有可能是怎么样的信息)。因此,对这种特殊情况,我们可以把 $p(\tau)$ 写为

$$p_0(\tau) = \frac{1 - H(\tau - \mu)}{\mu} \tag{2}$$

式中,下标 0 表示 $\alpha = 0$,H 是 Heaviside 阶跃函数,分母保证这个矩形函数具有 1.0 的面积。那么,对任意(非负)的非周期性,我们可以用 $p(\tau)$ 表示为这些特殊情况的叠加,在这里 μ 由可能的复发间隔 t 替代,我们使用每个复发间隔的概率 $f(t)$ 对每个矩形波加权:

$$p(\tau) = \frac{\int_0^\infty [1 - H(\tau - t)] f(t) \mathrm{d}t}{\int_0^\infty t f(t) \mathrm{d}t} \tag{3}$$

分母再保证 1 的总概率。根据 $\int_0^\infty t f(t) \mathrm{d}t$ 和 $\int_0^\infty f(t) \mathrm{d}t = 1$,我们可以把式(3)表示为

$$p(\tau) = \frac{1 - \int_0^\tau f(t) \mathrm{d}t}{\mu} = \frac{1 - F(\tau)}{\mu} \tag{4}$$

因此,当后者未知时,最后事件离世时间 PDF 等于 1 减复发间隔 CDF 再除以平均复发间隔。图 1 包含了这种状态分布的例子。

现在我们可以用全概率定理在最后事件每个可能离世时间上的积分计算 ΔT 时间内具有一次事件的条件概率,在这个时间上,被积函数包含式(4)中每个候选值的概率乘以给出每个值的条件概率(式(1)):

$$
\begin{aligned}
P(\Delta T \mid T_{\text{unknown}}) &= \int_0^\infty p(\tau) P(t \leqslant \tau + \Delta T \mid t > \tau) \mathrm{d}\tau \\
&= \int_0^\infty \left(\frac{1 - F(\tau)}{\mu} \right) \left(\frac{F(\tau + \Delta T) - F(\tau)}{1 - F(\tau)} \right) \mathrm{d}\tau \\
&= \frac{1}{\mu} \int_0^\infty (F(\tau + \Delta T) - F(\tau)) \mathrm{d}\tau \\
&= \frac{\Delta T - \int_0^{\Delta T} F(\tau) \mathrm{d}\tau}{\mu}
\end{aligned}
\tag{5}
$$

根据 $F(\tau)$ 是单增函数并以 1 为渐近线获得了上边的表达式。因为最后事件的离世时间的 PDF 的 $p(\tau)$ 和下一次事件的离世时间的 PDF 的相同,式(5)同样简单的推导将是用 $T = 0$ 的 $p(\tau)$ 代替式(1)中的 $f(t)$,然后求相应的解。

在图 2 中,对根据式(5)计算的 $\alpha = 0.2$ 与 $\alpha = 0.7$ 的 BPT 模型的概率和随归一化预报区间 $\Delta T/\mu$ 变化的独立于时间的泊松模型的概率进行了对比。在限定 $\Delta T/\mu \ll 1$ 的情况下,两个概率是相等的,但二者的差异随预报区间增大。对 $\alpha = 0.2$,最大的差异是 $\Delta T/\mu \approx 0.9$ 处的 1.5 倍(增加 50%);对 $\alpha = 0.7$,最大的差异是 $\Delta T/\mu \approx 0.6$ 处的 1.2 倍。

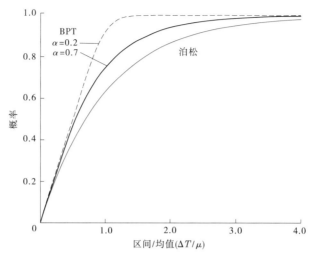

图 2   像标识的非周期值(α)为 0.2 和 0.7 的未知最后事件日期的至少发生
一个事件的 BPT 条件概率对预报区间除以平均复发间隔的变化曲线

（图中还示出了像式（6）给出的至少发生一次事件的泊松条件概率曲线（灰线））

$$P(t \le T + \Delta T) = 1 - e^{-\Delta T/\mu} \tag{6}$$

从工程方面来看,人们通常认为 10% 的风险变化是很显著的,比如,WGCEP 在研发第三次统一的加利福利亚州地震破裂预测（UCERF3；Field 等, 2014）时就这么认为。我们发现,不管非周期性值是多少,当预报区间大约超过平均复发间隔的 20% 时,相对泊松模型的差异都超过 10%（见图 2）。因此,对于建筑规范 50 年的区间,当复发间隔小于250 年时,BPT 和泊松模型之间的概率差就变得显著了。在估计的 UCERF3 的 2606 断层段中有大约 9% 的复发间隔小于这个值（见图 3）。当然,这些高活动速率的断层对风险贡献更大,增强了差异的影响,但它们还更可能具有最后事件的日期,减小了这种影响。

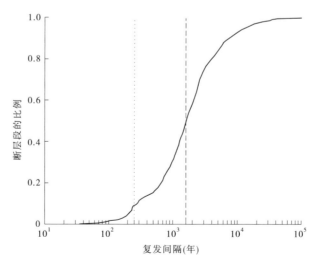

图 3   统一加利福利亚州地震破裂预测模型中 2606 断层段的复发间隔累积分布

（点竖线和虚竖线分别标出了 250 年和 1 600 年的复发间隔）

2 历史性的开区间

我们现在转向历史性开区间 T_H 上没有发生事件的情况,所以约束条件是 $T \geqslant T_H$。根据式(4)获得的被加以 TH 以前的最后事件日期的 PDF 为

$$p(\tau \mid \tau \geqslant T_H) = \frac{p(\tau)}{\int_{T_H}^{\infty} p(t)\,\mathrm{d}t} = \frac{1 - F(\tau)}{\int_{T_H}^{\infty} [1 - F(t)]\,\mathrm{d}t} \tag{7}$$

结合这个结果和全概率定理的式(1)得到下面至少发生一个事件的条件概率:

$$\begin{aligned}
P(\Delta T \mid T > T_H) &= \int_{T_H}^{\infty} P(\tau \leqslant t \leqslant \tau + \Delta T \mid \tau) p(\tau \mid \tau \geqslant T_H)\,\mathrm{d}\tau \\
&= \int_{T_H}^{\infty} \left\{ \frac{1 - F(\tau)}{\int_{T_H}^{\infty} [1 - F(t)]\,\mathrm{d}t} \right\} \left(\frac{F(\tau + \Delta T) - F(\tau)}{1 - F(\tau)} \right) \mathrm{d}\tau \\
&= \frac{\int_{T_H}^{\infty} [F(\tau + \Delta T) - F(\tau)]\,\mathrm{d}\tau}{\int_{T_H}^{\infty} [1 - F(t)]\,\mathrm{d}t} \\
&= \frac{\Delta T - \int_{T_H}^{T_H + \Delta T} F(\tau)\,\mathrm{d}\tau}{\int_{T_H}^{\infty} [1 - F(t)]\,\mathrm{d}t}
\end{aligned} \tag{8}$$

由式(4)积分可得 $\int_0^{\infty} [1 - F(t)]\,\mathrm{d}t = \mu$,所以,当 $T_H = 0$ 时,式(8)理所应当化简为式(5)。

图 4 说明了由历史性开区间上条件事件概率获得的 $\alpha = 0.2$ 和 $\alpha = 0.7$ 的 BPT 模型概率增益。这里对不同的 $\Delta T/\mu$ 画出了式(8)与式(5)比值随 $T_{H/\mu}$ 的变化曲线。因为断层比完全不知道最后事件日期的情况可能更接近破裂,所以概率增益随历史性开区间的长度而增大。因为当 $\Delta T/\mu$ 增大时两个概率都趋于 1,所以概率增益随预报区间而减小。

对于 $\alpha = 0.2$ 的情况,除相对较长的预测区间($\Delta T > 0.7\mu$)外,当历史性开区间超过约10% 平均间隔($T_H \geqslant 0.1\mu$)时,所有差异都大于10%。如果在加利福利亚州我们取历史性开区间约为 160 年,那么当平均复发间隔小于约 1 600 时,这种差异将是显著的。大约50% 的 UCERF3 断层段落入了这一范围(图3中竖虚线),这些断层对风险贡献又更大。此外,如果我们取工程设计感兴趣的 50 年预测区间,上面提到的不显著情况只适用于复发间隔小于约 70 年的断层;这仅代表了不到1% 的 UCERF3 断层段(见图 3)。但考虑到约160 年的历史性开区间,这些高活动速率断层几乎保证具有最后事件的日期。对图 4 中 $\alpha = 0.7$ 的情况,差异较小,但当 $T_H \geqslant 0.3\mu$ 和 $\Delta T \leqslant 0.5\mu$ 时,差异仍然显著。

3 讨论

Cornell 和 Winterstein(1988)做过类似的分析,不过他们把注意力局限到了预测区间小于平均复发间隔5%的情况($\Delta T/\mu \leqslant 0.05$;图 2 的右边)。他们还着重研究了 Weibull

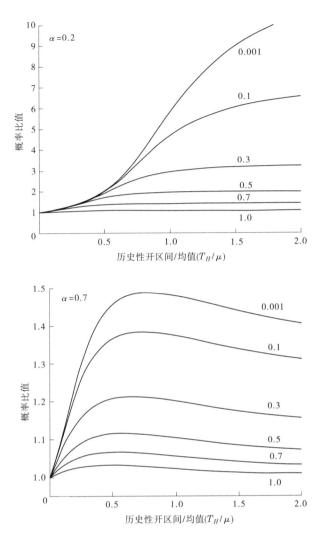

图4 考虑历史性开区间(式(8))和忽略这一信息($T_H = 0$)时至少发生一次事件的BPT模型条件概率比值随开区间除以平均复发间隔(T_H/μ)的变化曲线(其他曲线表示像标识的不同规化预报区间($\Delta T/\mu$)的结果。上图和下图分别画出了非周期性值(α)为0.2和0.7的曲线)

更新模型,把显著差异定义为泊松模型的3倍。在这两项研究重叠条件内,我们的结论和他们的是一致的。

我们还要注意,Matthews等(2002)在他们的附录2中导出了更复杂的式(4)和式(7)的特有BPT版本,这些版本和我们的结果一致。我们这里给出的推导并不是很新颖,可能已经被推导过数次了,特别是在其他学科。我们的目标是给出简单、通用和有用的结果和例证现代预测模型中的一些潜在内涵。无论和泊松模型的差异是否显著,都应视具体情况给予评价。

4 结论

像这里导出的那样,在时间依赖模型中正确地考虑最后事件的未知日期产生了不同于时间独立泊松模型隐含的地震概率。这种差异随预测区间增加,预测区间很短时,差异为零,当预测区间超过平均复发间隔的20%时,这种差异变得显著(≥10%)(至少在这更新模型典型应用范围内是这样)。加利福利亚州最新预测模型的这种差异对小于9%的断层段是显著的,和其他模型的近似与不确定性相比,这成了次要问题。

考虑知道没有事件发生时段的历史性开区间产生了大于忽视这样的信息所获得的概率。虽然这种差异取决于若干变数,但我们发现对大约50%的UCERF3断层,差异大于10%。这意味着当预测加利福利亚州地震时历史性开区间是一个重要考虑因素。

资料来源

本文使用的所有数据都来自于参考文献中列出的出版资源。

译自:Bull Seismol Soc Am. 2015,105(1):459-463
原题:Time-Dependent Renewal-Model Probabilities When Date of Last Earthquake is Unknown
杨国栋 译

弗朗恰中等深度震源的强震动谱特征

Florin Pavela   Radu Vacareanua

Carmen Cioflanb   Mihail Iancovicia

摘要:本文主要使用 Newmark-Hall 型反应谱研究中等深度弗朗恰地震记录的地震动谱特征。数据库由 10 个弗朗恰地震的 700 多条水平分量记录组成。分析的第一步是评估分量之间的变化性及各个参数(地震震级、峰值加速度、土层类别、台站位置和仪器类型)的相应影响。随后,研究了谱加速度和地震动峰值参数(加速度、速度和位移)之间的相关性。结果表明,震级对结果有重要影响,土层类别对结果有显著影响。通过使用方差分析(ANOVA)方法,这些发现得到了验证。计算的 Newmark-Hall 型反应谱的响应放大因子类似于其他文献的研究结果。最后,查验了诸如 Newmark-Hall 型反应谱的 T_B、T_E 和 T_F 三个控制周期,获得了和罗马尼亚抗震设计规范 P100-1/2013(2013)或 Eurocode 8 略有不同的结果。

引言

Newmark-Hall 反应谱(Newmark 和 Hall,1969,1982)是结构设计中最广泛使用的工具之一。这种由常数加速度、速度和位移三个域组成的谱由地震动峰值(加速度、速度和位移)和前述三个量相应的响应放大因子(α_A、α_V 和 α_D)的乘积构建。Newmark-Hall 反应谱的三个域由控制周期(T_C、T_D 和 T_E)分开。为了它的外观,很多人做了贡献,像考虑各种土层条件或响应放大因子的调整对谱形的修改(Mohraz,1976;Seed 等,1976;Malhotra,2006;Booth,2007 等)。Pavel 和 Lungu(2013)评估了这个设计谱的两个控制周期(T_C 和 T_D)的几个定义。一些研究(Bommer 和 Alarcón,2006;Booth,2007;Pavel 和 Lungu,2013)提出了根据谱加速度(SAs)计算峰值地震动的关系式,正如所料,这些关系式差异很大,受到了强震动数据库频谱成分的显著影响。Booth(2007)使用随机振动理论预测了峰值地震动参数。

通过使用每种土层类别不同的谱形和土层因子 S,Eurocode 8(2004;EN 1998-1)考虑了场地对设计谱的影响。一般根据 v_{S30}(上 30 m 内沉积层的平均剪切波速)值把土层分成七类。Pitilakis 等(2012,2013)根据 EN 1998-1 对谱形和土层因子做了一系列修改。在罗马尼亚抗震设计规范 P100-1/2013(2013)及以前的版本中,通过 Lungu 等(1997)定义的控制周期的三个值 $T_C = 0.7$ s、1.0 s 和 1.6 s 考虑土层条件。

本研究着重于评估弗朗恰壳下地震期间记录的地震动水平分量谱特征。关于弗朗恰震源的地震学特征的全面描述超越了本文的范畴,可以参阅其他文献(例如,Radulian 等,2000)。

1   强震数据库

我们为 BIGSEES(弥合地震学和地震工程之间的间隙:从罗马尼亚的地震活动性到

建筑抗震设计 EN 1998-1 中地震作用的精细实现)国家研究计划编辑了一个 700 多条 10 个壳下弗朗恰地震期间在罗马尼亚、保加利亚和摩尔多瓦共和国记录的水平分量地震动数据库,并将这数据库用于本研究。所有分析的地震都是过去 40 年内发生的矩震级范围为 5.2 ~ 7.4 的地震事件(见表 1)。最新的事件(M_w5.2)发生在 2013 年 10 月,是过去 5 年内弗朗恰地震带发生的最大地震。2013 年 10 月 6 日地震的震源机制表明是逆冲破裂,其参数为:走向 37°、倾角 45°和滑移角 73°。主轴:T(张)垂直和 P(压)南东—北西方向;节面呈北西—南东方向。这个机制是有代表性的,特别是对弗朗恰地区发生的强震(M_w>7)(Radulian 等,2000)。

数据库中既有数字记录也有模拟记录,所有主要弗朗恰地震事件(M_w≥6.4)的记录都是模拟的,而多数较小地震的记录是在数字仪器上获得的(特别是 2000 年后)。罗马尼亚加布勒斯特 INCERC 台的(SMAC)-B 型日本强震仪在 1977 年 3 月 4 日弗朗恰地震(M_w7.4)期间首次记录了强地震动。接下来,模拟强震仪 SMA-1 记录了 1986 年 8 月地震和 1990 年 5 月地震的 100 多条强震记录。最早的数字仪是 1986 年安装的,所以在 1999 年 8 月地震(M_w5.3)期间首次获得了 M_w >5.0 的弗朗恰地震的数字记录。从那时以后,我们获得了大量的数字仪器(K2、ETNA 和 ADS 等)记录。

735 条水平分量记录中的约 40%(296 条)是模拟记录,其余是数字记录。表 1 除列出了每个地震的地震特征和水平分量数目,还列出了记录仪器的类型。图 1 示出了台站位置分布,还示出了相应的仪器类型:模拟、数字或模拟/数字。在有些情况下,模拟强震仪整年地和数字仪器交换了,因此它们被标识为模拟/数字。

表 1 地震特征和强震数据库

地震日期(年-月-日)	纬度(°N)	经度(°E)	M_w	h(km)	水平分量数	仪器类型
1977-03-04	45.34	26.30	7.4	94	4	模拟
1986-08-30	45.52	26.49	7.1	131	80	模拟
1990-05-30	45.83	26.89	6.9	91	103	模拟
1990-05-31	45.85	26.91	6.4	87	72	模拟
1999-04-28	45.49	26.27	5.3	151	50	模拟 + 数字
2004-10-27	45.84	26.63	6.0	105	132	模拟 + 数字
2005-05-14	45.64	26.53	5.5	149	80	数字
2005-06-18	45.72	26.66	5.2	154	74	数字
2009-04-25	45.68	26.62	5.4	110	92	模拟 + 数字
2013-10-06	45.67	26.58	5.2	135	48	数字

2 波形处理

记录的波形的处理取决于记录仪器是模拟的还是数字的,对模拟记录只有处理过的波形是可用的,作者没有做处理。一般使用 0.15 ~ 0.25 Hz 与 25 ~ 28 Hz 截断频率的

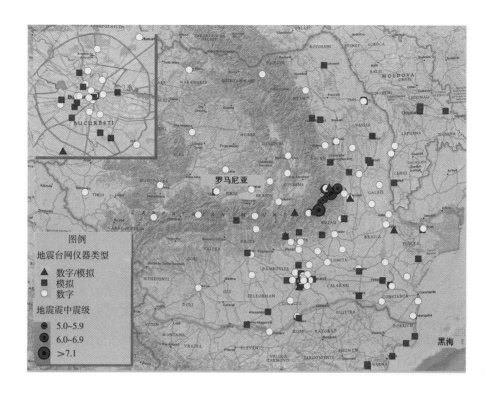

图1 地震台网分布和相应的仪器类型

Ormsby 带通滤波器(Borcia, 2008)进行所有模拟记录的处理。使用0.005 Hz 与 50 Hz 截止频率的第四阶 Butterworth 带通滤波器根据文献中给出的程序(例如, Boore 和 Bommer, 2005; Akkar 和 Bommer, 2006)处理数据库中有原始数据的数字记录。根据 Converse 与 Brady(1992)给出的程序选取了数字记录的高截止频率。图2 示出了两个低切滤波器(0.05 Hz 和 0.10 Hz)对2004 年弗朗恰地震数字记录平均位移响应谱的影响。人们可能注意到了对周期超过6 s 的谱位移出现了使用两种不同低切滤波器产生的差异。

3 土层条件的评估

使用为 BIGSEES 计划收集的钻孔数据和 Trendafilovski 等(2009)的研究结果给出了记录台站的土层条件。因为可用的钻孔数据有限,大多数场地的土层条件由 Trendafilovski 等(2009)给出的图获得,该图使用了 Wald 与 Allen(2007)根据地形坡度确定土层条件的方法。共有78 条(11%)水平分量记录来自于划分为 A 类土层(EN 1998-1)的12 个地震台站,276 条(37%)来自于 B 类土层的61 个台站381 条(52%)来自于 C 类土层的75 个地震台站。仪器的方位一般是南北和东西方向(582 条水平分量记录)。图3 中示出了每个土层类别(A、B 或 C)记录的峰值加速度对记录台站震中距的分布。

4 逐个分量变化性的分析

通过计算逐个分量的标准偏差(Boore, 2005)评估水平分量的变化性:

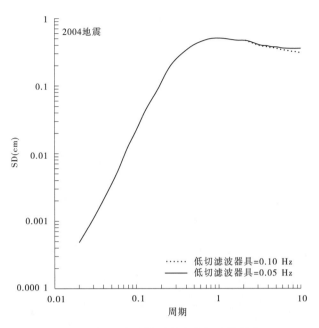

图2 低切滤波器对平均谱位移的影响

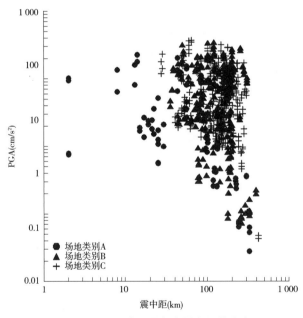

图3 PGA 对记录台站震中距的分布

$$\sigma_c^2 = \frac{1}{\text{no. recs.}} \sum_{j=1}^{\text{no. recs.}} \frac{(\ln Y_{1j} - \ln Y_{2j})^2}{4} \tag{1}$$

式中,Y_{ij} 为第 j 个记录的第 i 个分量,"no. recs."为记录数目。

使用不同震级、记录台站土层类别、位置(弧前或弧后区域)及记录仪器类型(模拟或数字)的分组记录进行变化性分析。弧前就是喀尔巴阡山脉前面的区域(山脉的东南),

而弧后区域由特兰西瓦尼亚地区(山脉的西北)组成。

表 2 中列出了获得的一些结果。PGA、峰值速度(PGV)和峰值位(PGD)的逐个分量总标准偏差分别是 0.19、0.22 和 0.26。如果人们只考虑南北和东西方向的水平分量,总的变化性几乎是类似的,PGA、PGV 和 PGD 的总变化性分别是 0.19、0.23 和 0.28。表 2 中的结果表明,任何参数对逐个分量变化性没有影响,或者影响很有限。从表 2 中也可以看出,一些地震具有较高的逐个分量变化性。然而,看不到和震级或震源深度有关的模样。

表2　逐个分量变化性 σ_c 的分析

参数	地震									土层类别			地震台站位置		仪器类型	
	1986	1990(1)	1990(2)	1999	2004	2005(1)	2005(2)	2009	2013	A	B	C	FA	BA	A	D
PGA	0.16	0.16	0.22	0.19	0.20	0.16	0.16	0.23	0.25	0.25	0.27	0.18	0.18	0.23	0.18	0.19
PGV	0.24	0.23	0.22	0.19	0.21	0.19	0.18	0.20	0.32	0.32	0.24	0.21	0.22	0.23	0.22	0.23
PGD	0.27	0.28	0.20	0.26	0.26	0.24	0.20	0.33	0.33	0.33	0.21	0.28	0.27	0.22	0.27	0.25
$SA_{0.3}$	0.18	0.20	0.18	0.24	0.23	0.30	0.22	0.24	0.29	0.29	0.32	0.31	0.22	0.26	0.22	0.20
$SA_{0.5}$	0.22	0.20	0.19	0.24	0.23	0.30	0.25	0.38	0.38	0.38	0.31	0.28	0.25	0.25	0.25	0.23
$SA_{1.0}$	0.27	0.24	0.27	0.24	0.27	0.31	0.29	0.33	0.33	0.33	0.24	0.28	0.25	0.27	0.25	0.27
$SA_{2.0}$	0.33	0.26	0.26	0.23	0.21	0.22	0.16	0.28	0.30	0.30	0.23	0.27	0.25	0.23	0.25	0.28
$SA_{3.0}$	0.28	0.29	0.19	0.23	0.22	0.24	0.16	0.27	0.31	0.31	0.20	0.26	0.25	0.21	0.25	0.25

注:FA,弧前区域;BA 弧后区域;A,模拟仪器;D,数字仪器。

5　谱特征的研究

随后,以几个清晰的步骤研究了水平分量谱特征。第一步是评价 $\xi = 5\%$ 阻尼比的 SA 及峰值地震动参数(PGA、PGV 与 PGD)和 Newmark-Hall 响应谱控制周期估计值之间的相关性。过程类似于 Malhotra(2006)给出的过程,旨在确定用于预测 SA(Malhotra, 2006)的最可靠峰值地震动参数。SA 与 PGA 之间的相关曲线和 SA 与 PGV 之间的相关曲线相交的谱周期可以被认为是控制周期 T_C。类似地,SA 与 PGV 之间的相关曲线和 SA 与 PGD 之间的相关曲线的交叉点可以被看作控制周期 T_D。和前面的章节一样,使用了同类型的记录分组(不同地震震级的、不同土层类别的、不同位置的、不同仪器类型的或不同 PGA 的)。表 3 中列出了最相关的结果。

表3　各种土层类别、震级和 PGA 段的控制周期 T_C 和 T_D 值

控制周期	土层类别			震级			PGA			
	A	B	C	$5.0 < M_w < 6.0$	$6.0 \leqslant M_w < 7.0$	$M_w \geqslant 7.0$	$<0.05g$	$\geqslant 0.05g$	$<0.10g$	$\geqslant 0.10g$
$T_C(s)$	0.69	0.36	0.73	0.41	0.55	0.89	0.43	0.63	0.49	0.61
$T_D(s)$	2.51	2.71	1.46	1.43	2.72	2.48	3.48	2.63	2.76	1.89

分析结果表明,所有三个土层类别周期直到$0.4 \sim 0.6$ s的SAs可由PGA预测。由于良好相关域延续直到2.5 s(A与B类土层)和1.5 s(C类土层)的谱周期。所以使用PGV预测SA时产生了一些差异。

接下来,为了检查土层条件对规化加速度响应谱的影响,我们使用了方差分析(ANOVA)方法(例如,Douglas和Gehl,2008)。表4中列出了结果。F值随周期的减小表明土层类别对规化加速度响应谱影响的减小(对整个数据库)。然而,由于分析的数据库主要由小震级事件构成,必须谨慎对待这个结论。当对三个最大地震事件期间(1977年3月地震、1986年8月地震和1990年5月的第一个地震)记录的强地震动使用ANOVA方法时,结果表明土层类别影响随周期增加了(F值增加)。$T = 3.0$ s时震级和土层类别的F值相等表明了二参数对规化加速度反应谱的相似影响。

表4 规化加速度响应谱的 ANOVA 结果

分段	F 值					临界 F 值
	$T=0.3$ s	$T=0.5$ s	$T=1.0$ s	$T=2.0$ s	$T=3.0$ s	
土层类别(A、B 和 C)	8.66	6.42	4.83	1.69	1.65	3.01
土层类别(A、B 和 C)仅对三个最大地震 (1977 年、1986 年和 1990 年)	0.99	0.74	11.13	20.92	16.82	3.05
震级 ($5.0 \leqslant M_w < 6.0, 6.0 \leqslant M_w < 7.0, M_w \geqslant 7.0$)	27.19	78.56	52.97	54.99	23.08	3.01

下一步,我们研究了震级对谱特征的影响。地震被分成3个震级段:$M_w \geqslant 7.0$(两个事件)、$6.0 \leqslant M_w < 7.0$(三个事件)和$M_w < 6.0$(五个事件)。表3表明,控制周期T_C随震级而增大。由于对最小的震级段获得了最小值,同样的观测结果也适用于控制周期T_D。后续的依据地震台站位置或仪器类型的地震动分组揭示出了这些参数对谱特征都没有显著影响。

为了研究PGA对谱特征的影响,我们把水平分量分成两个PGA段($PGA < 0.10g$ 和 $PGA \geqslant 0.10g$)。两个段之间最显著的差异和向T_D较长周期范围移动有关,前一类的更大。当段限从$0.10g$变化到$0.05g$时,仍然具有同样的观测结果。PGA对谱特征的有限影响进一步得到了图4的证实,图4中画出了不同PGA($PGA < 0.05g$,$0.05g \leqslant PGA < 0.10g$,和$PGA \geqslant 0.10g$)的2004年中等地震的归一化加速度响应谱。接着我们在图5中对至少记录了8个弗朗恰地震的四个地震台站的归一化加速度反应谱进行了比较。分析的台站是 Carcaliu(土层类别 B)、Focsani(土层类别 C)、布加勒斯特的 INCERC(土层类别 C)和 Vrancioaia(土层类别 A)。人们可能注意到介于四个台站规化加速度反应谱之间的差异随PGA增大。因此,显著的谱纵坐标仅对PGA超过$0.10g$的出现在长周期范围。这证实了前面来自ANOVA的观测结果,土层条件的影响随震级而增加,特别是对长周期。因为在较大震级地震期间获得了PGA大于$0.10g$的记录,图5示出的规化加速度响应谱的差异可以归因于土层条件和震级的联合影响。

随后,我们计算了 Newmark-Hall 谱的响应放大因子(α_A、α_V 和 α_D)。表5中列出了均

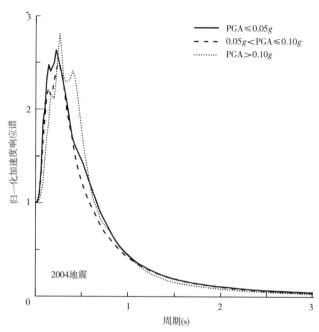

图 4   PGA 对 2004 年弗朗恰地震规化加速度响应谱的影响

值和均值 +1 倍标准偏差的值。我们仅根据能够检索可靠长周期谱坐标的数字记录计算了 α_D 的结果。获得的值接近于 Newmark 与 Hall（1982）和 Malhotra（2006）给出的值。介于本研究获得的值和 Booth（2007）获得的值之间的差异有点大，特别是 α_V 和 α_D。

表 5   Newmark-Hall 谱放大因子的对比

放大因子	Newmark 与 Hall（1992）		Malhotra（2006）	Booth（2007）－平滑趋势		本研究	
	均值	均值 +1 倍标准偏差	均值	均值	均值 +1 倍标准偏差	均值	均值 +1 倍标准偏差
a_A	2.12	2.71	2.14	2.65	3.65	2.31	3.13
a_V	1.65	2.30	1.63	2.30	3.30	1.59	2.23
a_D	1.39	2.01	1.84	2.30	3.20	1.50	1.81

　　罗马尼亚地震设计规范 P100-1/2013（2013）的设计谱考虑了控制周期 T_B（常数加速度平台的起始周期）等于 $0.2T_C$。以前这关系是 $T_B = 0.1T_C$。另外，Eurocode 8 中推荐的 T_B 值不依赖于 T_C。EN 1998-1 值要么为 0.15 s（对 A 类、B 类和 E 类土层）或者为 0.20 s（值大于 $0.2T_C$）（对 C 类和 D 类土层）。通过在图 6 中对三个土层类别画出由 PGA 乘 PGD 的平方根规化（Malhotra，2006）的相对速度响应谱，我们核查了 T_B 值。因为在所有情况下的变化范围是 0.15 ~ 0.20 s，所以获得的值似乎类似于 EN 1998-1 中的值。

　　最后的研究步骤致力于位移设计响应谱。Eurocode 8 在附录 A 中提供了一个弹性位移响应谱（仅对 1 型谱），该谱除 T_B、T_C 和 T_D 外，还有额外的两个控制周期 T_E 和 T_F 表征。T_E 依赖土层类别，变化范围是从 4.5 s（A 类土层）到 6 s（C ~ E 类土层）。T_F 被认为是不依赖土层类别，等于 10 s 的常数。本研究中，我们仅使用数字记录辨识 T_E 和 T_F。因

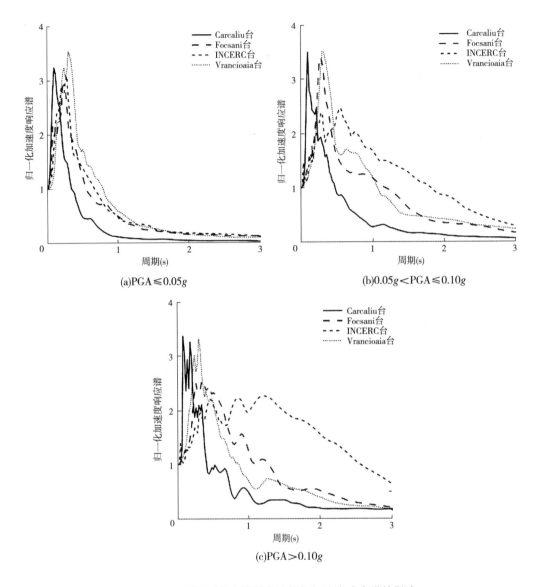

图 5　PGA 界限对四个地震台站规化加速度响应谱的影响

此,结果不包括震级 $M_w > 6.0$ 的任何地震事件。图 7 中示出了不同土层类别的平均规化位移响应谱。结果表明,不管土层条件如何,T_E 值为 2.5 s,T_F 值为 5~6 s。

　　Faccioli 等(2004,2007)研究结果表明,谱位移形状受地震震级和距离的控制。对震级($M_w < 6.0$ 与 $M_w = 6.0$)和震中距($R < 50$ km、50 km $\leqslant R < 100$ km 与 $R \geqslant 100$ km)画出规化位移响应谱的图 8 表明了同样的特征。对应于较大震级和(或)位于较短距离的地震台站的谱形似乎比其他类的谱形具有较大的纵坐标。然而,因为没有高震级($M_w > 7.0$)弗朗恰地震的数字记录可用,目前还不能深入研究 T_E 和 T_F 的变化性。

6　结论

　　本文使用中等深度的弗朗恰地震的地震动记录研究了和 Newmark-Hall 型响应谱有

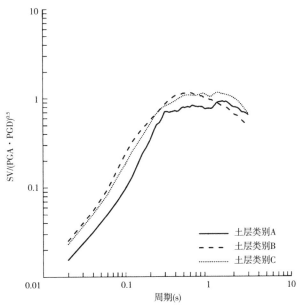

图6 不同土层类别的规化速度响应谱

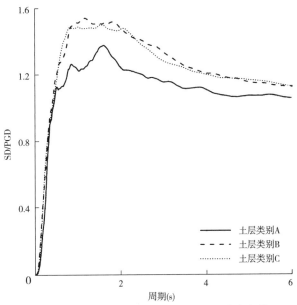

图7 不同土层类别的数字记录规化位移响应谱

关的一些谱特征。分析的数据库由 10 个弗朗恰壳下地震期间在罗马尼亚、保加利亚和摩尔多瓦共和国记录的 735 条水平分量记录组成。在分析的第一阶段研究了逐个分量的变化性,对每个地震、记录地震台站的土层类别(像 Eurocode 8 中定义的 A、B 和 C)、记录台站位置(弧前或弧后)和记录仪器类型(数字或模拟)计算了相应的标准偏差。结果表明,任何上述条件对逐个分量变化性的影响都不显著。

随后,我们考虑了像 Malhotra(2006)描述的 SA 和峰值地震动参数(PGA、PGV 和

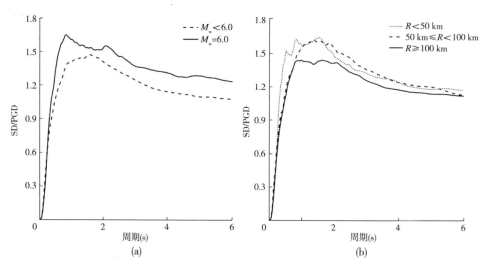

图8 不同震级和震中距的数字记录规化位移响应谱

PGD)之间的相关性。研究结果表明,震级对谱特征影响很大。然而,震级的影响似乎随着谱周期的增加而减小。在土层条件情况中观察到了相反的趋势,使用三个最大地震的数据发现,土层的影响随谱周期而增加。在本研究中也评估了 Newmark-Hall 型谱的响应放大因子(α_A、α_V 和 α_D),计算的值和其他文献中的研究结果(Newmark 和 Hall,1982;Malhotra,2006)一致。

使用 Malhotra(2006)给出的程序确定了控制周期 T_B 值,获得的结果似乎对土层类别或 0.15~0.20 s 范围内的 T_C 不敏感。

最后,仅用数字记录估计了位移响应谱的控制周期 T_E 和 T_F。不管什么样的土层类别,都获得了 T_E 为 2.5 s 和 T_F 为 6.0 s 的结果。然而,人们必须把这些结果看作仅对 $M_w \le 6.0$ 的地震是可靠的,因为获得数字记录的地震 $M_w \le 6.0$。

数据来源

本文使用强震动是为 BIGSEES 国家研究计划收集的(http://infp. infp. ro/bigsees/default. htm;最后的访问时间是 2014 年 5 月)。从 ROMPLUS 目录(http://www. infp. ro/catalog-seismic/evenimente;最后的访问时间是 2013 年 12 月)获取了地震特征。

译自:Bull Seismol Soc Am. 2014,104(6):2842-2850
原题:Spectral Characteristics of Strong Ground Motions from Intermediate-Depth Vrancea Seismic Source
杨国栋 译

理解 NGA-West 2 数据中 PGA 和 PGV 的震级依赖

A. S. Baltay   T. C. Hanks

摘要:下一代衰减 West 2(NGA-West 2)2014 地震动预测式(GMPEs),使用导出的经验系数,把地震动模拟为震级和距离的函数(例如,Bozorgnia 等,2014);这样,这些 GMPEs 显然没有使用除矩震级(M)外的震源参数和震源机制。为了更好地理解 GMPEs 中的震级依赖趋势,我们建立了一个基于震源的综合模型以便解释 NGA-West 2 地震动数据库及 GMPEs 中地震动峰值加速度和峰值速度的震级依赖。我们的模型采用并入 Brune 点源模型包含一个常数应力降、高频衰减参数 κ_0、随机振动理论和大震有限断层假设的现有模型(Hanks 和 McGuire,1981;Boore,1983,1986;Anderson 和 Hough,1984)描述 3~8 级的数据。我们把这个范围分成四个不同的震级区域,每个震级区域对 M 有不同的函数依赖关系。四个分区的单独使用使我们能够深入理解每个子区及子区之间的限制条件。这个模型很好地拟合了 $3 < M < 8$ 的近场($R_{\mathrm{rup}} \leqslant 20$ km) NGA 数据。在地震动模型和数据中探索了 $\Delta\sigma$ 和 κ_0 的权衡,这种权衡在理解拐角频率由高频衰减遮掩的小震级数据中具有重要作用。这种基于震源简单模型对 NGA-West 2 GMPEs 和数据的良好匹配表明,参数复杂的 NGA GMPEs 中隐含着简单。

引言

强地震动处于地震科学与地震工程及强震动理论与实践的交界处,确定了这个科目的不同地震学和工程学方法。尽管地震学家主要对震源感兴趣,典型地考虑像地震矩(M_0)和地震应力降($\Delta\sigma$)这样的描述地震动的基本参数,而对估计强地震动的工程方法在研发地震动预测式(GMPEs)方面则更偏重于经验和实践。GMPEs 通常用于为建筑抗震设计尽可能精确地估计地震动。本文的目的是根据在 NGA-West 2 GMPEs 中不能明确找到的基本震源物理,特别是应力降参数理解经验的 NGA-West 2 GMPEs 和研发 GMPEs 使用的 NGA-West 2 数据。

NGA-West 2 项目包括五个不同建模团队(Abrahamson 等,2014;Boore 等,2014;Campbell 和 Bozorgnia,2014;Chiou 和 Youngs,2014;Idriss,2014),操作同样的、精心挑选与审查的 20 000 多条地震动记录的 NGA-West 2 数据库(Ancheta 等,2014)。这些 GMPEs 根据震级和距离的基函数估计指定周期的地震动幅值,它们的一个简化例子是

$$f(M,R_{\mathrm{rup}}) = a_0 + a_2(M - M_{\mathrm{r}}) + a_3(8.5 - M)^2 + [a_4 + a_5(M - M_{\mathrm{r}})]\ln R + a_6 R_{\mathrm{rup}}$$

$$(1)$$

式中:$f(M,R_{\mathrm{rup}})$ 为特定矩震级范围的地震动幅值自然对数,$M > M_{\mathrm{r}}$;R_{rup} 为记录场点到破裂面的最近距离,如下面讨论的那样,考虑到深度饱和,$R = \sqrt{R_{\mathrm{rup}}^2 + c^2}$。

实际上,对相对于各种 M_{r} 不同震级范围,式(1)可能存在几种形式和几组系数(例

如，Abrahamson 等，2014）。这种模型的基本形式解释了震级依赖、震级依赖几何扩散和明显的滞弹衰减。除这个基本函数外，这 5 个 NGA-West 2 模型中的一些包含了断层类型、场地响应、盆地深度、倾角、震源深度和破裂面顶部埋深、方向性、断层上盘位置及地震事件是主震还是余震的影响。为了描述这些影响，大量的描述性参数是必须的，这使得 NGA GMPEs 理解起来非常复杂。实际上，这些参数的大多数只用于断层上盘、非线性场地放大功能和详细研究过的场地。这些对断层上盘、具有方向性和非线性场地响应的模型受到了额外数据和研究结果的限制（Donahue 和 Abrahamson，2014；Kamai 等，2014；Spudich 等，2014）。本文要做的仅为理解地震动的震级依赖或研制地震危险图，基础式（式（1））结合场地校正与通常还有断层类型与破裂面顶部埋深对描述数据来说足够了。但对像坐落在已知断层位置的大坝、桥梁、核电场的重要设施，或许需要采用全套描述性参数。

图 1 示出了对断层距为 10 km、3 < M < 8、走滑断层类型、v_{S30} = 620 m/s 的岩石场地条件计算的 5 个 NGA 地震动峰值加速度（PGA）模型和这里研发的模型。画出的数据是断层距 20 km 范围内记录的并被调整到 10 km 的 1 681 个 PGA 值。图 1 显示了像由 Haz43b 程序生成的 NGA-West 2 2014 GMPEs，其中震源深度保持为 8 km，R_{rup} 总等于 10 km。宽度假设定标为与震级自相似，破裂面顶部埋深和其他距离量度由这些参数几何算出。在这种情况下，我们没有使用像断层上盘项、方向性或主震与余震差异的任何辅助参数。每个研发团队的 GMPE 中的基本震级依赖的选择和它们的有效范围由建模者裁定，但主要的指标是看这些选择的效果怎样。我们的模型也显示在图 1 中，外表上和 NGA-West 2 GMPEs 非常类似，很好地拟合了数据，但和 GMPEs 的构建基础确有很大的不同。

本研究的目的是使用导出的简单点源地震模型及包含对大震数据的有限断层假设在内的很少假设理解地震动数据和关系中的基本趋势。因此，我们假设常数应力降，显示出了这些简单的模型能够很好地表达数据，而无需使用复杂的动力学和运动学破裂模型或参数。这些经过时间检验的模型能够捕获主要的震级依赖地震动趋势就证明了它们的适用性。

文中给出的模型基础是先前对地震动峰值加速度（PGA）和地震动峰值速度（PGV）研发的简单震源关系（PGV；Hanks 和 McGuire，1981；Boore，1983，1986；Anderson 和 Hough，1984）。本研究中，我们选择专注于峰值地震动。工程师们主要专注于谱加速度（SAs），谱加速度是一组单自由度简谐振子的峰值响应，主要是 5% 阻尼比，它是结构对地震动响应的一阶近似。虽然地震学家对傅里叶振幅谱很感兴趣，傅里叶振幅谱不直接适应于建筑设计。然而，PGA 和 PGV 是真正记录的被地震学家和地震工程师都理解和使用的地震动。

我们的模型由四个不同的模型拼贴，其中三个跨越 NGA-West 2 数据的主要范围，3 < M < 8；第四个适用于小震级数据，由于它不直接涉及 NGA 的模型、方法和数据，所以是单独的一个研究课题（Baltay 和 Hanks，2013）。和很多震源参数的地震学研究一致（例如，Aki，1967；Hanks，1977；McGarr，1986；Ide 和 Beroza，2001；Baltay 等，2011），常数应力降（独立于地震矩的应力降）是我们的 PGA 和 PGV 模型基于的核心假设，常数应力降的值由数据本身确定。

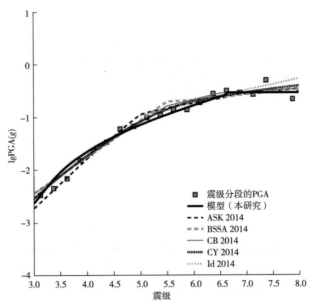

图 1　下一代衰减 – West 2(NGA-West 2)地震动峰值加速度(PGA)、地震动预测式(GMPEs)和本文研发的 PGA 模型(粗实线)的例子

（正方形示出了以 0.25M 增量分段的 NGA-West 2 PGA 分段数据。这五个 GMPEs 是 Abrahamson 等(2014)的、Boore 等(2014)的、Campbell 和 Bozorgnia(2014)的、Chiou 和 Youngs(2014)的与 Idriss (2014)(Id 2014)的）

在 $M > 6.5$ 的大震级端，PGA 和 PGV 数据的震级标度缺乏由有限断层效应饱和解释。当震源破裂长度远大于 10 km 的观测距离时，近台记录的地震动将仅有来自最近破裂面部分的贡献，而沿断层更远距离的能量则以更衰减的形式到达。对小于 6.5 的震级，一个简单点源模型足以模拟数据。在 $4.5 < M < 6.5$ 的范围，我们扼要重述了一阶谱近似与 Hanks 和 McGuire(1981)研发又被 Boore(1983)扩展的随机振动方法。在 $3.3 < M < 4.5$ 的范围，拐角频率 f_c 接近 f_{max}(Hanks，1982)，强近场衰减影响之前的最高可观测频率主导了记录，因此需要谨慎关注谱形和近地表衰减的影响。在这个范围内，借助衰减参数 κ_0(Anderson 和 Hough，1984)，我们使用了一个由高频、近地表衰减 $\exp(-\pi f \kappa_0)$ 修饰的 Brune ω^{-2} 震源模型。对于更小震级地震($M < 3$)，其 $f_c \gg f_{max}$，κ_0 滤波器已经完全遮掩了真正的 f_c，PGA 和 PGV 的震级依赖变成随地震矩呈线性变化的了(Hanks 和 Boore，1984；Boore，1986)。对这些事件，PGA 和 PGV 失掉了对应力降的依赖，但没有失掉对近场衰减 κ_0 的依赖。

尽管在我们的实际模型中对第二区和第三区($3.3 < M < 6.6$)我们使用了 Anderso 和 Hough(1984)的连续 κ_0 表达，我们还是发现，像上面描述的那样，分别考虑震级区域对解释目的是有用的。连续 κ_0 表达的使用类似于在统计方法 SIMulation(SMSIM)软件中采用的(Boore，2005)，它是根据和我们这里采用的同样基本假设构建的。SMSIM 软件计算了由一组值描述的地震动，通常不理解有关参数的应用和权衡，本身也没有显现出不同震级区域的相互作用。通过分离关系的融合理解这些震级域的相互作用，能够了解 NGA 数据

和 GMPEs 背后的基本的物理基础,使用整套参数简单地运行 SMSIM 模型是了解不到这些的。

虽然本研究采用的独立震源模型不是新的,但我们相信我们给出模型的简单、还算连贯的方式对理解峰值地震动中震级依赖趋势比该模型被构建的单个模型更有价值。而且,通过分析每个模型中起作用的参数和它的局限性,我们获得了关于主导每个震级范围的物理关系的洞察。简单的源表达很容易地匹配了 NGA-West 2 PGA 与 PGV 数据和 GMPEs 不仅表明了使用常数应力降能够拟合数据和 GMPEs,也提供了基于经验的 GMPEs 中趋势的物理基础。

1 NGA-West 2 数据库

这里考虑的数据取自 NGA-West 2 单调数据库,该数据库由 600 个全球地震的21 539 条记录构成:有 335 个 4.2~7.9 级全球活动构造区浅源地壳地震的 8 611 条记录,还有 265 个加利福尼亚州中小地震($3 < M < 5.5$)的 12 928 条记录(Ancheta 等,2014)。这些地震主要是发生在美国西部的,但也有中国、新西兰、欧洲、土耳其、中美和中东地区的。该数据库的目的是对 NGA GMPE 研究者提供工作使用的保证质量的通用数据集,以减少模型的可变性。加速度时间序列是经过仪器校正和滤波的,水平分量经过旋转和平均形成中值地震动,被标识为 RotD50(Boore,2010)。每条记录也和关于像断层距、场地 v_{S30} 或震源深度(Ancheta 等,2014)的源特征和场点位置的元数据有联系。对本项研究,我们考虑了以重力加速度为单位的 PGA(g,9.8 m/s^2)和以 cm/s 为单位的 PGV,在这里我们不使用 SA 的工程标度,因为它不是地震动的直接测度。

对于我们这里研发的简单源模型,我们把数据限制到地震附近的记录,这样,我们可以忽略滞弹衰减(Q)的影响。我们使用 R_{rup} 的距离测度,它是台站到破裂面的最短距离;对小震级,它和震源距是相同的,对较大震级,它捕捉了大有限断层的影响。我们仅考虑 $R_{rup} \leq 20$ km 的记录,总共有 365 个地震事件 1 681 条记录。为了简化我们的模型创建,我们假设 $1/R$ 的简单缺省几何扩散,并把所有记录调整到 $R_{rup} = 10$ km 处。和 GMPEs 的深度饱和概念保持一致,我们使用了一个深度调整因子 $c = 4.5$ km,这样零距离处的地震动就不无穷大了(Abrahamson 和 Silva,2008),所以我们假设几何扩散是 $1/(R_{rup} + 4.5)$,校正因子是 $(10$ km $+4.5$ km$)/(R_{rup} + 4.5$ km$)$。对调整因子 c,最简单的解释是大震辐射的多数地震能量没有发生在地表,而是发生在 c 深度处,即使存在地表破裂也是如此。虽然这不一定适应于所有地震破裂,但在平均意义和经验上,它是一个效果不错的简单校正。我们把所有的 PGA 数据点和 PGV 数据点调整到 $R_{rup} = 10$ km 距离处,然后在我们的模型中让 $R_{rup} = 10$ km。

我们使用上 30 m 内平均剪切波速 v_{S30}(例如,Dobry 等,2000)对每个台站场地条件的每条记录进行调整。地震动对场地条件的依赖通常是复杂的,也可能是非线性的(例如,Kamai 等,2014),所以我们使用 Boore 等(2014)的关系式把每条记录调整到 $v_{S30} = 620$ m/s 的参考岩石场地,这种调整是基于 Seyhan 和 Stewart(2014)模型的,它包括了线性和非线性的场地影响。选取这个参考波速是为了在我们的模型中容易地实现 Boore 和 Joyner(1997)的 1/4 波长地表放大(参见 the Model Development section)。考虑的 1 681 条记录中,v_{S30}值为200~700 m/s的占93%;为400~700 m/s的占42%(697条记录);为200~400 m/s的占51%(858条记录);$v_{S30} > 700$ m/s的硬岩石场地仅占5%(89条记录);v_{S30}值为100~200 m/s的软土层场地仅占2%(37条记录)。总体上,从记录的场地条件到620 m/s参考值的平均调整比对PGA是0.87,对PGV是0.76,对PGA的最小调整值和最大调整值分别是0.46和1.57,对PGV的最小调整值和最大调整值分别是0.36和2.00。对大多数记录,v_{S30}场地校正和这里考虑的其他因子相比不大。

最后,我们把NGA-West 2 PGA和PGV数据表达为平均地震动,它被定义为每个地震20 km范围内所有被调整地震动的中值地震动。图2中误差棒是特定事件所有台站均值的标准误差,其长度等于20 km内使用的所有记录的每条记录的残差的标准偏差与$\sqrt{n}$的比值,n是每个事件20 km内的记录数。我们也示出了分成$0.25M$范围的事件平均数据;考虑到大量的事件,这分段的均值混合了许多种类型的事件,所以这是很好的整体平均表达,它否定了对形式混合效应回归的需要。图2示出了我们用于研发模型的NGA-West 2 PGA与PGV数据集和误差棒及上面描述的限制和调整,黑实线示出了我们最终最佳模型。

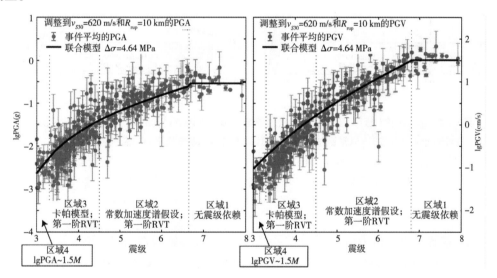

图2 本图给出了NGA-West 2 地震动数据对震级的分布、我们的模型及覆盖震级区域(左PGA,右PGV)。**数据被限制在近场**($R_{rup} < 20$ km)**并被调整到10 km处,使用**$1/R$**几何假设和**$v_{S30} = 620$ m/s **场地条件**(实心圆示出了由单个事件$R_{jb} < 20$ km内所有距离场地调整记录平均得到的事件平均数据。误差棒示出了标准误差。粗实线给出了完整的模型)

2 简单点源模型的回顾

为了理解NGA-West 2数据集中地震动的震级依赖,我们从地震点源模型开始导出PGA和PGV。我们仔细研究Hanks和McGuire(1981)、Boore(1983,1986)及Anderson和Hough(1984)的震源模型及大有限断层震源近场几何饱和的概念。我们发现每个模型适用于确定的震级范围,所以我们先调查了各个模型,而后创建了以震源为基础的综合地震关系。

我们从 Brune（1970）ω^{-2} 谱（图 3 中的点线）和修改造成高频地震动在某些最大频率 $f_{\max}$（Hanks, 1982）附近截断的强近场衰减因子表达式开始。Hanks（1979）与 Hanks 和 McGuire（1981）的"常数谱加速度假设"假定傅里叶加速度谱在拐角频率（f_c）和最大频率 $f_{\max}$（图 3 中以虚线示出）之间可以看成常数：

$$\tilde{a}(f) = \sqrt{2} R_{\theta\varphi} \mathrm{Amp} \Omega_0 (2\pi f_c)^2 \quad f_c \leqslant f \leqslant f_{\max} \tag{2}$$

式（2）包括自由表面放大因子 2、同等大小两个水平分量的矢量分区的 $1/\sqrt{2}$ 和剪切波的平均辐射模式 $R_{\theta\varphi} = 0.6$；Amp 表示地表放大系数，取自 Boore 和 Joyner（1997）的文章。

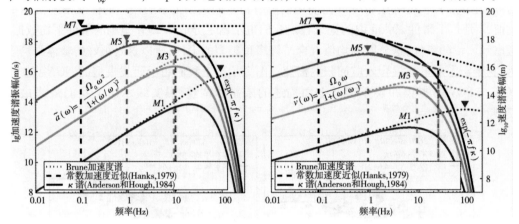

图 3　本图示出了 1 级、3 级、5 级和 7 级地震应力降 5 MPa 的 Brune ω^{-2} 傅里叶谱（点线）和 Hanks（1979）的近似常数加速度谱（虚线）与由 κ_0 修饰的 Brune 谱（实线）的关系
（左图是 PGA，右图是 PGV。倒三角示出了每个事件的拐角频率；对于较小的事件，特别是 M1 的，由于衰减，实际拐角频率远大于实测频率。因此，常数加速度谱近似高估了中小事件的谱。本图的灵感来自于 Anderson（1986）的图 3）

这个假设对高震级效果不错（当 $f_c \leqslant f_{\max}$），但对低震级示意图展示出了缺点（当 $f_c > f_{\max}$ 时）。考虑的第二个模型对高频使用了更加渐近的形式 $\exp(-\pi f \kappa_0)$ 指数衰减，这里 κ_0 是以 s 为单位的近场衰减参数（Anderson 和 Hough, 1984；如图 3 中实线所示）。

$$\tilde{a}(f) = \sqrt{2} R_{\theta\varphi} \mathrm{Amp} \frac{\Omega_0 (2\pi f)^2}{1 + \left(\dfrac{f}{f_c}\right)^2} \exp(-\pi f \kappa_0) \tag{3}$$

$$\tilde{v}(f) = \sqrt{2} R_{\theta\varphi} \mathrm{Amp} \frac{\Omega_0 (2\pi f)^2}{1 + \left(\dfrac{f}{f_c}\right)^2} \exp(-\pi f \kappa_0) \tag{4}$$

式中，κ_0 在大小上和 $f_{\max}$ 的关系为 $\kappa_0 \cong 1/(\pi f_{\max})$，所以当信号衰减到原始值的 $1/e$ 时 $f_{\max}$ 发生；或者它们可以相关为 $\kappa_0 = 1/(2\pi f_{\max})$ 以使平方的傅里叶谱积分在 $f_{\max}$ 和 κ_0 两模型中是相同的。虽然这函数形式类似于 Q（滞弹衰减），0.04 s 的典型 κ_0 值意味着非常强的近地表衰减，所以当我们取震源距离为 10 km 时，我们假定整个路径滞弹衰减（Q）的影响

是可以忽略不计的,这样我们可以重点考虑 κ_0 的影响。

我们也可以通过下式把 f_c、$\Delta\sigma$、M_0、Ω_0 长周期水平关联起来(Hanks 和 Thatcher, 1972):

$$\Delta\sigma = 106\rho R\Omega_0 f_c^3 = 8.47M_0 \frac{f_c^3}{\beta^3} \tag{5}$$

为了关联简单震源谱和预测的地震动峰值(PGA 和 PGV),有必要采用随机震动理论(RVT),它把均方根幅值和峰值幅值关联了起来(Vanmarcke 和 Lai,1980):

$$\frac{a_{max}}{a_{rms}} = \frac{PGA}{a_{rms}} = \sqrt{2\ln N} = \sqrt{2\ln\left(\frac{2}{\sqrt{3}}\frac{f_{max}}{f_c}\right)} \tag{6}$$

和

$$\frac{v_{max}}{v_{rms}} = \frac{PGV}{v_{rms}} = \sqrt{2\ln N} = \sqrt{\ln\left(\frac{16}{\pi}\frac{f_{max}}{f_c}\right)} \tag{7}$$

这些关系假设在一个时间间隔内地震动时间历程是稳定的、随机的并服从高斯分布。N 是发生在那个时间间隔的极值数,它和卓越周期有关,所以和 f_c 有关。完整的 RVT 可以被表达为一个扩展项,但在这里我们只考虑一阶项,这一阶项只对大 N 有效,也就是当 $f_{max} \gg f_c$(Cartwright 和 Longuet-Higgins,1956)时有效,这也正是我们在图 3 中能够看到的对中高震级的情况。

根据式(2)、式(3)或式(4)可以轻易地计算出两个 Brune 型谱模型的 rms 值,再结合式(5)、式(6)和式(7)把震源参数 M_0 与 $\Delta\sigma$ 和 PGA 或 PGV 值关联起来,不再依赖 f_c。使用计算简单的 Hanks 和 McGuire(1981) 的 PGA 表达式(结合式(2)、式(5)和式(6))可以获得大中地震应力降的快捷稳健测度,假设应力降为常数,并可获得 PGA 和 lgPGA $\propto$ 0.3M 中 M 的通用关系式。类似地,基于同样的思路,可以获得 Boore(1983)的 PGV 和 lgPGV$\propto$0.55M 中 M 的关系。

使用 $M4\sim7$ 范围的数据借助 RVT 研发了这些关于地震动峰值的修整 Brune ω^{-2} 震源模型。对很小的地震,源拐角频率大于 f_{max},在这种情况下,一阶 RVT 近似背后的假设不成立(例如,$f_{max} \gg f_c$)。那时,地震记录就是一个简单的和 M_0 成比例的脉冲响应。图 3 中示出了对 M_1 地震的这种情况,此处 f_c 的信息完全被衰减了。那么,PGA 和 PGV(以及地震动的所有周期)都和地震矩成正比,或者以下式表示(Hanks 和 Boore,1984;Boore, 1986):

$$\lg PGA \propto 1.5M \text{ 和 } \lg PGV \propto 1.5M \tag{8}$$

使用 $M = \frac{2}{3}\lg M_0 - 6.03$($M_0$ 以 N·m 为单位; Hanks 和 Kanamori,1979)。对这些 f_c 处于看不见的带宽(大于 f_{max})的小震级数据,只有 M 和 κ_0 控制地震动幅值;不管 $\Delta\sigma$ 或 f_c 的大小,峰值都是一样的。换言之,如果只给出 $f_c > f_{max}$ 的小震级数据,不完全了解 κ_0,要确定震源参数 $\Delta\sigma$ 或 f_c 是非常困难的。

因为这个原因,像 Boore 等(1992)注意到的那样,$\Delta\sigma$ 和 κ_0 权衡强劲。对较大震级数据,$\Delta\sigma$ 主控了地震动水平,κ_0 的变化影响很小。对最小的事件,对 κ_0 的任何值,也不管 $\Delta\sigma$ 值大小,地震动峰值都是相同的,不论输入参数如何,按照式(8),PGA 和 PGV 二者的斜率都收敛于 1.5M。我们借助 SMSIM 软件的运行图解说明了这种权衡(Boore,2005;见图 4)。

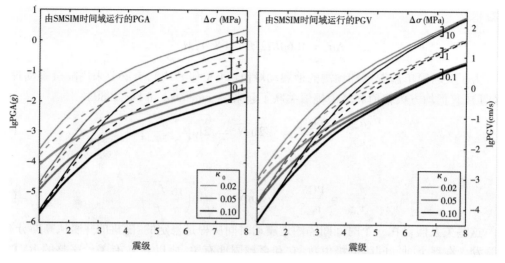

图 4　统计方法 SIMulation 时间域运行说明了
应力降和卡帕对(左)PGA 和(右)PGV 的关系

(对于较大震级,像不同线型(细线、虚线和粗线)示出的应力降($\Delta\sigma$)主控了地震动。对于最小震级,不同的应力降水平在小震级端收敛,κ_0 主控了地震动水平。对最小的震级,不管 $\Delta\sigma$ 或 κ_0 值的大小,所有震级的地震动依赖的以 10 为底的对数约为 1.5M)

在下面讨论中,我们说明每个先前的震源模型如何适用于确定的震级范围和怎样根据这些各个模型对 NGA-West 2 3~8 级地震数据合成光滑模型。我们构建了这个简单震源模型以供理解 NGA 数据、GMPEs 和震级依赖,不是为了创建新 GMPE。对最大地震数据($M > 6.7$),我们模拟了由于有限断层影响的地震动饱和水平。我们发现 Hanks(1979)与 Hanks 和 McGuire(1981)的常数傅里叶谱假设适用于 4.5~6.7 的震级,而 Anderson 与 Hough(1984)采用 κ_0 的模型对 3.3 < M < 4.5 是需要的。对 f_c > f_{max} 的最小地震,我们使用了式(8),并外推了 3 级处的斜率到 2 级处的 1.5M 的斜率。正在进行的工作更详细地探讨了这一过渡区域(Baltay 和 Hanks,2013)。

3　模型研发

我们首先使用 Hanks(1979)带有固定 $f_{max} = 10$ Hz 的常数加速度谱假设(式(2))和 Anderson 与 Hough(1984)采用参数 κ_0 的模型(式(3)和式(4))模拟了 NGA-West 2 数据集。本着使事情变简单的研究精神,一致于地震动和震源参数的其他很多研究,把我们的模型基础构建在常数应力降 $\Delta\sigma$ 参数的基础上,我们发现这种简单假设能够很好地拟合数据(见对 NGA-West 2 数据与 GMPEs 的残差分析和比较部分)。在这两种情况下,我们采用 RVT 的一阶近似把加速度与速度的 rms 幅值和 PGA 与 PGV 关联起来了(式(6)和式(7))。

我们保持距离 R 固定在 10 km 处,与模型意义相同,考虑的所有数据已经被调整到那个距离。辐射模式系数的 rms 值 $R_{\theta\varphi}$ 为 0.6,β = 3 500 m/s(一致于 Campbell,2003)。使用的地表放大系数(Amp)取自于 Boore 和 Joyner(1997)的平方根阻抗模型的频率依赖的 1/4 波长。

通过最小化 L2 范数的联合反演,我们对事件平均的 PGA 与 PGV 数据得到了 $\Delta\sigma$ = 4.64 MPa 和 κ_0 = 0.04 s 的最佳拟合。为确定随机振动比的卓越周期,我们假设 f_{max} = $1/\pi\kappa$(式(6)和式(7))。在常数加速度谱假设情况下,我们让 f_{max} = 10 Hz,10 Hz 是绝大多数加利福尼亚州 NGA 数据被记录的典型频率值(Hanks,1982;Anderson 和 Hough,1984)。因为较大 $\Delta\sigma$ 的影响应该增大产生的地震动,但较大 κ_0(衰减更强)的影响应该减小产生的地震动,所以在 κ_0 和 $\Delta\sigma$ 之间存在着强烈的平衡(见图 4 和图 5)。这种平衡对小震级数据变得更重要,这种平衡的详细研究我们将在后续的文章中讨论。

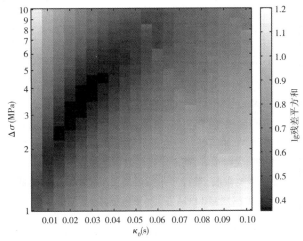

图 5　联合反演中对 PGA 和 PGV 统一拟合的
应力降(y 轴)和卡帕(x 轴)之间的平衡

(深色斑点表示较低的平方残差和整体上数据较好的拟合。通过中间的暗色条纹
表示 $\Delta\sigma$ 和 κ_0 的正相关)

f_{max} = 10 Hz 的常数加速度模型和 κ_0 = 0.04 的较光滑的 κ_0 模型对 PGA 和 PGV 给出了中等震级范围数据的类似拟合(见图 6),然而,二者都高估了大震级的数据。虽然卡帕模型匹配较小的震级数据要好得多,但由于使用的 RVT 一阶近似,它对最小事件(M < 4)的 PGA 仍有缺点。Hanks(1979)的常数加速度假设对 PGA 从 M 为约 4.5 到约 6.65 的范围是成立的;由于其能量峰值在拐角频率处,κ_0 的影响对 PGV 的影响不严重,这假设对 PGV 从 M 为约 3.5 到约 6.8 的更小震级数据是有效的。

3.1　有限断层效应引起的高震级饱和

基于点源模型表达的常数加速度假设模型和 κ_0 模型都高估了高震级的数据(见图 6);这是预期的大震事件,近距离观测时不应该作为点源考虑。我们把观测震源长度远大于 10 km 观测距离的有限断层的几何约束作为震级饱和而不是点源模拟。当一个地震沿大断层破裂时,断层每一部分辐射这里被测为峰值地震动的能量。然而,因为 PGA 频率是非常高的,衰减很快,来自距台站远的断层区域对来自近破裂处的峰值加速度贡献

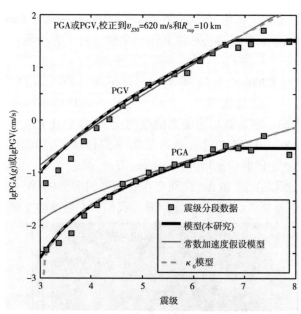

图6 对震级绘出了 NGA-West 2 PGA 与 PGV 震级分段地震动数据及我们的模型(粗实线)和各个模型,包括 Hanks(1979)的模型(粗实线,常数傅里叶加速度谱(FAS)假设)与 Anderson 和 Hough(1984)的模型(虚线,卡帕模型),二者都带有一阶 RVT 项。常数加速度谱模型对中等震级($M4.5 \sim 6.7$)的数据描述得很好,而卡帕模型较好地描述了除最小 PGA 值外的较小震级数据。由于像图3画出的带宽限制,常数 FAS 假设高估了较小数据的地震动。注意 PGV 模型(上数据集)和 PGA 模型(下数据集)不同的单位

很小或者没有贡献。因为滞弹衰减,PGA 或 PGV 被观测到的频率随着距离的增加而减少,但在我们模拟的近距离处,这种影响不会很强。实质上,像图7图解的那样,近距离单台观测的很大地震似乎仅具有视窗大小的区域。虽然大震的破坏影响区域会更大,但任何单台近场峰值地震动并不比 M 约为 6.7 的中等地震的大,从 NGA-West 2 数据中可以看到这种现象(见图2)。相对 PGA,PGV 含有更多的宽带能量,所以它的衰减没有那么快。因此,由于 PGV 将受到来自位于沿断层线更远破裂部分的影响,PGV 饱和的震级预期更大。对比图 2(a)和图 2(b),我们在数据中也可以看到饱和震级的这种差异。Boore(2013)也发现了大断层附近高频地震动的饱和,这可能是由于几何效应。

为了确定饱和震级,我们使用简单双线性模型模拟了 NGA PGA 和 PGV 数据,允许饱和的铰链点变化,但对大于铰链点的震级,把模型限制为常数。在 R^2(确定的系数)为最大值和均方根误差为极小值处找到了 PGA 的最佳拟合震级为 $M6.63$(四舍五入到6.65),PGV 的最佳拟合震级为 $M6.79$(四舍五入到 6.8)。

超过这些饱和震级,使我们的模型保持不变,使其等于大震级数据的中值,PGA 的为 $29.2\%g$,PGV 的为 32.0 cm/s。要注意,这些值只对使用地壳放大因子的 $v_{S30} = 620$ m/s 场地上 10 km 破裂距离处中值地震动是有效的。然而,通常这些是大震近场地震动典型的观测中值(例如,Abrahamson 等,2014)。该区域 1 中的饱和值仅由数据确定,不受产生 PGA 模型中小步长的完美匹配区域 2 模型的限制。区域 2 中的模型找到了 PGA 和 PGV

联合数据的最佳拟合 κ_0 和 $\Delta\sigma$；单独的 PGA 数据需要略大点的应力降，这会使在区域 1 和区域 2 之间的转折点震级处看到的模型中步长极小化(有关进一步的讨论见带有四个震级区域的最终模型部分)。

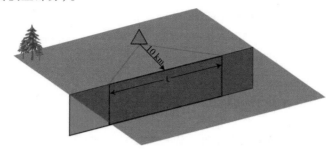

图 7　饱和距离几何示意图。由于衰减，最近 L 距离断层外对 PGA 和
PGV 的贡献是可以忽略的；由于 PGV 比 PGA 具有更多的宽带频率及
较弱的衰减，它的饱和临界断层长度及相应震级大一些

3.2　小震级数据依赖

对中等震级数据，PGA 的常数加速度假设相对 κ_0 模型在 $M < 4.5$ 处偏离数据。这可根据图 3 理解，它说明了常数加速度模型(虚线)中的能量比 κ_0 衰减的傅里叶谱模型(实线)中的高得多，对较小的震级更是如此。这导致常数加速度谱模型高估了地震动。由于较低频率能量的较大贡献，对 PGV，影响没那么严重。简而言之 f_{max} 和常数加速度谱假设是预测中到大震事件地震动的良好快速代用物，但更切合实际的使用 κ_0 的指数衰减对小震级事件是必要的。

但是，使用 κ_0 和一阶 RVT 的 PGA 关系式对 NGA-West 2 数据集最小震级不成立。当考虑 κ_0 的影响时，高频加速度平台在小震事件可用的有限频带的外边，这样真正的震源参数被低估了。当 RVT 比(式(6)和式(7))中 ln 的幅角小于 1 时，比值变成虚数了。当 $f_c > 1.15 f_{max}$ 时，对 PGA 发生这种情况；对 PGV，直到 $f_c > 5 f_{max}$，这种关系都是有定义的。对于大约相当于 $M2.8$ 地震事件拐角频率 11.5 Hz 的 10 Hz 的 f_{max}，这样的一阶 RVT 关系在 NGA 数据库的震级范围内仍然有定义，但实际上这种近似在 $M3.3$ 附近就开始不成立了。因为我们知道由 κ_0 模型和一阶 RVT 描述的 PGA 关系在 $M3.3$ 和大震级饱和之间是有效的，所以为了一致我们对 PGV 使用了同样的震级转折点。为了更精确地描述这个范围，人们会需要采用像在 SMSIM 软件中实现的更高阶 RVT(Boore，1983，2003)。然而，这在解析上变得更复杂，而且对这些小震级也没有得到验证，所以我们这里没有使用它。

相反，我们转向用式(8)描述的 Hanks 和 Boore(1984)与 Boore(1986)的以 10 为底的地震动与 M_0 或 $1.5M$ 成比例的理论关系式。我们假设当 $f_0 \gg f_{max}$ 时，$1.5M$ 的斜率对小于 2 的震级发生。为给我们的模型从 $M3.3$ 到更小的震级搭桥，对每个 PGA 和 PGV，我们简单地外推了这斜率，从 $M2$ 处的 1.5 平滑地变化到 $M3.3$ 处 κ_0 模型的已存斜率。特别是对这些不同于矩震级 M 的地方震级的小震级，必须知道这些小事件的矩。如果考虑地方震级，对矩震级的预期关系式及由此而来的峰值地震动关系式将是不一样的。

3.3 带有四个震级域的最终模型

我们的 PGA 和 PGV 完整模型跨越了 NGA-West 2 数据集 $M3\sim8$ 的范围,我们把这个数据范围模拟为四个区域,每个区域由不同的震源关系描述。图 2 说明了这四个区域、我们的模型和 NGA 数据。为了便于画图、实现和比较,在附录中我们提供了模型的参数化。区域 1 是震级大于饱和点 $M6.65$(PGA)和 $M6.8$(PGV)的高震级区域。由于有限断层效应,这个区域来自于近距离观测的地震动不依赖于震级,由于大事件的小 f_c 也不依赖 κ_0 或 f_{max},所以 $f_c \ll f_{max}$。因此,二者之间没有相互作用。区域 1 中 $v_{S30} = 620$ m/s 的参考场地条件下 $R = 10$ km 处 PGA 的中值地震动是 29.2% g,PGV 的中值地震动是 32.0 cm/s(见图 2 中区域 1)。

在区域 2(从 $M4.5$ 到饱和震级)和区域 3($M3.3\sim4.5$),我们使用了一个由 Anderson 和 Hough(1984)定义与用一阶 RVT 实现的连续 Brune – κ_0 模型。但是我们已经表明了 Hanks(1979)较简单的常数加速度傅里叶谱假设在区域 2 中给出了类似的地震动结果,因此它可以用来更容易地理解 PGA 和 PGV 的震级依赖。所以,我们把区域 2 定义为可以用常数加速度谱模拟的区域,把区域 3 定义为需要用 κ_0 模型拟合数据的区域。区域 2 的解析解给出了很好描述数据的 $\lg PGA \propto 0.3M$ 和 $\lg PGV \propto 0.55M$ 关系式。

因为我们知道该模型不适用于更小的震级数据,我们使用不小于 $M4.0$ 的数据,通过最小化 L2 范数,用 4.64 MPa 的单应力降和 $\kappa_0 = 0.04$ s 同时拟合区域 2 和区域 3 的 PGA 和 PGV 数据。使用近似式 $\kappa_0 = 1/(\pi f_{max})$,$\kappa_0 = 0.04$ s,约相当于 8 Hz 的 f_{max},这接近于我们起初 10 Hz 的假设。对 κ_0 最敏感的大多数小震级($M < 4.5$)数据都是南加利福尼亚州的,我们知道在南加利福尼亚州 $f_{max} = 10$ Hz 一般是合理的。

虽然当分别考虑 PGA 和 PGV 时,使用一个应力降 $\Delta\sigma$ 能够很好地拟合 PGA 和 PGV 数据,但和 PGV 相比,PGA 一直使用较高的应力降 $\Delta\sigma$ 拟合。因此,使用一个 $\Delta\sigma = 4.64$ MPa 的最终模型在中间范围具有略微高估 PGV 和低估 PGA 的趋势。不管对拟合的约束如何,约 20% 的应力降差异是一致的,通过 PGA 模型中连接这个模型和区域 1PGA 常数值的小步长可以看到这一点。如果单独拟合 PGA,那么带有略高应力降的模型会无缝地并入高震级常数值。由于 PGA 对 $\Delta\sigma$ 和 κ_0 的变化(见图 4)更敏感。这种推断的 PGA 和 PGV 之间的应力降差异可能是由数据的简单随机变化引起的。或者,由两个关系式之间假设的矛盾造成的,如由于辐射模式可能对较低频率更强,对 PGV 比 PGA 影响更重,对 PGA 和 PGV 都使用一个辐射模式系数可能存在适用性问题。

在区域 1 和区域 2 之间的震级转折点 $M6.65$(PGA)和 $M6.8$(PGV),在没有增加任何附加约束的情况下,区域 2 中模型的值几乎和震级大于转折点的中值地震动一样。这个转折点处 PGA 模型的轻度跳跃归因于 PGA 数据比联合数据(PGA 和 PGV)需要略高的应力降,这略高的应力降会使区域 2 模型完美匹配区域 1 中 PGA 常数值。没有增加约束这些值都非常相似,使我们趋于更加信任模型,该连续性也对使用一个应力降描述大震级饱和数据提供了进一步的支持。

区域 4 描述了低于 $M3.3$ 的最小震级数据,这里 $f_c \gg f_{max}$,如图 2 中标识为 R4 的小区域所示。已知在 M 约为 2.0 处地震动以 10 为底的对数的斜率是 $1.5M$,我们使用式(8)描述的理论关系外推了这个模型。在当前的 NGA-West 2 数据集中,这个区域采样不是很好,但 $M3.0$ 和 $M3.3$ 之间的数据确实符合我们的基础理论模型。在这个区域,只用 κ_0 控制地震动的中值水平不能估计 $\Delta\sigma$,所以像区域 1 中的大震级数据一样,该小震级 PGA 和 PGV 数据不依赖于 $\Delta\sigma$。因此,由于我们既没有数据也没有理由去考虑别的,我们只能考虑该模型为常数应力降模型。

虽然当比较估计应力降的各种测度和方法时应该谨慎,在 $M3 \sim 8$ 的范围内,我们模型中 $\Delta\sigma = 4.64$ MPa 的常数应力降具有和其他地壳地震研究中发现的值类似(例如,Abercrombie,2013)。使用拟合地震动模型的类似方法,Boore 和 Joyner(1997)发现对 $M6.5$ 单个地震事件的 $\Delta\sigma = 7$ MPa 和 $\kappa_0 = 0.035$ 最佳拟合。通过测量 20 km 内台站的 rms 振幅记录,Baltay 等(2013)对日本 $M3.3 \sim 6.9$ 地震事件给出 4.64 MPa 的 $\Delta\sigma$ 中值估计值,它应该是和我们这里考虑的类似的 $\Delta\sigma$ 参数。

采用 κ_0 和有限断层调整,我们可以用一个常数应力降模型拟合整个数据集,使我们能够理解对任何给定频率用一个常数应力降能够模拟中值地震动的震级依赖,但它依赖于近场高频衰减、f_{max} 和 κ_0。区域 1(见图 7)中有限断层模型解释了地震动不再随震级增加的原因,尽管是一个常数(不减小)应力降。同样,不用采用震级依赖的应力降,一个适当的 κ_0 值能够很好地模拟中小数据。最后,理解 f_c 和 f_{max} 如何相互作用表明了根据已被强烈衰减了的小震级数据估计应力降和 f_c 的困难,也警示我们不要单独使用这些数据预测应力降,不要生成更大事件的强地震动。

4 残差分析和对 NGA-West 2 数据与 GMPEs 的比较

通过残差分析可以看到(见图 8),总体上,我们基于源的模型很好地拟合了 NGA-West 2 数据。而且,也显示出了和 2014 GMPEs 类似的趋势,通过和 $R_{rup} = 10$ km 与 $v_{S30} = 620$ m/s 的 GMPEs 比较可以看到这些(见图 9)。

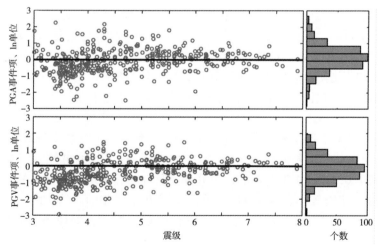

图 8 我们模型的事件项(事件平均的残差)对震级的依赖。总体上,较小震级的事件项更大且更分散,ln-事件项符合正态分布

图 8 显示了我们的调整事件平均数据和我们的模型之间的 ln-残差及 GMPEs 事件项的相关内容。ln-残差分布是正态的,这表明对 $M > 4$ 的数据拟合很好;模型略微高估了较

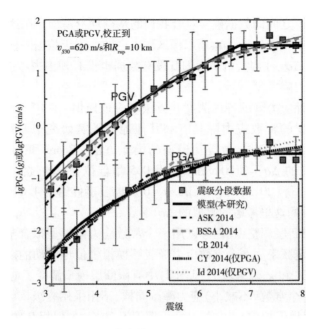

图 9　PGA 和 PGV 最终模型与 NGA 2014 GMPEs 的对比

（对 PGA,示出的 5 个 GMPEs 是 Abrahamson 等（2014）的（ASK 2014）、Boore 等（2014）的（BSSA 2014）、Campbell 和 Bozorgnia（2014）的（CB 2014）、Chiou 和 Youngs（2014）的（CY 2014）和 Idriss（2014）的（Id 2014）。其中的三个团队研发了 PGV 模型:ASK 2014、BSSA 2014 和 CB 2014。在每种情况中,GMPEs 都是对 v_{S30} = 620 m/s 和 R_{rup} = 10 km 的。方块表示 0.25M 范围上的震级分段数据,误差棒是 ±1 个标准偏差。总体上,我们基于源的综合模型很好地匹配了 NGA GMPEs,所有的都落入了误差棒内。注意对 PGV(上边的数据集;cm/s)和 PGA(下边的数据集;g)模型的不同单位)

小震级的数据。这归因于我们采用简化单项 RVT 的问题;我们知道当 $f_c \gg f_{max}$ 时,RVT 模型不是一个好的近似。虽然一个变量应力降或许能够解释一些高估,但我们重申如图 4 所示,应力降不是小震级地震动的主控因素,因此数据和模型之间分歧的根源更可能来自于小震级数据的带宽限制。Baltay 和 Hanks(2013)的文章和后续文章已经并还将更详细地讨论向更小震级的过渡。小震级数据发散得多,这自然地展示了更多的变化性。对所有震级范围,PGA 和 PGV 的 ln-残差的标准偏差分别是 0.77 和 0.75。仅考虑 4.5 ≤ M < 5.5 的事件,对 PGA 和 PGV 的标准偏差分别是 0.72 和 0.74;考虑 5.5 ≤ M < 6.5 的事件,对 PGA 和 PGV 的标准偏差分别是 0.57 和 0.68;考虑 M ≥ 6.5 的事件,对 PGA 和 PGV 的标准偏差分别是 0.44 和 0.39(见表 1)。残差变化性随震级增加而减小的原因是更大的自然分散性和 RVT 对较小震级数据的失效,进而产生了模型的高估。即使理论震源模型很简单,我们对所有震级的数据还是获得了很好的拟合,特别是对模型简单外推的最小震级数据。

根据四项 NGA-West 2 研究(Abrahamson 等,2014;Boore 等,2014;Campbell 和 Bozorgnia,2014;Chiou 和 Youngs,2014),我们比较了残差分布和事件项 τ(Al Atik 等,2010)的变化性。在所有震级上,GMPEs 中 τ 的变化范围对 PGA 是 0.25 ~ 0.47,对 PGV 是 0.30 ~ 0.40。对上面讨论的同样震级范围,4.5 ≤ M < 5.5,对 PGA, τ 的变化范围为 0.34 ~ 0.57,

表1 每个事件的峰值地震动加速度 ln-残差对模型的标准偏差（事件项），被称为 τ

项目	$3.0 \leqslant M < 8.0$		$4.5 \leqslant M < 5.5$		$5.5 \leqslant M < 6.5$		$6.5 \leqslant M < 8$	
	N^*	标准偏差	N^*	标准偏差	N^*	标准偏差	N^*	标准偏差
本研究	395	0.768	88	0.723	68	0.565	33	0.443
Abrahamson 等（2014）	326	0.398	53	0.458	50	0.352	28	0.333
Boore 等（2014）	276	0.504	34	0.569	26	0.303	25	0.326
Campbell 和 Bozorgnia（2014）	282	0.345	33	0.409	30	0.275	38	0.222
Chiou 和 Youngs（2014）	300	0.329	41	0.344	9	0.212	26	0.339
本研究,数据子集 T	273	0.705	38	0.515	43	0.416	28	0.452

注：* N 表示每项研究考虑的事件数目。

本研究中考虑的所有数据子集，由我们的分析和 Abrahamson 等（2014）分析的共用事件组成。

对 $5.5 \leqslant M < 6.5$，τ 的变化范围为 0.21～0.35，对 $M \geqslant 6.5$，τ 的变化范围为 0.22～0.34（见表1）。虽然对整个震级范围我们的等效标准偏差大得多，但对较大震级数据我们的模型比较好，不过仍然呈现出了更多的变化性。这可能是因为我们没有考虑深度的影响，包含了主震和余震，而很多 GMPE 模型在数据集中删除了余震或为它们显式地创建了调整项。而且我们考虑了 20 km 范围内至少有一条记录的所有事件，总共 395 个事件，而 NGA-West 2 GMPEs 使用了较少的事件，事件数为 282～326。如果我们仅使用 Abrahamson 等（2014）使用的共用事件重新计算我们的 ln-残差的标准偏差，对整个数据集，我们的 PGA ln-残差的标准偏差降到 0.701，对 $4.5 \leqslant M < 5.5$，我们的 PGA ln-残差的标准偏差降到 0.529，对 $5.5 \leqslant M < 6.5$，我们的 PGA ln-残差的标准偏差降到 0.412，对 $M \geqslant 6.5$，我们的 PGA ln-残差的标准偏差降到 0.452，更接近 GMPEs 的标准偏差（见表1，最后一行）。像在 NGA GMPEs 中一样，包含更多的预测参数整体上会减少我们模型的变化性，但不会改变我们使用震源和场地参数 M、$\Delta\sigma$、κ_0、R_{rup}、$R_{\theta\varphi}$、v_{S30}、β、ρ 及地壳放大因子能够捕捉的基本中值地震动震级依赖。Baltay 和 Hanks（2014）讨论了事件项中变化性的进一步研究。

我们还考虑了模型相对 GMPEs 的总体趋势。为了一起画出所有模型，我们对 2014 NGA-West 2 关系做了简化假设。通常，我们在模拟中采用的方法是把数据规化到我们的条件，即为了分离和解释地震动数据的震级和震源依赖，给定 10 km 距离和 620 m/s 的参考场地条件，使用平均（或未知的）断层机制、倾角和深度。另外，使用所有可用的输入元数据，GMPEs 建立了描述所有记录的最佳描述关系。在这里的 NGA-West 2 模型表达中，没有添加断层上盘放大项、方向性及主震和余震区别。总体机制被取为未知，所以对基础模型未做调整。关于模型研发和参数更详细的细节见太平洋地震工程研究中心的 NGA-West 2 GMPEs 专题报告（见数据来源部分）。

和 2014 GMPEs（Abrahamson 等，2014；Boore 等，2014；Campbell 和 Bozorgnia，2014；Chiou 和 Youngs，2014；Idriss，2014）相比，我们的模型拟合得的确也相当好（见图9）。尽管受数据的限制，我们也以更光滑的模型捕捉了相同的震级趋势。介于我们的模型与数据和 GMPEs 之间的差异,尤其是对 PGA 在 $M3.5 \sim 4$,对 PGV 在 M 约为 3 附近,是由我们的源模型的函数形式决定的。而且,我们的模型对最大震级是所有 GMPEs 中最低的,我们已经把近场的地震动水平设为了常数。像该数据可能显示的那样,在高震级处,没有一个 GMPEs 减小;这些最大震级的数据点实际上只受到了几个地震的控制,就是 1999 年台湾 $M7.62$ 级地震、1999 年德纳里峰 $M7.9$ 级地震和 2008 年汶川 $M7.9$ 级地震。

整体上,就对理解 PGA 和 PGV 的震级依赖的考虑来说,我们的模型表现得相当不错。这种简单的方法效果良好意味着参数复杂的 NGA GMPEs 源本并不复杂。因为模型的相似,我们希望 GMPE 研发者现在可以把他们的模型作为常数应力降考虑,这样,在只有小震级数据需要预测更大事件地震动的情况下,不是对任何的外推都需要震级依赖 $\Delta\sigma$ 项。

5 结论与讨论

使用 NGA-West 2 地震动数据库,我们表明,Brune 点源模型描述了 PGA 和 PGV 的震级依赖。我们的模型由我们能够简单使用震源关系描述的四个区域构成:

(1)由于 10 km 固定观测距离的断层效应,区域 1(事件大于 $M6.65$(PGA)或 $M6.8$(PGV))的 PGA 和 PGV 分别具有 $29\% g$ 和 32.0 cm/s 的常数地震动。

(2)按照 Anderson 和 Hough(1984)的文章,用带有 $\Delta\sigma = 4.64$ MPa 常数的 $\kappa_0 = 0.04$ s 修饰的 Brune 点源傅里叶谱模拟了区域 2(介于 $M4.5$ 和 $M6.65$(PGA)或 $M6.8$(PGV)之间)。在区域 2,较简单的 Hanks 和 McGuire(1981)常数加速度谱假设给出了 κ_0 模型的近似表达并产生了地震动和震级的关系:$\lg PGA \propto 0.3M$ 和 $\lg PGV \propto 0.55M$。

(3)区域 3($M3.3 \sim 4.5$)和区域 2 相连,按照 Anderson 和 Hough(1984)的文章,由 $\kappa_0 = 0.04$ s 修饰的带有 $\sigma = 4.64$ MPa 常数的 Brune 点源傅里叶谱模拟。在区域 3,Hanks(1979)假设不成立。

(4)区域 4($M < 3.3$),NGA-West 2 数据覆盖得不好,表达了 $f_c \gg f_{max}$ 的区域,因此 $\Delta\sigma$ 不再控制地震动,$\lg PGA$ 和 PGV $1.5M$。

我们的简单模型很好地拟合了 NGA 数据,描述了在 NGA-West 2 GMPEs 中明显的震级依赖趋势。带有固定 κ_0 的常数应力降模型,结合高震级的有限断层效应,在最大震级处无需采用震级依赖的增加或减少 $\Delta\sigma$ 就足够了。单个应力降能够模拟中值地震动支持了地震自相似的概念,没有呈现出基于小震级应力降外推的大事件地震动的异常增加。而且,我们的 4.64 MPa 中值应力降和在其他构造活动地壳区域发现的震源应力降一致。然而,这些值只应该在 $R_{rup} = 10$ km 距离处和 4.5 km 的校正因子、620 m/s 的 v_{s30} 及这里使用的其他材料参数(地壳放大因子、辐射模式、密度和剪切波速)一起使用,并理解基于 rms 幅值和 RVT 地震动导出的 $\Delta\sigma$ 或许不能确切地和典型 Brune 震源应力降相比(见 Baltay 等文章的一些讨论,2013)。

$1.5M$ 理论关系很好地模拟了我们考虑的最小震级数据表明,一旦 $f_c \gg f_{max}$,再不存在来自应力降对地震动的控制。因此,考虑到由 κ_0 模型预测的强近场地震动衰减,就算是可能,根据这些小事件估计应力降也应该是非常困难的。虽然这不是新结果,但也值得强调。由于 f_{max} 显然变成了 f_c,应力降或根据这些记录测量的 f_c 将会严重地向低值偏离。因此,我们警告不要使用小震级应力降外推更大地震的地震动,这是在伴随研究中要检验的任务。

然而,我们这里的模拟方法和假设存在局限性。一旦调整到参考 v_{S30} 场地条件,我们假定了一个 κ_0 值描述所有数据。更可能的是 κ_0 和 v_{S30} 之间的相关不是那么明确,各种场地(在美国加利福尼亚州、日本、中国台湾)实际需要不同的 κ_0 值。而且 κ_0 的定义和测度不一致,仍是目前很多研究的课题(例如,Ktenidou 等,2014)。但是,不可否认高频衰减影响对描述小震级强地震动是不可缺少的,也不能忽视解释 κ_0 或 f_{max} 可以给出地震动或模拟的 f_c 或 $\Delta\sigma$ 的虚假估计。

像讨论的那样,还有平衡我们已经模拟的很多参数,即应力降和 κ_0(见图 4 和图 5),但由于频率依赖,还有地壳放大参数,我们已经假设了 Boore 和 Joyner(1997)的平方根阻抗放大模型的 1/4 波长适用于高频,所以适用于震级很低的地震。如果不使用地壳放大因子,那么模拟同样的数据集需要把 κ_0 减小 1/2,把 $\Delta\sigma$ 放大 2 倍,这样,κ_0 和 $\Delta\sigma$ 之间的平衡又复杂了。因为 v_{S30} 标度独立于震级,所以各种 v_{S30} 校正模型之间或参考值和其他参数之间的平衡相对震级依赖模型参数之间的相互作用的平衡是较小的,也简单多了。

然而,考虑到这些缺点,我们的模型是帮助理解地震动数据和预测方程中趋势的有用工具。我们给出这个简单模型的企图是增加对 NGA-West 2 数据的沟通和鉴别,证明虽然 GMPEs 在参数形式上是复杂的,但是内在的基础关系与地震点源关系一致。我们既不打算建立新的预测模型,也不打算替换任何现有的 GMPEs,而是想沟通地震学家和地震动建模者之间的理解。

当考虑地震记录稀少地区的地震动预测时,这里讨论的地震参数之间,即 $\Delta\sigma$ 和 κ_0 之间的联系或许是有用的。例如,如果地震动研发者知道各个地区的参数 $\Delta\sigma$ 和 κ_0,通过适当改变解释变化参数的关系,他们可以把像加利福尼亚州这样的采样好的地区的 GMPEs 转换到像美国东部地区的其他地区。

考虑到这个简单模型和 NGA-West 2 数据中给出的丰富信息,我们可以提出应力降如何控制和关联相干变化性及前震与余震的行为是否和相关的主震相同的问题。这将有助于理解如何用震级标度小震级地震动的问题,也有助于寻找应力降对另外的像深度或震源机制这样的震源项的依赖关系。

数据来源

在 http://peer. berkeley. edu/assets/NGA_West 2_flatfiles. zip 网址上可以获取加利福尼亚州伯克利太平洋地震工程研究中心(专题报告)提供的下一代衰减–West 2 地震动数据库(最后的访问时间是 2013 年 6 月)。在 http://peer. berkeley. edu/assets/NGA_West 2_supporting_data_for_flatfile. zip 网址上可以获得 NGA 项目的元数据(最后的访问时间是 2013 年 6 月)。在 http://peer. berkeley. edu/ngawest2/final-products/网址上可以获取记录 NGA-West 2 过程的所有专题报告(最后的访问时间是 2014 年 1 月)。

译自:Bull Seismol Soc Am. 2014,104(6):2851-2865
原题:Understanding the Magnitude Dependence of PGA and PGV in NGA-West 2 Data
杨国栋　译

北美东部的地震动预测方程

Gail M. Atkinson   David M. Boore

摘要:我们已经研发了基于随机有限断层模型包括偶然不确定性(变化性)估计值的北美东部地区(ENA)坚硬岩石和土层场地新地震动关系。这个模型吸纳了从过去10年收集的ENA地震数据获得的新信息,包括提供ENA震源和路径影响的三分量宽带数据。我们的新预测方程类似于先前Atkinson和Boore(1995)基于随机点源模型的地震动预测方程。因为略低的平均应力参数(140巴❶对180巴)和陡峭的近源衰减,主要区别是高频幅值($f \geqslant 5$ Hz)比先前预测的小(在100 km内达到了大约1.6倍)。对小于5 Hz的频率,新方程预测的地震动一般在Atkinson和Boore(1995)方程预测值的25%以内。所有频率的平均残差接近于零(1.2倍以内),且随距离没有任何显著残差趋势,这就说明了预测方程和现有ENA数据吻合较好。然而,中等事件高频端在30~100 km的距离范围存在正残差趋势(达到2倍)。这表明了预测模型中的认知不确定性。通过增加应力参数,可以消除中等事件<100 km的正残差,不过这是以产生其他震级—距离范围的负残差为代价的;我们提供了可以用于模拟这种影响的方程调整因子。

引言

自从Atkinson和Boore(1995)研发了北美东部地区(ENA)地震动预测方程已经过去10年了。Atkinson和Boore(1995)的预测方程(AB95)是基于随机点源方法的,其模型的震源和衰减参数由ENA中小地震经验数据确定。特别是,AB95模型主要依赖Atkinson(1993)的双拐角震源谱模型和Atkinson和Mereu(1992)的谱衰减模型。

1995年以来,已经取得了能够及时研发新ENA地震动预测方程的数项进展,又收集了10年的地震动数据,包括扩展ENA地震动数据库带宽(Atkinson,2004)和改善震源距100 km以内衰减趋势描述的宽带数据。

新的分析表明,ENA前70 km的衰减比以前认为得快。几何扩散率为$R^{-1.3}$,这里R为震源距(Atkinson,2004)。新衰减对预测地震动有显著影响。能够用于点源和大断层区域地震动研发的随机有限断层模拟技术已经得到了扩展和验证(Beresnev和Atkinson,1997a,1998b,2002;Motazedian和Atkinson,2005)。通过等价点源表达的适当规定,点源模型可以模拟有限断层模型显著影响(Atkinson和Silva,2000)。随着随机模拟的发展,现在使用有限断层模型改善ENA大地震地震动预测是可行的。有限断层模型应用在改善人们熟知点源近似表现不佳的大震近距离估计值可靠性方面意义重大。

本文给出了基于随机有限断层模型的新ENA坚硬岩石场地地震动预测方程。也给出了国家地震灾害减轻计划(NEHRP) B/C边界(剪切波速760 m/s)参考场地条件的关

---

❶ 1巴 $= 10^5$ Pa,下同。

系,还给出了把 B/C 边界转换成较软场地条件的非线性放大因子。根据由 ENA 地震和强震动数据的经验研究获得的当前 ENA 震源、路径和场地效应信息指定模型输入参数。模拟中包含了模型参数中偶然不确定性的影响。通过检查应力参数中认知不确定性的影响模拟了部分认知不确定性,应力参数中的认知不确定性是最大的认知不确定性源。通过对比本研究的结果和其他预测方程评价了新预测方程。比较了随机有限断层模型预测结果和 ENA 地震动数据与其他预测方程,包括以前的 Atkinson 和 Boore (1995)点源预测方程。模型参数主要由美国东北部和加拿大东南部的坚硬岩石场地(剪切波速≥2 km/s)的记录数据导出。然而,过去的研究已经表明(电力科学研究院(EPRI),1993),对给定场地条件,在包括中陆在内的很广阔的 ENA 区域地震动关系预期是相似的。

1 方法和模型参数

我们研发了 ENA 坚硬岩石场地(近地表剪切波速 $\beta \geqslant 2$ km/s,或 NEHRP 场地类别 A)响应谱、峰值加速度(PGA)和峰值速度随矩震级和震源距变化的地震动预测方程。对地震危险性分析,我们主要对矩震级 $M > 5$、距震源 100 km 以内的地震动感兴趣。因为在这个震级—距离范围缺乏记录的 ENA 地震动,不能直接由经验数据的回归分析研发地震动预测方程。ENA 地震动预测方程是由模拟地震动数据库导出的,模拟地震动由震源、路径和场地参数地震模型生成。对本项研究,使用中小 ENA 地震的经验数据获得了地震模型参数。这种方法本身已经得到了数据丰富地区数据和预测结果的对比验证。最后,我们比较了模型预测结果和现有的 ENA 地震动数据及其他关系的预测结果。

研发 ENA 地震动预测方程的模拟基于人们熟知的随机方法(Boore,2003)。这种随机方法已被用于很多不同地区,获得了地震动预测方程。Atkinson 和 Boore(1995)使用带有双拐角源模型的随机点源模型导出了 ENA 地震动预测方程。Toro 等(1997)使用 Brune 单拐角频率点源模型研发了 ENA 的类似关系。Atkinson 和 Silva(2000)利用有限断层模型与地震谱双拐角点源模型之间等价的随机方法研发了加利福尼亚州地震动预测方程。在每种情况中,由地震图得到的特定区域输入参数被用于规定获得那一地区地震动预测方程的模型参数。Atkinson 和 Silva(2000)的研究结果表明,加利福尼亚州的随机预测方程和那个地区的经验回归方程吻合得很好(例如,Abrahamson 和 Silva,1997;Boore 等,1997;Sadigh 等,1997)。随机地震动预测方程为在 1~200 km 的距离上估计 4~8 级地震 0.2~20 Hz 频率的峰值地震动和响应谱提供了良好基础。

1.1 随机模拟模型

随机模型是模拟加速度时间序列和研发地震动预测方程的广泛使用工具(Hanks 和 McGuire,1981;Boore,1983;Atkinson 和 Boore,1995,1997;Toro 等,1997;Atkinson 和 Silva,2000;Boore,2003)。随机方法始于把地震动付氏谱明确化为震级和距离的函数。加速度谱通常由具有 ω^2 形状的谱模拟,这里 ω = 角频率(Aki,1967;Brune,1970,1971;Boore,1983,2003)。"ω^2 模型"谱是由瞬间点位错导出的。震源距 R 处的地震剪切波加速度谱 $A(f)$ 由下式给出:

$$A(f) = CM_0(2\pi f)^2/[1 + (f/f_0)^2]\exp(-\pi f\kappa_0)\exp(-\pi fR/Q\beta)/R \qquad (1)$$

式中:M_0 为地震矩,达因(1 达因 = 10^{-5} N,下同)厘米;f_0 为拐角频率,$f_0 = 4.9 \times 10^6\beta$

$(\Delta\sigma/M_0)^{1/3}$;$\Delta\sigma$ 为以巴为单位的应力参数;β 是以 km/s 为单位的剪切波速(Boore,1983);常数 $C = \Re\theta\varphi FV/(4\pi\rho\beta^3)$,$\Re\theta\varphi$ 为辐射模式(剪切波的平均值为 0.55),F 为自由表面放大因子(2.0),V 为分成两个水平分量的分区(0.71),ρ 为密度;R 为震源距(Boore,1983)。$\exp(-\pi f\kappa_0)$ 项是导致近地表衰减影响的高切滤波器,它描述了通常观测到的高频快速谱衰减(Anderson 和 Hough,1984)。式(1)中衰减项 $\exp(-\pi fR/Q\beta)/R$ 的分母中 R 的幂等于 1,这适合于整个空间的体波扩散。当需要解释像从莫霍界面超临界反射或在地壳波导中旅行的多重反射波的因子引起的对 $1/R$ 的偏差时,可以改变这个值。品质因子 $Q(f)$ 是滞弹衰减的逆量度。

通过这个方程,谱随距离衰减解释了经验确定的衰减行为。

有限断层模拟已成为预测大震震中附近地震动的重要工具(Hartzell,1978;Irikura,1983;Joyner 和 Boore,1986;Heaton 和 Hartzell,1986;Somerville 等,1991;Tumarkin 和 Archuleta,1994;Zeng 等,1994;Beresnev 和 Atkinson,1998a,b)。模拟大震地震动的一个最有用的方法是基于许多作为构成扩展断层面的子断层的小地震模拟。把一个大断层分成 N 个子断层,把每个子断层作为一个小点源考虑(Hartzell 引进的方法,1978)。每个子断层的地震动可由前面描述的随机点源方法计算,所有子断层的地震动以适当的时间延迟在时间域求和获得整个断层的地震动 $a(t)$:

$$a(t) = \sum_{i=1}^{n_1}\sum_{j=1}^{n_w} a_{ij}(t+\Delta t_{ij}) \tag{2}$$

式中:n_1 和 n_w 分别为沿主断层面的长和宽的子断层数($n_1 \times n_w = N$),Δt_{ij} 为辐射波从 ij 子断层到达观测点的相对时间延迟。

每个 $a_{ij}(t)$ 由随机点源方法计算(Boore,1983,2003)。

在本研究中,我们使用随机有限断层方法,这种方法使我们能够合并像大断面几何及其衰减效应和方向性的显著有限断层影响。使用计算机 EXSIM 编码进行模拟(扩展的有限断层模拟:Motazedian 和 Atkinson,2005)。这个编码是人们熟知的随机有限断层模型编码 FINSIM 的更新版(Beresnev 和 Atkinson,1997a,1998b,2002)。对 FINSIM 的修改引入了"动态拐角频率"的新概念,它随着破裂的进展随时间而减小,更贴近地模拟了有限断层几何对辐射地震动频率成分的影响(Motazedian 和 Atkinson,2005)。这个模型比以前的随机有限断层模型具有若干显著优点,包括不依赖于子断层尺度的结果、辐射能量守恒和破裂期间的任何时间能够只有部分断层活动(模拟自愈合行为:Heaton,1990)。

为了通用,使用 27 个加利福尼亚州具有良好记录的中强地震数据(Motazedian 和 Atkinson,2005)校准了表达震源过程的 EXSIM 模型参数。为用于 ENA,模型需要特定地区由中小地震记录导出的震源、衰减和通用场地参数。

我们使用 EXSIM 模拟了据以研发地震动方程的地震动数据库。因为在具有工程意义的震级—距离范围内($M5 \sim 7.5$ 距离小于 200 km)没有导出基于经验的地震动预测方程的足够实测数据,所以我们采用了这种方法。我们使用经验数据建立基本参数和检验模型预测。模拟需要的特定地区参数如下:

(1)傅里叶振幅随距离的衰减(视几何扩散和 Q 值)。

(2)随震级和距离变化的地震动持时。

（3）区域通用地壳/场地放大因子和物理常数。

（4）模拟的震源参数:应力参数和脉冲百分比。因应力参数控制高频辐射的幅值,所以它是最重要的。随时(模拟破裂前沿通过时的愈合行为)脉冲的断层百分比影响低频辐射相对量。模拟的地震动对应力参数很敏感,但对脉冲百分比的敏感性有限。应力是要建立的关键源参数。应力参数描述了震源附近的加速度谱水平,等价于 Boore(1983)和 Atkinson 与 Boore(1995)描述的 Brune 模型应力参数。

有了这些建立的参数,我们可以使用校准了的 EXSIM 模型对感兴趣的震级—距离范围扩展我们的预测,而后和 ENA 数据做对比。

1.2 模拟的模型参数及其不确定性

接下来讨论 ENA 地震动模拟的输入模型参数。对具有显著变化性的参数,我们考虑了偶然不确定性的影响,这种影响表示从一个地震动到另一个地震动实现中的参数随机变化性 (Toro 和 McGuire,1987)。我们没有试图模拟综合认知不确定性(每个参数校正中值中的不确定性)的影响,因为我们不相信这是处理地震动预测方程中的广泛认知不确定性问题的适宜方法。要适当考虑认知不确定性,人们需要考虑超过我们范畴的各种各样的替代模型和地震动理论。我们仅限于确定 ENA 地震动的最佳估计值及由震源、路径和场地效应中天然随机变化性引起估计值的偶然不确定性。然而,我们确实考虑了应力参数认知不确定性对结果的影响,关于这一参数的有限认识是我们模型预测方程中最大的不确定性源。

在产生中值地震动预测方程的模拟中,通过把每一个主要参数处理为带有给定中值与其随机变化性的概率分布,我们包含了偶然不确定性。视模拟的参数而定,我们使用截断正态或均匀分布来表达这种不确定性。这种概率分布模拟了基于地震观测记录的从一个地震动到另一个地震动观测到的实际参数有效值的随机起伏。

比如,根据 36 个 ENA $M \geq 4$ 事件视震源谱的分析,模拟中应力中值为 140 巴。应力的对数是带有 0.31 个对数单位标准偏差(2 倍变化性)的正态分布参数(应力对数均值 = 2.14)。因此,使用均值为 2.14 和标准偏差为 0.31 应力对数正态分布来模拟应力参数中的偶然不确定性。

在下面部分的模型参数表述中,我们解释了中值参数及用于表达偶然不确定性的模型。表 1 汇总了参数中值,而表 2 给出了偶然不确定性,仅包括了对预测幅值有显著影响的主要参数不确定性。像物理常数这样的其他参数使用固定的参数值模拟。

傅里叶振幅随距离的衰减。最近使用坚硬岩石场地记录的 ENA 中小地震事件 1 700 条记录的数据库研究了 ENA 谱振幅衰减(Atkinson,2004)。这次经验研究是以前衰减经验模型的显著更新(Atkinson 和 Mereu,1992),包括了 10 多年的地震数据,还吸纳了较新的三分量宽带数据。新分析表明,近源距离(< 70 km)几何扩散比以前研究确定的快得多。特别是在震源 70 km 范围内,傅里叶振幅衰减为 $R^{-1.3}$,然后,在从 70 ~ 140 km 的距离范围增长为 $R^{+0.2}$(由于莫霍面的反弹效应),再往后,$R > 140$ km,减小为 $R^{-0.5}$。相关的 Q 模型由 $Q = 893f^{0.32}$给出,最小值为 1 000(Atkinson,2004)。这个衰减模型用于子源辐射谱振幅随震源距的减小。

表 1　用 EXSIM 模拟 ENA 地震动的中值参数

参数	中值
剪切波速 β(13 km 深处)	3.7 km/s
密度(13 km 深处)	2.8 g/cm
破裂传播速度	0.8β
应力参数	140 bars
脉冲百分比	50%
卡帕	0.005
几何扩散,R^b;b =	−1.3(0 ~ 70 km)
	+0.2(70 ~ 140 km)
	−0.5(>140 km)
持时距离依赖,dR,d	0(0 ~ 10 km)
	+0.16(10 ~ 70 km)
	−0.03(70 ~ 130 km)
	+0.04(>130 km)
品质因子	$Q = 893f^{0.32}$
	($Q_{minmum} = 1\,000$)
断层倾角	50°
滑动分布和震源位置	随机

表 2　主要模型参数中的偶然不确定性(变化性)

参数	分布类型	均值	标准偏差	最小	最大
断层倾角	截断正态	50	20	10	90
log 应力 s	正态	2.14	0.31		
脉冲百分比	均匀			10	90
随机场地放大(对数单位)	均匀	0		−0.15	0.15
卡帕	均匀			0.002	0.008
b_1(R <70)	正态	−1.3	0.1		
b_2(70 ~ 140)	正态	+0.2	0.5		
深度	截断正态	13	10	2	30
断层长度因子	截断正态	0.6	0.2	0.2	1.0
断层宽度因子	截断正态	0.6	0.2	0.2	1.0

注意:衰减模型没有受到距震源 10 km 以内的数据约束。我们假定点源近源(<10 km)视几何扩散率和从 10 ~ 70 km 范围内观测到的相同。事实上,10 km 以内的衰减行为是未知的,这是近距离模拟中不确定性的源。

通过最显著几何扩散系数最佳地模拟了衰减率及其对远处振幅影响的随机变化性。在本项研究中,基于 Atkinson (2004) 回归结果的详细评估,用考虑前 70 km(- 1.3 ±0.1) 和 70 ~ 140 km(+ 0.2 ±0.5) 的转换带几何扩散系数的正态分布模拟了衰减中的偶然不确定性。系数的这个范围传播衰减不确定性到较大的距离 (> 140 km),足以模拟所有衰减参数中不确定性的净影响。

注意:衰减不确定性是耦合的,这样几何扩散和 Q 中的不确定性不应该作为独立地处理;把所有的衰减不确定性映射到几何扩散中不失为一个近似预期总体行为的简单方式。我们没有试图详细地模拟不确定性,仅是效仿在 ENA 数据库中观察到的行为。

Atkinson (2004) 发现 ENA 衰减对地震震源深度有点依赖,提出了基于深度衰减模型的深度校正因子。因为衰减因子正在被随机化以解释偶然不确定性,且衰减深度校正因子不是总衰减的相对显著分量,所以在模拟中没有包含这些因子。因此,深度对衰减的影响被认为是通过假设几何扩散率中变化性模拟的总衰减不确定性的一部分。

地震动持时。通常可以把震源距 R 处的地震信号持时(T)表达为(Atkinson 和 Boore,1995)

$$T(R) = T_0 + dR \tag{3}$$

式中:T_0 为震源持时;d 为控制持时随距离增加的系数,可由经验求出。

d 可以是描述所有感兴趣距离的单个系数(例如 Atkinson,1993b),也可以是依据距离范围变化的不同值(例如,Atkinson 和 Boore,1995)。本项研究采用了 Atkinson 和 Boore (1995) 的经验持时模型。仿照衰减模型的形式,持时从震源以铰链式的准线性方式增加。对 0 ~ 10 km、10 ~ 70 km、70 ~ 130 km 和 >130 km 的距离范围,系数 d 分别为 0、+0.16、-0.03 和 +0.04 (Atkinson 和 Boore,1995)。在 Atkinson 与 Boore (1995) 的模型中,零距离持时为 0 s;这里,我们让它为 1.0 s。震源持时被估计为子断层的上升时间,由子断层的半径和破裂传播速度确定。根据最近的数据我们重新检查了这个持时模型,没有发现应该修改这个模型的证据。我们没有模拟持时的不确定性,因为根据它对模拟地震动振幅的影响,它和其他参数的不确定性相比不显著。

区域通用地壳/场地放大因子和物理常数。我们假设平均震源深度(13 km 左右)的剪切波速为 3.7 km/s,密度 ρ 为 2.8 g/cm³。这些是典型的区域值(Boore 和 Joyner,1997)。实际上,剪切波速依赖于深度,所以在选择的震源深度模拟中(下部分讨论),根据事件深度选择 β 值,这样 β 从 5 km 深处的 3.1 km/s,穿过 13 km 的 3.7 km/s,达到14.5 km 或更深处的最大值 3.8 km/s。这些值是根据典型的地壳剪切波速剖面给出的(例如,Somerville 等,2001)。物理常数不是显著的不确定性源。

因为地壳中速度梯度和上几米的风化层引起的近地表放大的联合影响,岩石场地产生地震动水平分量放大(对土层场地,存在另外的场地响应,这在模拟中不予考虑;后面讨论使用另外的土层放大来修改土层场地模型)。像 Atkinson (2004) 讨论的那样,对 ENA 岩石场地使用水平分量与垂直分量比(H/V 比值)可以经验地获得岩石场地放大量的近似。这个基本想法是垂直分量相比水平分量放大是很小的,可以使 H/V 提供一阶场地放大估计。像起初用于微震测量(例如,Nakamura′s technique)的对 H/V 方法的指责是:它主要测量了瑞雷波椭圆率。然而,人们已经指出,像从地震中测量的,当用于体波时, H/V 可能主要受场地响应控制(Lermo 和 Chavez-Garcia, 1993)。一些研究支持了 Lermo 和 Chavez-Garcia (1993) 的假说,观测到的 H/V 是地震动通过地壳和/或近地表速度梯度引起的地震动放大的量度。比如,Atkinson 和 Cassidy (2000) 的结果表明,英属哥伦比亚西部岩石场地 H/V 和根据区域剪切波速梯度预期的放大匹配。使用把放大估计为随频率变化的 1/4 波长近似(Boore 和 Joyner, 1997),根据区域剪切波速剖面计算了预期的放大。Atkinson 和 Cassidy (2000)还研究了英属哥伦比亚费雷泽三角洲软土层的地震动,在它从 0.3~4 Hz 的频率范围放大弱地震动 3~5 倍,得到了观测的放大和 H/V 一致的结论。Siddiqqi 和 Atkinson (2002)报告了对跨越加拿大包括加拿大东部的不同环境中岩石场地的类似发现。

像 Siddiqqi 和 Atkinson (2002)给出的那样,假设小于 0.5 Hz 频率的 ENA 岩石场地放大从 1.0 增加到 $f \geqslant 10$ Hz 的 1.41,表 3 提供了用于坚硬岩石场地模拟的放大因子(NEHRP A),表 4 给出了 NEHRP B/C 边界场地条件的放大因子(在后面的文中讨论)。根据使用 Boore 和 Joyner (1997)基于阻抗的 1/4 波长方法的简单计算(比如, $\sqrt{3.7/1.9} = 1.4$),ENA 坚硬岩石的高频放大因子(1.4)和近地表 2 km/s 左右的剪切波速一致。这些对 ENA 坚硬岩石场地推出的近地表速度和基于剪切波绕射研究的估计值一致(Beresnev 和 Atkinson, 1997b)。

表3　模拟中使用的坚硬岩石场地(NEHRP A)放大因子

频率(Hz)	放大因子
0.5	1.00
1	1.13
2	1.22
5	1.36
10	1.41
50	1.41

表4　模拟中使用的 NEHRP B/C 边界场地条件($v_{S30} = 760$ m/s)场地放大因子

频率(Hz)	放大因子
0.000 1	1.000
0.101 4	1.073
0.240 2	1.145
0.446 8	1.237
0.786 5	1.394
1.384 0	1.672
1.926 0	1.884
2.853 0	2.079

频率(Hz)	放大因子
4.026 0	2.202
6.341 0	2.313
12.540	2.411
21.230	2.452
33.390	2.474
82.000	2.497

每次尝试通过使用 −0.15 ~ +0.15 对数单位范围均匀分布随机得到的附加放大因子模拟场地放大的不确定性。在偶然的意义上说,这不确定性表达了甚至在显然具有相似场地条件的附近场点看到的典型随机变化性(Boore,2004)。

高频形状因子 κ_0 的影响抵消了高频放大影响(Anderson 和 Hough,1984)。κ_0 的行为迅速减少了高频谱振幅,被认为是主要的场地影响。对 ENA 坚硬岩石场地,κ_0 的影响几乎是可以忽略的。Atkinson(1996)估计 κ_0 的值为 0.002。在本研究中,对 Atkinson (2004)给出的谱数据的仔细检查使我们找到了在模拟中使用的 κ_0 值。这表明了单个记录的最小 κ_0 值为 0,最大 κ_0 值为 0.01。κ_0 中的偶然不确定性由从 0.002 ~ 0.008 的均匀分布表达。正如后面讨论的那样,模拟结果对卡帕参数不敏感,频率 >20 Hz 的反应谱例外。

模拟的震源参数。模拟的最重要震源参数是应力参数,它控制了高频谱振幅。这个参数的分布由像表 5 所列出的所有 $M \geqslant 4$ 参考距离为 20 km 的 ENA 事件的视震源谱高频水平(标识为 $A_{hf}(20\ \text{km})$)确定。通过使用 Atkinson(2004)的衰减模型把所有岩石场地的垂直分量观测结果校正到 20 km 参考距离处确定仪器记录地震震源谱。之所以使用岩石上的垂直分量的数据是因为它们相对不受场地放大影响。注意:这种衰减校正是在点源假设下的,由于是中小地震事件,点源假设对多数事件也足够了。通过在记录事件的所有台站上取参考距离上对数振幅均值获得了事件的震源谱。而后把应力确定为和高频谱水平有关的 Brune 应力值;使用式(1)和本研究采用的参数值确定这个值。这个应力值也假设是点源(Brune 模型)。用于确定具有现代仪器数据的事件的高频水平的频率范围是 5 ~ 10 Hz。对于 ENA 大地震事件的早期仪器记录数据(Atkinson 和 Chen,1997),最大可用频率是从 1.5 ~ 2 Hz 的范围;假定 $M > 6$ 的地震具有小于 1 Hz 的拐角频率,对这些事件使用这个频率范围确定 A_{hf}。还根据有感范围估计了仪器记录之前地震事件的高频谱水平。像 Atkinson(1993a)示出的那样,地震有感面积和高频谱水平具有良好相关性。本研究更新了 Atkinson(1993a)的这两个参数之间的经验关系式,包括了直到 2003 年具有确定的谱水平和有感面的所有事件。图 1 示出了基于有感面积的 $A_{hf}(20\ \text{km})$ 新关系,关系式如下:

$$\lg A_{hf}(20\ \text{km}) = -4.78 + 0.92 \lg A_{\text{felt}} \tag{4}$$

式中:$A_{hf}(20\ \text{km})$ 以 cm/s 为单位,A_{felt} 以 km² 为单位。

表 5 使用这个关系式确定了没有仪器记录数据但有明确有感面积的事件的应力参

数。在表 5 中,只考虑了具有已知矩震级(根据单独研究)的地震事件,1811 年新马德里地震和 1886 年查尔斯顿地震事件例外,这两个事件分别被赋予了 7.5 和 7.0 的名誉矩震级(Johnston,1996;Hough 等,2000)。

表 5   基于 $M \geqslant 4$ ENA 事件的 20 km 处高频谱水平的应力参数(A_{hf})

年	月	日	矩震级 M	lgA_{hf} (20 km)	参考	$\Delta\sigma$ (巴)	仪器	$\Delta\sigma$EXSIM (巴)
1811			7.5	1.66	MM1	175	0	
1886			7.0	1.38	MM1	160	0	
1925	3	1	6.4	1.27	MM1	310	0	
1929	8	12	4.9	0.43	MM1	230	0	
1929	11	18	7.3	1.55	MM1	170	0	
1935	11	1	6.2	1.19	MM1	325	0	
1939	10	19	5.3	0.63	MM1	230	0	
1940	12	20	5.5	0.66	MM1	180	0	
1944	9	5	5.8	0.77	MM1	155	0	
1968	11	9	5.4	1.05	MM1	800	0	
1980	8	27	5.1	0.67	MM1	380	0	
1982	1	9	4.6	−0.01	MM1	90	1	
1982	1	9	5.5	0.58	MM1	135	1	
1982	1	11	5.2	0.37	A2004	110	1	
1982	1	19	4.3	−0.13	A2004	110	1	
1982	3	31	4.2	−0.15	A2004	120	1	
1982	6	16	4.2	−0.23	A2004	90	1	
1983	10	7	5.0	0.51	A2004	260	1	
1985	10	5	6.7	1.22	A1993	155	1	
1985	12	23	6.8	1.12	A1993	90	1	134
1985	12	25	5.2	0.22	A1993	65	1	
1986	1	31	4.8	0.32	A2004	190	1	
1986	7	12	4.5	0.15	A2004	185	1	
1987	6	10	5.0	0.55	A1993	290	1	
1988	3	25	6.3	0.92	A1993	110	1	
1988	11	23	4.3	−0.18	A2004	90	1	
1988	11	25	5.8	1.28	BA1992	500	1	500
1989	3	16	5.0	0.47	A1993	230	1	

年	月	日	矩震级 M	$\lg A_{hf}$ （20 km）	参考	$\Delta\sigma$ （巴）	仪器	$\Delta\sigma$EXSIM （巴）
1989	12	25	5.9	0.97	A1993	260	1	
1990	10	19	4.7	0.33	A2004	250	1	250
1997	11	6	4.5	− 0.14	A2004	70	1	104
1998	9	25	4.5	0.04	A2004	440	1	
1999	3	16	4.5	0.04	A2004	130	1	85
2000	1	1	4.7	0.22	A2004	160	1	105
2002	4	20	5.0	0.07	A2004	55	1	149
2005	3	6	5.0	0.30	AB2005	120	1	125

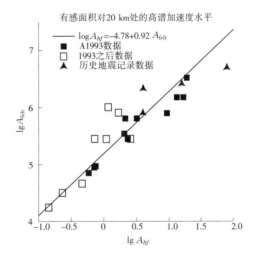

图 1　有感面积和高频谱加速度水平（20 km 的参考距离处）之间的关系。（实心方块为 Atkinson（1993a）的数据；空心方块为 Atkinson（2004）的新数据；实心三角为 Atkinson 和 Chen（1997）的历史地震记录数据。直线示出了最小二乘拟合结果）

在图 2 上,画出了 ENA 事件(根据表 5)的高频谱水平对 M 的曲线及预测的 Brune 点源和 EXSIM 有限断层模型的行为。因为 Brune 模型的具体定义是解析的,所以 Brune 模型预测结果是精确的式(1),而 EXSIM 值则不是。通过对大约 20 km 的断层距用不同的输入应力值进行尝试模拟并取得这个距离范围内的平均傅里叶加速度获得了这些 EXSIM 值。他们仅试图显示总趋势。

注意:这些 EXSIM 值预测结果似乎非常类似于对小于 6 级给定应力的 Brune 点源的预测结果。对较大震级的地震,由于有限断层效应,EXSIM 模型预测了比点源较低的近源地震动,这是因为大部分扩展的断层面远离观测点。我们认为这一趋势可以解释用点源模型获得应力随震级增加而减小的趋势的一些研究结论(比如,像 Atkinson 和 Silva 在文章中讨论的那样，2000）。

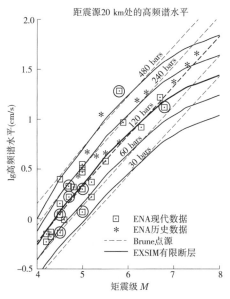

图 2 ENA 20 km 处的高频谱水平和 Brune 点源与 EXSIM 有限断层模型（近似）预测结果的
比较。圆圈事件是文中讨论的具有完好记录的事件

　　总之，从图 2 可以得出这样的结论：不存在应力趋势随震级增加而减小的证据。而
且，2001 年印度布吉 M7.7 地震（Singh 等，2004）接近 200 巴的应力参数确定也不支持陆
内大地震事件的应力减少趋势。如果说有什么不同的话，那就是图 2 表明了应力随震级
而增加，特别是在有限断层模型中。然而，因为大部分高震级数据是根据劣质历史地震图
或烈度数据推导出的，$M \geqslant 6$ 的数据很弱且可能具有非常大的不确定性。而且，在导出 A_{hf}
（20 km）值时大震数据是在点源模型背景下被解释的。

　　为了对将对被用于 EXSIM 模拟的应力值获得进一步的洞察，我们确定了数据库中具
有良好记录的 ENA 事件的最佳 EXSIM 子断层应力。有 8 个这样的事件。我们使用本研
究的通用模型参数进行了确定，没有试图限定特定事件几何和参数进行详细地模拟研究
（这超出了我们的范畴）。在本次实践中，我们采取了本项研究对地震动模型采用的所有
输入参数，改变应力参数找到极小化 800 km 内所有台站 5 ~ 10 Hz 的平均数据残差的值。
表 5 中列出了以这种方式获得的 8 个良好记录事件的应力值。因为远距离残差（这意味
着应力 < 400 巴）和接近 100 km（这意味着应力 > 1 000 巴）的夏洛瓦地区台站的失配，在
表 5 中保留了以前报告的沙格奈河事件 500 巴的值。这 8 个事件的 EXSIM 应力（对数）
均值为 150 巴，或如果除去有问题沙格奈河事件为 130 巴（这同样 8 个事件的点源应力均
值为 135 巴，包括沙格奈河事件）。图 2 中给这 8 个模拟的事件圈上了圆圈。

　　根据对表 5 的检查，很显然，通过模拟伪加速度谱（PSA）值推得的 EXSIM 应力值没
有密切匹配由投影到 20 km 的同样事件的傅里叶数据推得的值（虽然均值相似）。因此，
计算的应力参数对它的获取方式是敏感的。在点源背景下评估傅里叶谱和在有限断层模
型背景下评估响应谱之间的差异可能是显著的。而且，图 2 是基于垂直分量数据解释的，
而 PSA 模拟使用了现有的水平分量数据。

基于对具有良好记录的事件推出的 EXSIM 应力,我们采用了 140 巴的中值应力参数。在 EXSIM 模拟中,我们用 2.14 对数单位的均值和 0.31 个单位的标准方差的正态分布表达应力中的不确定性。也可以对表 5 中的数据做其他解释,从而导致其他可选择的应力参数值。我们提供了调整方程机制来模拟更高或更低的应力参数,这些调整在解释特定事件或模拟由中值应力参数不确定性产生的预测不确定性中的认知不确定性中是有用的。

像在图 2 中看到的那样,在指定应力参数分布中出现的另一个问题是仪器数据和由历史数据推断的中值应力中的视差异。这可以在应力参数随震级而增加的趋势背景下解释,因为震级数据源的相对分布(历史数据主导了高震级数据)。由于如前所述的历史数据中的大不确定性,我们没有考虑显著的应力视差异。而且,像加利福尼亚州这样的区域数据的有限断层模拟,在高震级端有较好的数据覆盖,支持常数应力或随震级增加减小应力标度(Atkinson 和 Silva,1997,2000)。所以,我们保留了常数应力标度预测模型。震源性质的描述仍然是 ENA 地震动模拟中最大的不确定性源,也是将来最需要改进的地方。

百分比脉冲区域描述了任何时刻有多少断层面在滑动。根据使用加利福尼亚州数据的校准研究采用了这个参数(Motazedian 和 Atkinson,2005)。它被赋予了一个较大的偶然变化性。由从 10% 到 90% 的均匀分布表示。这个参数不是很确定,但对多数频率的模拟振幅没有施加显著影响(像 Motazedian 和 Atkinson 讨论的那样,它对低频施加了一些影响,2005)。

ENA 震源深度覆盖了从几 km 到 30 km 很宽的范围,使用最近的震源深度确定结果(Ma 和 Atkinson,2006)确定了 13 km 的平均震源深度。假定深度符合截断的正态分布,标准偏差为 10 km。正态分布被截断提供了最小深度 2 km 和最大深度 30 km。这个深度被用于在垂直尺度上确定模拟的断层面中心。一旦断层面在地壳内的位置固定,其上的子断层破裂假设随机发起。

对地壳内断层面的几何和位置作如下处理。断层倾角假设是值为 $50° \pm 20°$ 的正态分布随机变量。随震级变化的断层长度和宽度认为也是不确定的。EXSIM 假定断层的长度和宽度由 Wells 和 Coppersmith(1994)的全球经验关系给出。然而,最近的数据表明,对给定的矩震级,ENA 断层尺度明显偏小(Somerville 等,2001)。用对长度和宽度取值为 0.6 ± 0.2 的正态分布因子乘以由 Wells 和 Coppersmith 关系获得的断层长度和宽度模拟了这种影响,分布被截断以保证 0.2 的最小因子和 1.0 的最大因子。这些因子的净影响应该指定断层面积,其面积平均约为活动构造区事件等效断层面积的 1/3。这些因子对预测的振幅没有显著影响,大震事件($M > 7$)除外。仅为在地壳内放置断层的几何目的,假设震源深度相当于断层宽度的中间;如果这意味着地表破裂,断层宽度从地表延伸到断层宽度和倾角指示的深度。当产生地震动时,假设震源在断层面上的实际位置是随机的,像滑动分布一样(因此,对单个模拟,实际的震源深度不会和用于确定断层中点的震源深度匹配,但在很多模拟的平均意义上匹配)。

2 结果

使用带有表 1 列出中值参数的 EXSIM 模型进行了模拟,包括表 2 中分布给出的偶然

不确定性。以 0.5 个震级单位为增量,在 24 个 1 ~ 1 000 km 断层距上(注意:实际模拟的
断层距为 1、2、5、10、15、20、30、40、50、60、70、80、100、120、150、200、250、300、400、500、
600、700、800、1 000 km)模拟了从 3.5 ~ 8 级 10 个地震的地震动。定义了等间隔方位八
条线从断层面顶部中心点向外伸开以捕捉平均方向性影响;图 3 示出了模拟点的几何图
案。因为模拟了很多震级和距离,捕捉方向性细节相对不是很重要(如确定的方位线和
固定距离的点的轨迹),这实际上是随机化了这几何图案。如果模拟的方位数目加倍或
翻了两番,我们进行了检验以确认结果未变。对每个震级和观测点,随机试验 20 次。这
样,总共模拟了 38 400 条水平分量地震动记录($10 \times 24 \times 8 \times 20$),都是坚硬岩石场地的。
这些记录被用于计算 5% 阻尼比的 PSA 及 PGA 和 PGV。

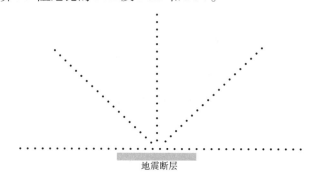

图 3　模拟的场地几何图案(场点位置沿八条等间隔方位角从断层面中心上方
的一点射出。图中只示出了震源球的一半(线关于断层是对称的))

　　图 4 画出了 5 级、8 级地震的模拟(包括偶然变化性)响应谱振幅对断层距的曲线。
可以看到,模拟的最高振幅在曲线选择的 y 标度已被截断。在一些极点($M8$ 在 1 km 处)
最高谱振幅及模拟的 PGA 达到了 4.6 个对数单位。我们没有声称这样的振幅在物理上
是可能的——它们仅是模拟练习的结果,没有考虑限制极值振幅可能起作用的因素。
图 4 也对 $M5、6、7、8$ 级地震绘出了表达中值振幅的曲线。大震的近源振幅中值(高频和
PGA3.5 个对数单位)看来对非常坚硬岩石场地条件是合理的。这曲线由对以矩震级
(M)和断层距(R_{cd})形式的方程的标准回归分析确定:

$$\lg PSA = c_1 + c_2 M + c_3 M^2 + (c_4 + c_5 M) f_1 + (c_6 + c_7 M) f_2 +$$
$$(c_8 + c_9 M) f_0 + c_{10} R_{cd} + S \tag{5}$$

式中:$f_0 = \max(\lg(R_0/R_{cd}), 0)$;$f_1 = \min(\lg R_{cd}, \lg R_1)$;$f_2 = \max(\lg(R_{cd}/R_2), 0)$;
$R_0 = 10$;$R_1 = 70$;$R_2 = 140$;对岩石场地 $S = 0$;对土层场地 S 值由式(7a)、(7b)给出,在下面
的部分讨论。注意:这种形式假设了坚硬岩石场地的线性地震动,但它也能容纳土层场地
的非线性(式(7a),(7b))。

　　表 6 给出了方程的系数。这些方程很好地再生了模拟;像图 5 中的样本震级($M6$)示
出的那样,没有随距离或随震级的残差趋势。偶然不确定性不依赖于震级和距离,所有频
率的均值为 0.30 个对数单位。纯粹基于模拟参数计算的这种变化性略大于对加利福尼
亚州经验地震预测方程观察到的典型值(例如,Boore 等,1997;Abrahamson 和 Silva,
1997)。模拟中变化性的量和 ENA 数据中观察到的一致,可能反应了 ENA 应力参数中显

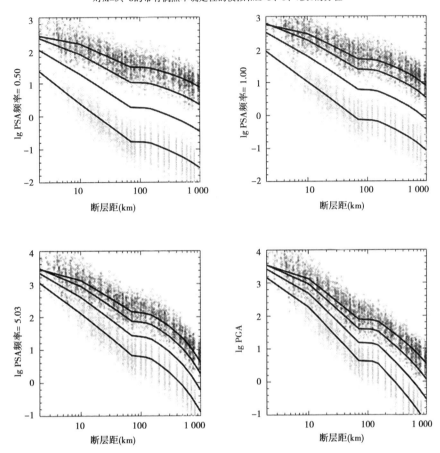

对 M=5、8 的带有偶然不确定性的模拟和 M=5、6、7 及 8 的方程

图 4 ENA 岩石场地 0.5 Hz、1.00 Hz 与 5.03 Hz 频率 5% 阻尼比伪加速度水平分量和 PGA 的对
数值。点示出了对 M5(浅色)和 M8(深色)模拟的 PSA,包括偶然不确定性。实线示出了
对 M5、6、7、8 基于模拟数据库研发的回归方程的预测振幅

然大的变化性。另外,可能有人会说,ENA 地震动变化性应该和加利福尼亚州的一样,加
利福尼亚州模拟的变化性可能高估了实际的变化性。但是注意,最近活跃构造区地震动
变化性估计值(Boore 和 Atkinson,2006)通常也略高于以前加利福尼亚州的估计值(例
如,Boore 等,1993)。变化性问题的解决还将需要进一步的 ENA 数据。

在图 6 中,我们比较了这些新预测方程和 Atkinson 和 Boore (1995)以前的关系(表版
本)。也示出了 EPRI (2004)提出的新 ENA 地震动预测方程的范围;EPRI 预测方程由一
组 12 个带有权重的可选方程表示,为了画图,通过显示 12 个方程的均值和标准偏差,我
们已经把它们简化了。我们的新预测方程和 AB95 预测方程类似。因为略低的平均应力
参数(140 巴对 180 巴)和更陡的近源衰减,主要区别是高频振幅($f \geq 5$ Hz)比以前预测的
小(100 km 内到了 1.6 倍)。我们的模型包含了坚硬岩石场地的少量放大,这在一定程度
上抵消了以前列出的因子产生的差异。和我们以前的模型相比,这模型具有更高卡帕值
($\kappa_0 = 0.005$ 对 f_{max}(高切滤波器) = 50 Hz)。我们做了参数敏感性研究,结果表明,除了

表6 根据式(5),预测 ENA 坚硬岩石场地指定频率 5% 阻尼比 PSA 中值地震动的方程系数(水平分量,给出了以 cgs 为单位的以 10 为底的对数值)

频率(Hz)	周期(SCC)	c_1	c_2	c_3	c_4	c_5	c_6	c_7	c_8	c_9	c_{10}
0.20	5.00	-5.41	1.71	-9.01×10^{-2}	-2.54	2.27×10^{-1}	-1.27	1.16×10^{-1}	9.79×10^{-1}	-1.77×10^{-1}	-1.76×10^{-4}
0.25	4.00	-5.79	1.92	-1.07×10^{-1}	-2.44	2.11×10^{-1}	-1.16	1.02×10^{-1}	1.01	-1.82×10^{-1}	-2.01×10^{-4}
0.32	3.13	-6.04	2.08	-1.22×10^{-1}	-2.37	2.00×10^{-1}	-1.07	8.95×10^{-2}	1.00	-1.80×10^{-1}	-2.31×10^{-4}
0.40	2.50	-6.17	2.21	-1.35×10^{-1}	-2.30	1.90×10^{-1}	-9.86×10^{-2}	7.86×10^{-2}	9.68×10^{-1}	-1.77×10^{-1}	-2.82×10^{-4}
0.50	2.00	-6.18	2.30	-1.44×10^{-1}	-2.22	1.77×10^{-1}	-9.37×10^{-2}	7.07×10^{-2}	9.52×10^{-1}	-1.77×10^{-1}	-3.22×10^{-4}
0.63	1.59	-6.04	2.34	-1.50×10^{-1}	-2.16	1.66×10^{-1}	-8.70×10^{-2}	6.05×10^{-2}	9.21×10^{-1}	-1.73×10^{-1}	-3.75×10^{-4}
0.80	1.25	-5.72	2.32	-1.51×10^{-1}	-2.10	1.57×10^{-1}	-8.20×10^{-2}	5.19×10^{-2}	8.56×10^{-1}	-1.66×10^{-1}	-4.33×10^{-4}
1.0	1.00	-5.27	2.26	-1.48×10^{-1}	-2.07	1.50×10^{-1}	-8.13×10^{-2}	4.67×10^{-2}	8.26×10^{-1}	-1.62×10^{-1}	-4.86×10^{-4}
1.3	0.794	-4.60	2.13	-1.41×10^{-1}	-2.06	1.47×10^{-1}	-7.97×10^{-2}	4.35×10^{-2}	7.75×10^{-1}	-1.56×10^{-1}	-5.79×10^{-4}
1.6	0.629	-3.92	1.99	-1.31×10^{-1}	-2.05	1.42×10^{-1}	-7.82×10^{-2}	4.30×10^{-2}	7.88×10^{-1}	-1.59×10^{-1}	-6.95×10^{-4}
2.0	0.500	-3.22	1.83	-1.20×10^{-1}	-2.02	1.34×10^{-1}	-8.13×10^{-2}	4.44×10^{-2}	8.84×10^{-1}	-1.75×10^{-1}	-7.70×10^{-4}
2.5	0.397	-2.44	1.65	-1.08×10^{-1}	-2.05	1.36×10^{-1}	-8.43×10^{-2}	4.48×10^{-2}	7.39×10^{-1}	-1.56×10^{-1}	-8.51×10^{-4}
3.2	0.315	-1.72	1.48	-9.74×10^{-2}	-2.08	1.38×10^{-1}	-8.89×10^{-2}	4.87×10^{-2}	6.10×10^{-1}	-1.39×10^{-1}	-9.54×10^{-4}
4.0	0.251	-1.12	1.34	-8.72×10^{-2}	-2.08	1.35×10^{-1}	-9.71×10^{-2}	5.63×10^{-2}	6.14×10^{-1}	-1.43×10^{-1}	-1.06×10^{-3}
5.0	0.199	-6.15×10^{-1}	1.23	-7.89×10^{-2}	-2.09	1.31×10^{-1}	-1.12	6.79×10^{-2}	6.06×10^{-1}	-1.46×10^{-1}	-1.13×10^{-3}
6.3	0.158	-1.46×10^{-1}	1.12	-7.14×10^{-2}	-2.12	1.30×10^{-1}	-1.30	8.31×10^{-2}	5.62×10^{-1}	-1.44×10^{-1}	-1.18×10^{-3}
8.0	0.125	2.14×10^{-1}	1.05	-6.66×10^{-2}	-2.15	1.30×10^{-1}	-1.61	1.05×10^{-1}	4.27×10^{-1}	-1.30×10^{-1}	-1.15×10^{-3}
10.0	0.100	4.80×10^{-1}	1.02	-6.40×10^{-2}	-2.20	1.27×10^{-1}	-2.01	1.33×10^{-1}	3.37×10^{-1}	-1.27×10^{-1}	-1.05×10^{-3}
12.6	0.079	6.91×10^{-1}	9.97×10^{-1}	-6.29×10^{-2}	-2.26	1.25×10^{-1}	-2.49	1.64×10^{-1}	2.14×10^{-1}	-1.21×10^{-1}	-8.47×10^{-4}

频率 (Hz)	周期 (SCC)	c_1	c_2	c_3	c_4	c_5	c_6	c_7	c_8	c_9	c_{10}
15.9	0.063	9.11×10^{-1}	9.80×10^{-1}	-6.21×10^{-2}	-2.36	1.26×10^{-1}	-2.97	1.91×10^{-1}	1.07×10^{-1}	-1.17×10^{-1}	-5.79×10^{-4}
20.0	0.050	1.11	9.72×10^{-1}	-6.20×10^{-2}	-2.47	1.28×10^{-1}	-3.39	2.14×10^{-1}	-1.39×10^{-1}	-9.84×10^{-2}	-3.17×10^{-4}
25.2	0.040	1.26	9.68×10^{-1}	-6.23×10^{-2}	-2.58	1.32×10^{-1}	-3.64	2.28×10^{-1}	-3.51×10^{-2}	-8.13×10^{-2}	-1.23×10^{-4}
31.8	0.031	1.44	9.59×10^{-1}	-6.28×10^{-2}	-2.71	1.40×10^{-1}	-3.73	2.34×10^{-1}	-5.43×10^{-2}	-6.45×10^{-2}	-3.23×10^{-5}
40.0	0.025	1.52	9.60×10^{-1}	-6.35×10^{-2}	-2.81	1.46×10^{-1}	-3.65	2.36×10^{-1}	-6.54×10^{-2}	-5.50×10^{-2}	-4.85×10^{-5}
PGA	0.010	9.07×10^{-1}	9.83×10^{-1}	-6.60×10^{-2}	-2.70	1.59×10^{-1}	-2.80	2.12×10^{-1}	-3.01×10^{-2}	-6.53×10^{-2}	-4.48×10^{-4}
PGV	0.011	-1.44	9.91×10^{-1}	-5.85×10^{-2}	-2.70	2.16×10^{-1}	-2.44	2.66×10^{-1}	8.48×10^{-1}	-6.93×10^{-2}	-3.73×10^{-4}

注:所有频率的总西格玛为0.30。

对 $f > 20$ Hz 预测的地震动,结果对 $0.002 \sim 0.008$ 卡帕分布的选择不敏感,与使用 $f_{max} = 50$ Hz 的固定值相对。理由是阻尼振荡器相当于自然频率或低于其自然频率的频率。更低频率能量的影响导致了响应谱预测和 PGA 预测对我们感兴趣频率范围内的卡帕值不敏感。因此,卡帕的选取不重要,也不是影响我们当前预测和 AB95 预测之间区别的因素。

由于考虑有限断层影响的改进,新模型可以用于预测更接近断层的地震动(这适用于可能破裂到地表的大震事件);然而,需要记住,近距离(< 10 km)的值是基于模型而不是经验导出的。有限断层影响的处理对改善地震动随震级的标度关系也很重要,特别是在更近的距离。我们注意到,模拟预测的震级距离饱和效果定性地一致于在活动构造区的经验数据库中看到的影响(Boore 和 Atkinson,2006)。但是,在细节上,经验饱和影响比我们模拟预测的更强,特别是对 50 km 内的高震级($M \geqslant 7$)。像下文描述的那样,新模型也明确提供了全范围剪切波速的场地放大因子,这样就减少了土层场地解释中的模糊性。考虑到本研究中使用的数据库和模拟方法的增加,新预测方程和 Atkinson 与 Boore (1995)的总体相似很有趣。它给以前的结论增加了砝码,双拐角点源模型可以用于模拟地震动预测方程研发中显著的有限断层影响(Atkinson 和 Silva,2000)。

要评价整体的可靠性,关键是比较预测地震动和观测结果。根据 Atkinson 和 Boore (1998)、Atkinson 和 Chen (1997)与 Atkinson (2004)给出的数据,我们编辑了 ENA 岩石场地的响应谱数据。此外,包含了 Cramer 和 Kumar (2003)印度布吉地震的观测数据,通

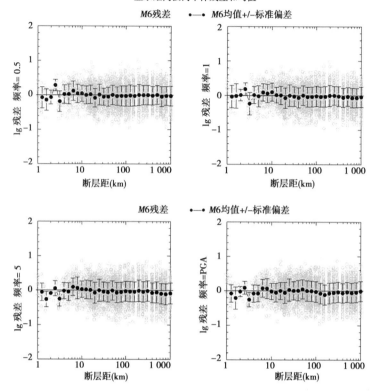

图5 M6 的回归残差对距离的例子。灰色点个体残差(这里 lg 残差 = lg 模拟的 PSA ~ lg 由式(5)预测的 PSA)。充填的符号表示距离段内的平均残差和标准偏差

过使用本研究采用的场地条件因子把这些数据校正到了坚硬岩石场地条件(像下面描述的那样)。之所以包含布吉地震数据(2000 年 1 月 26)是因为布吉地震和新马德里地震呈现出的相似性(Cramer 和 Kumar,2003;Bodin 和 Horton,2004;Singh 等,2004),但是它们的相关性和其他数据相比较不确定,特别是从需要为获得坚硬岩石场地条件等效值做场地校正的观点。

在图 7 中画出了两个典型频率(1 Hz 和 5 Hz)的 ENA 数据(水平分量或等效)和地震动预测方程(模拟和方程)的对比。预测方程似乎合理地一致于数据,也有些例外。最引人注目的是,方程低估了一族 M5.5(±0.5)100 km 左右的高频增强了的振值。这族代表了 1988 年魁北克沙格奈河 M5.8(1988 年 11 月 25)强震观测结果,这次地震具有特别强的高频振幅(Boore 和 Atkinson,1992)。沙格奈河地震动的高频振幅几乎和布吉地震的一样大,尽管它们的震级差异很大。通过在图 8 中比较沙格奈河地震和布吉地震的中(1 Hz)高(PGA)频振幅强调了这一点。

图 8 还示出了本研究的预测方程理想情况下,模拟结果会和所有震级和距离范围上的数据密切一致。然而,主要模型参数(像应力参数和衰减)是根据不同经验数据库估计的,而不是根据验证现有地震动数据库(尽管重叠很多)。特别是,衰减模型是基于在这里显示的比较中没有使用的包括很多较小事件的更大 ENA 数据库的。因此,考虑到各种

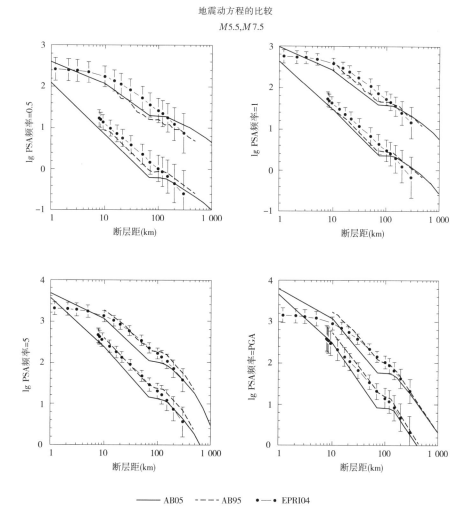

地震动方程的比较
M5.5,M 7.5

——— AB05   – – – – AB95   ●—● EPRI04

图6 本研究 *M*5.5 与 *M*7.5 的地震动预测方程(黑实线)和以前的预测(Atkinson 和 Boore,1995)与 EPRI(2004)选择预测方程的均值及标准差的比较,都是对所有 ENA 坚硬岩石场地条件的

参数之间的相互作用,不能保证在整个震级距离上地震动数据库和模拟振幅的密切匹配。的确,匹配工程感兴趣的震级距离范围上的可用 ENA 数据子集不是我们的模拟目标,这子集过于局限不能确定这些重要参数(特别是衰减)。

更详细地检查 100 km 内具有显著平均残差的中等事件数据是有启发性的。图9画出了具有完好记录的 2005 年里维耶尔 *M*5.0 地震地震动振幅和本项研究预测方程的曲线对比。方程很好地预测了低频数据,但对高频数据,在从 30~70 km 的距离范围出现了正残差。对这个事件,数据似乎更喜欢具有陡峭近源衰减的较高应力参数(虽然这会高估最近的数据点)。在图10上,绘出了关于预测方程 *M*4.5 事件的振幅。这些事件的衰减形状差不多是对的。

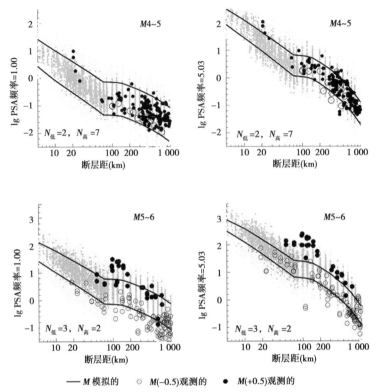

这显示了带有不确定性的模拟:Nov.2005

通用 ENA 岩石模拟

应力值，40(文件ENA10).数据是岩石 PAS+/−0.5*M*单位

—— *M* 模拟的　　○ *M*(−0.5)观测的　　● *M*(+0.5)观测的

图7　规定震级范围内 ENA 岩石场地模拟(灰色点)与预测方程(线)和 ENA 岩石场地记录数据的比较。数据包括可用的水平分量;在只有垂直分量记录的地方,使用表3 的放大因子,把垂直分量转换成等效水平分量。空心符号表示震级范围下半部分数据;实心符号表示震级范围上半部分数据。每幅图左下角给出了每个范围内的事件数目。深灰色表示范围中心震级的模拟数据,浅灰色是±0.5 个单位的。线表示规定震级范围上界和下界的预测方程值

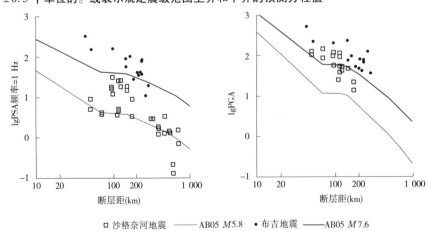

□ 沙格奈河地震　　—— AB05 *M*5.8　　• 布吉地震　　—— AB05 *M*7.6

图8　坚硬岩石场地条件的魁北克沙格奈河 *M*5.8 地震和印度布吉 *M*7.6 地震的地震动振幅比较

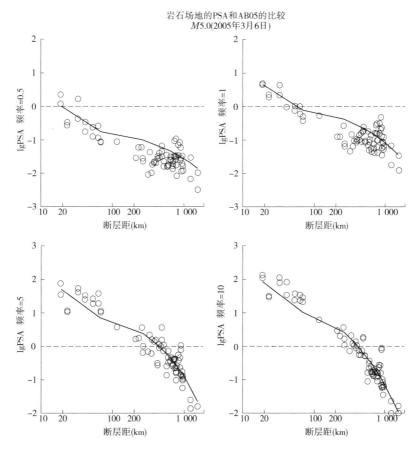

图 9　2005 年里维耶尔 $M5.0$ 地震岩石场地 0.5 Hz、1 Hz、5 Hz 和 10 Hz 的地震
　　　动振幅和预测方程的比较(水平分量)

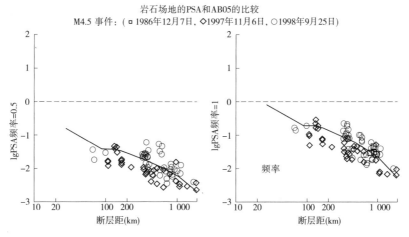

图 10　4 个 $M4.5$ 地震的岩石场地 0.5 Hz、1 Hz、5 Hz 和 10 Hz 的地震动振幅和
　　　　预测方程的比较(水平分量或等效)

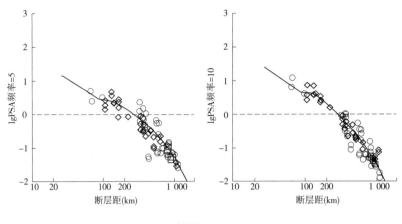

续图 10

残差(观测振幅对预测振幅的比值)检查表明,总体上预测方程和现有 ENA 地震动数据具有很好的吻合:所有频率的平均残差接近于零(在 1.2 倍内),随距离没有统计显著残差趋势。然而,主要由于沙格奈河和里维耶尔地震的贡献,中等事件在从 30 ~ 100 km 的距离范围内存在正的残差趋势(到了 2 倍之大)。这表明了预测模型中的认知不确定性。中等事件 100 km 内的正残差可由增加的应力参数消除,不过会在其他震级距离范围内产生负残差。在确认这种不确定性中,确定可以用于模拟影响方程的不同应力参数的方程调整因子是有帮助的。

2.1　考虑可选应力参数的方程调整

应力参数中的不确定性是 ENA 地震动方程中认知不确定性的最大源。方程是对 140 巴应力研发的,但就我们所知,这个值的认知不确定性可能在 1.5 ~ 2 倍的量级。通过变化应力参数,对表 1 的参数重复 EXSIM 模拟,确定了应力参数对模拟 PSA 值的影响。这影响基本不依赖于距离。因为源谱拐角频率影响,它随震级和频率变化。具体来说,对低频增加应力参数具有近于零的影响,而对高频导致 PSA 增加,直至达到一个常数因子;振幅增加将发生的频率范围依赖于震级。在图 11 中说明了这种影响,它画出了式(5)预测的 logPSA 振幅需要被增加以适应应力参数增加 2 倍(即应力参数 280 巴)要达到的量。通过表 7 给出系数的下列方程可以模拟 2 倍应力的应力调整因子(在大约 5% 内):

$$\lg SF_2 = \min\{[\Delta + 0.05],[0.05 + \Delta\{\max[(M - M_1),0]/(M_h - M_1)]\}\}　　(6)$$

因此,为了预测具有应力 = 280 巴的事件振幅,我们会计算 lgPSA(式 5)+ lg SF_2。对于其他大于 140 巴的应力值,可以使用一个标度因子;例如,对于 1.5 倍的应力因子(= 210 巴),我们会计算 lgPSA + (1.5/2) lgSF_2。对于小于 140 巴的应力值,我们减去这个等效因子;比如,对 140/1.5 = 93(巴)的应力,我们会计算 lgPSA - (1.5/2) lgSF_2。这些因子可以用于提供模拟中值应力中的认知不确定性的可选方程或解释特定记录事件的最佳应力参数。这标度方程足以考虑 140 巴 4 倍(即 560 巴)内应力参数,目前还没有测试过超过这个范围的。

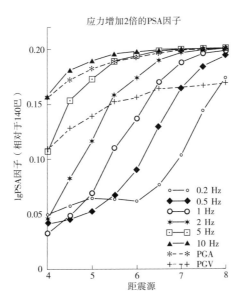

图 11 应力参数增加 2 倍(相对于 140 巴的预测值)对地震动振幅的影响

表 7 应力调整因子的系数(式 6)

频率(Hz)	Δ	M_1	M_h
0.20	0.15	6.00	8.50
0.25	0.15	5.75	8.37
0.32	0.15	5.50	8.25
0.40	0.15	5.25	8.12
0.50	0.15	5.00	8.00
0.63	0.15	4.84	7.70
0.80	0.15	4.67	7.45
1.00	0.15	4.50	7.20
1.26	0.15	4.34	6.95
1.59	0.15	4.17	6.70
2.00	0.15	4.00	6.50
2.52	0.15	3.65	6.37
3.17	0.15	3.30	6.25
3.99	0.15	2.90	6.12
5.02	0.15	2.50	6.00
6.32	0.15	1.85	5.84
7.96	0.15	1.15	5.67

频率(Hz)	Δ	M_1	M_h
10.02	0.15	0.50	5.50
12.62	0.15	0.34	5.34
15.89	0.15	0.17	5.17
20.00	0.15	0	5.00
25.18	0.15	0	5.00
31.70	0.15	0	5.00
39.91	0.15	0	5.00
PGA	0.15	0.50	5.50
PGV	0.11	2.00	5.50

2.2 土层场地的方程

前面和表6中给出的方程是硬岩石场地($\beta \geqslant 2\,000$ m/s 或 NEHRP 场地类别 A)的。对其他 NEHRP 类别,放大因子可根据资料丰富地区地震动数据的检验研究推断。根据加利福尼亚州各种场地条件记录地震动数据并假设线性土层响应,Boore 等(1997)给出了随上 30 m 剪切波速(v_{30})变化的放大因子。基于全球地震动大数据库最近的研究(Choi 和 Stewart,2005)已经证实了 Boore 等线性响应范围的因子,但表明对经历强震动(被定义为岩石 PGA > 60 cm/s^2)的场地需使用非线性校正。Boore 和 Atkinson(2006)给出了如下说明线性和非线性范围土层放大的因子:

$$S = \lg\{\exp[b_{\text{lin}}\ln(v_{30}/v_{\text{ref}}) + b_{nl}\ln(60/100)]\} \qquad pgaBC \leqslant 60 \text{ cm/s}^2 \qquad (7\text{a})$$

$$S = \lg\{\exp[b_{\text{lin}}\ln(v_{30}/v_{\text{ref}}) + b_{nl}\ln(pgaBC/100)]\} \quad pgaBC > 60 \text{ cm/s}^2 \qquad (7\text{b})$$

式中:$pgaBC$ 是 $v_{30} = 760$ m/s 的预测 PGA 值。线性因子式(7a)取自于 Boore 等(1997)的研究结果,但具有 Choi 和 Stewart's(2005)的系数(类似于 Boore 等(1997)的系数,不过扩展到了低频)。

像通过简化 Choi 和 Stewart(2005)导出的经验结果得到的如下函数给出的那样:

$$b_{nl} = b_1 \qquad\qquad\qquad v_{30} \leqslant v_1 \qquad\qquad (8\text{a})$$

$$b_{nl} = b_2\ln(v_{30}/v_{\text{ref}})/\ln(v_2/v_{\text{ref}}) \quad v_2 < v_{30} \leqslant v_{\text{ref}} \qquad (8\text{b})$$

$$b_{nl} = 0 \qquad\qquad\qquad v_{30} > v_{\text{ref}} \qquad\qquad (8\text{c})$$

非线性因子受斜率 b_{nl} 的控制。在这些方程中,相对 NEHRP B/C 边界 $v_{\text{ref}} = 760$ m/s 参考条件(其他系数值见表8)给出了放大因子。对比 v_{ref} 的条件,方程是稳定的,但对高剪切波速的场地没有经验约束。参考场地条件(v_{ref})比用于本研究中研发预测和表6给出的坚硬岩石场地条件软得多。为了能够把基于经验的土层因子用于 ENA,我们单独研发了一套 NEHRP B/C 边界场地条件 ENA 地震动预测方程。这包括再做模拟,但用适用于 ENA 760 m/s 近地表波速的模型替换了适用于坚硬岩石($v_{30} \geqslant 2\,000$ m/s)地壳放大模型;我们使用了 Frankel 等(1996)的表 A6 给出的模型,但源波速为 3.7 km/s 而不是 3.6

km/s。这放大模型由使用 Boore 和 Joyner（1997；Boore，2003）的平方根阻抗方法得到。在这种方法中,根据地震波阻抗梯度计算放大因子;对每个频率,计算相当于 1/4 波长的深度,根据源区和 1/4 波长深度之间的地震波阻抗比的平方根估计放大因子。表 4 给出了得到的放大因子。

表 8　像在式(7)和式(8)中给出的土层响应的系数

频率（Hz）	blin	b_1	b_2
0.2	−0.752	−0.300	0
0.25	−0.745	−0.310	0
0.32	−0.740	−0.330	0
0.5	−0.730	−0.375	0
0.63	−0.726	−0.395	0
1.0	−0.700	−0.440	0
1.3	−0.690	−0.465	−0.002
1.6	−0.670	−0.480	−0.031
2.0	−0.600	−0.495	−0.060
2.5	−0.500	−0.508	−0.095
3.2	−0.445	−0.513	−0.130
4.0	−0.390	−0.518	−0.160
5.0	−0.306	−0.521	−0.185
6.3	−0.280	−0.528	−0.185
8.0	−0.260	−0.560	−0.140
10.0	−0.250	−0.595	−0.132
12.6	−0.232	−0.637	−0.117
15.9	−0.249	−0.642	−0.105
20.0	−0.286	−0.643	−0.105
25.0	−0.314	−0.609	−0.105
32.0	−0.322	−0.618	−0.108
40.0	−0.330	−0.624	−0.115
PGA	−0.361	−0.641	−0.144
PGV	−0.600	−0.495	−0.060

注:对所有频率,$v_{ref} = 760$,$v_1 = 180$,$v_2 = 300$。

模拟中表 4 的放大因子乘以 $\exp(-\pi f \kappa_0)$。对坚硬岩石场地,假设 κ_0 在 0.002 ~ 0.008 均匀分布(见表 1)。对 NEHRP B/C 边界场地条件,假设 κ_0 在 0.01 ~ 0.03 均匀分布。

由式(5)回归模拟 NEHRP B/C 边界条件来确定表 9 中给出的预测方程系数。可以用带 Boore 与 Atkinson(2006)土层响应因子(像带有表 8 列出系数的方程(7a)、(7b)给出的)表 9 的预测方程计算任何给定 v_{30} 的预期 ENA 地震动。这隐含着,假设不同 ENA 土层条件的相对放大影响和活动构造区的相同。注意,可以把方程(6)的应力放大因子用于考虑应力参数选择值的 B/C 边界条件预测。

表 9 根据式(5)预测 B/C 边界($v_{30}=760$ m/s)指定频率 5% 阻尼比的 ENA PSA

中值地震动方程系数(水平分量,以 10 为底的对数值给出,单位是 cgs)

频率 (Hz)	周期 (Sec)	c_1	c_2	c_3	c_4	c_5	c_6	c_7	c_8	c_9	c_{10}
0.20	5.00	-4.85	1.58	-8.07×10^{-2}	-2.53	2.22×10^{-1}	-1.43	1.36×10^{-1}	6.34×10^{-1}	-1.41×10^{-1}	-1.61×10^{-4}
0.25	4.00	-5.26	1.79	-9.79×10^{-2}	-2.44	2.07×10^{-1}	-1.31	1.21×10^{-1}	7.34×10^{-1}	-1.56×10^{-1}	-1.96×10^{-4}
0.32	3.13	-5.59	1.97	-1.14×10^{-1}	-2.33	1.91×10^{-1}	-1.20	1.10×10^{-1}	8.45×10^{-1}	-1.72×10^{-1}	-2.45×10^{-4}
0.40	2.50	-5.80	2.13	-1.28×10^{-1}	-2.26	1.79×10^{-1}	-1.12×10^{-1}	9.54×10^{-2}	8.91×10^{-1}	-1.80×10^{-1}	-2.60×10^{-4}
0.50	2.00	-5.85	2.23	-1.39×10^{-1}	-2.20	1.69×10^{-1}	-1.04×10^{-1}	5.00×10^{-2}	8.67×10^{-1}	-1.79×10^{-1}	-2.86×10^{-4}
0.63	1.59	-5.75	2.29	-1.45×10^{-1}	-2.13	1.58×10^{-1}	-9.57×10^{-1}	6.76×10^{-2}	8.67×10^{-1}	-1.79×10^{-1}	-3.43×10^{-4}
0.80	1.25	-5.49	2.29	-1.48×10^{-1}	-2.08	1.50×10^{-1}	-9.03×10^{-1}	5.79×10^{-2}	8.21×10^{-1}	-1.72×10^{-1}	-4.07×10^{-4}
1.00	1.00	-5.06	2.23	-1.45×10^{-1}	-2.03	1.41×10^{-1}	-8.74×10^{-1}	5.41×10^{-2}	7.92×10^{-1}	-1.70×10^{-1}	-4.89×10^{-4}
1.30	0.794	-4.45	2.12	-1.39×10^{-1}	-2.01	1.36×10^{-1}	-8.58×10^{-1}	4.98×10^{-2}	7.06×10^{-1}	-1.59×10^{-1}	-5.75×10^{-4}
1.60	0.629	-3.75	1.97	-1.29×10^{-1}	-2.00	1.31×10^{-1}	-8.42×10^{-1}	4.82×10^{-2}	6.77×10^{-1}	-1.56×10^{-1}	-6.76×10^{-4}
2.0	0.500	-3.01	1.80	-1.18×10^{-1}	-1.98	1.27×10^{-1}	-8.47×10^{-1}	4.70×10^{-2}	6.67×10^{-1}	-1.55×10^{-1}	-7.68×10^{-4}
2.5	0.397	-2.28	1.63	-1.05×10^{-1}	-1.97	1.23×10^{-1}	-8.88×10^{-1}	5.03×10^{-2}	6.84×10^{-1}	-1.58×10^{-1}	-8.59×10^{-4}
3.2	0.315	-1.56	1.46	-9.31×10^{-2}	-1.98	1.21×10^{-1}	-9.47×10^{-1}	5.58×10^{-2}	6.50×10^{-1}	-1.56×10^{-1}	-9.55×10^{-4}
4.0	0.251	-8.76×10^{-1}	1.29	-8.19×10^{-2}	-2.01	1.23×10^{-1}	-1.03×10^{-1}	6.34×10^{-2}	5.81×10^{-1}	-1.49×10^{-1}	-1.05×10^{-3}
5.0	0.199	-3.06×10^{-1}	1.16	-7.21×10^{-2}	-2.04	1.22×10^{-1}	-1.15	7.38×10^{-2}	5.08×10^{-1}	-1.43×10^{-1}	-1.14×10^{-3}

频率 (Hz)	周期 (Sec)	c_1	c_2	c_3	c_4	c_5	c_6	c_7	c_8	c_9	c_{10}
6.3	0.158	-1.19×10^{-1}	1.06	-6.47×10^{-2}	-2.05	1.19×10^{-1}	-1.36	9.16×10^{-2}	5.16×10^{-1}	-1.50×10^{-1}	-1.18×10^{-3}
8.0	0.125	5.36×10^{-1}	9.65×10^{-1}	-5.84×10^{-2}	-2.11	1.21×10^{-1}	-1.67	1.16×10^{-1}	3.43×10^{-1}	-1.32×10^{-1}	-1.13×10^{-3}
10.0	0.100	7.82×10^{-1}	9.24×10^{-1}	-5.56×10^{-2}	-2.17	1.19×10^{-1}	-2.10	1.48×10^{-1}	2.85×10^{-1}	-1.32×10^{-1}	-9.90×10^{-4}
12.6	0.079	9.67×10^{-1}	9.03×10^{-1}	-5.48×10^{-2}	-2.25	1.22×10^{-1}	-2.53	1.78×10^{-1}	1.00×10^{-1}	-1.15×10^{-1}	-7.72×10^{-4}
15.9	0.063	1.11	8.88×10^{-1}	-5.39×10^{-2}	-2.33	1.23×10^{-1}	-2.88	2.01×10^{-1}	3.19×10^{-2}	-1.07×10^{-1}	-5.48×10^{-4}
20.0	0.050	1.21	8.83×10^{-1}	-5.44×10^{-2}	-2.44	1.30×10^{-1}	-3.04	2.13×10^{-1}	-2.10×10^{-2}	-9.00×10^{-2}	-4.15×10^{-4}
25.2	0.040	1.26	8.79×10^{-1}	-5.52×10^{-2}	-2.54	1.39×10^{-1}	-2.99	2.16×10^{-1}	-3.91×10^{-2}	-6.75×10^{-2}	-3.88×10^{-4}
31.8	0.031	1.19	8.88×10^{-1}	-5.64×10^{-2}	-2.58	1.45×10^{-1}	-2.84	2.12×10^{-1}	-4.37×10^{-2}	-5.87×10^{-2}	-4.33×10^{-4}
40.0	0.025	1.05	9.03×10^{-1}	-5.77×10^{-2}	-2.57	1.48×10^{-1}	-2.65	2.07×10^{-1}	-4.08×10^{-2}	-5.77×10^{-2}	-5.12×10^{-4}
PGA	0.010	5.23×10^{-1}	9.69×10^{-1}	-6.20×10^{-2}	-2.44	1.47×10^{-1}	-2.34	1.91×10^{-1}	-8.70×10^{-2}	-8.29×10^{-2}	-6.30×10^{-4}
PGV	0.011	-1.66	1.05	-6.04×10^{-2}	-2.50	1.84×10^{-1}	-2.30	2.50×10^{-1}	1.27×10^{-1}	-8.70×10^{-2}	-4.27×10^{-4}

注:所有频率的总西格玛为0.30。

图12对相同剪切波速比较了本项研究的NEHRP B/C边界场地条件的方程和Boore与Atkinson（2006）的活动构造区的经验关系。尽管这些关系的函数形状差异很大，但这些关系的低频幅值大体相似。高频幅值差异更为明显；本项研究表明，在高频端，ENA幅值随震级的标度比活跃区经验地震动数据表明的更为强烈。ENA高频幅值大于活跃区的，特别是在远距离（>200 km）和近源（<20 km）处。经验关系表明，近源距离的饱和比本研究模拟给出的更强。这意味着，如果在模拟模型中存在没有计算在内的显著饱和影响的话，ENA方程可能高估近源地震动。通过更细致地比较ENA数据和活跃构造区的数据可以进一步评价这些影响。

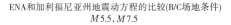

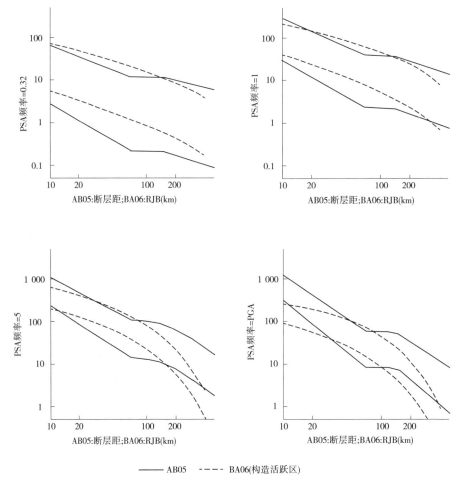

图 12　本项研究的 B/C 边界条件的 ENA 地震动预测方程和 Boore 与 Atkinson（2006）像加利福尼亚州这样的活跃构造区预测方程的比较

3　结论

我们使用随机有限断层方法研发了 ENA 岩石和土层场地的地震动预测方程。使用带有表 6 系数（坚硬岩石系数）的式（5），让 $S = 0$，可以预测 ENA 坚硬岩石场地（NEHRP A，$v_{30} \geqslant 2\,000$ m/s）的地震动。对于其他场地类别，应该使用带有表 9（NEHRP B/C 边界场地类别，$v_{30} = 760$ m/s）系数的式（5）预测，且用根据带有表 8 系数的式（7a）、式（7b）计算依赖频率的 S 值。我们希望使用 140 巴的中值应力参数预测。使用带有表 7 系数的式（6）给出的因子可以模拟选择的应力参数值。

译自：Bull Seismol Soc Am. 2006,96(6)：2181-2205

原题：Earthquake Ground-Motion Prediction Equations for Eastern North America

杨国栋　译

根据区域距离上的地震动估计矩震级

G. M. Atkinson   A. B. Mahani

摘要:给出了根据100~400km距离范围记录的地震仪器观测结果(垂直分量)估计$M<6$地震事件矩震级(M)的一个简单可靠方法。使用这里我们提供的简单关系式,可以根据北美洲地震事件的1 Hz响应谱振幅估计M,大多数区域的不确定度(残差的标准差)小于0.2个单位。该方法的优点是可以对M做跨区域的一致性估计,并且提供的关系与典型区域衰减模型的随机点源模型的预测结果一致。

在线材料:进行矩震级估计的地震事件表。

引言

地震危险性评估和表征的一个重要任务是使用统一震级标度编制地震目录。选择由Hanks和Kanamori(1979)定义的矩震级(M)作为震级标度有以下几个理由:①矩震级提供了地震物理尺度的量度;②矩震级是地震动预测方程使用的震级标度,在地震危险性评估中更便于使用地震目录产品;③由于矩震级在高震级段不存在饱和问题,矩震级在宽阔的震级范围内非常适用;④矩震级提供了跨不同区域地震事件比较的一致性度量标准。因此,评估地震事件的矩震级是高优先的任务。全球中强以上地震($M>5$)的矩张量日常由全球矩心矩张量(Global CMT)计划(见数据与来源一节)使用全球波形模拟技术评估。也有区域中心对选择的具有足够记录的中等地震(M为3.5~5),根据区域波形模拟提供矩张量,比如在圣路易斯由R. B. Herrmann领导的区域中心。但对发生的大多数中等地震事件,M必须使用与其他目录标度的简单换算估计(例如Sonley和Atkinson,2005;Petersen等,2008;Fereidoni等,2012)。这些换算依所用的震级标度、地区、确定震级的台站实际情况,甚至随时间而变化(例如,Bent,2011)。这就导致了在使用基于其他震级标度换算的M估计值中有模糊性和缺乏信度。

在本文我们研究了一种根据地震动台网观测结果估计中小区域地震事件(M为3~6)震级M的直接简单方法,可以用于跨越不同区域。该方法涉及的地震动参数是1 Hz响应谱振幅,由于它是可下载的地震动制图系统(Shake Map)参数,所以特别方便,使得在支持这种普通地震动工具的地区估计矩震级很简单。我们研制该方法使用的是北美东部(ENA)地震事件的地震动观测资料,考虑了加拿大东南部/美国东北部(此后称为东北部)地区和新马德里地震带周围的美国中部(此后称为美国中部)地区。该方法得到超过100 km区域距离上地震动振幅行为稳健、提供震源强度良好量度(Herrmann和Kijko,1983a,1983b;Ou和Herrmann,1990)的观测结果的启发。在区域距离上,由震相与地壳结构影响交互作用引起的衰减的复杂性由多路径均质化。由多次反射和折射剪切波构成的地震动具有依与陷于地壳波导内传播有关的总几何扩散和滞弹性过程而平滑衰减的频域振幅(Kennett,1986;Benz 等,1997)。由于场地效应对水平分量影响显著,对垂直分量影响最小(Lermo 和 Chavez-Garcia,1993),所以垂直分量具有特别好的表现。这使得可以使用与相应频率震源强度相关的简单衰减曲线来表示区域距离上的衰减(对某一给定频率)。这一概念在图 1 中说明,示出了北美东部三个地震在区域距离上垂直分量 1 Hz 伪加速度振幅(PSA,阻尼 5%)的衰减。使用区域资料表征震源强度的显著优点是数据相对丰富,即使在仪器布设稀疏的北美东部也如此。

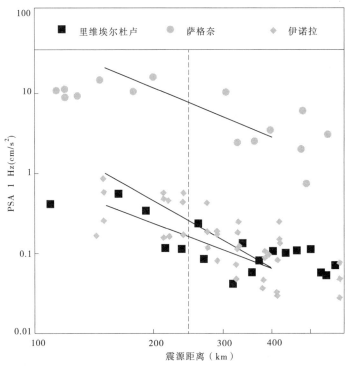

图 1   2005 年魁北克里维埃尔杜卢 M4.7 地震(里维埃尔杜卢)、1988 年魁北克萨格奈 M5.8 地震(萨格奈)和 2001 年阿肯色伊诺拉 M4.3 地震(伊诺拉)的 1 Hz 伪加速度振幅(垂直分量)衰减实例(在 150 ~ 400 km 距离范围的振幅用直线段拟合。其中,点(虚线)用于确定每个地震事件的参考振幅 A254)

1   方法和使用的数据

我们把北美东部的矩震级估计方法基于 150 ~ 400 km 距离范围的地震动垂直分量,因为如图 1 所示这些地震动观测结果很稳定。在分析了很多事件的行为和可用性之后,我们选取了距离范围($D_1 = 150$ km 至 $D_2 = 400$ km)。D_1 和 D_2 的选取最大化了可用数据,同时还提供了稳定的振幅衰减。我们对选择的距离范围检验了结果的稳健性,发现这个距离并不重要。只要 D_1 超过莫霍面反射范围(> 100 km),D_2 不太远不致产生很大噪声的记录,使用略有不同的距离范围(如 200 ~ 600 km)就得到类似的结果。选择的地震动参数是 5% 阻尼的垂直分量 1 Hz 伪加速度振幅(PSA_{1v})。这很方便,因为在许多地区 1 Hz 伪加速度振幅是容易获得(或可易于计算)的地震动制图系统的地震动参数。震荡响应函数提供的信号滤波趋于平滑直到振荡器频率范围的有限频率范围上的振幅,这阻尼了地震动振幅变化。1 Hz 的频率是个良好的选择,因为这个频率低到主要由地震矩控制(对中小地震事件),但又不太低而受噪声干扰污染。特别是,1 Hz 频率对北美东部 $M < 5.5$ 地震事件接近或低于拐角频率,因此表征了傅里叶谱的平直部分(例如,Atkinson,2004)。地震动参数的另一种可能选择是 0.33 Hz 的伪加速度振幅(也是地震动制图系统参数),但小震级事件在小于 0.5 Hz 频率处明显受到了微震峰值干扰(Douglas 和 Boore,2011)。

我们用特定事件距离为 $D_1 = 150$ km ~ $D_2 = 400$ km 范围的数据,通过双对数空间的简单直线段拟合 1 Hz 伪加速度振幅:

$$\lg(PSA_{1v}) = a + b\lg(R) + \varepsilon \tag{1}$$

式中:R 为震源距离;a 和 b 为直线段的系数;ε 为误差项(残差)。

直线段在拟合距离范围中点(对数空间内 245 km 处)的振幅,称为 A245,取为地震事件源强度的量度。这个过程在图 1 中说明。对衰减函数使用简单直线段能使我们确定函数需要最小的观测来对每个感兴趣的地震事件拟合线段。为确保结果稳定,我们需要最少要有 5 个点来拟合线段。此外,我们只接受了相对本地区其他事件其拟合线段斜率在合理范围的那些事件的解。特别是,通过检查几十个北美东部地震事件的振幅数据,我们注意到这个距离范围的 1 Hz 伪加速度振幅的斜率几乎总是在 $-0.5 \sim -3.0$,因为这些事件具有足够的数据可以有把握地确定斜率。因此,我们只考虑在这个范围($-0.5 \sim -3.0$)具有视衰减斜率(150 ~ 400 km)的事件。如果斜率落在该范围之外,最可能是因数据稀少或者数据错误造成的斜率分辨率差引起的。通过施加这些约束,我们确保中点振幅(即 A245)稳定可靠地代表震源产生的 1 Hz 振幅总水平。

用于该技术校准的研究事件是那些根据全球或区域矩张量解已知矩震级且在区域距离上可获取足够地震动数据的北美东部地震事件。我们从工程地震学工具箱的地震动数据库获得了东北部地震事件的伪加速度振幅数据。Assatourians 和 Atkinson(2010)描述了获取这些反应谱的区域数据处理。简单地说,对事件发震时刻到 S 波尾波结束的时间窗的波形计算伪加速度振幅并按仪器相应要求进行了校正。对美国中部的地震事件,伪加速度振幅数据从下一代衰减关系东部(NGA-East)项目数据库(C. Cramer,2012)获得。我们只使用了拐角频率小于 0.5 Hz 的高通滤波和拐角频率大于 2 Hz 的低通滤波的记录。下一代衰减关系东部项目数据库对美国中部地震事件记录的是矩震级(虽然不清楚这一值是怎么获得的,很有可能是估计值)。对东北部的地震事件,仅有一小部分具有确定的矩震级。这个地区地震目录的一般震级标度是 M_N(Nuttli 震级;Nuttli,1973)。矩震级估计值由圣路易斯区域矩张量网站获得,并由如 Fereidoni 等(2012)的综合地震目录(CCSC)报告的文献得到的附加矩张量估计值补充(见数据与来源一节)。表 1 列出了东北部、美国中部以及本文后面讨论的其他地区选择的研究事件。图 2 和图 3 画出了东北部和美国中部研究事件的位置,而图 4 示出了震级—距离空间内垂直分量 1 Hz 伪加速度振幅观测结果的分布。注意,在距离超过 100 km 的地方数据分布最丰富,这是使用区域数据确定震源参数的主要优势。

表1 已知矩震级的研究事件

区域	日期(年-月-日)	纬度(°)	经度(°)	M	台站数($D_1 \sim D_2$)
东北部	1988-11-25	48.12	−71.18	5.8	6
	1997-08-20	47.54	−70.29	3.3	6
	1997-10-28	47.67	−69.91	4.3	9
	1997-11-06	46.80	−71.42	4.4	8
	1999-03-16	49.61	−66.34	4.5	9
	2000-01-01	46.84	−78.93	4.7	7
	2000-06-15	47.67	−69.80	3.1	6
	2002-04-20	44.53	−73.73	5.0	8
	2003-10-12	47.01	−76.36	4.0	20
	2004-08-04	43.68	−78.24	3.2	15
	2005-03-06	47.75	−69.73	4.7	10
	2005-10-20	44.68	−80.48	3.6	12
	2006-01-09	45.03	−73.90	3.5	12
	2006-02-25	45.65	−75.23	3.6	10
	2006-07-14	46.85	−68.65	3.5	12
	2008-11-15	47.74	−69.74	3.6	6
	2010-06-23	45.91	−75.49	5.0	23
	2011-08-23	37.98	−77.97	5.7	21
美国中部	2001-05-04	35.24	−92.25	4.3	9
	2002-06-18	37.99	−87.78	4.6	9
	2003-04-29	34.49	−85.63	4.6	9
	2003-06-06	36.87	−88.98	4.0	13
	2005-02-10	35.76	−90.25	4.1	8
	2005-05-01	35.83	−90.15	4.2	10
	2005-06-02	36.15	−89.47	4.0	8
	2008-04-18	38.45	−87.89	5.3	27
	2008-04-21	38.50	−87.85	4.0	13
	2008-04-25	38.45	−87.87	3.7	17
	2010-01-15	35.57	−97.25	3.8	38
	2010-02-27	35.62	−96.67	4.1	41
	2010-03-02	36.79	−89.36	3.4	5
	2010-10-13	35.19	−97.32	4.3	71
	2010-10-15	35.29	−92.34	3.8	28
	2010-11-20	35.32	−92.30	3.9	42
	2010-11-24	35.63	−97.25	3.9	63
	2010-06-07	38.08	−90.90	3.9	72
	2011-02-28	35.27	−92.34	4.7	27

区域	日期(年-月-日)	纬度(°)	经度(°)	M	台站数($D_1 \sim D_2$)
美国中部	2011-11-05	35.55	−96.75	4.7	50
	2011-11-06	35.54	−96.75	5.6	49
西北太平洋/ 不列颠 哥伦比亚	1997-01-12	49.59	−120.52	3.8	8
	1997-06-24	49.24	−123.62	4.6	9
	2002-06-29	45.33	−121.69	4.1	13
	2002-08-17	49.96	−120.29	4.5	16
	2002-11-29	48.93	−123.04	3.9	5
	2003-11-28	51.83	−125.30	3.9	20
	2004-08-16	46.67	−121.47	4.0	10
	2004-10-06	52.73	−127.15	4.3	14
	2006-10-08	46.85	−121.60	4.3	8
近海	1996-03-10	50.57	−130.44	4.7	5
	1996-03-16	50.47	−130.33	5.1	5
	1996-08-16	51.06	−130.75	5.2	7
	1996-08-16	51.14	−130.67	4.8	7
	1996-10-06	48.80	−128.41	6.3	7
	1996-10-06	48.85	−128.17	4.8	7
	1996-10-06	48.79	−128.25	4.9	7
	1996-10-07	48.82	−128.16	4.6	7
	1996-10-07	48.83	−128.32	4.5	7
	1996-10-07	48.94	−128.26	4.5	7
	1996-10-07	48.92	−128.11	4.9	7
	1996-10-09	49.49	−129.96	5.8	6
	1996-10-13	48.90	−128.16	4.5	7
	1996-10-14	48.84	−128.20	4.6	7
	1996-11-06	50.45	−130.21	4.5	6
	1997-02-05	51.55	−131.46	5.4	6
	1997-03-29	50.48	−130.23	4.5	5
	1997-03-30	50.48	−130.22	4.5	5
	1997-04-13	51.35	−131.20	4.9	6

区域	日期(年-月-日)	纬度(°)	经度(°)	M	台站数($D_1 \sim D_2$)
近海	1997-09-20	50.76	−130.59	5.3	8
	1997-09-20	50.78	−130.57	5.3	8
	1997-10-21	50.41	−130.17	4.6	8
	1997-12-20	50.45	−130.34	4.7	7
	1998-02-08	50.50	−130.29	4.5	7
	1998-02-14	50.84	−130.51	4.5	6
	1998-02-14	50.86	−130.51	4.6	6
	1998-02-18	49.54	−129.86	4.6	5
	1998-06-25	49.99	−130.24	5.3	7
	1998-07-14	48.73	−129.14	4.7	8
	1998-07-14	48.77	−129.02	4.5	8
	1998-07-31	51.36	−130.78	4.7	8
	1998-08-06	48.88	−129.22	4.6	8
	1998-08-06	48.88	−129.35	4.8	8
	1998-08-19	50.39	−130.34	4.9	8
	1998-08-30	50.91	−130.66	6.2	6
	1998-09-01	49.14	−127.77	4.5	12
	1998-09-01	50.73	−130.58	4.8	8
	1998-09-19	49.96	−130.25	5.0	6
	1999-06-28	48.83	−129.29	4.9	5
	1999-07-02	49.23	−129.43	5.8	5
	1999-10-10	48.78	−129.65	4.6	6
	1999-10-10	48.74	−129.63	4.6	5
	1999-10-26	49.03	−129.77	4.6	5
	1999-12-12	51.34	−131.06	4.8	9
	2000-01-18	50.55	−130.37	4.5	6
	2000-02-21	49.19	−130.06	4.8	6
	2000-03-17	48.83	−129.13	4.8	9
	2000-03-25	49.43	−127.73	4.5	13
	2000-04-30	50.78	−130.65	4.6	7

区域	日期(年-月-日)	纬度(°)	经度(°)	M	台站数($D_1 \sim D_2$)
近海	2000-04-30	50.83	−130.65	5.4	10
	2000-04-30	50.54	−130.93	5.7	7
	2000-04-30	51.37	−129.92	5.1	10
	2000-05-01	50.62	−130.53	4.7	7
	2000-05-14	49.95	−130.18	4.9	8
	2000-05-15	49.99	−130.14	5.3	8
	2000-05-15	49.94	−130.33	5.6	7
	2000-09-06	50.07	−130.43	4.6	7
	2000-06-10	50.53	−130.42	5.0	7
	2000-09-27	50.49	−130.48	4.9	7
	2000-10-19	50.43	−130.18	4.8	8
	2000-11-19	50.77	−130.48	4.8	7
	2000-11-19	50.75	−130.49	4.9	7
	2000-11-27	51.07	−130.66	4.8	9
	2001-01-11	48.90	−129.31	6.0	8
	2001-01-13	49.00	−129.25	4.9	8
	2001-01-20	50.49	−130.36	5.5	7
	2001-01-23	49.33	−128.79	5.7	10
	2001-01-23	49.17	−129.10	5.5	7
	2001-01-23	49.10	−129.29	4.5	7
	2001-02-12	50.52	−130.28	4.5	8
	2001-04-10	50.48	−130.40	5.3	7
	2001-05-01	49.91	−130.15	4.5	7
	2001-05-02	49.97	−130.11	4.6	6
	2001-05-02	49.91	−130.15	5.4	8
	2001-05-02	49.94	−130.11	4.7	7
	2001-05-09	48.86	−128.36	4.5	24
	2001-05-16	50.42	−130.23	4.8	8
	2001-07-09	50.58	−130.36	4.9	7
	2001-08-01	49.27	−128.28	4.6	13

续表1

区域	日期(年-月-日)	纬度(°)	经度(°)	M	台站数($D_1 \sim D_2$)
近海	2001-08-05	50.01	−130.25	4.7	5
	2001-09-07	48.83	−128.52	4.7	10
	2001-09-07	48.76	−128.68	5.1	11
	2001-09-08	48.73	−128.78	5.1	10
	2001-09-08	48.83	−128.67	4.6	11
	2001-09-08	48.79	−128.63	4.5	11
	2001-09-08	48.75	−128.70	4.8	11
	2001-09-10	48.82	−128.56	4.8	11
	2001-09-12	48.78	−128.65	5.2	11
	2001-09-12	48.81	−128.64	4.5	11
	2001-09-12	48.76	−128.64	4.8	11
	2001-09-12	48.84	−128.60	4.7	11
	2001-09-12	48.72	−128.64	5.2	11
	2001-09-12	48.72	−128.67	5.2	11
	2001-09-13	48.75	−128.55	4.4	11
	2001-09-13	48.79	−128.62	5.3	11
	2001-09-14	48.69	−128.71	6.0	11
	2001-09-14	48.70	−128.46	5.1	12
	2001-09-14	48.85	−128.51	4.7	11
	2001-09-14	48.73	−128.65	4.8	11
	2001-09-14	48.78	−128.69	4.8	11
	2001-09-15	48.56	−128.56	5.5	11
	2001-09-16	48.47	−128.66	4.8	11
	2001-09-16	48.55	−128.54	4.5	11
	2001-09-16	48.54	−128.60	5.7	11
	2001-09-18	48.49	−128.76	4.9	8
	2001-11-10	48.87	−129.10	4.7	9
	2002-01-28	50.28	−130.24	4.7	7
	2002-02-20	51.18	−131.08	5.1	8
	2002-04-04	50.53	−130.41	4.8	7

区域	日期(年-月-日)	纬度(°)	经度(°)	M	台站数($D_1 \sim D_2$)
	2002-04-18	49.63	−129.06	4.6	11
	2002-05-13	50.46	−130.26	4.9	8
	2002-06-06	50.08	−130.29	4.7	8
	2002-07-10	49.03	−128.82	4.8	11
	2002-07-11	49.06	−128.77	4.6	12
	2002-07-14	48.98	−128.84	4.7	10
	2002-11-03	51.33	−130.95	5.8	9
	2002-11-03	51.50	−130.80	4.6	9
	2002-12-13	50.17	−130.29	5.5	7
	2003-01-07	50.54	−130.30	4.5	6
	2003-03-03	49.89	−130.19	4.8	7
	2003-03-11	50.42	−130.19	4.5	8
	2003-05-29	48.48	−128.81	4.9	7
	2003-07-01	50.50	−130.28	5.0	7
近海	2003-11-07	48.82	−129.09	5.0	9
	2003-12-19	48.85	−129.19	5.4	8
	2004-01-15	49.15	−127.94	4.7	16
	2004-01-25	49.10	−128.06	5.4	15
	2004-02-28	50.94	−130.64	4.8	10
	2004-02-28	50.93	−130.64	4.9	10
	2004-02-28	50.96	−130.65	5.1	10
	2004-07-15	49.52	−127.24	5.8	22
	2004-07-19	49.47	−127.25	6.4	24
	2004-10-28	49.59	−129.81	4.8	6
	2004-11-02	49.14	−129.07	5.2	10
	2004-11-02	49.15	−129.00	6.6	10
	2004-11-02	49.26	−128.94	4.6	10
	2004-11-02	49.24	−129.00	4.8	9
	2004-11-02	48.97	−129.12	4.5	10
	2004-11-02	48.94	−129.28	5.2	9

区域	日期(年-月-日)	纬度(°)	经度(°)	M	台站数($D_1 \sim D_2$)
近海	2004-11-02	49.02	−129.21	5.2	9
	2004-11-02	48.98	−129.24	5.2	9
	2004-11-02	49.20	−129.03	4.9	10
	2004-11-02	49.30	−128.99	4.6	9
	2004-11-04	49.44	−128.90	4.7	10
	2004-11-15	50.51	−130.27	4.7	7
	2005-03-06	48.73	−129.07	5.0	9
	2005-03-11	50.31	−128.72	4.8	8
	2005-03-16	48.73	−128.66	4.5	11
	2005-04-23	50.00	−130.06	4.7	7
	2005-06-08	51.64	−130.96	4.5	8
	2005-06-09	51.45	−131.27	5.9	8
	2005-07-25	50.48	−130.25	4.6	8
	2005-09-06	51.57	−130.82	4.5	8
	2005-11-16	49.87	−130.14	4.9	8
	2005-11-19	48.44	−128.95	5.4	8
	2006-02-06	49.57	−127.65	4.6	13
	2006-03-15	48.80	−128.66	4.5	11
	2006-06-04	50.66	−130.47	5.2	8
	2006-06-20	51.34	−130.90	5.8	9
	2006-08-02	50.45	−130.31	4.6	8
	2006-09-10	49.86	−130.09	5.2	8
	2006-09-28	50.45	−130.23	4.7	8
	2006-09-28	50.44	−130.29	4.6	8
	2007-03-21	48.80	−128.72	4.7	8
	2007-03-23	48.97	−128.84	4.6	9
	2007-05-05	50.55	−130.38	4.8	6
	2008-01-05	50.98	−130.93	5.7	9
	2008-01-05	51.07	−131.06	6.5	8
	2008-01-05	50.83	−130.98	6.4	9

区域	日期(年-月-日)	纬度(°)	经度(°)	M	台站数($D_1 \sim D_2$)
近海	2008-01-05	51.26	-131.46	4.6	7
	2008-01-05	51.26	-131.37	4.6	7
	2008-01-05	51.20	-131.45	5.0	7
	2008-01-06	51.33	-131.30	5.3	7
	2008-01-09	51.50	-131.32	5.9	9
	2008-01-09	51.55	-131.19	4.7	8
加利福尼亚	1999-06-29	34.01	-118.23	3.6	7
	2000-12-24	34.89	-119.03	4.2	8
	2001-01-14	34.28	-118.42	4.3	15
	2001-04-13	33.87	-117.71	3.6	8
	2001-05-23	34.03	-116.75	3.7	20
	2001-07-19	34.27	-117.46	3.8	13
	2002-01-29	34.36	-118.66	4.6	22
	2002-09-17	33.50	-116.76	3.5	11
	2002-11-24	37.76	-121.95	3.9	6
	2003-01-07	36.81	-121.39	4.3	12
	2003-02-02	37.74	-121.94	4.1	5
	2003-05-25	38.46	-122.70	4.2	18
	2003-07-30	38.68	-122.91	4.0	14
	2003-09-05	37.84	-122.22	4.0	5
	2003-09-25	36.82	-121.35	3.5	5
	2003-11-06	37.21	-121.66	3.8	7
	2003-12-04	35.64	-117.57	3.6	5
	2004-02-14	35.01	-119.14	4.5	25
	2004-03-19	34.31	-116.93	3.5	6
	2004-07-14	33.72	-116.05	4.0	5
	2004-07-24	34.39	-119.44	4.2	18
	2004-09-16	34.12	-116.40	3.5	6
	2004-09-22	36.80	-121.53	3.7	9
	2004-09-29	35.39	-118.63	5.0	87

区域	日期(年-月-日)	纬度(°)	经度(°)	M	台站数($D_1 \sim D_2$)
	2004-10-25	36.97	-121.60	3.7	12
	2004-11-13	34.35	-116.84	4.0	13
	2004-11-24	36.61	-121.21	4.4	5
	2005-04-12	32.72	-116.81	3.8	9
	2005-08-06	36.15	-118.07	4.1	16
	2005-09-03	32.51	-116.84	3.6	26
	2005-12-03	34.33	-116.83	3.9	11
	2006-03-29	35.62	-117.59	3.7	10
	2006-06-15	37.10	-121.49	4.4	18
	2006-08-03	38.36	-122.59	4.4	16
	2006-09-02	33.95	-116.37	3.4	7
	2006-09-14	32.70	-116.05	3.7	8
	2006-11-28	35.63	-120.75	3.8	9
	2007-01-17	32.98	-116.32	3.6	5
加利福 尼亚	2007-03-30	36.03	-117.78	4.0	12
	2007-05-24	34.20	-117.39	3.7	9
	2007-06-01	32.68	-116.11	3.6	10
	2007-06-02	33.87	-116.21	4.4	69
	2007-06-04	34.88	-119.23	3.5	9
	2007-06-12	37.54	-118.86	4.6	8
	2007-07-02	36.88	-121.62	4.3	8
	2007-08-09	34.30	-118.62	4.5	70
	2007-09-02	33.73	-117.48	4.4	70
	2007-09-04	32.77	-117.34	3.9	11
	2007-09-23	32.70	-116.05	3.3	7
	2007-10-16	34.39	-117.64	4.0	13
	2007-10-24	35.84	-117.69	4.1	13
	2007-10-31	37.43	-121.77	5.4	17
	2007-12-08	32.65	-116.16	3.6	18
	2008-01-11	35.34	-118.55	3.7	23

区域	日期(年-月-日)	纬度(°)	经度(°)	M	台站数($D_1 \sim D_2$)
	2008-05-20	35.27	−117.35	3.4	5
	2008-06-19	36.68	−121.31	3.8	11
	2008-06-23	34.05	−117.25	3.6	8
加利福 尼亚	2008-06-28	37.58	−118.82	3.9	11
	2008-07-29	33.95	−117.76	5.44	3
	2008-09-05	32.38	−115.24	4.5	32
	2008-09-06	37.87	−122.00	4.1	6

注:东北部和美国中部的 D_1 为 150 km,D_2 为 400 km;西太平洋/不列颠哥伦比亚的 D_1 为 100 km,D_2 为 400 km;近海和加利福尼亚的 D_1 为 100 km,D_2 为 300 km。

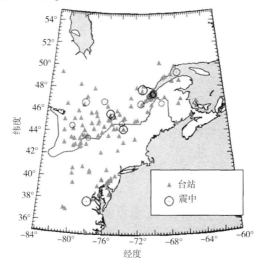

图2 东北部研究事件(具有已知震级 M)和记录台站位置分布

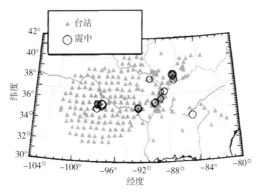

图3 美国中部地区研究事件(具有已知震级 M 的)和记录台站位置分布

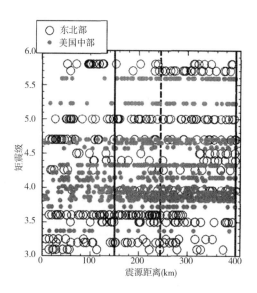

图4 PSA_{1v} 的震级和距离分布

（距离范围从 100～400 km 和 245 km 的中点分别由实线和虚线表示）

2 结果

图5画出了东北部和美国中部这两个地区参考距离（$D_{ref}=245$ km）的振幅。显然这些数据遵从单一的趋势，对这两个地区使用直线拟合是合适的。我们可由下式估计东北部和美国中部地区地震事件的 M：

$$M = 5.20(\pm 0.06) + 0.78(\pm 0.04)\lg(A245) \tag{2}$$

式中：A245 的单位是 cm/s^2。残差的标准偏差是 0.16 单位，对可以确定 A245 的地震事件给出了极好的 M 估计值。与根据诸如 M_N 目录震级估计的 M 相比，本方法的主要改善是估计值可以直接由地震动制图系统地震动数据库参数产生，并且不管区域地震目录使用什么地震标度，跨区域的估计值都可以一致地确定。正如我们在下一节所说明的，该方法也有助于在地震动过程简单地震学模型背景下解释地震动。

2.1 与点源模拟预测的比较

我们可以把 M 与 1 Hz 伪加速度振幅之间的经验关系（式（2））和我们基于随机点源模型的预测做个比较。对一个特定矩事件假定一个单拐角 Brune（1970，1971）点源模型，我们使用 SMSIM 程序（Boore，2003，2009）在 245 km 距离处生成模拟加速度时程，根据这一时程算出伪加速度振幅（算 800 次取伪加速度振幅均值）。输入衰减模型是双线性模型，有从 b 到 a 为 70 km 的过渡距离（R_t）给出的几何扩散斜率，更远时斜率为 $b_2=-0.5$。滞弹性衰减由 $Q=470f_{0.3}$ 给出。持续时间假设随距离增长为 0.05R，物理常数与 Atkinson 和 Boore（2006）给出的相同。选定的衰减模型表明对北美东部的伪加速度振幅有合理的匹配（例如，Atkinson，2012；Babaie Mahani 和 Atkinson，2012），也与最近的其他北美东部衰减模型相似（例如，Boatwright 和 Seekins，2011）。对于中小震级地震，1 Hz 处的幅值对控制频谱水平唯一自由参数的应力降不敏感。这一点在图6中说明，图中画出了应力降为 50～500 bar 用随机点源预测的 A245 与 M 之间观测的关系。我们注意到观测结果与

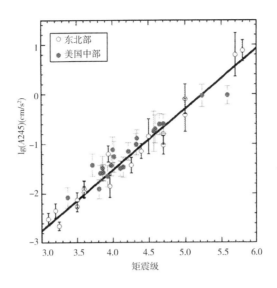

图5　M 与 A245(245 km 参考距离点的 PSA_{1v})关系校准线

(误差棒表示每个地震事件 A245 的标准偏差(式(1)中的残差项))

模拟模型吻合得很好,我们预期就可得到这个一致性结果,因为模拟选用的衰减模型参数是由 Babaie Mahani 和 Atkinson(2012)根据非常类似的数据库推导出的。

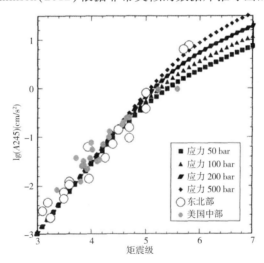

图6　50 ~ 100 bar 应力降($b_1 = -1$, $b_2 = -0.5$, $R_t = 70$ km, $Q = 470f_{0.3}$,

路径持时 0.05R)的随机点源模型的 A245 与 M 的预测关系的比较

虽然模拟的 A245 与 M 之间的关系对应力降不敏感,但它确实显示了对衰减的显著敏感性。图7说明了这一点,表明预测的关系曲线水平对70 km 内的几何扩散斜率 b_1 很敏感。我们也研究了其他的敏感性,但为了简便起见,没有用图形说明。我们发现只有选择很低的 1 Hz Q 值(接近 100)时,这种关系才对 Q 敏感(假定超过 70 km 几何扩散系数固定为 0.5);Q 值与文献中报告的北美东部的值一致(1 Hz 的 Q 值大于 400)时,这种关系对 Q 值不敏感。同样,这一关系对路径持续时间也不敏感,至少对直到 0.1R 的路径持续时间不敏感。

重要的是认识到对几何扩散地点的敏感性对从震源至 245 km 的衰减总量而不是对衰减曲线形状有约束。特别是,图 7 中提供的用 $b_1 = -1 \sim 70$ km 的双线性模型预测线给出了 2.12 个对数单位从 $1 \sim 245$ km 由几何扩散产生的总衰减,即 $\lg(70) + 0.5\lg(245/70)$。使用不同的衰减模型形状可以获得同样的衰减量。例如,如果我们假定用 Atkinson(2004)的三线性模型,到 70 km 时 $b_1 = -1.3$,那么到 140 km 过渡斜率为 $+0.2$,$1 \sim 10$ km 再加近源饱和(参见 Atkinson 和 Assatourians,2010),我们就会预测出几乎相同的衰减量,因此预测线也相同。所以,受约束的是总衰减,而不是衰减函数的形状。

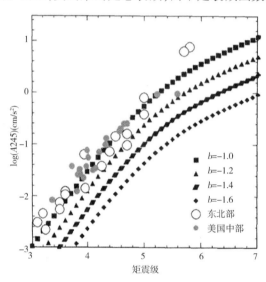

图 7　几何扩散系数从 $-1.0(R < 70$ km$) \sim -1.6$(应力降 = 100 bar,$b_2 = -0.5$,$R_t = 70$ km,$Q = 470f_{0.3}$,路径持续时间 $0.05R$)的随机点源模型的 A245 与 M 的预测关系和观测结果的比较

在给定 M 值的情况下,区域距离上预测的地震动幅值对近距离约束差的几何扩散函数的敏感性突出了我们提出的使用区域观测资料确定 M 的主要优势,即不依赖于近源的衰减。相比之下,根据用衰减模型准确到震源的区域位移频谱振幅估计 M 的可选方法(例如,Atkinson,1993,2004)对衰减模型的选择非常敏感。

2.2　对其他地区的应用

为了评估矩震级估计方法对其他地区的有效性,我们把同样的方法用到了北美西部(WNA)的 3 个地区,包括西北太平洋/不列颠哥伦比亚(PNW/BC)的地壳地震、西北太平洋/不列颠哥伦比亚和加利福尼亚的地壳近海地震。对近海和西北太平洋/不列颠哥伦比亚的地震,我们把工程地震学工具箱数据库作为我们的 1 Hz 伪加速度振幅资料,而对加利福尼亚的地震,使用了下一代衰减关系西部 2(NGA-West 2)数据库。在近海区域我们使用的大多数地震报告的目录震级是矩震级。对加利福尼亚和西北太平洋/不列颠哥伦比亚地震事件,数据库报告了多种震级。这些包括对西北太平洋/不列颠哥伦比亚地震报告的 M(对一些事件)、M_L(近震震级)和 M_c(尾波震级),以及对加利福尼亚地震报告的换算(或估计的)M 值和 UK(未知震级)。对近海和西北太平洋/不列颠哥伦比亚的地震,

M 值(如果有)直接取自工程地震学工具箱目录,而对加利福尼亚的地震,则取自下一代衰减关系西部 2 数据库。图 8 画出了北美西部所研究事件的位置;进一步的细节在表 1

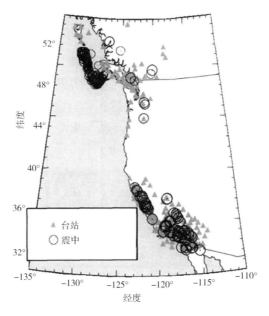

图 8　北美西部研究事件和记录台站的位置分布

中提供。图 9 显示了近海、西北太平洋/不列颠哥伦比亚和加利福尼亚地震事件在震级—距离空间内 1 Hz 伪加速度垂直分量振幅(PSA_{1v})的观测结果分布。我们对这 3 个地区用式(1)再次进行了分析。不过,我们调整了拟合振幅的距离范围(D_1 和 D_2)使其适合相应地区。对近海和加利福尼亚,我们分别使用了 $D_1 = 100$ km 和 $D_2 = 300$ km(这样,中点 D_{ref} = 173 km)。对西北太平洋/不列颠哥伦比亚,我们选取了 $D_1 = 100$ km 和 $D_2 = 400$ km(这样,中点 $D_{ref} = 200$ km)。与北美东部的情况一样,在查看了无数衰减曲线之后,我们选择的距离可使所用的数据最多,同时保持振幅衰减有理想的稳定性。图 10 显示这 3 个地区在参考距离的振幅随已知矩震级的变化。对北美西部我们可以根据北美东部如下形式的方程求得 M:

西北太平洋/不列颠哥伦比亚为

$$M = 5.09(\pm 0.16) + 0.52(\pm 0.09)\lg(A200) \tag{3}$$

其残差标准偏差 $= 0.11$;

近海为

$$M = 5.92(\pm 0.05) + 0.68(\pm 0.03)\lg(A173) \tag{4}$$

其残差标准偏差 $= 0.24$;

加利福尼亚为

$$M = 5.13(\pm 0.05) + 0.75(\pm 0.03)\lg(A173) \tag{5}$$

其残差标准偏差 $= 0.14$。

图 11 显示了北美西部研究区域的目录震级与估计矩震级的关系曲线。该图显示出西北太平洋/不列颠哥伦比亚事件相对其他地区其他震级对的多变性,特别是 M_c,这可能是由该地区复杂的地质构造造成的。西北太平洋/不列颠哥伦比亚地震事件发生在不同的构造中,包括浅源地壳地震和板内地震(例如 Atkinson,2005)。由于震源和衰减过程的不同,不同的地震类型可能在 M 与区域地震动幅值之间存在不同的关系,但要求解这些差异和确定各自的关系,目前现有的数据还不充足。要更好地确定西北太平洋/不列颠哥伦比亚地区地震事件的 1 Hz 伪加速度垂直分量振幅(PSA_{1v})与地震矩的关系,还需要有更多的已知地震矩的地震事件,还需要做进一步的工作。

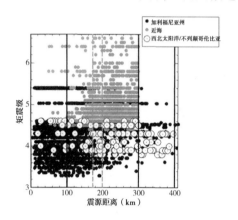

图 9 PSA_{1v} 的震级和距离分布(震中距范围为 $D_1 \sim D_2$(以 km 为单位),中点 D_{ref} 分别由实线和虚线表示。对加利福尼亚和近海事件,D_1、D_2 和 D_{ref} 分别为 100 km、300 km 和 173 km;对西北太平洋/不列颠哥伦比亚事件,D_1、D_2 和 D_{ref} 分别为 100 km、400 km 和 200 km)

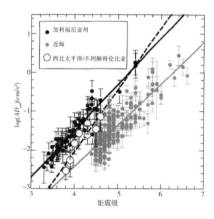

图 10 北美西部参考距离(AD_{ref})处 M 对 PSA_{1v} 的校准(误差棒表示每个事件的 AD_{ref} 的标准偏差(式(1)中的残差项)。对加利福尼亚和近海事件,D_{ref} 是 173 km;对西北太平洋/不列颠哥伦比亚事件,D_{ref} 是 200 km)

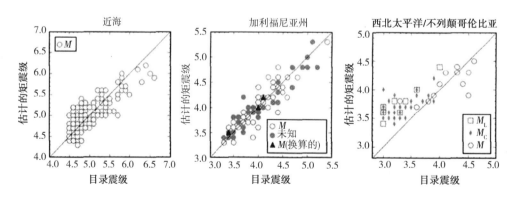

图 11 北美西部目录震级与估计的矩震级的关系

3 结论

使用式(2)~式(5)提供的关系式,根据区域1Hz响应谱振幅(垂直分量)能够估计北美 $M<6$ 地震事件的矩震级,大多数区域的不确定性小于0.2个单位(残差标准偏差)。地震事件在100~400 km距离范围内(近海和加利福尼亚州为100~300 km;西北太平洋/不列颠哥伦比亚为100~400 km;东北部和美国中部为150~400 km)只要有不少于5个观测值,M 与1 Hz伪加速度垂直分量振幅之间的关系就是稳健可靠的。东北部和美国中部的经验衰减关系与北美东部典型区域衰减模型的随机点源模型的预测结果一致。

数据来源

东北部、近海和西北太平洋/不列颠哥伦比亚地区的地震动数据从工程地震学工具箱获得(www. seismotoolbox. ca;最后访问时间是2012年8月)。对美国中部,使用了下一代衰减关系东部数据库(https://umdrive. memphis. edu/ccramer/public/NGAeast/;最后访问时间是2012年5月)。对加利福尼亚,使用了下一代衰减关系西部2数据库的初始版本,从而在下一代衰减关系西部2项目内可使用这些震级估计值;然而由于还在编辑阶段,完整的下一代衰减关系西部2数据库还没有公开。我们能够从网上获取下一代衰减关系 – 西部1数据库(http://peer. berkeley. edu/ngawest/nga_flatfiles. html;最后访问时间是2012年8月)。矩震级资料取自 R. B. Herrmann 的矩张量解网站(http://www. eas. slu. edu/eqc/eqc_mt/MECH. NA/;最后访问时间是2012年8月)。中强地震事件($M>5$)的矩张量取自全球矩心矩张量项目(全球矩心矩张量计划目录可在 www. globalcmt. org 获取,最后访问时间是2012年9月)。本文中的图件用 Co-Plot 软件绘制。回归用 MATLAB 进行。

译自:Bull Seismol Soc Am. 2013,103(1):107-116

原题:Estimation of Moment Magnitude from Ground-Motions at Regional Distances

杨国栋、李晓峰译;吕春来校

关于主震的震源机制和余震空间分布

K. Wong　　F. P. Schoenberg

摘要：尽管以前的观测结果表明余震主要沿主震断层面分布，但许多地震发生的分支模型在预测余震空间分布时并没有直接包含主震矩张量的信息，或者简单地通过使用空间核的方式操作，这种做法迄今并没有得到严格的检验。我们分析了南加利福尼亚州的走滑地震事件并再度研究了主震矩张量和余震位置的关系。使用南加利福尼亚州地震数据中心（SCEDC）目录的资料，我们发现了大量证据，表明在走滑地震断层面的方位上余震分布最集中，这一发现和以前的研究结果一致。我们提出了一种联合分布模型，依据余震的距离和相对角度将余震位置参数化。我们将这个模型和以前根据正态分布与余弦平方函数提出的模型做了对比。使用残差分析和加权的 K 函数作为诊断手段，我们发现正态分布模型和余弦平方分布模型都存在严重的问题，而且我们提出的联合分布模型同时具有类似上述两模型的特征，但对南加利福尼亚州地震数据拟合结果远比上述两模型好。

引言

在总结被广泛应用的时间—震级地震发生模型（Ogata，1988）的过程中，Ogata（1998）对他以前提出的蔓延型余震序列（ETAS）模型在空间方面进行了拓展。根据余震序列趋于遵从椭圆而不是圆的分布图案的观测结果，Ogata（1998）致力于说明建立各向异性余震衰减函数的必要性，并建议将正态分布作为相对于触发余震的主震的余震空间分布模型。

虽然正态分布作为余震位置分布的一阶近似是可以接受的，但其优越性还是缺乏证据。而且，正态分布模型没有包含在预测余震发生模式中具有重要价值的主震震源机制的信息，而余震通常发生在相应的主震断面上或附近则是被广泛观测到的事实。例如，Willemann 和 Frohlich（1987）使用 Anderson-Darling 统计检验了相对于均匀分布的主震震源球上的余震分布，结果表明，对于深源地震，距主震距离超过 20 km 的余震在和达清夫 – 贝尼奥夫带的平面里呈现出了显著的丛集现象。Michael（1989）使用同样的方法对加利福尼亚州的 6 个浅源余震序列进行了检验并发现了断层面上的显著丛集。Kagan（1992）使用等面积投影而不是 Anderson-Darling 统计的更为严谨的方法，同样得到了关于地震沿断层面丛集的类似结论。根据这一结果，Kagan 和 Jackson（1994）在长期地震预测中引入了他们的空间平滑核的各向异性函数。

上述研究全部聚焦于震源球确定方向上的震中丛集现象。我们认为，上述分析基本上忽视了主震震中和余震震中之间距离及主震和余震相对角度的内在的重要关系。本文试图联合模拟主震和余震之间的这种角度和距离。

我们的分析将1999～2006 年在南加州发生的地方震级 $M_L > 3.0$ 的走滑地震事件作为主震。考虑到在地震目录中精确的分支结构评定的困难和主观性，我们效仿 Zhuang 等（2002）使用基于模型的方法随机识别余震序列。对余震的空间分布我们提出了一个半参数化模型,该模型由相对主震的距离的边际分布和对主震的相对角度的条件分布组成。我们用这个模型分别和其他两个用于描述余震与地震图像的模型(正态模型与 Kagan 和 Jackson(1994)的空间平滑核模型)作了对比。在方法一节我们给出了关于目录和这些模型的细节。在结果一节,我们不仅显示出了余震在主震破裂面丛集,而且显示出了余震与主震的距离对余震和主震相对角度的分布具有巨大的影响。我们使用点过程残差和加权 K 函数评价了各种模型的拟合,结果表明我们提出的半参数化模型对南加利福尼亚州地震活动拟合得最好。在结论一节,我们给出了讨论和对将来工作的建议。在数据来源一节,我们给出了数据集的来源。

1 方法

1.1 数据初步分析

在这里我们集中分析 1999 年 9 月 18 日至 2005 年 12 月 31 日发生的震中在南加利福尼亚州、矩震级在 3.0 及其以上的南加利福尼亚州地震数据中心(SCEDC)目录中的南加利福尼亚州地震事件(见数据来源一节)。对于主震和余震的位置我们使用了南加利福尼亚州地震数据中心出版的矩张量目录。将目录中的频度—震级分布和古登堡－里克特分布进行比较之后我们认为,虽然由于在台网边缘缺乏保证质量的矩张量解而造成台网边缘上的一些地震事件缺失(Clinton 等,2006),但我们认为 M3.0 以上的地震事件是完整的。先前的研究人员使用反映反演过程精度的质量等级标记了所有质量有保证的矩张量解,反演过程精度取决于地震事件相对于观测台站的相对位置,以及地震的震级和震源深度(Clinton 等,2006)。这三个质量等级是 A、B 和 C,其精度依次降低。

由于不同类型的地震事件的余震活动模式可能差异很大,在本文我们只考虑围绕其矩张量解的质量等级为 A 或 B 的走滑地震的余震活动,围绕其他类型的地震事件的余震活动分析我们打算将在以后的工作中使用类似的方法做。正如 Kagan 和 Jackson(1998)指出的那样,走滑破裂的几何简单性减少了描述和解释余震模式的困难:在走滑地震事件中,断层面和地球表面几乎近于直交,这样,断层的方位角基本上精确表达了断层面本身。

南加利福尼亚州布满了大量的右旋走滑断层。因此,南加利福尼亚州的地震事件大部分属于走滑地震事件。在本文中我们把矩张量的中性轴(轴)在竖直方向 20° 之内的事件归为走滑事件(以前的一些研究人员把 30° 而不是 20° 作为截断角度)(Frohlich,1992,2001)。这样走滑事件具有几乎垂直的断层面,运动方向几乎是水平的。南加利福尼亚州地震数据中心目录中大致 1/3 的地震事件属于这一类。

在确定主—余震事件分配时,我们使用了 Zhuang 等(2002)采用的基于模型的方法。在这个方法中,设定余震序列模型,根据模型在概率上分配余震分支结构。比如,取时空蔓延型余震序列模型(Ogata,1998),并假设在点 (t,x,y) 的条件强度是背景与触发强度的和:

$$\lambda(t,x,y\,|\,H_t) = \mu(x,y) + \sum_{i:t_i<t} g(t,x,y\,|\,t_i,x_i,y_i)$$

式中:$\mu(.)$ 为背景速率常数;$g(..)$ 为响应函数。

在对目录拟合模型后,可以把事件 j 归为较早事件 i 的余震。其概率为 $\rho_{i,j}$,它被定义

为点(t_j, x_j, y_j)处的响应函数和条件强度的比，即

$$\rho_{i,j} = g(t_j, x_j, y_j \mid t_i, x_i, y_i) / \lambda(t_j, x_j, y_j \mid H_{t_j})$$

对于目录中任意的地震事件 i，通过保持其所有的带有概率 $\rho_{i,j}$ 的后续事件，其余震序列的随机实现都可以被拟合，其中 $j = i + 1, i + 2, \cdots, n$。在我们的具体分析操作中，我们使用 Ogata(1998)的蔓延型余震序列模型(2.3)，借助最大似然法(ML)，仅以走滑事件作为触发事件进行拟合。表 1 给出了参数估计结果。如前所述，本文只探索南加利福尼亚州走滑地震事件的分支行为，因此在这里我们只模拟了由走滑地震事件触发的蔓延型余震序列分支结构模型。我们使用了 Zhuang 等(2002)的概率方法避免了通常在确定主—余震分配时的任意性和主观性。而且我们多次重复了这种概率分支分配，结果表明本文的主要结论不受影响。以下我们只针对 Zhuang 等(2002)分配过程的单个实现过程。我们内容的分析与具体的事件是否为主震、余震或震群的辨别无关。本文中为了便于说明问题，我们把南加利福尼亚州地震数据中心质量等级为 A 和 B 的地震目录中的走滑地震称为主震。根据这些定义，本目录中含有 190 个清晰可辨的主震，它们总共具有 1 224 个参与拟合的余震。

表 1　蔓延型余震序列模型参数最大然似估计值

$\alpha(\mathrm{M}^{-1})$	$c(\mathrm{d})$	$d(\mathrm{km})$	κ_0	$\mu(\mathrm{shocks/day/km^2})$	p	q
0.255	0.346	2 903	1.008	1.888×10^{-7}	1.324	1.305

我们仔细考察了如图 1 所示的余震对具有震源机制解的主震的相对位置。这个标志表达了右旋走滑的震源机制。余震相对主震的相对位置由 r 和 ϕ 量度，此处 r 是介于两事件的震中之间的距离，ϕ 是介于余震和主震断层面间的角度分离(下面我们把地表面和具体事件有关的断层面的交线称为断层面)。我们假定南加利福尼亚州的所有走滑断层都是右旋走滑的，除非经审查个别余震序列清晰地表明走滑断层是左旋的，这样断层面模糊不清的问题就得到了解决。Gomberg 等(2003)观察到了不同构造环境下很多 $M_S > 5.4$ 级地震单侧走滑破裂的强烈的方向性效应。单侧破裂具有反对称触发的余震，在具有各种大小地震的庞大目录中要确定这样的地震事件的数量和它们的传播方向不是件容易的事情。因此，我们将忽略可能的方向性效应，把断层面作为无方向含义的轴来处理。为了试验性地区分主震震源机制的压缩区和拉张区，人们可以对右旋走滑事件通过余震震中偏离最近的主震断面的顺时针转角定义，对左旋走滑事件通过相应的逆时针转角定义。这样，ϕ 的跨度为 $0 \sim \pi$，并且 $\phi \in (0, \pi/2)$ 和 $\phi \in (\pi/2, \pi)$ 分别表示压缩区(含 P 轴)和拉张区(含 τ 轴)。主震滑动造成的库仑应力变化在两个区(压缩和拉张区)是不同的，但我们发现两个区的余震数目是相近的：拉张区 618 个，压缩区 606 个。为了检验这两个区被观察到的余震模式的差异在统计上是否显著，我们把沿 y 轴的拉张区设定成第一象限，对两种分布差异显性进行了 x^2 检验。每个区首先被限定在 $[0,20] \times [0,20]$ 的窗口内，再将其划分成 3×3 的直线网格。仅对含有 5 以上点的小单元格进行检验，x^2 检验获得了 5 个自由度 3.98 的检验统计量，相当于 0.55 的 p 值。鉴于这样的证据，在本文的其余部分，我们对这两个区没有作区分，并通过把 ϕ 定义为对最近断层面的绝对角度偏离，它限定在 $(0, \pi/2)$。

在下一节我们也研究了使用相对重定位目录对描述模型的参数估计值的影响。我们

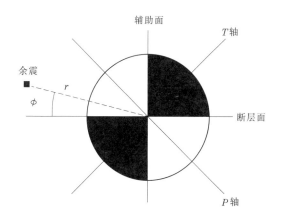

图 1　余震对右旋光滑主震震源机制的相对位置

采用 1984～2002 年南加利福尼亚州重定位的 $M3.3$ 的地震事件(Shearer 等，2005)和它的质量等级为 A 和 B 的震源机制(Hardebeck 等，2003)(见数据来源 ·节)。

1.2　提出的余震相对位置 TPWE 模型

我们在极坐标系中提出了余震相对位置的分布模型，它是两种分布的乘积：①主余震之间距离 r 的边缘渐缩的帕雷托分布；②在给定距离 r 的条件下主余震之间相对角度 ϕ 的围包指数(WE)分布。该分布可以被写为 $f(r,\phi) = \dfrac{1}{r}f_r(r)f_{\phi|r}(\phi \mid r)$，式中 f_r 和 $f_{\phi|r}$ 是每个要估计的一维的密度。因此，$\int f(r,\phi)rdrd\phi = 1$。在下文中我们把这个模型称为渐缩的帕雷托围包指数(TPWE)模型。

以前人们使用各种方法研究过主余震之间的距离分布。Utsu(1969)指出余震区域趋于椭圆型。Ogata(1998)根据这个研究，对在近距离衰减函数呈正幂率或远距离衰减函数呈负幂率的问题提出了质疑，并另外提出了几个矩加权的模型。Felzer 和 Brodsky(2006)指出，负幂率很好地描述了距离在 0.2～50 km 的余震的衰减。在时间独立的框架内，Kagan 和 Jackson(1994)使用了正比于 $1/r$ 的密度表述主震和余震之间的距离做出了长期地震危险区划图。

最近以来，几位作者已经开始使用渐缩的帕雷托分布描述，像遵从某种幂率型行为的地震矩现象的分布(Jackson 和 Kagan，1999；Vere-Jones 等，2001)，这种分布的尾部不像帕雷托分布那样重，而且 Schoenberg 等(2008)用渐缩的帕雷托分布来描述南加利福尼亚州相继发生的地震的距离和时间。渐缩的帕雷托分布具有累积分布的函数：

$$F_{tap}(x) = 1 - (a/x)^{\beta}\exp\left(\frac{a-x}{\theta}\right)$$

$$a \leqslant x \leqslant \infty$$

式中：θ 为在其后频率开始迅速衰减的阈值。

有关渐缩的帕雷托分布的密度、特征函数、地震矩和其他性质的其他信息见 Kagan 和 Schoenberg(2001)的文章。

虽然对 r 密度已经提出了各种模型，但迄今 $f_{\phi/r}(\phi|r)$ 还是由缺乏细致研究的主观的内容构成的。Kagan 和 Jackson(1998)使用方向性函数作为空间平滑核的一部分，被表达

为 $D = 1 - \delta\cos^2(\phi)$，式中 δ 为量度假定断层面及其附近的地震震中的集中度。这里的 D 和 $f_{\phi|r}(\phi|r)$ 的针对性不完全相同，因为 $f_{\phi|r}(\phi|r)$ 关系到余震，也就是主震之后的地震活动，而 D 则是描述在任何地震周围的不依赖时间 ϕ 的的分布。我们的研究进一步指出，对于南加利福尼亚州地震数据中心的资料，ϕ 的分布似乎依赖于 r，所以给定 r 的 ϕ 的条件分布比 ϕ 的整体边缘分布更有意义。由于缺乏具体函数构成的理论支持，我们这里采用了一种半参数化方法。我们提出了一个称为围包指数的环形分布，如后面所述，在"仓"内可以局部地估计围包指数分布的单一参数 λ。

围包分布有助于模拟类似主—余震之间相对角度的角度变量（Mardia 和 Jupp，2000）。顾名思义，围包分布就是由围包单位圆圆周实线分布得到的。也就是说，如果 x 是具有任意概率密度函数 f 的实随机变量，那么 f 的围包模拟具有密度：

$$f_w(x_w) = \sum_{-\infty}^{\infty} f(x_w + 2k\pi) \quad x_w \in [0, 2\pi]$$

式中

$$x_w = x(\bmod 2\pi)$$

这种方法可用于任意概率分布以产生大类环形分布，围包高斯和柯西分布就属于这一类。然而，绝大多数这样的围包函数都存在一个共同的缺点，即缺乏封闭的表达形式，这使得参数估计困难。一个例外是，在围包指数中，无限序列收敛，而且具有惊人简单的解（Jammalamadaka 和 Kozubow ski，2001）。Jupp 等（2004）使用围包指数模拟由周期过程触发的地震事件并通过对指数密度 $f(x) = \lambda e^{\lambda x}$，$x > 0$ 应用围包过程得到围包指数模型。因为在本分析中依定义 ϕ 的变化范围是 $[0, \pi/2]$，所以它仅环绕 $1/4$ 的圆弧而不是整个圆。在这 $1/4$ 的圆弧上，围包指数分布具有密度：

$$f_{we}(\phi) = \frac{\lambda e^{-\lambda\phi}}{1 - e^{-\lambda\pi/2}} \quad \phi \in [0, \pi/2]$$

注意，由于指数分布的无记忆性，上式等同于线上截断指数随机变量的密度，即 $f(X|X < \pi/2)$。

围包指数模型具有唯一的形状参数 λ。当 $\lambda = 0$ 时，围包指数相应于均匀分布。随着 λ 的增加，分布的偏斜度增加，当 λ 趋于 ∞ 时，该分布衰变为 $\phi = 0$ 处的点集。在这篇分析报告中，λ 可被认为是一个余震方位角集中度参数。有了这唯一的参数，围包指数模型给出了给定了 r 的 ϕ 的条件分布的很好拟合。然而，证据表明，ϕ 的条件分布变化依赖于 r 的值。一种模拟对 r 的依赖性的方法是让参数 λ 作为 r 的函数变化。我们建议使用相继的不同"仓"的最大似然来估计 λ 的局部值，每个"仓"含有 n 对点，根据主—余震间的距离 r 分"仓"；为了更精确地估计每个"仓"内的 λ，我们使用所有可能的主—余震对，对每对以属于实际主—余震对概率 $\rho_{i,j}$ 进行加权。我们使用了不同的 n 进行了试验，为得到满意的偏方差权衡我们选择了 $n = 200$。

余震的分布是否依赖于主震大小是个有争议的问题（Kagan，2002；Huc 和 Main，2003；Davidsen 和 Paczuski，2005）。在本项分析中我们试用附加的相对距离解释可能存在的尺度效应。我们根据经验公式估算了断层的地表破裂长度 L（Wells 和 Coppersmith，1994），并采用了以断层长度为单位的相对距离 r/L。我们也研究了 r/L 的边际分布和 ϕ 相对 r/L 的条件分布，采用的方法和针对 r 的情况相同。

我们认为重定位了的地震事件的位置更精确,发现其分布和断层构造吻合得更好。如果在重定位地震目录中强余震的确丛集在主震断层面上,我们可以预期较大的 λ 估计值。对于重定位的地震目录,我们使用前面描述的方法重新估算了 λ 值并把得到的 λ 值和使用南加利福尼亚州地震数据中心目录得到的估计值做了对比。因为重定位的地震目录比南加利福尼亚州地震数据中目录涵盖的时段更长,同时截断震级也较高,所以在关于余震沿断层方向的丛集方面,我们提供的对比结果应该更有意义。

1.3 其他模型

为了对比,在本文中我们考虑了另外两个模型。第一个模型是正态模型,第二个模型是 Kagan 和 Jackson(1994)的空间平滑核模型。正态模型是提出用来描述余震的相对位置的,所以正态模型肯定对我们处理的问题是适合的。相比之下,Kagan 和 Jackson 的模型是在稍微不同的背景下提出的,然而如后所述,这个模型仍然构成了对比的相关模型。正态模型通常被用为余震序列适宜简单的空间分布模型(Rhoades 和 Evison,1993;Ogata,1998;Kagan,2002)。Ogata(1998)对其稍作修改,根据正态模型引进了各向异性函数作为他的早期的蔓延型模型(Ogata,1988)的空间拓展,并使用各向异性度量取代欧几里德度量,提出了适用于解集目录中每个余震序列的各自的正态模型。支持这种正态模型的强有力的证据是常见的余震区的椭圆形状(Rhoades 和 Evison,1993)。

应用这些地震的震源机制的信息,Kagan 和 Jackson(1994)估算了作为平滑核的加权和的地震长期速率密度,每个都以先前的第 i 个地震的震中为中心。采用现行的表达,Kagan 和 Jackson(1994)把点 (x,y) 处的密度估计为:

$$f(x,y) = \sum_i f_i(r_i, \phi_i, M_i) + s$$

考虑到允许远离过去的地震,式中 $s = 0.02$ 是个小常数。此处有意义的是他们提出的平滑核:

$$f_i(r_i, \phi_i, M_i) = A(M_i - M_{cut})[1 + \delta\cos^2(\phi_j)]\frac{1}{r_i}$$

式中:A 为归一化常数;M_i 为地震的震级;δ 为控制在相对地震震源机制方向上的方位集中度的参数(Kagan 和 Jackson,1994)。

在下文中,我们把这个模型称为 KJ 模型。Kagan 和 Jackson 使用他们的专门知识选择 δ。在余震沿断层面集中度高的区域,δ 应该被赋予大的值,而在地震分布发散的区域,δ 应该被赋予小的值。Kagan(1992)根据震源机制和震源在震源球上的分布的分析结果确定了平滑核的选择。虽然这个模型是由分析俯冲带的地震提出来的,但 Kagan 等(2007)把这个模型用于了南加利福尼亚州的地震活动,取 $\delta = 100$。在当前的分析中,通过最大似然选取 δ 值。

1.4 模型评价

我们致力于研究 $[0,20] \times [0,20]$ 范围内的主—余震相对位置子集,在子集内比较不同模型的拟合质量。一种评价点过程的空间密度拟合质量的方法是 Baddeley 等(2005)提出的,该方法通过考察各个小方块上的残差来做。也就是把空间分成小格,计算每个小格的残差,还可以使用各种方法把残差标准化。比如,可以把相应于第 i 个小格

的残差 R_i 定义为

$$R_i = \frac{N_i - E_i}{\sqrt{E_i}}$$

式中,N_i 为小格中观察到的点数;E_i 为期望的被定义的点数。

可以通过在第 i 个小格上对估算的密度 f 积分来求 E_i。这实际上就是泊松对数—线性回归中的皮尔森残差。依定义,残差被标准化成具有零均值和大约为 1 的标准偏差。残差中的极端值和系统性的样式可能揭示了拟合的欠缺。Ripley(1981)描述的 K 函数常被用来检测过度的丛集或在点过程中起抑制作用。函数 $K(h)$ 被定义为在任何给定点的 h 内平均附加点数除以总速率。零假设就是基本的点过程为均质的泊松过程。在假设是非均匀的情况下,每个点可以根据考虑的点过程的速率被加权,得到加了权的或者非均质的 K 函数(Baddeley 等,2000)。对南加利福尼亚州的地震,Veen 和 Schoenberg(2005)使用加了权的 K 函数评价了点过程模型的空间分布。为了检验在区域 D 的点(主—余震对)的空间强度为 $f_0(x,y)$ 的零假设,加权 K 函数可以定义为

$$K_W(h) = \frac{1}{f^2 \cdot N} \sum_i w_i \sum_{j \neq i} w_j l$$

$$(\,|\,p_i - p_j\,| \leqslant h\,)$$

式中:N 为观测到的点对总数,$f* := \inf\{f_0(x,y);(x,y) \in D\}$ 为被观测区域上的密度下确界,$l(.)$ 为指示函数,这里,$w_r = f*/f_0(p_r)$,式中 $f_0(p_r)$ 是模拟的矢量距 p_r 处的点对密度。Veen 和 Schoenberg(2005)证明,对于在区域相对大于点间距离 h_n 的分区域上 f_0 是局部常数的泊松分布,加权 K 函数近似于均值为 πh^2、方差为 $2\pi h^2 A/[E(N)]^2$ 的正态分布,此处的 A 是被研究区的尺度,N 是在 A 中被观测到的点数。应用 K 函数或加权 K 函数的一个普通问题是边界修正问题。像 Ripley(1981)指出的那样,一种边界修正的方法是做沿点被观测边界的点(这里每个点就是一个主—余震对)的镜像。因为我们观测到的全部点都被限定在平面上第一象限,所以我们映射出了沿 x 轴和 y 轴的每一个点。

统计推断由模拟置信区间得出。我们取了 4 000 个样本,对每个样本估算了加权 K 函数。根据这些加权 K 函数,我们形成了做统计推断的 95% 逐点置信区间。

2 结果

2.1 提出的模型拟合

图 2 显示出了方法一节描述的主—余震对的子集。毫不奇怪,很显然 x 轴附近(即断层面)点的集中度高于其他地方。人们可以看到,当接近主震时,余震似乎沿各个方向分布均匀一致,当远离主震时,余震沿断层面方向(即沿 x 轴)趋于优势分布。人们也可以看到,当主—余震很近时观察到的主—余震之间距离 r 的离散性,这是因为目录测量中的分辨率的问题。注意,混合有估算误差的震中定位舍入误差在估算 ϕ 角时可能会使误差变大,特别是在 r 小时。这里一个小的位置变化就会引起大的 ϕ 角变化。为了避免处理这些带有噪声的观测结果,Willemann 和 Frohlich(1987)与 Michael(1989)抛弃了所有距主震 5 km 之内的余震。

图 3 示出了 r 的生存函数,一个是双对数标度下拟合的帕雷托分布(即逆幂率分布),

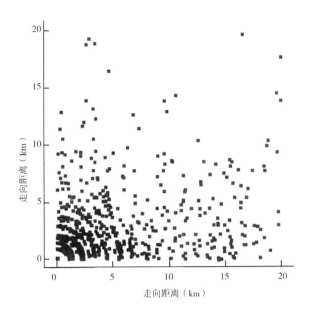

图2 主震断层面的主—余震相对位置散布图,仅显示出了 20 km × 20 km 窗口的子集

一个是双对数标度下拟合的渐缩的帕雷托分布。该图表明帕雷托分布对 r 小于 50 km 的数据拟合得较好,这和 Felzer 和 Brodsky(2006)的观测结果一致。另外,渐缩的帕雷托分布在同样的范围拟合得一样好。然而它的尾部明显拟合得更好。

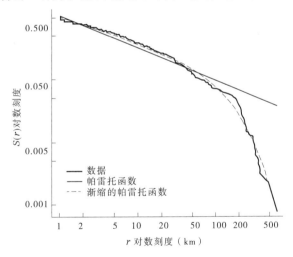

图3 主—余震距离 r 的生存函数($1 - F(r)$)

图4 显示了对 r 的三种不同范围(即 10 km $\leqslant r <$ 15 km,5 km $\leqslant r <$ 10 km,和 $0 \leqslant r <$ 5 km)的 ϕ 的条件直方图。对于 $r <$ 5 km,可以看到 ϕ 的分布差不多是均匀的。

像前面注意到的一样,对于小 r 值,对定位误差非常敏感。因此,对这个范围的 r 值的均匀分布的一种可能解释是它受控于噪声。在较高的 r 值范围,分布的斜度增加,趋于低值集中。我们用围包指数密度拟合了直方图。可以看出,围包指数可以描述不同区域的条件直方图,似乎对每个密度都拟合得较好。

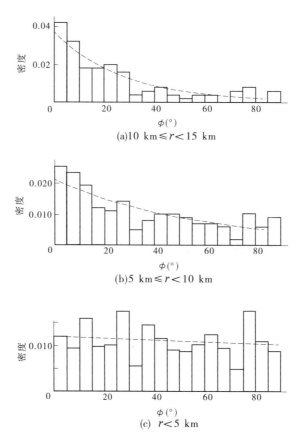

(a)10 km ≤ r < 15 km

(b)5 km ≤ r < 10 km

(c) r < 5 km

图 4　主震和余震之间相对角度(ϕ)的直方图,依主震和余震之间的距离 r 排列

如图 5 所示,ϕ 的局部变化对 r 值敏感,图中显示了 λ 的局部加权最大似然估计值对相应网格的平均距离的变化曲线。可以看到当 r 值小时,λ 的估计值不稳定,好像又受到了噪声控制。随着 r 值的增加,λ 稳定上升,直到大约 $r=18$ km,它才开始缓慢下降。为了插值、外推或预报的目的,人们可以探索 λ 的估计值的参数化。F 分布提供了良好的 λ 估计值曲线形状的近似。令 $f_{v_1,v_2}(x)$ 为具有 v_1 和 v_2 自由度的 F 分布密度函数,发现在可对比的函数中,$2.7 \times f_{10,600}(x/22)$ 函数由最小

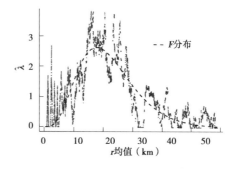

图 5　作为主震和余震之间的距离 r 函数的余震方位集中参数 λ 估计值。灰色的点是根据每个具有 200 个主—余震对的仓获得的估计值;黑色虚线表示使用 F 分布密度函数的参数化曲线

二乘法拟合得最好。拟合的函数叠加在图 5 中 λ 估计值上。

图 6 和图 7 分别给出了折算距离 r/L 的边缘分布和相应的 ϕ 的条件分布。渐缩的帕雷托分布对折算距离 r/L 的拟合比对 r 的拟合稍差,但仍然呈现出了合理性。相比之下,帕雷托分布在整个数据范围上系统地偏离了经验的生存函数,呈现出了非适应性。对于

折算距离 r/L 的条件分布呈现出与对未折算距离的相应分布的很强的相似性。λ 的估计值在折算距离 r/L 的较高和较低范围内都是低的,在大约 40 的断层长度上呈现出极大值。估计值曲线的形状似乎又可由 F 分布很好地描述。虽然根据图 6 和图 7 很难推断余震的分布是否依赖于主震震级,但这两个图都似乎表明,至少对于我们考虑的资料范围,渐缩的帕雷托围包指数对折算距离和未折算距离都是适合的。为此,在本文的剩余部分中,我们只关注于距离 r,我们认为相同的方法同样可以被用于折算距离 r/L。

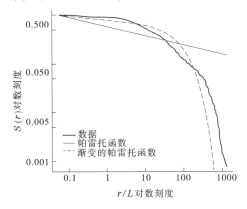

图 6 归一化的主—余震距离 r/L 的生存函数 $(1-F(r))$

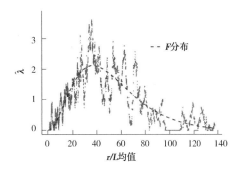

图 7 作为折算距离 r 函数的余震方位集中参数 λ 估计值。灰色的点是根据每个具有 200 个主—余震对的"仓"获得的估计值;黑色虚线表示使用 F 分布密度函数的参数化曲线

图 8 给出了根据相对重定位目录的 λ 估计值。有趣的是相对南加利福尼亚州地震数据中心目录 λ 估计值的大小,特别是在 r 较小的范围内。尽管改进了定位估计,相对重定位目录并没有像在 λ 中反映出的沿断层方向附近余震的丛集大幅增加。一种可能的解释是重定位只是稍微减小了近处事件的定位误差,并没有消除这种误差,当离主震很近时,仍然对噪声很敏感。然而,在远离主震时,比如 $r >$ 30 km,像期望的那样,由于更精确的定位估计,人们可以观察到更强的丛集。

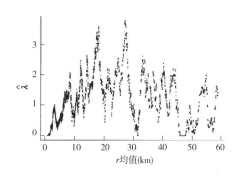

图 8 由重定位目录获得的余震方位集中参数。灰色的点是根据每个具有 200 个主—余震对的"仓"获得的估计值

图 9 示出了对数标度下未折算相对主—余震位置的拟合的 KJ 模型、正态模型和渐缩的帕雷托围包指数模型的密度面。这些面间的比较揭示出了模型间的特征差异和相似性。KJ 模型有一个尖峰,其高度和正态模型的相近。KJ 密度向外衰减非常缓慢,致使在整个区域上都保留了大的密度。它的形状像沿 x 轴扩展沿 y 轴收缩的两个玫瑰花瓣。相比之下,正态模型在原点附近相对平滑,具有相对扁平的尾部,在可见轮廓的外边达到了接近零的密度。正态模型的轮廓线本身都具有椭圆形状,似乎很像余震的分布区域。渐

缩的帕雷托围包指数模型或许可以看作 KJ 模型和正态模型杂交的产物。一方面像 KJ 模型一样它具有一个尖峰(虽然渐缩的帕雷托围包指数模型的峰值密度比 KJ 模型的高得多)。在另一方面,它的尾部很薄,可见轮廓线覆盖了和正态密度大致相同的区域。此外,渐缩的帕雷托围包指数模型的轮廓的蝴蝶结领结形状似乎包含 KJ 模型和渐缩的帕雷托指数模型二者的特征。但从本质上说,渐缩的帕雷托围包指数模型并不是上述两个模型的折中,而是和上述两个模型具有一些相似性。

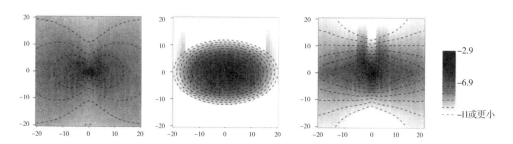

图9　3 种主—余震相对位置模型的对数标度密度曲线。
左图:KJ 模型;中图:正态模型;右图:渐缩的帕雷托围包指数模型

2.2　结果评价

为了得到直观的效果,图 10 示出了对数标度的 KJ 模型、正态模型和渐缩的帕雷托围包指数模型的方块残差绝对值。人们可以立刻看到,正态模型具有若干个大尺度的边远残差。这是在正态模型分配了一个非常接近零密度的相对距离处发生了主—余震对的结果。与之相反,KJ 模型给这些边远点分配了大的密度。然而这样做是以整个区域上具有大密度为代价的。因此,在图 10 左幅上半部分大部分区域很少观测到主—余震对的相对距离处,模型的值被过度预测。我们提出的渐缩的帕雷托围包指数联合分布似乎实现了其他两个模型的平衡。一方面,边远残差比正态模型中小了几个数量级;另一方面,渐缩的帕雷托围包指数模型的残差在观测结果稀少的相对位置比 KJ 模型的也小了很多。在原点附近,正态模型和 KJ 模型二者都过低地预测了密度。比如,KJ 模型中在原点的上方区域存在大残差的竖向丛集,表明拟合存在系统性匮乏。在正态模型中人们也可以看到相似的问题。相对于观测到的主—余震对,这两个密度中的峰值也低。相比之下,渐缩的帕雷托围包指数模型在原点附近具有小得多的残差,表明拟合得优良。

图 11 示出了上述 3 个模型的加权 K 函数,还画出了理论均值和基于模型的 95% 的

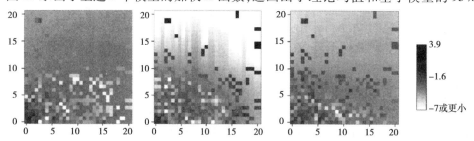

图10　3 种主—余震相对位置模型的每一个方格的残差。
左图:KJ 模型;中图:正态模型;右图:渐缩的帕雷托围包指数模型

置信区间。KJ 模型和正态模型的加权 K 函数严重地偏离置信区间,这表明在统计上存在显著的拟合匮乏。在 KJ 模型中对所有的 h 值,加权 K 函数低于 95% 置信区间的下阈值,导致了余震密度的广域高估。在正态模型中,因为 K_W 估计值比 95% 置信区间的上界高几个数量级,所以我们以对数标度画出了加权 K 函数曲线。这样巨大的偏离是由于在原点处及一些余震观测的边缘位置上对密度的严重低估。渐缩的帕雷托围包指数模型好像既没有系统地高估和低估主震和余震间相对距离上的密度,在图 11 中也不存在相对联合分布的主—余震对的丛集或拟制的严重迹象。

3 结论

看来,渐缩的帕雷托围包指数模型能适当地描述相对于其主震的余震位置,而且比 KJ 模型和正态模型这样的竞争模型优越得多。然而必须强调,我们只使用了南加利福尼亚州质量等级为 A 和 B 的走滑地震事

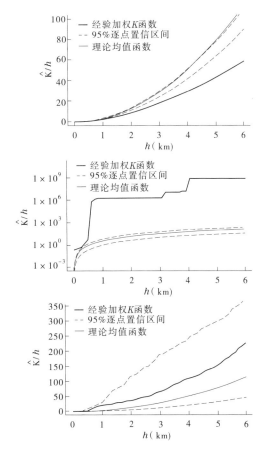

图 11　3 种主—余震相对位置模型的加权 K 函数。
上图:KJ 模型;中图:正态模型;
下图:渐缩的帕雷托围包指数模型

件作为候选主震进行了这种分析。仅使用走滑作为触发事件的意义是,虽然一些其他类型的主震(例如,倾滑事件)的余震可以被错误地判断为走滑事件的余震,但大部分被识别为背景事件。在另外一些地震区,特别是断裂更混杂的地震区,渐缩的帕雷托围包指数模型或许不是很适用。将来工作的重要方向就是研究这样的模型在另外一些地震活动区的适用性。还应指出,在本分析中,地震是被作为点过程处理的。未来研究的一个主要题目是以估计每个地震破裂的实际断层段和计算这样的断层段间最小距离为基础的余震距离模型研究。

这次研究的动机是改进已有的预测地震活动的模型。当前被用于这种目的的模型,像 Ogata(1998)的蔓延型模型,趋于使用过于简单的空间核形式,而且对空间核的拟合质量迄今也很少有人研究。把我们提出的渐缩的帕雷托围包指数模型归并到蔓延型模型和其他分支地震点过程模型是未来研究的重要课题。另外,随着震源深度的测量日益精确和地震断层的其他特征变得可以识别,包括可能的余震方向性,这样的作用在地震预测的分支模型中也应该被实现。

数据来源

南加利福尼亚州地震数据中心(SCEDC)的数据是通过南加利福尼亚州地震数据中心可检索数据档案在网址 http://www.data.scec.org/catalogsearch/CMTsearch.php(最近的访问时间是 2008 年 6 月)获得的。重定位地震目录和相应的震源机制目录也是从南加利福尼亚州地震数据中心网址 http://www.data.scec.org/research/altcatalogs.html 上获得的(最近的访问时间也是 2008 年 6 月)。

译自:Bull Seismol Soc Am. 2009,99(6):3402-3412
原题:On Main Shock Focal Mechanisms and the Spatial Distribution of Aftershocks
杨国栋译;李世愚校

安大略萨德伯里附近的近场
（震源距 <30 km）地震动衰减

G. M. Atkinson   N. Kraeva   K. Assatourians

摘要: 使用距震源 30 km 以内发生在安大略萨德伯里附近 12 个震级 M_N 1.0~3.1 的地方浅源地震的 3 个台站记录资料研究了近场地震动衰减。这对在北美洲东部进行地震动预测方程的研究和依据区域地震观测资料推断震源参数具有重要意义。我们得到了距震源 25~30 km 内地震动高频(3~10 Hz)水平分量以大约 $R^{-1.3}$ 的几何扩散率衰减（这里 R 为震源距）的结果。这与 Atkinson(2004) 确定的及 Atkinson 和 Boore (2006) 的预测方程中使用的几何扩散率一致。在这个距离范围内的地震动垂直分量似乎以 $R^{-1.1}$ 略低些的速率衰减。

引言

　　安大略萨德伯里观测站北极星地下计划(PUPS)包括 5 个宽频带地震观测点(采样率 200 Hz)，其中 2 个地震观测点布设在地表的基岩上，其他 3 个布设在其下安大略湖萨德伯里观测站的地下洞穴和淡水河谷国际镍有限公司克赖顿矿井中的 1.4~2.1 km 深处 (Atkinson 和 Kraeva,2010)。萨德伯里是加拿大地震区的一部分，以受到冰河作用的花岗岩为特征，构造复杂，由大约 20 亿年前大流星撞击形成(Boerner 等，1994；Moon 和 Jiao,1998；Boerner 等,2000)。克赖顿矿位于大量苏长石与下伏花岗岩辉长石之间有大量硫化矿物区域内椭圆形火成萨德伯里复合构造(60 km 长,30 km 宽)的东南角(Malek 等,2008)。地震反射勘察结果揭示出了萨德伯里盆地深处突出的非对称性(Milkereit 和 Green,1992；Wu 等,1995；Boerner 等,2000)。萨德伯里构造的南部由两个高角(>45°)反射面构成；苏长石和下伏复合构造的北倾接触面在约 3 000 m 的深处由南倾的剪切带截断，相当于下面的花岗岩和绿岩基础(Milkereit 等,1996)。

　　为了从观测的角度更好地了解硬岩石场地上的传播路径和近地表场地对地震信号的影响程度，在过去的 3 年里，安大略萨德伯里观测站北极星地下计划记录了地方震、区域震和远震事件。在北美东部(ENA)受到冰川作用的硬岩石场地上布设了很多地震台，为了合理解释在北美东部观测的地震动，了解这种场地的近地表效应很重要。Atkinson 和 Kraeva(2010)在近期的一篇论文中详细地描述了安大略萨德伯里观测站北极星地下计划的试验，包括记录的地面地震动和地下地震动对比中的发现。本文我们使用安大略萨德伯里观测站北极星地下计划试验的地表站点 SSNO 和 11SNO 记录的地方震事件资料，结合 24 km 远的萨德伯里北极星台站(SUNO)的相应事件的记录,研究了约 30 km 以内浅源地震的近场地震动衰减(对地表的台站)。图 1 示出了台站和研究的地震事件的几何位置分布。

1 北美东部的近场地震动衰减

震源距 50 km 内的地震动衰减对作为地震动概率危险性分析与评价基础的地震动预测方程（GMPE）的研发很重要。北美东部现在使用的地震动预测方程模型主要是根据类似于 SUNO、SSNO 或 11SNO 台站的硬岩场地的地震动模拟研发的。萨德伯里地区的地震动地面记录为研究地壳近场衰减提供了有用的资料库。小于 50 km 范围的几何衰减是北美东部的地震动预测方程和地震震源参数推断不确定性的主要根源（Boore 等，2010）。根据 Atkinson（2004）在北美东部岩石场地做的频谱振幅的观测研究，Atkinson 和 Boore（2006）最近的地震动预测方程 70 km 范围内使用了 $R^{-1.3}$ 的几何扩散率（注意：R 为震源距或断层距，这些距离标度对小震事件都是一样

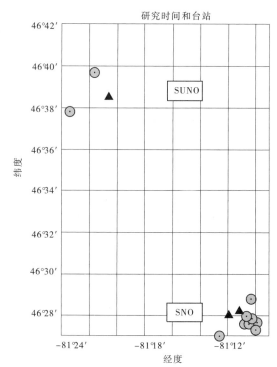

图 1　研究的地震（圈）和萨德泊里附近的台站（三角）的位置（所有地震的震源深度小于 5 km。SUNO 台站距 SNO 台约 24 km）

的）。这一扩散率明显快于被用于以前模型中的均匀全空间体波扩散率理论值 $1/R$（Atkinson 和 Boore，1995）。波传播研究结果（Burger 等，1987；Ouand Herrmann，1990）表明，即使对简单的地壳模型，衰减的预期形状也是复杂的，依赖于震源深度、震源机制和地壳成层结构的具体情况。因此，均匀全空间 $1/R$ 的扩散率可能是不适用的。而振幅可能在近源处快速衰减，在较大的距离处增加（超过 50 km），原因是直达波和临界反射与折射波的叠加。这大约 50 km 内的较快衰减率是确定近场地震危险性和根据记录的地震动资料估计地震震源参数的重要因素。

台站 SNO 和 SUNO 的地震资料为研究该临界距离范围的衰减提供了很好的机会。我们仔细研究了发生在距台站 SNO 或 SUNO 很近的地震事件的地震动，从而可以确定从一个位置到另一个位置的衰减，台站 SUNO 和 SNO 相距大约 24 km。有几十个矿山开采诱发地震事件发生在距 SNO 或 SUNO 台站 4 km 范围内。这样，在加拿大地质调查局（GSC）定位误差范围内，这些地震事件几乎位于地震台站的正下方。在这些事件中有 12 个事件产生了高质量的信号。

这些信号没有受到当宽带传感器离震源很近时因地面倾斜产生的人为长周期信号的影响（Delorey 等，2008），我们仅保留了这些高质量信号用于分析。精确的深度不知道，但都是浅的（<5 km，可能为 1~2 km）。图 1 示出了研究事件和台站的位置。表 1 列出了

加拿大地质调查局测定的研究事件及其位置和 Nuttli 震级(M_N)。我们研究了台站SUNO 和 SNO 之间、SSNO 和 11SNO(二者都在地表)之间的地震事件的地震动衰减。目标是确定这个距离上的几何扩散因子,以了解是否与根据 Atkinson (2004) 的研究得到的期望扩散率 $R^{-1.3}$ 相称。我们承认由于我们使用的地震事件都是浅源地震事件,所以我们的结果意味着对浅源地震的衰减适用。本研究不能确定较深的地震是否会观测到同样的衰减率。

表 1 研究的事件表

日期(年-月-日)	时间(世界时)	纬度(°)	经度(°)	M_N^*
2007-01-26	16:37:07	46.63	−81.39	1.8
2007-09-02	09:21:49	46.66	−81.36	1.7
2007-10-07	22:15:51	46.46	−81.17	3.1
2007-10-08	00:56:26	46.46	−81.17	1.5
2007-10-10	00:44:22	46.46	−81.17	1.1
2007-10-16	11:43:20	46.48	−81.17	2.0
2007-10-18	00:33:34	46.46	−81.17	1.0
2007-12-05	14:21:09	46.46	−81.17	2.7
2008-05-11	05:56:17	46.46	−81.17	1.7
2008-06-19	08:08:51	46.46	−81.17	2.4
2008-09-11	15:49:36	46.45	−81.21	2.0
2009-02-15	01:23:11	46.46	−81.17	2.7

注:M_N^*(Nuttli 震级)由加拿大地质调查局测定。所有的地震事件被认为是浅源的(大约 1 km)。

在距震源 R 处,观测的傅里叶振幅谱的一般表达式为(Atkinson,2004):

$$\lg A(f) = \lg A_o(f) - b \lg R - cR \qquad (1)$$

式中:$A_o(f)$ 为地震事件的震源谱(为频率的函数);b 为几何扩散系数;c 为滞弹性衰减系数,与区域品质因子 Q 成负相关关系:

$$Q = \pi f / (2.3 c \beta) \qquad (2)$$

式中:β 为剪切波速,km/s;f 为频率,Hz。

对本研究涉及的小的距离范围,在绝大多数有意义的频率上我们认为滞弹性衰减是可以忽略的。例如,对 5 Hz 的频率,典型区域 Q 值约为 1 500(Atkinson,2004),根据式(1),24 km 上的振幅滞弹性损失大约是 0.001 个对数单位,而在同样距离上振幅几何扩散损失可达 1.8 个对数单位(对 $b = 1.3$)。即使由于本研究涉及的传播路径浅,滞弹性损失比这高得多,它们和几何扩散的损失相比仍然是可以忽略的。在这个假设下,通过研究从台站 SUNO 到 SNO 24 km 距离间隔上存在滞弹性损失的谱形状,我们进行了简单的核对。我们用震源距标度了观测傅里叶谱并对 3 个抽样事件在图 2 上画出了对频率的曲线(即我们画出了[$\lg A(f) + \lg R$]对频率的曲线)。采用距离标度使得对每个地震事件 3 个台站的曲线大致相互放置在一起。如果在从台站 SNO 到 SUNO(或 SUNO 到 SNO)的 24 km 的距离上滞弹性损失是显著的,由于滞弹性损失随频率增加而增加,远距离台站的振幅会随着频率的增加逐渐偏离近距离台站的振幅。我们发现,在 3 ~ 10 Hz 的频率范围内(本研究中感兴趣的主要频率范围),远台站的频谱形状和台站的一致。在较高的频率(> 10 Hz),显示出滞弹性损失或许是显著的。然而,对于较高的频率,这些资料的噪声成为突出问题(Atkinson 和 Kraeva,2010)。因此,我们将主要探讨 3 ~ 10 Hz 的频率范围,在这个频率范围假定可以忽略滞弹性损失。本研究没有考虑低于 3 Hz 的频率,因为近距离浅源事件的地震动频谱在低于 3 Hz 的频率受到面波的严重影响而在振幅谱上产生大振幅峰值(Atkinson 等 Kraeva,2010)。

由震源距标定的事件6、10、25(从上到下的典型傅里叶谱)

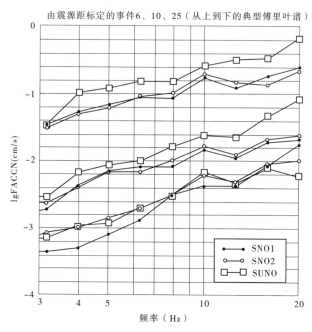

图2 三个抽样事件(2007 年 5 月 13 日的事件 6、2007 年 9 月 2 日的事件 10 和 2008 年 5 月 17 日的事件 25)的典型加速度傅氏谱(全由震源距标度以使每个事件的台站谱在幅度上大体一致,对事件 6 和 10(上边两组曲线),SUNO 是近台(SNO 台约 25 km 远),而对事件 25,SUNO 是远台)

为了确定每个事件的视几何扩散率,我们简单地用 SUNO 和每个 SNO 站的傅里叶加速度振幅的差值除以距离的差值(全以对数单位)。例如,假设 A_1 是给定频率 SUNO 台站的振幅,A_2 是 SNO 台站(或 11SNO 或 SSNO)相应的振幅,那么:

$$b = - (lgA_1 - lgA_2)/(lgR_1 - lgR_2) \tag{3}$$

式中:R_1 和 R_2 分别为地震事件到台站 SUNO 和 SNO(或 11SNO 或 SSNO)的震源距。

对每个事件,我们获得了由近到远的距离对的 b 估计值。显然,b 值对距离 R_1 和 R_2 的不确定性是敏感的。起初我们假设震源深度为 1 km,根据加拿大地质调查局确定的事件震中估计了这些距离的值。我们使用 S—P 到时差研究了距离的不确定性以使每个记录的震源距的估计值得到改善。为了这个目的,对震源在 5 km 内的台站我们假设了波速为 $v_P = 6.47$ km/s 和 $v_S = 3.57$ km/s 的简单均匀模型。这些波速假设对限定了近源传播路径的萨德伯里地区的苏长石基岩是适当的,Salisbury 等(1994)和 Malek 等(2008)也是这么取的。对于较远距离(20 ~ 30 km),传播路径主要是在波速为 $v_P = 6.6$ km/s 和 $v_S = $

3.8 km/s(Salisbury 等,1994;Malek 等,2008)的下伏片麻岩内。对距离大于 20 km 的台站,我们假设了这些波速略快些的均匀模型。我们比较了根据 S—P 到时差得到的震源距估计值和根据加拿大地质调查局震中定位得到的估计值。根据这两个信息源估计距离的平均差异小于 1 km。我们从分析中删除了估计的距离差异超过 2 km 的记录。对剩余的分析的 23 个由近到远的台站对,距离标度得到了很好的约束(所有记录的不确定性 < 2 km)。而且,任何由于距离标度误差引起的确定 b 值的误差用多个台站对可以平均掉,这与台站之间距离的差异在某些情况下可能被高估,而在另一些情况则被低估的情况相同。对于计算(式(3)),我们使用了基于 S—P 到时差的距离。

图 3 给出了作为频率函数的由 23 个 SUNO—SNO 台站对确定的平均几何扩散 b 值曲线及估计值标准差。我们给出了高达 25 Hz 的视 b 值曲线,但我们认为仅 3 ~ 10 Hz 的估计值是可信的。我们认为 10 Hz 以上的频率可能受到滞弹性衰减和噪声的双重影响。注意,我们计算了两个水平分量谱几何平均值和垂直分量谱的几何扩散,对 3 个分量我们使用了同样的 S 波窗口软件包(详见 Atkinson 和 Kraeva,2010)。我们认为 $b = 1.3 \pm 0.1$ 至少对浅源传播路径提供了震源 25 km 内体波水平分量几何扩散的可靠估计值。这对 Atkinson(2004)根据区域研究得到的 1.3 的值提供了支持。有趣的是垂直分量的衰减稍慢些,$b = 1.3 \pm 0.1$。这不同于 Atkinson(2004)以前得到的结果,他发现水平衰减与垂直衰减的比值不随距离变化,意味着水平分量和竖直分量具有同样的衰减。然而,用于先前研究的资料在震源 20 km 范围内非常稀少(但不管是水平分量还是竖直分量在震源 ∀20 km 资料都非常丰富)。所以很可能,近源距离的视竖向分量衰减或许比水平分量慢些,这或许是因为辐射图案效应,而后在 $R > 20$ km 时它们再变得相等。这个推断还需要使用其他资料进一步研究。

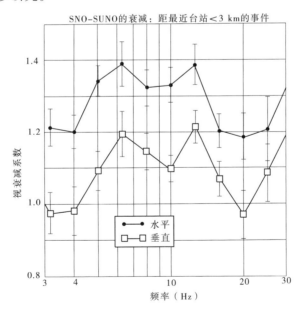

图 3　震源距 2 ~ 26 km 的垂直分量与水平分量的几何扩散系数 b 的均值和标准误差

在成对台站中视 b 值的变化是显著的。对 3 ~ 10 Hz 的频率,在 23 对近远台站上 b

值的标准偏差大约是0.25个对数单位。这种高变性可以部分地归因于试验的性质,试验中每个b值由一单对记录确定,这样事件的变化将被映射成b值的变化。距离标度的不确定性也将映入b值的可变性。然而,几何扩散率的视可变性是影响记录的地震动资料的解释和地震危险性评价的显著因素。例如,对于1.3的平均b值,看到个别事件在近距离的视b值在1.0~1.6的范围变化我们不应感到惊奇,特别是记录稀少时。这使得根据稀少的记录事件估算震源参数成为问题。

2 结论

安大略萨德伯里地区的信号研究结果表明,浅源地震在近源20~30 km的范围内水平分量以几何扩散率$R^{-1.3}$衰减(此处R为震源距)。这支持了Atkinson和Boore(2006)的地震动预测方程,同时意味着当我们从震源离开时北美东部地震危险性研究中的减轻因子是波幅相对较陡的衰减。在近源2~30 km范围内竖向地震动似乎衰减慢些,衰减率为$R^{-1.1}$。然而,基于更广泛数据库的先前研究结果(Atkinson,2004)有力地表明,在更大距离范围内(20~70 km)竖直向和水平向地震动以同样的速率($R^{-1.3}$)衰减。

资料来源

地震位置取自于加拿大的自然资源官方网站(http://earthquakescanada. nrcan. gc. ca/stndon/NEDB. BNDS/bull. eng. php,最后访问时间是2009年5月)。通过加拿大地质调查局的自动数据索取系统 AutoDRM(http://earthquakescanada. nrcan. gc. ca/stndon/AutoDRM/index. eng. php)得到了SSNO和SUNO台站的连续数字记录。而本研究用的其他SNO台站的事件波形资料(及仪器参数)可以在 ftp://pola. ris. es. uwo. ca/pub/seismotoolbox/pupsda. tabase上从西安大略大学的北极星文件传输服务器上索取。我们使用劳伦斯国际实验室地震分析程序(SAC2000;Goldstei 等,2003)进行数据处理。我们使用COPLOT6(http://www. cohort. com)进行了图形绘制和统计分析。我们使用 RDSEED(http://wwwiris. edu/manuals/rdseed. htm)程序对标准地震数据交流格式转换成SAC格式。在把 miniSEED 格式转换成 SAC 格式中,我们使用了 http://www. orfeus. eu. org/Software/conversion. html 上(最后访问时间是2010年11月)的欧洲地震学观测研究室地震软件库里的 Ernesto Del Prete 实用程序 HAM。

译自:Bull Seismol Soc Am. 2011,101(1):433-437

原题: Ground Motion Attenuation at Short Hypocentral Distances (< 30 km) Near Sudbury,Ontario

杨国栋、郝俐丽、苏洁译;吕春来校

北美地区地震烈度预测方程

Gail M. Atkinson   C. Bruce Worden   David J. Wald

摘要:作为震级与距离函数的地震烈度预测方程是地震危险和风险评估及解释当代和历史地震信息的有用工具。在过去的几年中,Atkinson 和 Wald 的地震烈度预测方程(2007;下文中 AW07)在"你感觉到了吗?"(DYFI)项目下描述报告的地震动水平和烈度方面一直非常成功。使用 2000~2013 年的 DYFI 观测数据的扩展编辑数据库对北美地震的 AW07 性能的评估检验表明,不存在修正这些方程的统计基础。但 AW07 方程的一个问题是它们对大震($M>6$)预测了在近距离处的不切实际的中值烈度。在本研究中,通过协调地震烈度方程和地震动预测方程,我们修正了 AW07,改善了大地震在近距离的烈度标度。

引言

作为震级和距离函数的预测有感烈度和破坏效应的方程是评估地震危险与风险及解释当代与历史地震信息的有用工具。美国地质调查局执行的"你感觉到了吗?"(DYFI)(Wald 等,1999)项目一直在收集追溯到过去几十年的庞大地震感觉效应数据库。民众使用互联网网站(见"数据与来源"一节)通过回答简单的多选调查问卷报告他们的经历。通过应用一个简单算法(Wald 等,1999;Dewey 等,2000),这些问题成为对观测者所处位置修正的麦加利烈度(MMI;Wood 和 Neumann,1931;Dewey 等,1995)的特征量。MMI 在从 1(无感)到 10(严重破坏)的定性标度上测量地震动烈度。虽然目前一般不给出大于 10 的 MMI 值,但它起初的标度最大值可达到 12(完全破坏,Dewey 等,1995)。本文的其余部分标识 I(而不是 MMI)的烈度值是根据像"户内有感"($I=3$)到"所有人有感,窗户、餐具、玻璃器皿破碎,薄涂层破裂"($I=6$)到"一些结构完全毁坏"($I=9$)的描述来赋值的。注意,该标度起初使用罗马数字定义,它可与本文中相应的其他数字互换使用。DYFI 项目平均邮政编码区域或其他地理编码区域内很多人的烈度响应,提供烈度的平均测量值及其跨越影响区域的变化。

自从 1999 年实施以来,DYFI 项目发展迅速,响应者数目增长很快。图 1 汇编了到目前为止的美国响应,提供了过去 15 年全国地震活动和有感地震影响的令人感兴趣的快照。单个地震的烈度图一般是根据数百个邮政编码区域收集的成千上万个响应绘制的。在中等地震有感范围很大的美国东部(EUS)地区,通常有数以万计的响应。比如,2011 年弗吉尼亚米纳勒尔 5.8 级地震导致了超过 144 000 人的响应。如 Atkinson 和 Wald(2007)示出的一样,地震烈度与仪器地震动测量结果相关性好得惊人,因此可以说,丰富的烈度数据库是仅次于丰富的仪器地震动数据库的好数据库。对于 2011 年米纳勒尔地震,收集的大量烈度数据使得能够获得关于震源、衰减和场地过程的一些令人感兴趣的结论(例如 Hough,2012),不是所有这些结论都可以通过仪器数据得到。总之,烈度资料往往在数量上弥补了质量上的不足。

图1 "你感觉到了吗?"项目报告的 1991~2013 年美国连续地区累积最大报告烈度(DYFI:或等效程序)。星号表示显著地震事件(DYFI 广泛报告的事件)

Atkinson 和 Wald(2007)使用 DYFI 数据库(到 2006 年),结合稀少的历史烈度数据对北美东、西部地区(ENA,WNA)导出了作为矩震级(M)和到断层最短距离(D_f)函数的平均地震烈度预测方程(IPE)。对每个地震事件,他们把由邮政编码和距离报告的平均烈度值分了段,这些数据被用于回归分析,在回归分析中,I 是应变量,M 和 D_f 是自变量。因为由邮政编码报告的烈度在很大区域上被空间平均,且通过距离分段实现进一步的空间平均,所以烈度预测方程隐含平均场地条件。

图2 提供了分段烈度观测结果及得到它们的 DYFI 邮政编码数据的例子。在图2 上没有画出少于 3 个响应者的邮政编码区域;仅当距离段含有 4 个或更多响应时才计算 I 的均值。本图画出了美国东部和加利福尼亚州约 $M5.5$ 地震事件观测结果与 Atkinson 和 Wald(2007;AW07)烈度预测方程的对比。直到预测烈度低于约 2.5 的距离(这个距离在加州约 200 km,在美国东部约 600 km),AW07 烈度预测方程一般良好地表达了烈度。对于低烈度的远距离,存在一些众所周知的获取烈度值的困难。其中一个困难是人们更喜欢报告有感而不报告无感引起的报告偏差。更重要的是,烈度本质上在标度的低端是有界的,当我们靠近地震的震动感觉极限时,它导致了远距离的烈度偏差,这类似于强地面运动地震学中的触发偏差(例如 Joyner 和 Boore,1981)。因此,我们认为在地震事件被感觉的最远距离上,DYFI 烈度不是可靠的平均烈度量度。

总的说来,AW07 的烈度预测方程已经成功地描述了在 DYFI 项目下报告的地震动水平和烈度。比如,图3 示出了 2000~2013 年加利福尼亚州和美国东部具有 1 000 个以上响应的 $M>3.5$ 且其预测烈度 $I_{pred} \geqslant 2.5$(为消除弱烈度偏差影响)的所有地震事件相对于 AW07 烈度预测方程的残差。以($I_{obs} - I_{pred}$)作为残差,其中 I_{obs} 是基于逐个事件编辑的分段烈度数据(以 0.2 个对数距离段为单位),I_{pred} 是对事件震级由 AW07 预测的 I 值(AW07 的烈度预测方程使用 D_f 作为预测变量,它在 DYFI 数据库中实际上被计算为地震事件的震源距,但如果对所有数据制表,可以对任何距离度量方式画出残差曲线;为了方便,这里使用了震中距)。基于这些接近于 0 的平均残差,不存在修正这些方程的统计依据(虽然美国东部的地震烈度被高估的可能性在残差中有所显现)。然而,AW07 方程的一个问题是对大地震事件($M>6$)预测了近距离处的不切实际的中值烈度。比如,AW07 烈度预测方程对加利福尼亚州 $M8$ 地震在 20 km 内、美国东部 $M7.5$ 地震在 35 km 内会预测 $I>9$ 烈度,对东部 $M8$ 地震预测的最大烈度会超过 10。

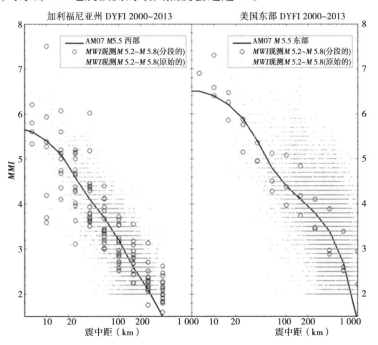

图 2　2000～2003 年 $M5.2～5.8$ 地震分段烈度数据(圆圈)与 Atkinson 和 Wald(2007)对 $M5.5$ 地震的烈度预测方程(曲线)的对比(圆点表示分段前各邮政编码区域的 DYFI 值)

AW07 中近源的中值烈度偏高是由于缺少足够的高震级近距离烈度数据来约束烈度预测方程造成的。相比之下,像下一代衰减关系－西1(NGA-West 1)与下一代衰减关系－西2(NGA-West 2)计划(例如,Power 等,2008;Bozorgnia 等,2014,以及其内的参考文献)这样的地震动预测方程(GMPE)在近距离具有相对较好的约束,蕴含着地震动幅值随震级和距离的显著饱和。尚不清楚地震烈度中的饱和效应是否在仪器观测数据中也有隐含反应。然而,假定仪器观测数据和感觉烈度相关良好(Atkinsonand Wald,2007;Worden 等,2012),我们就可以合理地想到对大地震和近距离,其烈度曲线会有一定程度的收缩。

通过烈度预测方程与地震动预测方程之间"闭合环路",可以实现 AW07 预测方程的改进,进而更好地约束大震近距离的烈度标度。最近的统计研究(Worden 等,2012;下文中称 W12)给出了标绘加利福尼亚州地震烈度 I 与地震动量度相互间的稳健相关;这些稳健相关称为地震动烈度相关方程(GMICE)。在本项研究中,我们使用 W12 的地震动烈度相关方程比较了地震动预测方程和烈度预测方程(使用 Boore 等,2014,NGA-West 2 地震动预测方程),先对加利福尼亚州地震进行了比较。最近的地震动预测方程在很宽的震级和距离范围上受到约束,使地震动预测方程预测的烈度 I(通过 W12 地震动烈度相关

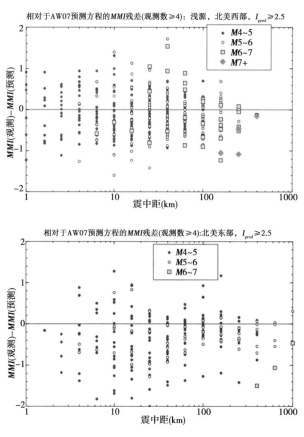

图 3   2000 ~ 2013 年加利福尼亚州(上图)和美国东部
(下图)$M \geqslant 4$ 且 $I_{pred} \geqslant 2.5$ 的地震事件的烈度残差

方程)在宽的叠加数据范围上($M 3.5 \sim 6.5$,距离到 100 km)稳健地校准到 DYFI 观测数据上。根据烈度与地震动预测结果的这种协调,我们对加利福尼亚州地震提出了修正的烈度预测方程。基于加利福尼亚州地震的烈度预测方程对北美西部(WNA)的浅源地震事件(典型深度 $5 \sim 15$ km)一般应该是适用的,但对板内深源地震或西北太平洋俯冲地震事件未必适用。这一预期根据的是全球地震动预测方程证实的全球活动构造区中浅源地震事件地震动的相似性。在北美东部,由于滞弹衰减较小,我们预期烈度随距离的衰减比北美西部更慢;由于应力降较高,我们也预期较高的近源值。为了模拟这些趋势,我们用"参考经验方法"(Atkinson,2008)推导了匹配美国东部烈度观测结果的北美西部烈度预测方程的校正因子。这个过程产生了相应的北美东部的烈度预测方程。我们对北美修正的烈度预测方程遵从非常类似于 AW07 的函数形式,但在大震级近距离的表现更符合实际。

1   北美西部烈度预测方程的修正

我们通过对由 AW07 预测的烈度与用 Boore 等(2014)地震动预测方程(对走滑地震)和 Worden 等(2012)地震动烈度相关方程预测的仪器烈度进行比较开始,来确定它们在由数据约束的震级距离范围内覆盖的程度。具体地说,Boore 等(2014)预测了包括作为震级、距离和场地条件函数的地震动峰值加速度(PGA)、地震动峰值速度(PGV)和响应谱的水平分量地震动参数的与取向无关的均值。假定地壳上部 30 m 内的平均剪切波速(v_{S30})为 450 m/s,相应于国家地震减灾计划 C 类(NEHRP C)场地放大率,我们使用 Boore 等(2014)的方法在震级距离空间上建立了预测的地震动峰值加速度和地震动峰值速度值的网格。我们判断国家地震减灾计划 C 类代表了我们国家的平均场地条件,这个判断得到了 Boore 等(2014)数据库中 v_{S30} 的均值也约为 450 m/s 的观测结果的支持。而且,一些灵敏性检查揭示出,我们的结果总体上对平均场地条件的选择并不敏感。我们承认,场地条件差异很大,在后面我们将说明较软场地条件和较硬场地条件的影响。使用 Atkinson 与 Adams(2013)给出的基于给定矩震级的平均长度垂直断层的简单几何校正,我们把 Boore 等(2014)中使用的 Joyner-Boore 距离标度转换成包括等效震中距和震源距的其他距离标度。

联合使用由 Boore 等(2014)给出的震级—距离空间中 $v_{S30} = 450$ m/s 的地震动峰值加速度和地震动峰值速度值网格和 W12 的式(6),根据地震动峰值加速度和地震动峰值速度预测烈度(我们忽略了因 W12 使用最大水平分量而 Boore 等(2014)使用平均水平分量度产生的微小差异,我们认为这种差异在本研究的背景下不重要)。我们把由地震动峰值加速度和地震动峰值速度预测值的平均值作为仪器烈度的最佳估计值。这样做是合理的,因为它提供了对烈度的带宽影响,这可能是 Worden 等(2012)发现同时使用地震动峰值加速度和地震动峰值速度略优于单独使用其中一个参数的原因。而且,除地震动峰值速度外还使用地震动峰值加速度解释了对同样的震级在东部通常观测到甚至是在近距离观测到的较高烈度的事实(Atkinson 和 Wald,2007)。我们推测,北美东部较高的地震烈度可能起因于北美东部地震动额外的高频成分,地震动峰值加速度比地震动峰值速度可在更大程度上捕获这种高频成分。注意,根据地震动峰值加速度或地震动峰值速度获得烈度的 W12 方程含有距离项。因为在很近或很远处的距离校正项不受数据的约束,我们在 W12 的式(6)的应用中使用了最小 10 km 和最大 300 km 来约束 W12 中的距离校正项。

图 4 对加利福尼亚州事件比较了如上述基于由地震动峰值加速度或地震动峰值速度推断的均值烈度和由 AW07 根据 DYFI 数据直接预测的烈度;为了使比较清楚明了,我们把基于 Boore 等(2014)和基于 AW07 的估计值都转换成了随震中距的变化。用符号示出了由可应用基础方程(AW07 和 Boore 等(2014))中数据约束的震级—距离范围。通过以 0.5 震级单位分段和 0.2 个震中距(km)对数单位进行数据分段,评价了方程是否受到数据的约束;图 4 上画出的符号表明数据在参考方程中那个震级—距离段是可用的。我们观察到这些烈度预测结果在二者同被数据约束的震级—距离范围内非常一致。对震级很高的大震事件(M 约为 8),在近距离上由于地震动预测方程中的强饱和影响,基于地震动预测方程的烈度估计值显著低于 AW07 的烈度估计值。对于 $M5$ 和 $M6$ 地震事件,观察到了相反的趋势。对于 $M4$ 和 $M7$ 地震事件,基于地震动预测方程与 AW07 的烈度预测方程估计值在整个感兴趣的距离范围上惊人地一致。

基于地震动预测方程和 AW07 的烈度具有良好的一致性,我们建议修正的烈度预测方程应该以这两种烈度估计值的均值为基础。这将给出一个在烈度预测方程受到良好约

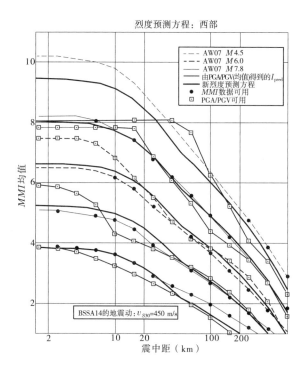

烈度预测方程：西部

图4 对北美西部（WNA）$M4$、$M5$、$M6$、$M7$、$M8$ 地震事件使用峰值地震动加速度（PGA）和峰值地震动速度（PGV），由 BSSA14 地震动预测方程（GMPE）和 W12 地震动烈度相关方程（GMICE）预测的烈度与 AW07 烈度预测方程（IPE）的对比（圆圈表示受修正麦加利烈度数据约束的 AW07 的震级—距离段，而方块表示受 PGA 和 PGV 约束的 BSSA14 的震级—距离段。粗黑线表示新 IPE（由这两种估计值的均值回归得到））

束的震级—距离范围内与 AW07 非常相似的烈度预测方程，但它会更好地反映地震动数据中隐含的近源较低烈度。我们要指出的是，烈度是否会达到与地震动相同的饱和程度尚不清楚。

为了对北美西部获得修正的烈度预测方程，我们在震级—距离空间内创建了一个基于地震动预测方程和 AW07 烈度（等权重）的平均烈度值的目标网格（使用 AW07 的震源距量度，这里对加利福尼亚州我们假设震源深度平均为 8 km，把震中距映射成震源距）。我们从 $M3.5 \sim 8$ 以 0.5 个震级单位间隔和等对数间隔震中距（1.6,2.5,4.0,6.3,10,16,25,40,63,100,160,250,400 和 630）定义目标网格。我们发现，使用类似于 Atkinson 和 Wald（2007）所用的函数形式：

$$MMI = c_1 + c_2 M + c_3 \lg R + c_4 R + c_5 B + c_6 M \lg R \tag{1}$$

能够密切拟合这些目标值的网格（达到 0.15 个单位之内的平均绝对误差）。式中，$R = \sqrt{D_h^2 + 14^2}$，D_h 是震源距，$B = \max(0, \lg(R/50))$。表 1 列出了由烈度值目标网格回归得到的式（1）的系数。图 4 画出了导出的方程。在我们的函数形式中，R 是在震源近处加入近距离饱和的有效距离量度。通过附加项（$+14^2$）达到了饱和，虽然该附加项不严格等于震源深度，但它提供了典型震源深度地震事件的适当饱和。

式（1）与 Atkinson 和 Wald（2007）方程之间函数形式的重要差异是式（1）中没有 M_2

项,所以在固定的距离上震级值变化时震级标度不变化。换句话说,大震近距离曲线不收缩;仅有的震级依赖形状特征是,由于 $M\lg R$ 中该项的存在,不同震级衰减曲线之间烈度的差异随距离增加而变化。在最初的回归中,我们包含了 M_2 项。然而,我们发现 M_2 项在统计上不显著,把它去除后重复了回归。这意味着,不像地震动幅值那样,我们用方程拟合的目标烈度值不具有可分辨的近距离饱和效应;这可能反映了缺少饱和效应或求解它们的数据不足。

表1 式(1)(修正的北美西部烈度预测方程)的系数

系数	值
c_1	0.309
c_2	1.864
c_3	− 1.672
c_4	− 0.002 19
c_5	1.77
c_6	− 0.383

在图5中,我们进行了检查,以确保式(1)(表1的系数)的新烈度预测方程对加利福尼亚州地区的实测 DYFI 烈度数据有良好拟合。仅对于 $I_{pred} \geq 2.5$ 的那些段,我们画出了分段烈度数据的残差。如果我们考虑所有 $M \geq 3.5$ 的地震事件,在距离上平均残差趋势就会小。如果仅考虑 $M \geq 4$ 的地震事件,在所有的距离上平均残差一般在 0 的标准误差之内;例外是在 10 ~ 30 km 和超过 100 km 的距离上,烈度被略微高估了 0.2 个单位。我们可以得出这样的结论:北美西部修正的烈度预测方程和加利福尼亚州地震的实测烈度数据达到了令人满意的一致。注意,对于 $M > 4$、$I_{pred} > 2.5$ 的地震事件,预测方程残差的标准偏差是 0.5 个单位。

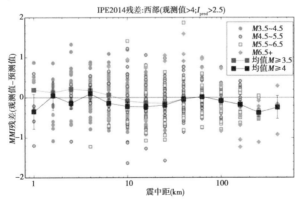

图5 北美西部的新烈度预测方程(IPE)的残差(观测值 – 预测值)(符号表示由震级范围标识的事件的分段残差,方块表示 $M \geq 3.5$ 的所有事件的平均误差。带有误差棒的方块表示 $M \geq 4$ 的所有分段烈度数据的均值和标准误差)

这就出现了简单等权重方法是否在大震近距离产生切合实际烈度的问题。为核实这个问题,我们检查了从 DYFI 网站获得的 $M \geq 5.5$ 地震事件(1971 年以后可用)的加利福尼亚州地震最大烈度。我们删除了近海事件和墨西哥的事件(这些事件的近距离 *MMI* 不可靠),剩下了 20 个地震事件。根据 Boatwright 和 Bundock(2005)的文章,我们增加了 1906 年旧金山 *M*7.8 地震的最大烈度。图 6 示出了这些较大地震 DYFI 的最大烈度与根据提出的新烈度预测方程预测值的比较。重要的是要知道描绘的点代表最大观测烈度,而预测线是平均场地条件的中值烈度(0 震中距处)。因此,我们不预期该烈度预测方程能拟合最大观测烈度,只期盼定性的一致性。特别是我们注意到,0 距离处烈度预测方程增加的趋势匹配了最大历史烈度指示的总趋势。而且,正如我们预期的那样,最大观测烈度往往平均大于烈度预测方程预测的中值。归结起来,我们可以得出这样的结论:对于大震事件,烈度预测方程的最大值与历史烈度数据比较一致。从图 6 得出的一个令人感兴趣的推论是烈度似乎和地震动幅值的饱和程度不同。

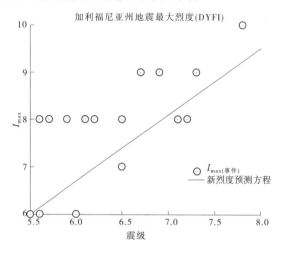

图6 从 DYFI 网站获得的加利福尼亚州地区 *M* ≥ 5.5 地震事件(符号)的最大观测烈度和由北美西部新烈度预测方程预测的震中烈度值(线)的比较(由于烈度预测方程试图代表中值水平,最大观测烈度值一般应该超过烈度预测方程的值)

图 6 表明,尽管最大观测烈度很分散,但我们还是可以看出新地震动预测方程没有高估大震事件的最大烈度,更可能的是或许低估了最大烈度。

回想一下,我们导出的北美西部烈度预测方程代表了国家地震减灾计划 C 类平均场地条件($v_{S30} \approx 450$ m/s)。假定不同的 v_{S30} 值,我们可以协同 W12 地震动烈度相关方程使用 Boore 等(2014)地震动预测方程计算其他场地条件的烈度值的预期变化。一般来说,因为较软的土层对地震动有更大的放大作用,我们能想到在较软的土层上会有较高的烈度。比如,如果我们假定 Boore 等(2014)中的 $v_{S30} = 200$ m/s,对于产生线性场地响应足够远的地震事件(如在 100 km 为 *M*5.5 ~ 7.5),我们能够推断出(通过 W12)其烈度比我们用 450 m/s 参考场地条件计算的烈度高约 0.5 个单位。类似地,对于弱震动,岩石类场地上(700 ~ 800 m/s)的预测烈度会比 $v_{S30} = 450$ m/s 的场地约小 0.5 个单位。然而对于强震动,非线性减弱了软土层区域产生更高幅值的趋势。这样,对于近距离(1.5 km)的 *M*5.5 ~ 7.5 的事件,我们在很宽的 v_{S30}(180 ~ 550 m/s)范围预测了很小的烈度差异(<0.2个单位);坚硬场地(700 ~ 800 m/s)会有约低 0.5 个单位的烈度。这些估计值仅

考虑了场地刚度对震动幅值的影响,而烈度或许还受其他因素的影响,比如较软土层趋于产生较大的不均匀沉降,这可能增加破坏。这样我们有理由推测,软土层上的烈度或许高于我们的烈度预测方程给出值0.5～1个单位,岩石类场地上的烈度或许低于我们的烈度预测方程给出值0.5～1个单位。

2 北美东部烈度预测方程的导出

我们遵从参考经验方法(Atkinson,2008)的概念,通过检查美国东部地震相对于上节导出的北美西部烈度预测方程的烈度残差获得了东部地区的烈度预测方程。我们这么做的原因是,在美国东部地区地震动预测方程和地震动烈度相关方程在人们最感兴趣的震级—距离范围都没有受到数据的良好约束。总的说来,根据烈度观测结果(例如 Atkinson 和 Wald,2007)和地震动预测方程概念(例如 Atkinson 和 Hanks,1995),我们可以预期美国东部的地震比震级相同的北美西部地震会具有更高的近源烈度,其部分原因是由于应力降较高。而且,在区域距离上,由于地壳衰减较低,美国东部的烈度衰减会更慢;由于直达波和来自莫霍间断面的超临界反射和绕射波的联合作用(Burger 等,1987),在中远距离处可能会出现显著的"莫霍面反弹"效应。因此,当我们检查美国东部地震相对于由加利福尼亚州地震事件导出的烈度预测方程的烈度残差时,我们预期可能看到偏移和距离趋势。我们可使用这种偏移和趋势计算校正因子,使我们能够导出基于西部烈度预测方程的东部烈度预测方程调整量。

在图7中,我们画出了东部地区的烈度残差($=I_{obs} - I_{predW}$),这里,对于 $M \geqslant 3.5$ 地震事件,观测烈度是针对分段烈度数据给出的,每段至少有4个观测值,I_{predW} 是使用北美西部烈度预测方程(由式(1),使用表1的系数)预测的烈度。为了消除弱、远观测引起的偏差,我们在 $I_{predW} \geqslant 1.5$ 的震级—距离段考虑了美国东部的数据。通过下面的推理,这等同于对加利福尼亚州数据使用了 $I_{pred} \geqslant 2.5$ 的弱烈度截断。在加利福尼亚州,我们检查了绘制的烈度图,从而确定 $I_{pred} \geqslant 2.5$ 的观测结果是无偏的(相对于方程)。在东部地区,通过检查绘制的烈度(或由 AW07),可以观察到在东部地区 $I = 2.5$ 达到的距离大约是西部相应距离的3倍(比如,一个 $M4$ 地震事件在西部的有感($I = 2.5$)距离约为40 km,而在东部的有感距离是120 km)。考虑到中等地震事件北美西部烈度预测方程的斜率,我们能够通过限定包含东部数据到 $I_{predW} \geqslant 1.5$ 的震级—距离段实现适当的烈度截断。

如图7所示,用简单的函数很好模拟了东部的烈度残差,这个简单函数含有近距离偏移项、模拟莫霍面反弹效应50～150 km 的渐升项和解释东部地区较高区域品质因子的滞弹性衰减校正项。几乎对所有点,平均分段残差都在这个函数的标准误差之内。所以我们可使用下式估计美国东部地震事件的预测烈度:

$$I_E = I_{predW} + 0.7 + 0.001D_{epi} + \max(0, 0.8\lg(\min(D_{epi}, 150)/50)) \qquad (2)$$

式中:I_{predW} 为使用式(1)(表1的系数)得到的北美西部的预测烈度,D_{epi} 是震中距。

需要说明的是,尽管为了方便起见,我们这里使用了震中距,但距离项只在远距离处(>100 km)变得显著,对于距离项,其他替代的距离量度大致也是等效的。因此,调整因子也可以用 D_h 代替 D_{epi}。在应用该校正因子后,美国东部地区的预测烈度平均残差接近于0,对于 $M > 3$、$I_{predE} > 2.5$ 的地震事件,标准偏差为0.5。

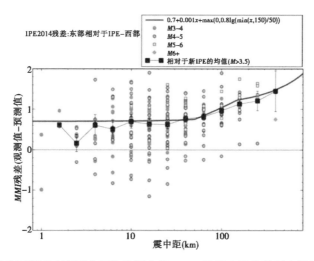

图7　相对北美西部烈度预测方程的美国东部 $M \geqslant 3$ 地震事件分段烈度的地震烈度残差
（观测值 – 预测值）（每段最少 4 个观测值，符号表示不同的震级范围。带有误差棒的方
块表示 $M \geqslant 3.5$ 事件所有分段值的均值和标准误差。粗线表示由 $0.7 + 0.001 D_{epi} + \max$
$(0, 0.8\lg(\min(D_{epi}, 150)/50))$ 给出的平均烈度残差）

3　讨论与结论

在图 8 上做了新烈度预测方程与 AW07 之间的对比。和预期的一样，总体上对中小
地震事件，新烈度预测方程与 AW07 具有良好的一致性，但对高震级事件，特别是在近距
离，预测的中值烈度较低。北美东部与西部之间衰减曲线形状的差异包括近距离偏移和
莫霍面反弹效应引起的肩型抬升，这些反映了在 DYFI 数据中许多美国东部较大事件中
看到的效应。我们得到的结论是：新烈度预测方程（式（1）和式（2））在大的震级和距离
范围上提供了北美东部和西部地震在平均场地条件下稳健且受到良好约束的中值烈度预
测结果。

正如在引言中所述，最大可赋予的烈度值一般限制到 10。因此，在实践中这些烈度
预测方程的输出值应该被约束到不大于 10。如果希望与 DYFI 一致，烈度实际上应该被
限制到 9.6，这是 DYFI 项目可获得的最大值。同样，最小可赋予的 MMI 是 1.0；小于 1.0
的输出值应该被设为 1.0。DYFI 不赋予 1.0 和 2.0 之间的烈度值；因此如果希望一致，
1.0 和 2.0 之间的值应该四舍五入到最接近的整数（但是，由于前面讨论的低烈度偏差效
应，对这些低烈度值应该谨慎）。这些烈度预测方程是使用加利福尼亚州和美国东部地
区具有 5 ~ 15 km 典型震源深度的地震数据导出的。要把它们用到其他地区，就需要适度
谨慎，特别是对震源深度范围不同于本研究的地区。

数据与来源

本研究使用的"你感觉到了吗"的数据可从美国地质调查局网站下载，网址为 http://
earthquake. usgs. gov/earthquakes/dyfi/（最近访问时间是 2014 年 4 月）。

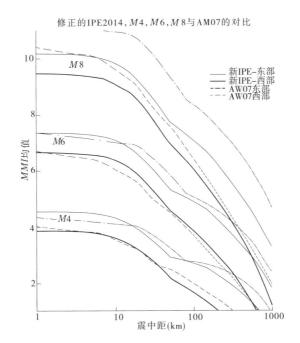

修正的IPE2014，$M4$，$M6$，$M8$与AM07的对比

图8　对 $M4$，$M6$ 和 $M8$ 地震事件绘出的东部新烈度预测方程（IPE）（细线）和西部新烈度预测方程（IPE）（粗线）与 AW07 预测值的对比

译自:Bull Seismol Soc Am.2014,104(6):3084-3093

原题:Intensity Prediction Equations for North America

杨国栋、郑和祥译;赵仲和校

地震活动模型和新地面运动预测方程对加拿大 4 个城市地震危险性评估的影响

G. M. Atkinson　　K. Goda

摘要:概率地震危险性分析(PSHA)中的主要不确定性是地震活动发生率和地面运动预测方程(GMPE)。我们探索了地震学和地面运动研究中的新发现和新认识对加拿大东部和西部地区地震危险性评估的影响。更新的信息包括地震活动发生率的重新估计、震源区的说明条款及新地面运动预测方程的应用。由于我们只说明了主要不确定性的影响,并没有全面处理所有的不确定性,因此将我们的模型称为暂时更新地震危险性模型。根据暂时更新地震危险性模型,我们获得了加拿大 4 个大城市的一致危险谱(UHS)并与加拿大地质调查局基于 1995 年地震危险性模型编制的当今加拿大地震危险图(2005/2010)的一致危险谱做了比较。敏感性分析显示了中低地震活动区域(加拿大东部)地震活动平滑的显著影响,而地面运动预测方程对所有地区的影响都是显著的。此外,我们的暂时更新地震危险性模型可以很容易地绘制地震危险性曲线及给出各种场地条件和多种概率水平的地震危险性分解结果,这种功能对进行进一步的地震工程分析具有重要意义。

引言

概率地震危险性分析是地震危险性评估的一个标准程序(Cornell,1968;McGuire,2004)。通常以一致危险谱(UHS)的形式给出给定超越概率(或重现周期)的表征期望地面运动的评估结果。Adams 和 Halchuk(2003)使用加拿大地质调查局(GSC)提出的地震危险性模型编制了作为加拿大国家建筑规范(NBCC)2005 和 2010 地震条款基础的第四代加拿大国家地震危险性图。现在的加拿大地质调查局模型是 20 世纪 90 年代初使用区域水平的地震活动性和地面运动信息提出来的。在本文中,我们将这个模型称为 GSC 1995 模型。通过修改关于不同类型地震事件震级—频度关系(包括震级标度的转换)的一些主要假设和地面运动预测方程,Goda 等(2010)研究了更新 GSC 1995 模型对加拿大西部地区的影响。他们的结果表明,关于地面运动预测方程模拟和选取认识上不确定性的处理对评估具有最主要的影响。

我们是想通过本项研究更清楚地表述主要模型的不确定性对选择的加拿大大城市地震危险性评估的影响。这将为以后用于加拿大国家建筑规范和其他应用的更为详尽的地震危险性计算做准备。而且我们使用这些暂时更新地震危险性模型对加拿大东部和西部地区进行了概率液化危险性分析,其描述见另文(Goda 等,2011)。更新内容包括采用土层放大因子作为方程一部分的地面运动预测方程,所以可以对各种土层条件做评估,能够产出包括地震危险性曲线和地震危险性分解的概率地震危险性分析结果。目前,虽然通过加拿大地质调查局的出版物和向加拿大地质调查局发请求可以得到一般的信息,但还不能轻易地得到地震危险性曲线和地震危险性分解结果。这一信息对基于性能的地震工程结构内的液化危险性分析和地震风险分析很有价值,这里的多重概率水平的地震危险特性是进行其他进一步分析的基本输入。我们可以把这里的更新视为对现有 GSC 1995 模型的补充,而为了编制加拿大国家建筑规范 2015,目前对 GSC 1995 模型正在进行修订(Adams,私人通信,2010)。本研究不是跨越加拿大地震危险性的全面重估。但由于它提供了 1995 年至今的地震和地面运动模型变化的影响信息,它可以使加拿大国家建筑规范委员会、地震工程师和地震风险管理机构从中获益。它也显示了备选模型更完全概率处理的影响。这或许对将来更详细的重估发展方向起引导作用。

下面我们给出作为加拿大国家建筑规范 2005 和 2010 基础的 GSC 1995 模型的简要概述并提供了纳入本研究的更新模型部分的主要特征。接下来进行加拿大东西部 4 个城市的地震安全性评估,以显示模型更新部分的影响。我们比较了所得结果和当今根据 GSC 1995 模型的地震危险性评估结果,并讨论了产生差异的原因。

1 加拿大地质调查局模型(GSC 1995 模型)

Cornell - McGuire 方法(Cornell,1968;McGuire,2004)把地震发生模型、震源区模型、震级—频度关系和地面运动预测方程结合起来通过全概率定理做所研究场点地震危险性评估。通过搜集研究区域历史和仪器记录地震的地震目录开始评估。在区域地震活动的基础上,圈定震源区或断层并利用古登堡—里克特或特征关系描述中强地震的复发特征。使用提供地震发生和产生场点地面运动联系的地面运动预测方程模拟地面运动强度。通过整合所有有关不确定的模型组成部分,估计相应于特定超越概率水平的期望地面运动,并获得一致危险谱和地震危险性的分解特征(McGuire,2004)。

在 GSC 1995 模型中,考虑了两个备选震源区模型:H(基于历史地震活动的)模型和 R(基于区域构造的)模型,这两个模型反映了研究地震区域的地质和地震特征。图 1(a)和图 1(b)给出了加拿大东部和西部地区的 H 模型和 R 模型。假设每个区内的地震活动是均匀的,GSC 1995 模型把卡斯凯迪亚界面俯冲地震作为确定性事件处理(Satake 等,2003)。根据稳健方法评估了用于建筑法规目的的地震危险性,这种稳健方法采用了根据 H 模型、R 模型或卡斯凯迪亚模型的最大预测地面运动。结果是卡斯凯迪亚危险性对加拿大西部地区绝大多数场点的最终地震危险性估计没有影响。然而,在概率意义下,卡斯凯迪亚危险性是地壳和板内地震的添加剂,这是因为它构成了附加的危险源(而不是备选源)。我们也注意到在加拿大东部地区的很多地方,根据 H 模型和 R 模型得到的地震危险性估计结果差异显著,突出了低地震活动区域空间平滑的影响。稳健方法的应用明显地增加了加拿大东部地区很多地方的地震危险性估计值并可能使加拿大东西部地区之间的相对地震危险性水平发生畸变。

震源区内的震级标度率由截断的古登堡—里克特关系表征。震级大于或等于 M_{min} 的地震年发生率 $\lambda(\geq M_{min})$ 由下式给出:

$$\lambda(\geq M_{min}) = N_0 \frac{\exp(-\beta M_{min}) - \exp(-\beta M_{max})}{1 - \exp(-\beta M_{max})} \qquad (1)$$

式中:β 和 N_0 为震级复发参数;M_{min} 和 M_{max} 分别为震源区内的最小地震和最大地震的震级。

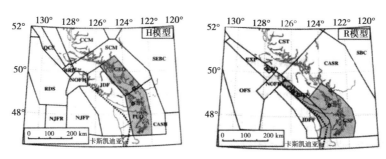

（a）加拿大西部地区的GSC 1995 H 模型和 R 模型：GEO,PUG,JDFN和GSP
（灰色）被指定为深源区并被定位在浅源区下面

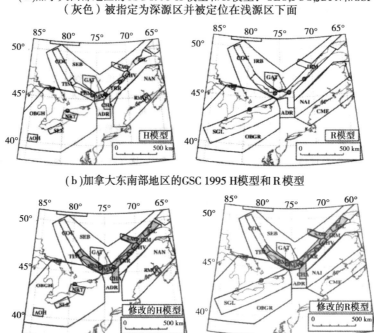

（b)加拿大东南部地区的GSC 1995 H模型和R模型

（c）修改的加拿大东南部地区的H模型和R模型；
特征IRM区重叠了圣劳伦斯裂谷地区的分段小震源区

图1 震源区模型

GSC 1995 模型中的 β 和 N_0 值根据直到1991 年的地震危险性震中文件(SHEEF)目录获得(Adams 和 Halchuk,2003）。在地震危险性震中文件目录中报告的震级有几种标度。在 GSC 1995 模型中,所有西部目录的震级被假设等同于矩震级 M,而东部目录的震级被假设等同于 Nuttli 震级 m_N。在本项研究中,我们改进了这些假设,先把所有的震级转换为矩震级 M,再建立震级—频度关系。

地面运动预测方程对地震危险性评估具有显著的影响,因此需要慎重选取。在 GSC 1995 模型中,AB95 关系式被用于加拿大东部地区的地壳浅源地震(Atkinson 和 Boore,1995),而 BJF97(Boore 等,1997)关系式和 YCSH97 关系式(Youngs 等,1997)分别被用于加拿大西部地区地壳浅源地震和板内及界面俯冲地震。通过常数因子(近似等于2)基于每个地震类型的单个地面运动预测方程的逻辑树方法,说明了关于选取地面运动预测方程的不确定性:对加拿大东部地区,使用了依赖于振动周期的因子,而对于加拿大西部地区,使用了不依赖于振动周期的因子(详见 Adams 和 Halchuk,2003)。特别是对加拿大西部地区,大的评估不确定性可能导致期望地面运动水平的高估(Goda 等,2010)。在应用地面运动预测方程中的另一个重要方面,是对距离测度进行适当的变换,这是因为区域地震活动的空间分布与地震事件的震中有关,而大多数新地面运动预测方程基于扩展震源模型采用了距离测度(即到地表断层面投影的最小水平距离 r_{jb},或 Joyner – Boore 距离,以及到破裂面的最短距离 r_{rup}),而不是基于点源模型的距离测度(即震中距 r_{epi} 和震源距 r_{hypo})。在地震危险性计算中,应用 r_{epi} 和 r_{hypo} 而不用 r_{jb} 和 r_{rup} 显著地低估了期望地面运动值(Scherbaum 等,2004;Goda 等,2010)。注意,在加拿大基本上没有识别出典型的断层源(卡斯凯迪亚消减带和夏洛特皇后断层除外),所以在区域震源区内是把事件的震中模拟为随机分布的。

我们可以根据模拟做地震危险性积分的数值估算(Hong 等,2006)。正如另一篇文章(Goda 等,2011)所述,这种方法非常有利于将概率地震危险性分析扩展到概率液化危险性分析,它需要峰值地面加速度(PGA)和矩震级的联合分布。

2 主要更新的模型部分

产生地震危险性结果的主要模型部分是地震活动发生率和地面运动预测方程。本部分我们给出的更新模型部分包括下列内容:①对加拿大东南部地区的 H 模型和 R 模型的修改(注意:对加拿大西部地区,震源区和 GSC 1995 模型的相同);②基于现有的地震目录(到 2008 年年底),使用纯矩震级标度并结合改进的信息,对震级—频度关系进行重新评估;③将卡斯凯迪亚界面俯冲地震的概率包含在内;④考虑评估距离测度的扩展源模型;⑤运用新的地面运动预测方程。由于这些特性有些(例如,第②、③和④条)已在 Goda 等(2010)中讨论,在此对这些因素仅简单叙述。在我们的暂时更新模型中,包含显著影响地震危险性评估的两个特有新增变化:①使用了备选加权震源区模型而不是稳健方法;②采用了均值地震危险性估计而不是中值估计。GSC 1995 模型使用中值地震危险性估计,部分理由是备选假设处理是初步的,不是全概率的(也就是稳健方法)。人们一般喜欢均值,因为它们是期望值(McGuire,2004)。然而,由于在选择中值还是均值上还有争论,因此可依应用情况而定(Abrahamson 和 Bommer,2005)。我们注意到,美国国家地震危险性图基于的是均值(Petersen 等,2008)。

2.1 加拿大东南部修订的震源区模型

加拿大东南部地区相对低的地震活动发生率和对构造特征的有限认识提出了表征地震活动性的挑战。我们在研究中关注具有大城市的加拿大东部地区(我们简称为加拿大东南部),这就是安大略省和魁北克省的渥太华与圣劳伦斯河谷。在加拿大东南部观察到的最大地震事件是 1663 年发生在夏洛沃伊地区(即图 1(b)中的 CHV)的 *M7* 级地震(Lamontagne 等,2007),这个地区现今比加拿大东南部的其他地区更活跃(注意:历史地震的震级估计值具有很大的不确定性)。与夏洛沃伊地区现今高地震活动水平有关的一个假设是可以认为 1663 年地震事件是一个特征主震,它引发了邻区的地震丛集,而且这一丛集活动目前还在进行;这样的活动或许要持续数百年。随后可能出现持续数千年的一段平静（Adams 和 Basham，1989；Crone 等，2003；Stein 等，2009）。此外，沿雅佩滕裂谷（即图1(b)中的 IRM）有成片分布的活跃和不活跃区域，这个地区表征了圣劳伦斯裂谷区的特点（Adams 和 Basham，1989；Wheeler，1995）。Tuttle 和 Atkinson（2010）做的古地震调查在魁北克市和三河城（即图1(b)中的 TRR）附近全新世地层中没有发现大地震的证据，而过去1万年中可能在夏洛沃伊重复发生过大地震。这些发现对 H 模型的吻合程度比 R 模型高，由于 R 模型平滑了沿圣劳伦斯河谷的地震活动性，这隐含着所有震级的常活动发生率。

我们修改了圣劳伦斯裂谷地区的 H 模型和 R 模型以反映关于地震发生的更新假设。这个假设是所有地震活动（和危险）沿裂谷区均匀分布的1995 R 模型概念与来自 Tuttle 和 Atkinson（2010）大震集中在夏洛沃伊附近的资料的折中。我们假设大地震（$6.5 \leqslant M \leqslant 7.5$）可以与特征地震同样的概率沿裂谷区（即 R 模型中的 IRM）的任何地方发生，而中小地震（$M < 6.5$）则依据最近观测的地震活动在沿裂谷区的成片区域内发生（即 H 模型中圣劳伦斯裂谷区内8个历史地震丛集）。为了使和备选模型同样可信和等权，像基于 H 模型和 R 模型一样，我们考虑了圣劳伦斯裂谷区以外的震源区。图1(c)给出了修改的加拿大东南部 H 模型和 R 模型。可以用震级范围为 6.5~7.5 的特征地震模型代表修改的 IRM 区的震级—频度关系。这实际上是设定 IRM 区的最大震级为7.5，这与被认为在世界范围内类似构造区已经发生的最大事件震级一致（Adams 和 Basham，1989；Johnston，1989；Adams 等，1995）。为了避免地震活动发生率的重复计算，我们把裂谷区内8个区的最大震级均设为6.5。

特征 IRM 区的主要参数是特征事件年发生率。根据 IRM 区的震级—频度关系（见图2(a)），$M \approx 7.0$ 级地震的年发生率可能是每千年1次的量级。为了反映与 IRM 区内特征事件发生率有关的不确定性，我们考虑4种情况的特征事件（$6.5 \leqslant M \leqslant 7.5$）发生率，分别是每千年1次、2次、3次和5次，每种情况具有同样的权重。而且，通过考虑2种斜率参数值 $\beta = 1.842$ 和 1.151（$b = 0.8$ 和 0.5）改变特征事件的震级分布。$\beta = 1.842$ 大致相当于加拿大东南部的区域斜率参数值，而 $\beta = 1.151$ 被认为给较大地震加了更多的权重（即更多的特征行为）。简言之，对特征 IRM 区我们研究了如图2(b)所示的8条震级—频度曲线（4个发生率乘2个斜率）。

2.2 基于更新地震目录的震级—频度关系

地震危险性震中文件目录（Halchuk，2009）以诸如地方震级 M_L 和 Nuttli 震级 m_N 等的混合震级标度报告加拿大及其邻区的地震事件。不一致的震级标度在确定震级—频度关系时可能导致震级—频度关系参数 β 和 N_0 的偏差并增加不确定性（Atkinson 和 McCartney，2005）。本项研究中，我们把 Macias 等（2010）建立的加拿大混合目录的地震震级全部转换为统一的矩震级标度（见数据来源）。通过结合关于位置、深度与矩震级的改进信息（Ristau 等，2003，2005；Ma 和 Atkinson，2006；Lamontagne 等，2007）并考虑另外的美国地震目录资料（Petersen 等，2008；ANSS（高级国家地震系统）目录），我们把上述混合目录添加到了地震危险性震中文件目录。而且，为了去除在地震危险性震中文件和其他目录中出现的重复事件，复制时精心筛选了目录。

Macias 等（2010）给出了处理细节，目录在线列出（见数据来源）。β 和 N_0 值由最大似然法估计，这种方法对不同震级范围考虑了不同的观测时段（Weichert，1980）。

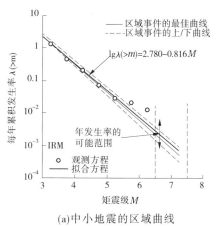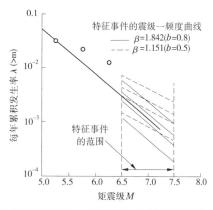

(a)中小地震的区域曲线　　(b)考虑每千年1次、2次、3次和5次特征事件和
　　　　　　　　　　　　　　　两种斜率($\beta=1.842$和1.151)的大震特征曲线

图 2　劳伦斯裂谷区的震级—频度关系

　　加拿大东南部历史地震目录中 1960 年以前使用的主要震级类型是 M_L，1960 年以后主要使用的震级类型是 m_N。使用经验转换关系把这些震级转换成矩震级(Macias 等，2010)。为了获得与这种转换关系式有关的显著认识不确定性，我们使用了 2 个 M_L—M 转换关系式：①Kim(1998)的 M_L—m_N 转换关系式加 Sonley 和 Atkinson(2005)的 m_N—M 转换关系式；②M_L—m_N 经验转换关系式加 Atkinson 和 Boore(1995)的 m_N—M 转换关系式。震级越大，两种方法的差异就会越大，最大的不确定性出现于从 M_L 到 m_N 的转换中。在评估震级—频度关系时，根据 Adams 和 Halchuk(2003)给出的完整表确定了完整的信息。相应的震级范围向下调了半个震级单位，这是因为加拿大地质调查局 1995 模型把 m_N 作为代表性的震级标度，而我们的模型把 M 作为代表性的震级标度(注意：$M \approx m_N - 0.5$)。所以，通过考虑把 M_L 转换成 M 的两种可能的情况，我们得到了两组震级—频度参数 β 和 N_0。

　　对加拿大西部的地震，M_L 是主要使用的震级类型。在不列颠哥伦比亚省的西南部地区 M_L—M 的转换关系是复杂的(Ristau 等，2003，2005；Atkinson 和 McCartney，2005)。数据集分为 3 个子集：陆地事件、近海事件和深部板内事件(震源深度 H 大于 35 km)。对于陆区我们假设 $M=M_L$，而对于近海区和深部板内区，我们使用 $M=M_L+0.6$(Ristau 等，2003，2005)。对于位于从近海到陆地的过渡区域的震源区(即图1(a)中的 CASR)，我们认为两种转换情况都可以使用(Atkinson 和 McCartney，2005)。所以，我们考虑了两种可能性，得到了 2 组 β 和 N_0 值。

　　在基于更新地震危险性模型产生合成地震目录中，通过指定相等的权重我们考虑了 H 模型和 R 模型这两种模型。对加拿大东南部的震源区模型，圣劳伦斯裂谷区内的特征 IRM 区和地方震源区分派的权重都等于 1.0(因为它们的震级没有重叠)，而对于圣劳伦斯裂谷区以外的其他震源区，我们均等地分配了 H 模型和 R 模型之间的权重。应该强调，震级—频度关系的更新应被看作一种有限的改进，对进行敏感性研究是适用的，但在将来的研究中应该考虑对参数不确定性和震级—频度关系认识的不确定性进行更为严格的处理。此外，为了表征时空地震活动而使用诸如无区核平滑(Woo，1996；Beauval 等，2006)和 Voronoi 棋盘形布置(Hong 等，2006)等不同方法的影响也可能需要研究。

2.3 卡斯凯迪亚俯冲事件

修改的加拿大西部 H 模型和 R 模型没有包括可能的巨型逆冲断层卡斯凯迪亚俯冲事件(Satake 等,2003),这种逆冲断层事件以 500～600 年的复发周期准周期地发生(Adams 和 Halchuk,2003;Petersen 等,2008)。Goldfinger 等(2008)指出这些事件的平均复发周期是 520 年。为了包含卡斯凯迪亚俯冲事件的地震危险性,可能的卡斯凯迪亚俯冲情景被模拟如下(更多细节见 Goda 等,2010):①主事件之间的时间间隔被模拟为均值等于 500 或 600 年、变异系数等于 0.25 或 0.5 的对数正态变量,且自上次主事件的消逝时间是 310 年;②用均值等于 8.5、标准差等于 0.5,且在 8.0 和 9.0 被截断的正态分布模拟矩震级;③使用 0.5、0.25 和 0.25 的权重,考虑了最接近破裂面的 3 个位置(这些是 Adams 和 Halchuk(2003)考虑的破裂面(见图 1(b))及两个由向西或东移动 15 km 得到的备选破裂面);④使用同样 0.25 的权重考虑了 15 km、20 km、25 km 和 30 km 的 4 个深度。注意,我们对破裂面位置不确定性的处理集中在其东—西向的定位,这对温哥华和维多利亚的危险性关系最大。与 Petersen 等(2008)所做的相同,我们没有企图模拟南北方向位置的不确定性。

2.4 扩展震源模型

编辑的地震目录中的地震位置相应于震中和/或震源,而大多数地面运动预测方程采用的是基于扩展震源模型的距离测度,如 r_{jb} 和 r_{rup}。使用不一致的距离测度通常导致地震危险性的低估(Scherbaum 等,2004),所以需要进行距离转换。在基于模拟的概率地震危险性分析方法中,对包含在合成地震目录中的每个地震事件可以生成假设的震源断层几何。人们可以有选择地使用把 r_{epi} 转换成 r_{jb} 或把 r_{hypo} 转换成 r_{rup} 的转换关系式,而后评估概率地震危险性分析中的地面运动预测方程。后一种方法显著地减少了计算工作量。Goda 等(2010)建立了浅源地震和深源地震的转换关系式,其精度和稳健性在概率地震危险性分析中得到了研究和证实。我们使用 Goda 等(2010)的距离测度转换模型,把距离测度间隙(即 $r_{epi} - r_{jb}$ 或 $r_{hypo} - r_{rup}$)近似为 γ 变量(即概率分布),并给出了作为基于点源模型的震级 M 和距离测度 R 函数的均值和变异系数。

2.5 地面运动预测方程

地面运动预测方程预测的地面运动中值不确定性是认识不确定性的重要组成部分。通过对每个地震类型选取若干备选方程,我们可以粗略地模拟这种不确定性。表 1 归纳了本研究中对不同地震类型所考虑的地面运动预测方程和分派的权重。采用数套地面运动预测方程仅为说明这种不确定性源的影响,进一步的研究可以显著地改进这种方法。特别是,关于认识不确定性,我们应该探索更综合性的方法(相对于简单地使用几个备选的关系式。见 Atkinson,2011)。选择适宜地面运动预测方程的一个重要方面或许关系到它们对各种场地条件的可能应用。在选择的地面运动预测方程只适用于坚硬岩石场地(即加拿大东部地区的地面运动预测方程)情况下,我们使用了一个由 Choi 和 Stewart(2005)建立而后又由 Boore 和 Atkinson(2008)修改的经验土层放大方程,以调整相对于参考场地条件的不同场地条件的地面运动。

对加拿大东部地区的地壳浅源地震,我们考虑了 4 个备选地面运动预测方程:SGD02 关系式(Silva 等,2002;基于单和双拐角频率饱和模型的点源随机方法)、C03 关系式(Campbell,2003;混合经验方法)、AB06 关系式(Atkinson 和 Boore,2006;应力降参数等于

140 bar 和 200 bar 的有限断层随机方法)和 A08 关系式(Atkinson,2008;参考经验方法)。由于 AB06 关系式考虑了有限的断层资料并仔细地由观测的地面运动数据(尽管可用的数据有限)导出,相对于 SGD02、C03 和 A08 关系式,我们给予了它较大的权重(见表 1)。最近的数据显示,AB06 关系式可能低估了近距离中等事件(即魁北克瓦勒德布瓦 $M5.0$ 级地震)的地面运动,但这种低估可以由潜在的高估近源大震地面运动所补偿(Atkinson 和 Assatourians,2010),这样一来对地震危险性结果总的影响不大。由于最近发生的地震有助于更好地理解加拿大东部的地面运动预测方程的含义,这个问题尚需进一步的研究。

对于加拿大西部地区的地壳浅源地震,我们考虑了 3 个地面运动预测方程:A05 关系式(Atkinson,2005)、HG07 关系式(Hong 和 Goda,2007)和 BA08 关系式(Boore 和 Atkinson,2008)。A05 关系式对获取区域地面运动标度特征和不列颠哥伦比亚省西南部地区的衰减很有用,而 HG07 关系式和 BA08 关系式都是根据 PEER – NGA(下一代衰减)数据库建立起来的(它们在用于分析的地面运动记录和函数形式方面不同)。我们没有考虑其他的 PEER – NGA 方程,因为它们对破裂机制、破裂深度效应、断层崖效应和土层/沉积层深度效应具有相当复杂的参数化设置,而且它们大致类似(Abrahamson 等,2008)。在加拿大西部地区,无法得到额外的基于断层的参数。我们对 BA08 关系式分派了一个相对于 A05 关系式和 HG07 关系式较大的权重(见表 1),因为它是通过广泛的同行评审过程建立的,并结合了地震学上的最新发现。

表 1 采用的地面运动预测方程一览表

地震类型	来源	变量	地震危险模型:权重
加拿大东部 地壳浅源地震	AB95:Atkinson 和 Boore(1995)	M,r_{hypo},NEHRP 场地类别 A	GSC 1995 模型:(AB95[1,0][1])
	SGD02:Silva 等 (2002)	M,r_{jb},NEHRP 场地类别 A	更新模型:(SGD02[0,2][2],C03[0,3], AB06[0,4][3],A08[0,1])
	C03:Campbell (2003)	M,r_{rup},NEHRP 场地类别 A	
	AB06:Atkinson 和 Boore(2006)	M,r_{rup},v_{S30},应力降	
	A08:Atkinson(2008)	M,r_{jb},v_{S30}	
加拿大西部 地壳浅源地震	BJF97:Boore 等 (1997)	M,r_{jp},v_{S30}	GSC 1995 模型:(BJF97[1,0][4])
	A05:Atkinson(2005)	M,r_{rup},v_{S30}	更新模型:(A05[0,25],HG07[0,25], BA08[0,5])
	HG07:Hong 和 Goda(2007)	M,r_{jb},v_{S30}	
	BA08:Boore 和 Atkinson(2008)	M,r_{jb},v_{S30}	

地震类型	来源	变量	地震危险模型:权重
卡斯凯迪亚俯冲带板内地震	YCSH97:Youngs 等（1997）	M,r_{rup},H,NEHRP 场地类别 C 或 D	GSC 1995 模型:(YCSH97[1,0][4)])
	AB03:Atkinson 和 Boore(2003)	M,r_{rup},H,v_{S30}	更新模型:(AB03[0,6][5)],Z06[0,2],GA09[0,2])
	Z06:Zhao 等(2006)	M,r_{rup},H,v_{S30}	
	GA09:Goda 和 Atkinson(2009)	M,r_{rup},H,v_{S30}	
卡斯凯迪亚俯冲带界面地震	YCSH97:Youngs 等（1997）	M,r_{rup},NEHRP 场地类别 C 或 D	GSC 1995 模型:(YCSH97[1,0][4)])
	GSWY02:Gregor 等（2002）	M,r_{rup},NEHRP 场地类别 C 或 D	更新模型:(GSWY02[0,25],AB03[0,25][6)],Z06[0,25],AM09[0,25])
	AB03:Atkinson 和 Boore(2003)	M,r_{rup},H,v_{S30}	
	Z06:Zhao 等(2006)	M,r_{rup},H,v_{S30}	
	AM09:Atkinson 和 Macias(2009)	M,r_{rup},v_{S30}	

注:1) 在 GSC 1995 模型中,我们实施了带有表征关于地面运动预测方程选取不确定性的依赖振动周期常数因子的 AB95 关系式(Adams 和 Halchuk,2003)。

2) 对于 SGD02 关系式,我们等权地采用了单拐角和双拐角频率饱和模型。

3) 对于 AB06 关系式,我们等权地考虑了 140 bar 和 200 bar 两个应力降参数。

4) 在 GSC 1995 模型中,我们使用了带有表征关于地面运动预测方程选取不确定性的不依赖振动周期常数因子的 BJF97 关系式和 YCSH97 关系式(Adams 和 Halchuk,2003)。

5) 对于 AB03 关系式(板内地震),我们以 0.4 的权重使用了卡斯凯迪亚系数,而以 0.2 的权重使用了全球系数。

6) 对于 AB03 关系式(界面地震),我们仅采用了卡斯凯迪亚系数。

对卡斯凯迪亚俯冲带内的板内地震,我们考虑了 3 个地面运动预测方程:AB03 关系式(Atkinson 和 Boore,2003)、Z06 关系式(Zhao 等,2006)和 GA09 关系式(Goda 和 Atkinson,2009)。AB03 关系式是根据世界范围的地面运动资料建立的而又为卡斯凯迪亚俯冲带做了调整,而 Z06 关系式和 GA09 关系式是根据日本的板内俯冲地震记录建立的(它们在应用的记录集和函数形式方面不同)。我们使用 Z06 关系式和 GA09 关系式打算利用基于日本大量丰富板内俯冲地震记录的经验证据(Atkinson 和 Casey,2003)。相对其他的关系式,我们给 AB03(卡斯凯迪亚)关系式分派了较大的权重,由于这个关系式对卡斯凯迪亚俯冲带更为特定。

对卡斯凯迪亚界面俯冲地震,我们采用了 4 个地面运动预测方程:GSWY02 关系式

（Gregor 等，2002）、AB03 关系式（Atkinson 和 Boore，2003）、Z06 关系式（Zhao 等，2006）和AM09 关系式（Atkinson 和 Macias，2009）。AB03 关系式和 Z06 关系式分别是根据全球和日本资料建立的，而 GSWY02 关系式和 AM09 关系式则是根据有限断层随机模拟建立的。因为没有直接可用的实际记录，后一种方法对很多可能的卡斯凯迪亚俯冲地震是合理的选择。我们对这 4 个关系式的每一个都分派了相等的权重。

为了检查采用的地面运动预测方程的特征，在图 3 中比较了 4 个地震类型在 0.2 s 和 1.0 s 的谱加速度（SA）的中值关系。我们设定最上层 30 m 内的平均剪切波速 v_{S30} 为 555 m/s。为了在同一图上画出具有不同距离测度的地面运动预测方程，实施了（平均）距离测度转换，这样图 3 的水平轴代表距断层面的最短距离 r_{rup}。对加拿大东部地区的地壳事件（见图 3(a)），我们观察到由震源表述（即单拐角频率模型对双拐角频率模型/有限断层模型）不确定性引起的地面运动预测方程之间和衰减率在 30 ~ 150 km 范围内有大离散性。对加拿大西部地区的地壳事件（见图 3(b)），在短距离范围内（小于 10 km），地面运动预测方程之间有些差异，这个范围内可用的资料相对有限，这样预测结果更加不稳定。对于深部板内地震事件（见图 3(c)），地面运动预测方程之间有些变化，特别是 YCSH97 关系式的距离衰减比其他 4 个关系式慢。对卡斯凯迪亚界面俯冲事件（见图 3(d)），我们观察到在 75 ~ 150 km 的距离范围内（温哥华和维多利亚所在的位置）预测的地面运动值有很大的差异，衰减率的变化也大。AB03 关系式具有特别慢的衰减，这可能反映了由来自墨西哥地面运动资料引起的偏差（Atkinson 和 Macias，2009）。

3 结果

我们研究了地震危险性估计值对在主要更新模型部分讨论过的模型部分的敏感性。我们对使用暂时更新地震活动参数和多种新地面运动预测方程的分析结果与基于 GSC 1995 模型（带有 H 震源区和 R 震源区）得到的现有地震危险性估计结果做了比较。为了对比，我们考虑了 v_{S30} = 555 m/s 的参考场地条件的相当于 50 年超越概率 2%（即 2 475 年的复发周期）的均值地震危险性估计值，而且我们集中研究的是蒙特利尔、渥太华、魁北克和温哥华 4 个大城市，以调查更新的模型部分的区域影响。应该强调，我们是在试图研究地震危险性估计值对主要模型部分的敏感性和将来可以探索、详细研究的趋向，而不是为这些城市提供特定场地基础的综合概率地震危险性分析计算结果。

3.1 对主要模型部分的敏感性

通过更新不同的模型部分获得了 4 组一致危险谱，考虑下列情况在图 4 中对 4 个城市的这 4 组一致危险谱做了对比：①更新地震活动参数和地面运动预测方程（这种情况相应于我们的暂时更新地震危险性估计值）；②只更新地震活动性参数；③只更新地面运动预测方程；④地震活动性参数和地面运动预测方程与 GSC 1995 模型中给出的相同。为了使对比更有代表性，我们对 GSC 1995 模型使用了均值估计（而没有使用加拿大国家建筑规范 2005 采用的稳健中值估计）并对 H 模型和 R 模型分派了同样的权重。表 2 中列出了根据更新模型（即情况 1）的一致危险谱值。

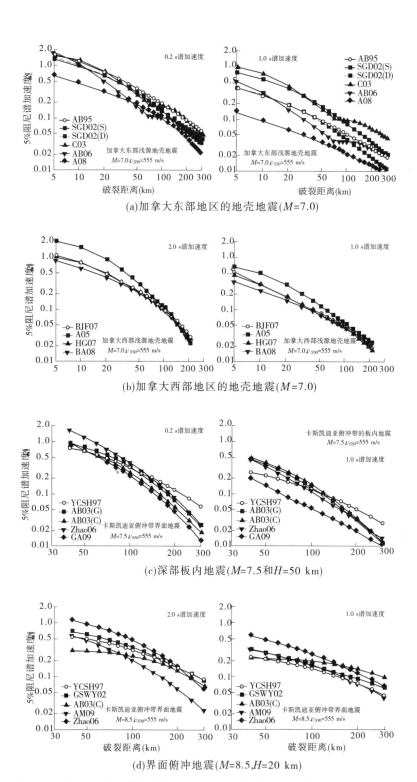

(a)加拿大东部地区的地壳地震(M=7.0)

(b)加拿大西部地区的地壳地震(M=7.0)

(c)深部板内地震(M=7.5和H=50 km)

(d)界面俯冲地震(M=8.5,H=20 km)

图3 使用不同地面运动预测方程在v_{S30}=555 m/s的参考场地条件下0.2 s和1.0 s的预测谱加速度的比较

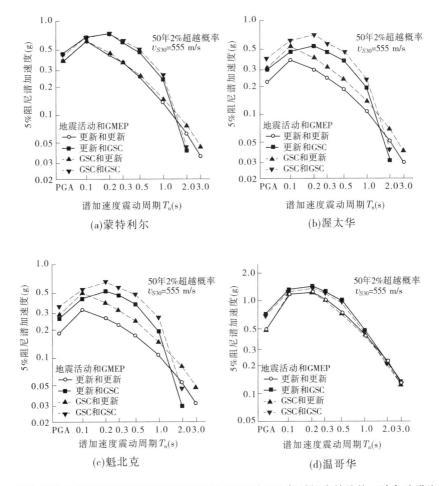

图 4 不同地震活动模型和不同组地面运动预测方程 50 年 2% 超越概率的均值一致危险谱比较

更新的地震活动性参数对一致危险谱的影响(即圆对三角)依赖于地区,蒙特利尔和温哥华的结果显示出相对小的差异,而渥太华和魁北克的结果显示出显著的差异。由于地震活动应该如何被平滑的再考虑和考虑震级转换不确定性的震级—频度关系参数的再评估,渥太华和魁北克的一致危险谱减少了 20% ~ 30%。考虑更新地震活动参数产生的温哥华一致危险谱的微小增加,是由于在加拿大西部地区对近海和板内事件震级从 M_L 到 M 的转换引起的。

更新的地面运动预测方程对所有 4 个城市一致危险谱的影响(即圆对正方形)都是显著的。我们观察到由于使用了新地面运动预测方程,东南部城市的一致危险谱的变化依赖于振动周期。0.2 s 和 1.0 s 之间的一致危险谱坐标值减少了 40% ~ 50%,而在 2.0 s 的这些值增加了 50% ~ 60%。相比之下,考虑新地面运动预测方程对温哥华一致危险谱坐标值的减少没有东南部城市这些值减少得多,这是由于使用新地面运动预测方程减少得预测地面运动的相反效应和高估的距离测度的校正引起的(Goda 等,2010)。总体上,使用新地面运动预测方程显著地减少了地震危险性估计值,特别是东南部城市。我们

表 2 基于我们的暂时更新模型得到的 $v_{S30} = 555$ m/s 和 $v_{S30} = 200$ m/s 的
50 年 2% 和 10% 超越概率的一致危险谱值

城市	v_{S30} (m/s)	超越概率	PGA	5% 阻尼谱加速度(g)						
				0.1 s	0.2 s	0.3 s	0.5 s	1.0 s	2.0 s	3.0 s
蒙特利尔	555	50 年 10%	0.119	0.209	0.159	0.126	0.085	0.043	0.019	0.011
	555	50 年 2%	0.377	0.620	0.450	0.366	0.257	0.137	0.063	0.036
	200	50 年 10%	0.185	0.288	0.231	0.211	0.171	0.097	0.044	0.024
	200	50 年 2%	0.417	0.668	0.527	0.496	0.421	0.257	0.130	0.075
渥太华	555	50 年 10%	0.072	0.132	0.107	0.089	0.064	0.034	0.016	0.009
	555	50 年 2%	0.215	0.368	0.291	0.238	0.181	0.104	0.051	0.030
	200	50 年 10%	0.128	0.204	0.171	0.162	0.138	0.080	0.038	0.021
	200	50 年 2%	0.297	0.469	0.406	0.376	0.346	0.221	0.112	0.067
魁北克	555	50 年 10%	0.072	0.138	0.118	0.100	0.075	0.042	0.019	0.011
	555	50 年 2%	0.181	0.326	0.264	0.224	0.173	0.105	0.054	0.032
	200	50 年 10%	0.130	0.218	0.190	0.185	0.163	0.100	0.046	0.026
	200	50 年 2%	0.272	0.448	0.388	0.376	0.352	0.235	0.124	0.073
温哥华	555	50 年 10%	0.236	0.541	0.577	0.483	0.343	0.185	0.091	0.052
	555	50 年 2%	0.488	1.200	1.245	1.025	0.749	0.433	0.227	0.134
	200	50 年 10%	0.297	0.638	0.731	0.716	0.619	0.372	0.181	0.102
	200	50 年 2%	0.548	1.269	1.416	1.350	1.208	0.788	0.428	0.267

注意到,总的危险性降低受使用处理认识不确定性的最近备选地面运动预测方程的复杂贡献和适当的距离测度转换的影响。后一因素不适用于加拿大东部地区的 GSC 1995 模型,因为用于评估的 AB95 关系式是以震源距为基础。

更新地震活动参数和地面运动预测方程对一致危险谱(即圆对反三角)的联合影响是非常显著的,特别是对东南部城市。更具体地说,显著性在于基于暂时更新模型和 GSC 1995 模型的一致危险谱坐标值的比率,对于蒙特利尔变化范围是 0.5 ~ 1.4,对于渥太华变化范围是 0.4 ~ 1.25,对于魁北克变化范围是 0.35 ~ 1.2,对于温哥华变化范围是0.7 ~ 1.05(见图4)。此外,更新地震活动参数对地面运动预测方程的相对影响变化依赖于地区。在像加拿大东部地区这样的中低地震活动区,由于有限的观测地震活动和地震构造特征的不同解释,地震活动特征在概率地震危险性分析(Beauval 等,2006;Hong 等,2006)中起着重要的作用。在较活跃的地区,地震活动性参数得到了较好的约束。地面运动预测方程中的不确定性在所有地区都是很大的。

3.2 国家地震危险性图的含义

考察如何比较更新地震危险性估计值和加拿大现行的国家地震危险性图采用的估计

值(2005/2010)具有实际意义。图5给出了4个城市的4组一致危险谱曲线:基于暂时更新模型(见图4)的一致危险谱均值曲线、基于GSC 1995模型的一致危险谱均值曲线、基于加拿大地质调查局H模型的一致危险谱中值曲线和基于加拿大地质调查局R模型的一致危险谱中值曲线。在加拿大国家建筑规范2005/2010中,场地的最终一致危险谱值基于H模型和R模型是一致危险谱中值的包络线(Adams和Halchuk,2003)。重要的是要认识到,尽管均值估计通常高于中值估计,但均值和稳健中值(由备选源区模型的中值包络线形成)间的关系尚不明确。

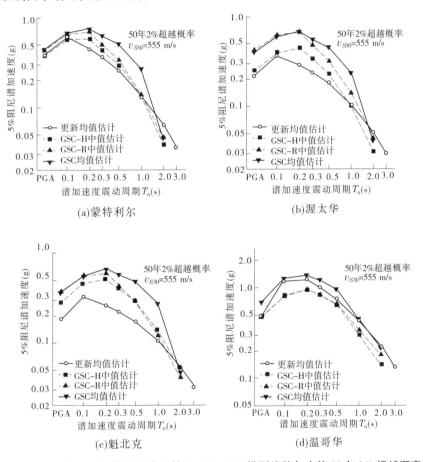

图5 基于我们的暂时更新模型均值和基于GSC 1995模型均值与中值50年2%超越概率的一致
危险谱的对比

我们观察到,东南部城市基于加拿大地质调查局H/R模型的一致危险谱中值曲线一般被限定在下边的暂时更新模型的一致危险谱均值曲线和上边的基于GSC 1995模型的一致危险谱均值曲线之间(注意:例外是2.0 s的加速度谱,GSC 1995模型没有考虑其认识不确定性)。暂时更新模型一致危险谱均值和加拿大国家建筑规范2005/2010中应用的一致危险谱中值(稳健)的比值范围对蒙特利尔、渥太华和魁北克分别是0.65 ~ 1.3、0.5 ~ 1.1和0.45 ~ 1.15。较低的值对应于短振动周期,而较高的值对应于长振动周期。

对于温哥华,与东南部城市相反,暂时更新模型的一致危险谱被限定在下边的基于

GSC 1995 模型的一致危险谱中值曲线和上边的基于 GSC 1995 模型的一致危险谱均值曲线之间。更新的一致危险谱和一致危险谱中值(稳健)的比值范围是 1.0 ~ 1.45。因此,温哥华暂时更新地震危险性估计值比基于 GSC 1995 模型的一致危险谱中值高。短周期的地震危险性估计值增加是由于日本板内地震使用了地面运动预测方程(即 Z06 关系式),与诸如 AB03 关系式等全球关系式相比,这个关系式趋于预测较高的地面运动。在将来的应用中通过考虑全球关系式的特定区域的调整因素,可以减小这种差异,但会涉及局部土层条件和其他因素。说明确些就是,与卡斯凯迪亚地区的期望值相比,表征日本场地(和日本地面运动预测方程)的浅土层造成了大的短周期振幅(Atkinson 和 Casey,2003)。在长振动周期地震危险性估计值增加,是因为在概率地震危险性分析计算中并入了卡斯凯迪亚界面俯冲事件,而在 GSC 1995 模型的稳健方法中忽略了这些事件的贡献。

3.3 不同场地条件的地震危险性估计

我们的暂时更新模型的优势是它能够进行不同场地条件的概率地震危险性分析。为了说明概率地震危险性分析中的场地放大和缩小效应,通过考虑 $v_{S30} = 555$ m/s 和 $v_{S30} = 200$ m/s 两种场地条件,我们计算了如图6所示的蒙特利尔和温哥华的 50 年 2% 和 10% 超越概率的一致危险谱,其值也在表2中列出。对图6的查看表明,在软土层上短周期的一致危险谱坐标值没有得到显著放大,而长周期的增加显著,而且放大效应依赖于地面运动水平,随着地震危险估计值变高土层放大效应减小。当我们将地震危险性模型扩展/并入到包括概率液化危险性分析(Goda 等,2011)在内的其他高级分析时,能够直接考虑场地条件是特别重要的。在本项研究中,我们只考虑了由 Choi 和 Stewart(2005)建立的把加拿大东南部地区岩石场地上的地面运动调整到土层场地上的地面运动的经验土层放大关系式。相比之下,作为加拿大西部地区地面运动预测方程的一部分,包含了各种备选场地放大项。将来,应该使用其他的方程说明关于场地放大效应的认识不确定性。

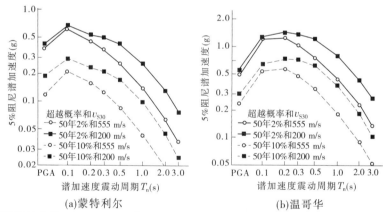

(a)蒙特利尔　　　　　　　　　　(b)温哥华

图6　对两种场地条件 $v_{S30} = 555$ m/s 和 $v_{S30} = 200$ m/s,基于我们暂时更新模型 50 年 2% 和 10% 超越概率一致均值危险性谱的比较

4　总结与结论

本文的目的是研究主要模型不确定性对加拿大 4 个大城市地震危险性评估的影响,

并对未来更详细的地震危险性计算给出了清晰有益的引导和建议。通过把更新的区域地震活动发生率和新地面运动预测方程并入到已有的加拿大地质调查局 1995 地震危险性评估模型,我们评估了地震危险性估计值对概率地震危险性分析中主要假定的敏感性。这些因素对地震危险性评估具有显著影响,因此这些因素对表征概率地震危险性分析中的不确定性是最重要的。这些并入我们暂时更新模型的更新资料包括对震源区模型和加拿大东南部地区地震活动发生率的改变,它们反映了夏洛沃伊地区地震活动定位和圣劳伦斯裂谷区可能的特征事件的长期复发的新信息,还包括结合不同震源区模型的概率权重的使用。此外,我们的暂时更新模型采用了均值地震危险性估计而不是中值估计,使用适当的距离标度转换实现了新地面运动预测方程,并能产出不同场地条件的地震危险性估计结果。后一特点特别有利于把概率地震危险性分析扩展/并入到概率液化危险性分析和基于性能的地震工程方法中的地震损失估计。

对加拿大 4 个城市的敏感性分析结果表明,在中低地震活动区,由于有限的地震活动发生率和地震构造特征的不同解释,地震活动在概率地震危险性分析中起主要作用,而关于地面运动预测方程的不确定性在所有区域都是大的。修改的地震活动参数和地面运动预测方程对一致危险谱的联合影响是非常显著的,特别是对东南部城市。基于我们暂时更新模型的均值一致危险谱和基于 GSC 1995 模型的均值和中值稳健一致危险谱的对比表明,所有城市的暂时更新模型地震危险性估计值低于基于 GSC 1995 模型的均值估计值。对东南部城市暂时更新模型地震危险性估计值一般低于基于 GSC 1995 模型的中值稳健估计值,但对西部城市其值高于 GSC 1995 模型的中值稳健估计值。在计算地面运动中有时可能有达 2 倍差异的范围,这对抗震设计和分析关系特别重大。

在未来数代加拿大国家地震危险性模型中,有几个问题需要解决:①应该探索超越震源区划分方法的平滑区域和局部地震活动的技术,特别对加拿大东南部地区;②应该研究超越逻辑树方法的表征选取和模拟地面运动预测方程的方法;③在概率地震危险性分析中应该建立和应用关于在地面运动资料获取原始区域之外区域使用地面运动预测方程的特定区域调整因子/关系式;④为解释不同地表下深于 30 m 的土层条件,必须评估关于不同区域的场地放大因子的适用性和不确定性。

数据来源

加拿大混合目录的地震资料主要根据加拿大地质调查局的地震危险性震中文件目录编辑,由美国目录补编,而且在复制时进行了精心筛选(Halchuk,2009)。本目录及其文档摘自 www.seismotoolbox.ca。危险性的计算使用了由 Hong 等(2006)描述的 Goda 编制的基于 MATLAB 的软件。

译自:Bull Seismol Soc Am. 2011,101(1):176-189

原题:Effects of Seismicity Models and New Ground-Motion Prediction Equations on Seismic Hazard Assessment for Four Canadian Cities

杨国栋译;吕春来校

东加勒比群岛的概率地震危险性评估

F. Bozzoni   M. Corigliano   C. G. Lai

W. Salazar   L. Scandella   E. Zuccolo

J. Latchman   L. Lynch   R. Robertson

摘要:完成了北边包括背风群岛(从安圭拉到多米尼加)和南边包括向风群岛(从马提尼克到格林纳达)、巴巴多斯、特立尼达和多巴哥的东加勒比地区($10°N \sim 19°N, 59°W \sim 64°W$)的地震危险性概率分析,计算了概率地震危险性图。该分析是用能够系统考虑基于模型(即认识的)不确定性及其对计算地震动参数影响的标准逻辑树方法进行的。我们使用 $0.025°$ 空间分辨率的场点网格对研究岛屿的区域完成了地震危险性计算。采用了两种不同的计算方法:基于适当潜在发震区(SZ)定义的标准 Cornell-McGuire 方法(Cornell,1968;McGuire,1976)和由 Woo(1996)提出的克服了与震源定义有关的模糊的区域自由方法。我们认真仔细地研究了加勒比地区的浅地壳、板内和界面俯冲地震活动之间的相互作用和复杂性。通过合并所有可用的数据库,为这个地区编辑了一个更新综合目录,而且为确定在分析中使用最适宜的地震动预测方程也进行了认真仔细的调查研究。计算了 4 个重现期(RP)(95 年、475 年、975 年和 2 475 年)的地震动水平分量的统一危险谱和结构周期从为 $0 \sim 3\ s$ 的 22 个谱加速度(SA)值。计算出 2 475 年重现期 $0.2\ s$ 和 $1.0\ s$ 的谱加速度值后可以根据国际建筑规范确定研究区域的地震危险性(IBC,International Code Council(ICC),2009)。

引言

在 2000 年,加勒比工程组织理事会(CCEO)决定采用国际建筑规范(IBC;ICC,2009)作为东加勒比地区的参考建筑规范。Shepherd 和 Lynch(2003)更新了东加勒比地区的地震危险性,编制了与国际建筑规范地震规定要求一致的 50 年超越概率 2% 的结构周期为 $0.2\ s$ 和 $1.0\ s$ 的谱加速度区划图。然而,这些区划图的编制缺少地震构造背景的深入研究基础,且这些谱坐标对与国际建筑规范反应谱并不完全一致,因而这些区划图也不完全符合国际建筑规范的规定,所以当前在东加勒比地区仍然没有完全符合国际建筑规范要求的地震危险性区划图。

本文介绍了目标在于编制北部包括背风群岛(从安圭拉到多米尼加),南部包括向风群岛(从马提尼克到格林纳达)、巴巴多斯、特立尼达和多巴哥的东加勒比地区($10°N \sim 19°N, 59°W \sim 64°W$)概率地震危险性区划图和统一危险谱(UHS)的最新型的地震危险性分析(PSHA)。在研究中使用了两种不同的计算技术:一种是 McGuire(1968)提出并编制了计算机程序(McGuire,1976)被最广泛应用于概率地震危险性评估的方法(被称为 Cornell-McGuire 经典方法);另一种方法是 Woo(1996)提出的区域自由方法。这两种方法本质的差异是震源的定义和它们的复发特征。

Cornell-McGuire 方法是一种依赖区域的方法:用地震构造资料、地质资料和地震目录确定潜在发震区(SZ,活跃区域),在此区内地震以复发关系式(例如,Gutenberg 和

Richter,1954,1956)确定的发生率发生并假设在任何位置都有相同的发震概率(均匀震源)。地震目录简化成 3 个参数:地震发生率、古登堡 – 里克特关系式的 b 值和最大震级的估计值。然后在概率框架内把这些参数和地震动预测方程(GMPE)结合起来确定与指定超越概率相关的单个地震动参数。

Woo(1996)提出的区域自由方法是一种可选的方法,克服了 Cornell-McGuire 方法中固有的确定潜在发震区的主观性。这种方法不需要确定潜在发震区,使用了震源但不基于地震构造和地质判据进行确定。使用地震目录导出的每个点的地震发生率来确定研究场地周围的点源网格。每个编目事件的整体影响分布在与震级相依的某一距离的研究区域上。作为使用像古登堡 – 里克特定律这种复发关系式确定每个震源区地震发生率的一种替代,确定了每个震级间隔的地震发生率。一旦确定了每个震级档的地震发生率,就像在 Cornell-McGuire 方法中一样,使用地震动预测方程对每个点源进行求和以计算地震危险性。

在下面,我们将前一种方法称为 Cornell-McGuire 方法,将后一种方法称为区域自由方法。

将这个地区过去进行的地震危险性研究的关键性回顾作为本研究的序言。然后研究了东加勒比地区的地震构造背景,确定了反映该区域地震活动主要原因的潜在发震区。在考虑计算方法、预测方程和最大震级这 3 个不同参数的逻辑树框架下,我们对地震危险性确定中认知不确定性做了处理。在 0.025°(大约相当于 0.28 km)空间分辨率的场地网格的岛屿边界内进行了地震危险性计算。以特定场点统一危险谱和预先定义的谱加速度地震危险性区划图给出地震危险性概率分析结果。这些区划图展示了研究地区某确定超越概率的预期地震动分布。计算了水平岩石场地条件、4 个重现期(95 年、475 年、975 年和 2 475 年)和 22 个结构周期(为 0 ~ 3 s)地震动水平分量的统一危险谱。

1 过去东加勒比地区地震危险性研究回顾

从 20 世纪 50 年代开始,研究人员就对加勒比海地区的地震危险性感兴趣。事实上,在 50 年代到 70 年代期间,这个地区发生的一系列破坏性地震吸引了科学家对这个地区的地震危险性问题的关注。Robson(1964)编辑了自从最早有欧洲人定居的 16 世纪初以来东加勒比地区的有感地震目录。这一目录显示出几乎所有的岛屿在历史时期都至少曾遭受了一次大地震的影响。Key 等(1970,1972)使用这一目录就结构抗震设计提出了一系列建议。主要建议是整个东加勒比地区的地震危险水平应该和加利福尼亚州结构工程师协会(SEAOC)建筑规范的最高危险带的地震危险水平同等对待。许多加勒比专业工程师拒绝了这些建议,认为它们没有道理,经济上也不可行。

加勒比地区最初基于 Cornell(1968)、Algermissen 和 Perkins(1976)引入的概念的地震危险性评估结果是在 1978 年 1 月在特立尼达召开的地震工程第一次加勒比会议上由 Pereira 和 Gay(1978)、Taylor 等(1978)给出的。Pereira 和 Gay(1978)评估了牙买加地区和特立尼达地区的地震危险性,而 Taylor 等(1978)研究了小安的列斯群岛地区、特立尼达地区和多巴哥地区。这些研究的主要缺陷是采用地震目录中地震的位置和震级约束不好。另一个问题是即使目录中也纳入了深源地震,但使用的是浅源地震动预测方程(Esteva,1974)。Shepherd 和 Aspinall(1983)改进了定位和震级估计的精度,并编制了改进的特立尼达和多巴哥的地震危险性图。

这些作者做的地震危险性估计都没有被接受为该地区地震宏观区划的基础。加勒比工程组织理事会随后指派了一个小组委员会,调查在这些研究中所使用的数据库和方法,咨询各方面的专家,并建议应用于加勒比地区抗震设计的侧向力的水平。在 1983 年,该小组委员会向加勒比工程组织理事会西班牙港抗震和抗风设计的区域会议提交了建议(Faccioli 等,1983)。后来这些建议被纳入加勒比统一建筑规范(CUBiC,CARICOM Secretariat,1985)。

从 1990 年国际减灾十年开始,在那些年里,来自加勒比海、墨西哥、中美洲和南美洲的科学家编制了一系列覆盖整个该地区的危险图。这些研究的一个特点是在研究区域内记录的所有地震的震级都被重新计算并以 Kanamori(1977)的矩震级标度表示。在这些研究中,最有意义的是 Tanner 和 Shepherd(1997)发表的拉丁美洲和加勒比地区的结果和 Shedlock(1999)发表的中北美洲和加勒比地区的结果。后来做了基于 20 世纪 90 年代地震危险性估计的区域研究。在编制加勒比地区国家级的地震危险性区划图中,加勒比灾害减轻计划(CDMP)支持了西印度大学的地震研究组(SRU)。作为该计划的一部分,2002 年该地震研究组发表了以地面水平峰值加速度(PGA)、地面水平峰值速度和修改了的麦加利地震烈度表示的页面大小的图。该图由 Tanner 和 Shepherd(1997)编制的小尺度(区域)国际标准加速度图精细加工而成。

Shepherd 和 Lynch(2003)给出了加勒比地区特立尼达和多巴哥的地震危险性最新评估结果,Tanner 和 Shedlock(2004)给出了墨西哥、加勒比和中南美洲的最新评估结果。在这些研究中,计算了 50 年超越概率 10% 的标准峰值加速度图,并附有适用于不同结构周期(0.2 s 和 1.0 s)和不同超越概率(例如,50 年超越概率 2%)的谱加速度图。

2 地震构造背景

加勒比海地区和中美洲地区形成了一个被称为加勒比板块的小岩石层板块,位于北美、南美、纳斯卡和科科斯(Molnar 和 Sykes,1969)的岩石层板块之间。包括加勒比板块边界的加勒比地区的大地构造背景如图 1 所示。所有的加勒比国家都位于这些边界附近。在东边,加勒比板块上覆于南北美洲板块之上,而在西边,科科斯板块俯冲在加勒比板块下方。GPS 研究表明加勒比板块内部以 20 mm/年的速率相对北美板块向北东东(N70°E)方向运动(Dixon 等,1998;DeMets 等,2000)。加勒比板块也在以约 20 mm/a 的速率相对南美板块向东运动(Pérez 等,2001)。

在小安的列斯岛弧下面的大西洋岩石层在加勒比板块下边正在俯冲(从东到西),构成了加勒比板块的东边界。这是以非常低汇聚速率俯冲的古老(约 100 ma)俯冲带的一个例子(Panagiotopoulos,1995;Stein 等,1983),从伊斯帕尼奥拉岛东部延伸至委内瑞拉东北部。沿该岛弧产生的构造活动由北美俯冲板块内的界面与板内地震和一个沿岛弧的活跃火山链构成。火山岛弧距东加勒比海海沟约 300 km,在东加勒比海海沟北美板块开始向西俯冲加勒比海板块,俯冲角平均 50°(Bengoubou-Valerius 等,2008),产生高达 8 级的大地震。为了研究地震活动沿小安的列斯岛弧的分布,我们构建了垂直震源截面。此外,还

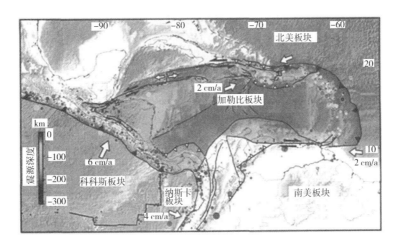

图 1　加勒比构造背景:地震活动据美国地质调查局/美国地震情报中心数据库(1977 年至今)
(据:E. Calais,http://web. ics. purdue. edu/ecalais/haiti/context/,最近的访问时间是 2010 年 12 月)

考虑了 Bengoubou-Valerius 等(2008)显示的 6 个垂直于小安的列斯岛弧的截面。最有代表性的截面分别是以多米尼加群岛为中心的东西向截面(AA′—BB′)和马提尼克截面(CC′—DD′)。每个截面宽 1°,分别位于 15°N～16°N 与 14°N～15°N,如图 2(a)所示。图 2(b)和图 2(c)清晰地示出了由于加勒比板块下的大西洋岩石层的俯冲而产生的西倾的地震活动(深达 200 km)。除俯冲地震活动外,由于加勒比板块和北美板块间的地壳相互作用和火山活动,在图 2(b)中还存在一个浅源地震活动模式(深达约 35 km)。在图 2(c)中没有观测到这种浅层地震活动的图像,表明小安的列斯岛弧南部地区的地震平静。

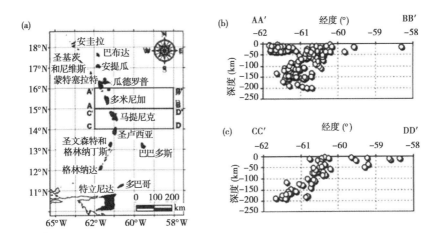

图 2　(a)为研究地震活动空间分布考虑的横截面 AA′—BB′和 CC′—DD′位置;每个截面 1 度宽(分别为 15°N～16°N 和 14°N～15°N)。(b)显示 $M_\mathrm{W} \geqslant 4$ 地震空间位置的 AA′—BB′横截面。(c)显示 $M_\mathrm{W} \geqslant 4$ 地震空间位置的 CC′—DD′横截面

加勒比板块的北边界主要由沿东西优势走向断裂的左旋运动表征,包含伊斯帕尼奥拉岛、波多黎各和维尔京群岛的边界东半部分,是个复杂的变形带,宽约 250 km,其北边

界和南边界分别由波多黎各海沟和穆尔塔斯界定。数位作者暗示在这个区域存在微型板块(Jansma 等,2000)。

加勒比板块的南边界是一个很宽的变形带,其特点是很多断层界定的块体参与复杂的相对运动模式,沿南美大陆边沿北部并呈现出显著的压缩(Pindell 等,2005;Pindell 和 Kennan,2009)。边界的东部横跨特立尼达和委内瑞拉呈东西走向,主要具有走滑断层的特征(例如埃尔皮拉尔断层)并具有浅源地震活动。重要的不确定性主要涉及加勒比—北美—南美三连点的位置和性状,因为在提出的三连点不存在浅源地震活动的证据。Jordan(1975)认为该边界位于特立尼达以南西印度岛弧的南端。另一些研究者认为,该位置可能在圣卢西亚附近(Wadge 和 Shepherd,1984;McCann 和 Pennington,1990;Russo 等,1992;Aspinall 等,1994)。还有些人将该边界和三连点定在更北部,在 15.3°N 附近,靠近皇家海槽和梭子鱼脊附近(Mueller 和 Smith,1993;Dixon 和 Mao,1997)的 15°~20°破裂带的多米尼克,这是始于四北断裂带从断裂带到断裂带逐步迁移的结果(Mueller 和 Smith,1993)。另外,Latchman(2009)倾向于当今边界位于跨越大西洋海盆 11°N 左右的韦玛破裂带位置,在多巴哥附近形成三连点。

3 地震目录

地震目录代表着可开始运行 Cornell-McGuire 方法和区域自由方法。对以地理坐标 7.0°N~22.5°N、56.0°W~68.3°W 为界的东加勒比地区已编辑出综合的、统一的、更新的和定义明确的地震目录。

Tanner 和 Shepherd(1997)的文章描述了用于编制拉丁美洲和加勒比地震目录,即泛美地理与历史研究所(IPGH)目录的方法,该目录覆盖了 1530~1996 年的时段,使用矩震级 M_W。该目录已被更新到包括 1997~2009 年的时段。数据是从国际地震中心(ISC)、国家地震情报中心(NEIC)、国家高级地震系统(ANSS)和国家地球物理数据中心(NG-DC)这 4 个认可度最高的数据库恢复的。编辑的复合地震目录跨越了 1530~2009 年 480 年的时段。

新编目录已通过手工删除了重复事件,现包含有震级大于或等于 4.0 的 3 000 多个地震事件。

因为在访问的各个数据库中,对一个事件给出了一个或多个不同的震级标度,这就需要在复合目录中将震级标度统一为矩震级 M_W。把 M_S、m_b、M_L 和 M_D 转换成矩震级 M_W 采用了经验关系。由于在复合目录(1997~2009 年)中有 $M_S - M_W$ 和 $m_b - M_W$ 估计对,所以对 M_S 和 m_b 可以特地分别推导出 $M_S - M_W$ 和 $m_b - M_W$ 的经验关系。图 3 示出了这些线性关系及其与 Tanner 和 Shepherd(1997)提出的线性关系以及 Scordilis(2006)提出的双线性关系的对比。对 M_D 和 M_L,由于在复合目录中没有足够的估计震级对,不可能确定 $M_L - M_W$ 和 $M_D - M_W$ 具体的转换函数。因此,通过检索文献,选用了最适宜的转换关系。表 1 中给出了使用的转换关系。

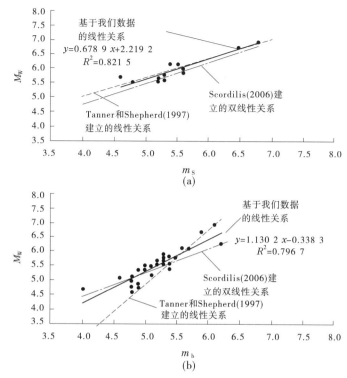

图3 (a)$4.6 \leqslant M_S \leqslant 6.8$ 的地方震的 M_W 与 M_S 之间的关系(实线)。(b)$4.6 \leqslant m_b \leqslant 6.2$ 的地方震的 M_W 和 m_b 之间的关系(实线)(Tanner 和 Shepherd(1997)提出的线性关系(虚线)及 Scordilis(2006)提出的双线性关系(点线)也叠加在了上面)

表1　采用的 M_W 震级与其他震级标度的转换关系

震级类型	转换关系
M_S	$M_W = 0.678\ 9M_S + 2.219\ 2(R^2 = 0.821\ 5)$(本研究建立的)
m_b	$M_W = 1.130\ 2m_b - 0.338\ 3(R^2 = 0.796\ 7)$(本研究建立的)
M_L	$M_W = M_L$(Tanner 和 Shepherd,1997 年使用的)
M_D	$\lg M_0 = 1.51M_D + 16.26$(Pasyanos 等,1996)[1]

注:1)使用 Kanamori(1977)推导的关系式把地震矩 M_0 转换成了矩震级 M_W。

　　图4 示出了对研究区域(7°N ~ 22.5°N,56°W ~ 68.3°W)编辑的复合目录中选出并在地震危险性概率分析中使用的 $M_W \geqslant 4.5$ 的地震事件(1 204 个事件)。由于矩震级 4.5 级被认为是工程行业的最小震级(Faccioli 和 Paolucci,2005),所以把它取为震级阈值。最大震级是 $M_W = 8.0$,事件的深度变化范围是 0 ~ 260 km。

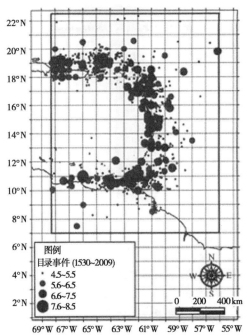

图 4　全目录含有的 $M_W \geqslant 4.5$ 的 1530～2009 年时段的地震(1 204 个事件)

(方框表示纬度为 7°N～22.5°N,经度为 56°W～68.3°W 的目录区域)

4　地震动预测方程

地震动预测方程随地区而定,适宜的衰减关系的选择取决于研究场地的构造背景。不幸的是对加勒比群岛没有研发过特定的地震动预测方程,所以研究了具有类似地震构造背景的其他地区建立的地震动预测方程。根据下列判据选择了地震动预测方程:

(1)对与本研究地区相似的地震构造背景即地壳、俯冲和火山地震研发的模型。

(2)记录良好并经测试了的衰减模型。

(3)适宜工程应用的模型的周期范围。

(4)在类似地震环境中被公认和广泛应用的模型。

(5)用于研发衰减关系的震级和震中距的数据具有足够的范围。

按照 Douglas 和 Mohais(2009)的思想,该地区的任何地震危险性评估都应该使用多种预测方程来得到小安的列斯群岛地震动预测中观测到的大认知不确定性。我们选择了5 个地震动预测方程表征 3 种主导地震类型(俯冲、地壳和火山)的每一种。

像 Sabetta 等(2005)一样,我们选择了 5 个地震动预测方程,结果证实只要在逻辑树中包含不少于 4 个地震动预测方程,除非强烈地偏向一个或两个方程,相对的权重对危险性就没有显著影响。

采用了下列预测方程:

(1)俯冲带(Youngs 等,1997;Atkinson 和 Boore,2003,2008;Zhao 等,2006;Kanno 等,2006;Lin 和 Lee,2008)。

(2)地壳区(Kanno 等,2006;Zhao 等,2006;Abrahamson 和 Silva,2008;Boore 和 Atkinson,2008；Campbell 和 Bozorgnia,2008）。

（3）火山带（Sadigh 等,1997；Kanno 等,2006；Zhao 等,2006；Abrahamson 和 Silva,2008；Chiou 和 Youngs,2008）。

为关联地震危险性分析采用的逻辑树框架中每个地震动预测方程适当权重并评估它们的可靠性,我们把每个预测方程估计的地震动参数和现有的强地震动记录做了比较。

我们对 1997～2008 年东加勒比群岛现有加速度数据进行了搜集、分析和校正。原始数据库含有约 1 000 条未经校正的记录,采样率 0.005 s,平直频率响应达 50 Hz。使用基线校正和升余弦带通滤波器对加速度时程进行了校正。低截止频率的选取依赖于信噪比,根据数字传感器的动态放大因子选取了高截止频率。只有使用低于 0.5 Hz 低截止频率(大于 2 s)之后获得了合理积分速度和位移时程的记录才被选用于分析。也计算了阻尼比 5% 的加速度反应谱。由于本研究着重于考虑硬土壤的地震危险性评估,所以只对处在岩石场地条件的台站的记录和可用的预测方程的结果做了比较。

我们使用了在特立尼达岛属于西印度大学地震研究中心的 4 个台站和马提尼克与瓜德罗普岛地质采矿研究局(BRGM)5 个台站(法国台网,见图 5)记录的 12 个地震的数据(见表 2)。对峰值加速度和 0.2 s 与 1.0 s 有代表性的周期的谱加速度进行了比较。图 6 显示了不同类型的地震比较的例子。

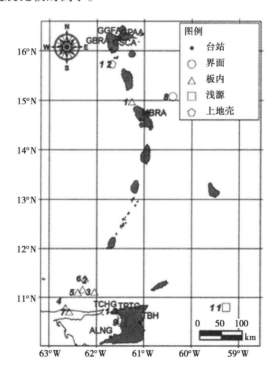

图 5　东加勒比台站位置和其记录用于和
预测方程估计值对比的地震震中图(地震的编号同表 2)

表2   与地震动预测方程对比的东加勒比地震和记录

编号	日期(年-月-日)	M_W	深度(km)	地震类型	纬度(°N)	经度(°W)
1	2007-11-29	7.4	148.0	板内	14.97	61.26
2	2000-10-04	6.1	110.4	板内	11.16	62.29
3	2005-10-28	5.5	80.9	板内	11.11	62.04
4	2006-11-15	5.2	98.9	板内	10.78	62.65
5	2005-10-24	5.1	137.7	板内	11.10	62.39
6	2006-11-17	4.9	135.8	板内	11.39	62.24
7	2001-01-25	4.6	85.5	板内	10.70	62.57
8	1999-06-08	5.8	52.4	界面	15.07	60.40
9	2004-12-02	5.8	48.2	地壳	10.49	61.45
10	2004-12-03	5.4	40.5	地壳	10.54	61.46
11	2003-06-21	5.3	10.0	地壳	10.79	59.27
12	2004-11-21	6.3	21.2	上地壳(火山弧)	15.73	61.68

除 Kanno 等(2006)使用的方程外,所有为俯冲带地震选取的地震动预测方程都针对界面地震和板内地震确定的,以 50 km 作为它们之间的深度界限。Kanno 等(2006)识别了浅源地震(深度≤30 km)和深源地震(深度>30 km),但在这两类里面没有区分地震深度的差异。事实上,同一方程用于所有深度大于 30 km 的地震事件,这和对震源深度小于或等于 30 km 的地震事件建立的函数形式不同。

与其他地震动预测方程相比,Atkinson 和 Boore(2003,2008)的方程显示了随震级的高度可变性,对低震级($5 < M_W < 7$),预测了显著低的地震动值,说明随周期增加和震中距增加振幅衰减增大。这种特征界面地震比板内地震更为明显。对大地震,这些差异变小了。所以,对 $M_W < 7$,Atkinson 和 Boore(2003,2008)可以被视为俯冲带采用的地震动预测方程的下界。相反,对于高震级($M_W > 7$),结果与其他地震动预测方程预测的地震动预测的平均范围相一致。Atkinson 与 Boore(2003,2008)的结果与由其他预测方程显著高估(相对仪器记录结果)的 $M_W < 5$ 地震记录有好的吻合。在 Atkinson 和 Boore(2003)的文章中可以看到关于 Atkinson 和 Boore(2003,2008)与 Youngs 等(1997)的比较的更深入的讨论。

就介于界面地震和板内地震的差异来说,Lin 和 Lee(2008)获得的结果类似于 Youngs 等(1997)的结果,预测的地震动均值水平有些变化(Lin 和 Lee,2008)。与 Youngs 等(1997)预测的相比,对所有震级和所有周期地震动水平一般都偏低。看来,由于主要基于界面地震的函数形式,Youngs 等(1997)的结果可能过于保守。在 Lin 和 Lee(2008)的文章中可以看到不同地震动预测方程估计值之间的进一步比较。

对有观测记录的高震级和震中距大于 100 km 的地震,Zhao 等(2006)和 Kanno 等(2006)的两个日本地震动预测方程对数据的拟合好像比证实了 Douglas 和 Mohais(2009)

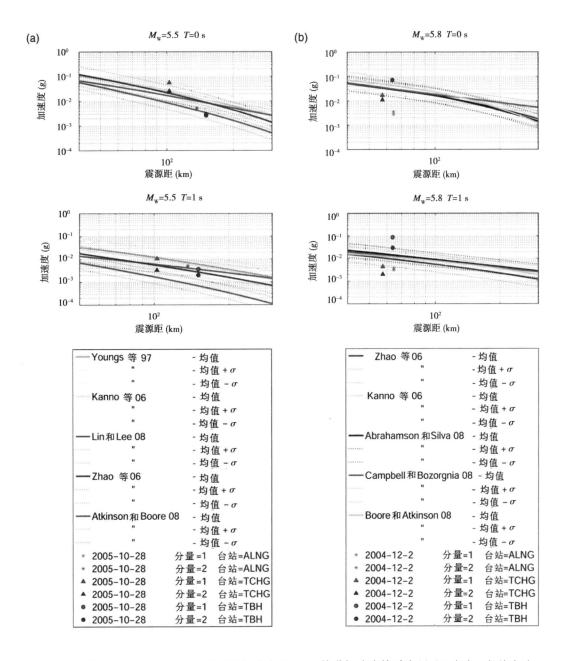

图 6　地震动预测方程和地震记录的峰值加速度和 1.0 s 的谱加速度的对比((a)3 个岩石场地台站 (ALNG,TCHG,TBH) 的 2005 年 10 月 28 日板内地震(M_w = 5.5,事件 3)。(b)特立尼达断裂区 3 个岩石场地台站(ALNG,TCHG,TBH)的 2004 年 12 月 2 日地壳地震(M_w = 5.8,事件 9)。画出了两个水平分量:NS(分量 1)和 EW(分量 2)。地震编号和表 2 一致。(c)一些岩石场地台站的 2004 年 11 月 21 日瓜德罗普以南圣徒岛火山地震(M_w = 6.3,事件 12),峰值加速度取自 Bengoubou-Valerius 等 (2008)。Bengoubou-Valerius 等(2008)把 3 个圆圈显示的台站认定为岩石场地台站,但这种认定有争议)

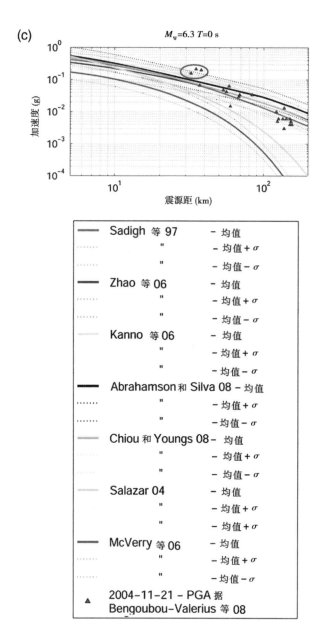

的研究结果的其他地震动预测方程好,他们说这两个预测方程给出了与小安的列斯群岛中观测记录可比的地震动和变化性的预测。图 6(a)示出了对俯冲事件比较的例子。

有必要强调一下,虽然 Kanno 等(2006)区分了浅源(深度小于或等于 30 km)和深源(深度大于 30 km)地震,但地震的实际深度在关系式中并没有清晰地显示出来。虽然这个方程和实际地震记录吻合得不错(对震级、深度和地震类型的特定组合),但与其他地震动预测方程相比,它通常趋于提供较高的地震动值。

Zhao 等(2006)和 Kanno 等(2006)的地震动预测方程也可用于地壳地震。实际上,Zhao 等(2006)区分了地壳地震和俯冲地震,而 Kanno 等(2006)只根据深度对地震进行了分类,对地壳浅源与界面地震、地壳深源与板内地震没有任何界定。另外对地壳区使用的3个预测方程都是在下一代衰减关系(Stewart 等,2008)框架内建立的下一代衰减关系。通过比较可知,Kanno 等(2006)的预测结果构成了正断层震源机制地震动的上界,相比其他地震动预测方程,提供了显著高的地震动。对逆断层震源机制的地震,Kanno 等(2006)提供了与 Zhao 等(2006)、Abrahamson 和 Silva(2008)及 Boore 和 Atkinson(2008)一致的地震动值。Campbell 和 Bozorgnia(2008)的关系式与其他地震动预测方程相比,显示了随震中距较低的衰减。实际上,随震中距变化维持了几乎同样的衰减率,而其他预测方程的斜率在大震中距(> 120 ~ 140 km)显著增大。实际记录显示 Zhao 等(2006)与 Abrahamson 和 Silva(2008)较好地代表了平均行为,即使可用数据伸展很大,情况依然如此,所以实际也不可能确定哪个衰减关系对数据拟合得较好(见图6(b))。

很少有专对火山环境研发的地震动预测方程。McVerry 等(2006)提出了一个新西兰的衰减模型,指出火山地区比其他地区高频地震动衰减更快,Salazar(2004)研发了萨尔瓦多火山区上地壳地震的地震动预测方程。对于火山岛弧地区的衰减,重要的是强调发生在地震岛弧区内的近海地震的衰减特征一般不同于其地震波在火山之下短距离(小于50 km)传播的岛内地震的衰减特征。不幸的是,如图6(c)所示,在岩石台站上(据 Bengoubou-Valerius 等,2008)只有2004年11月21日地震(M_W = 6.3)记录的峰值加速度可用。专为火山地区校准的 Salazar(2004)和 McVerry 等(2006)的两个地震动预测方程获得了随距离类似的衰减。2004年11月21日近海地震的记录主要是莫霍面临界反射波,没有穿越火山结构,和 Sadigh 等(1997)的世界各地的上地壳地震一致。由于火山地震波的快速衰减特征(Salazar 等,2007),Salazar(2004)和 McVerry 等(2006)的衰减关系只在震中距小于约50 km 时有效。从图6(c)可以清晰地看出,它们严重低估了记录的地震动,而其他为地壳地震研发用于火山区的预测方程却和记录的峰值加速度值协调一致。不幸的是,只在震中距大于约40 km 时数据可用。实际上,因为 Bengoubou-Valerius 等(2008)把各记录台站作为岩石台站的分类是有争议的,所以图6(c)所示在震中距30 ~ 40 km 记录的数据被圈出来了。

为了便于地震动预测方程之间的比较,采用了震源距。为把所有其他距离量度(基于破裂面积尺寸)转换成震源距,我们使用了基于模拟数据的震源 – 场点的距离转换算法和伽马分布模型(Scherbaum 等,2004)。假定的场地类别是岩石出露,v_{S30} 均值的范围是750 ~ 1 100 m/s。

5 使用 Cornell-McGuire 方法的地震危险性概率分析

标准的 Cornell-McGuire 方法是以潜在发震区(此后用缩写 SZ 表示)确定为基础。所以我们仔细研究了加勒比地区的地震构造背景以确定适当的 SZ。在编辑了区域地震目录之后,进行了去丛集删除前震和余震以得到与经典 Cornell-McGuire 方法使用的地震发生模型相一致的地震目录。接下来对确定的每个 SZ 的去丛集的目录进行了地震完整性分析以确定古登堡 – 里克特复发参数。根据普遍的构造状况,把每个 SZ 与5个地震动预测方程相关联。使用 EZ-FRISK 7.31(详见资料来源部分)进行了地震危险性计算。

5.1 SZ

我们全面地研究了东加勒比地区火山、地壳、板内和界面地震活动间的相互作用和复杂性。把研究区域划分成了 15 个 SZ,以如图 7 所示适当解释该地区的复杂构造背景。像图 7 的三维近视图示出的那样,SZ 划分具有不同构造体系的源重叠的特点。上部的 SZ(火山、界面和浅源地壳)的特点在于浅源地震(深度小于或等于 50 km),而最深的 SZ 主要以板内俯冲带为特征,震源深度为 50 ~ 200 km。

表 3 归纳了各个 SZ 的主要特征(平均深度值、类型和占主导的震源机制),下面简要描述这些特征。

表 3　确定的潜在发震区(SZ)的主要特征

SZ	平均深度(km)	类型	主要震源机制
SZ1	19.1	上地壳(火山弧)	正断层兼走滑
SZ2	29.6	界面	逆断层
SZ3	29.4	界面	逆断层
SZ4	86.0	板内	正断层
SZ5	97.9	板内	正断层
SZ6	32.3	界面	逆断层兼走滑
SZ7	28.4	地壳(浅源)	正断层
SZ8	74.5	板内	正断层
SZ9	24.4	过渡带	正断层兼走滑
SZ10	43.9	过渡带/板内	正断层兼走滑
SZ11	99.5	板内	正断层
SZ12	32.5	地壳(浅源)	正断层兼走滑
SZ13	23.3	地壳(浅源)	走滑兼逆断层
SZ14	14.7	地壳(浅源)	走滑兼逆断层
SZ15	57.3	地壳(深源)	走滑兼逆断层

5.1.1　SZ1:火山岛弧

SZ1 涵盖了从马提尼克岛北部到安圭拉的区域,包括背风群岛。这些岛屿原本是火山岛。表征这个 SZ 的强(最大历史地震 $M_w = 6.6$ 发生在 1897 年)浅源地震未必和火山喷发有关,常常丛集发生,没有明显的主震(震群)。在小安的列斯岛弧,地震活动集中在加勒比板块最上 35 km 之内(Boynton 等,1979)。从格林纳达到安圭拉,震中几乎集中在 100 km 宽的向两个轴延伸的连续的带内,一个轴是主要活动火山,另一个轴是平行于俯冲沟的内陆及近海浅断裂,这个 SZ 的断层面解是正断层和走滑震源机制。

5.1.2　SZ2 ~ SZ5:小安的列斯中的俯冲带

火山岛弧距加勒比海沟约 300 km,在这里北美板块开始向加勒比板块下面俯冲,在岛屿下面俯冲深度达 200 km,并发生震级达 $M_w 8.0$ 的大地震。SZ2 和 SZ3 包括沿产生俯冲震源机制的斜界面地震区域的所有浅源地震（深度小于或等于50 km）。加勒比板块和北美板块以约20 mm/年的速率汇聚（Dixon等，1998；DeMets等，2000）。较深板内地震（大于50 km）的震源机制表明，正断层机制是由具有平均向西50°倾角的下行大西洋板块（SZ4和SZ5）的初始弯曲（Bengoubou-Valerius等，2008）造成的。由于相对于SZ3和SZ5，SZ2和SZ4的地震活动水平较高，因而区分出了SZ2和SZ3及SZ4和SZ5。Russo等（1993）和Bengoubou-Valerius等（2008）把这种不同的地震活动归因于：

（1）Feuillet等（2002）绘制的构造结构的变化。

（2）沉积物体积足以使俯冲带的两个板块光滑或解耦。

（3）由浅俯冲延伸区上过重的厚增生楔引起的增强作用；静止的区域与巴巴多斯增生楔中最深的部分吻合。

SZ2和SZ3分别与SZ4和SZ5部分重叠，而SZ4又与SZ1重叠一部分（见图7）。

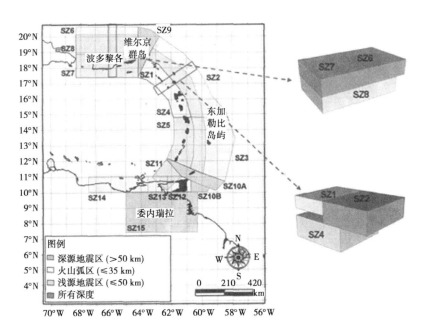

图7　在东加勒比地区确定的15个潜在发震区（SZ）的几何边界。
两个截面的三维图说明了SZ的重叠

5.1.3　SZ6～SZ8：波多黎各和维尔京群岛

波多黎各和维尔京群岛被认为是由斜向俯冲的北美板块、加勒比板块和几个大断层——东边莫纳峡谷、西边阿泊拟尕达走廊（McCann，1985；Jansma等，2000）和南边穆尔塔斯低谷环绕的一个微型板块。之所以以简化的方式考虑本区域是因为这个区域的地震危险性评估不在本研究的范围。LaForge和McCann（2005）和Mueller等（2010）对波多黎各和维尔京群岛区域进行了详细研究。在本研究中，SZ6包含了深度达50 km的波多黎各海沟区域。SZ7包含了波多黎各的内地和近海的浅断层。SZ8包含北美板块弯曲产生的俯冲地震活动，深度不小于50 km。最近的研究指出，俯冲的加勒比板块的存在得到了这一岛屿下面低波速异常的证实，因此这个SZ包括在微型板块下边俯冲的北美板块和分别倾向南和北的加勒比板块。SZ6 和 SZ7 都覆盖了 SZ8(见图 7)。

5.1.4　SZ9～SZ10A:转换带

这些 SZ 代表位于东加勒比南北部的转换断层和小安的列斯岛弧东部俯冲带的交汇部分。SZ10A 包括多巴哥岛南部的浅源地震活动,这部分被认为是加勒比—南美板块边界(Burmester 等,1996;Latchman,2009;Weber,2009)。SZ9 位于小安的列斯岛弧和波多黎各海沟边界上。该 SZ 地震活动水平较低,主要是正断层震源机制的地震。

5.1.5　SZ10B:特立尼达岛东部

这个潜在发震区的地震和向汇聚带(Russo 和 Speed,1992)运动的南美板块的分离和弯曲一致。本区主要以北东东—南西西走向断面的正断层机制和平均深度为 45 km 的走滑断层为主要特征。

5.1.6　SZ11:帕里亚半岛北部

这个潜在发震区构成了平均深度范围为 50～300 km 的俯冲超脱海洋岩石层,代表了东加勒比最活跃的潜在发震区之一(Russo 等,1993;SRC,私人通信)。震源机制表明在北西向陡倾角 60°的下行板块的起始弯曲处正在发生正断层作用。然而,兼有逆断层与走滑的混合运动地震表明在更深处存在俯冲板块的弯曲。

5.1.7　SZ12:特立尼达断层

这个潜在发震区包括在特立尼达绘出的断层,即北兰奇断层、中兰奇断层、达连岭断层、阿里马断层及托巴哥断层,地震的震源深度小于 50 km(Algar 和 Pindell,1993;SRC,私人通信)。

5.1.8　SZ13～SZ14:埃尔皮拉尔断层

这些潜在发震区由加勒比和南美板块的东边界构成。南美北海岸附近埃尔皮拉尔断层内的地震是浅源事件,震源深度小于 50 km,以右旋走滑机制为主要特征。加勒比板块相对南美板块以约 20 mm/年的速率向东运动(Pérez 等,2001)。然而,在这个地区也发生有逆断层震源机制的事件,反映了加勒比和南美板块在地壳层的斜碰撞。SZ13 的地震活动水平较高,而 SZ14 则具有中等地震活动水平特征。

5.1.9　SZ15:特立尼达南部

Russo 等(1993)把这个潜在发震区南部确定为南美北部内的一个被动边界。它包含委内瑞拉奥里诺科河三角洲地区平均震源深度 50 km 的走滑、逆冲兼走滑和逆冲机制事件。

5.2　地震目录的处理

5.2.1　去丛集

在地震目录编辑之后,我们进行了去丛集,以删除余震和前震从而得到和 Cornell-McGuire 经典方法采用的泊松地震发生模型一致的地震目录。实际上只考虑震中位于潜在发震区确定的地理区域之内的地震。共有 1 131 个事件,约相当于完整目录 $M_\mathrm{W} \geqslant 4.5$ 事件总数的 94%。

在分析中采用了 Gardner 和 Knopoff(1974)为南加利福尼亚州研发的去丛集算法。该算法假定前震和余震的时空分布依赖主震的震级。对东加勒比地区地震目录去丛集不是无关紧要的任务,原因如下:

（1）Gardner 和 Knopoff（1974）方法是为南加利福尼亚州研发的,和东加勒比地区相比,具有不同的地震构造体系和地震活动特征。

（2）通过把东加勒比地区划分为在某些情况下相互重叠的 15 个 SZ 说明了该地区复杂的地震构造。

（3）包括火山弧的 SZ1 具有其特有的特征。地震通常成丛(震群)发生,没有清晰的主震。

由于这些原因,基于 3 个步骤实施了特定去丛集方案:

（1）对目录使用 Gardner 和 Knopoff（1974）方法,不包括火山区的 SZ1。

（2）核对删除的 $M_W \geqslant 6.0$ 的事件以确定应该手工在目录中重插入的事件。实际上由于一些源区的重叠,去丛集程序可能错删了相关事件。

（3）通过对 SZ1 事件的单独分析确定该源区的适当去丛集方法。采用了基于古登堡－里克特关系式参数的程序。SZ1 的古登堡－里克特参数是使用 4 个不同选项得出的,即①SZ1 的所有事件;②仅每个震群的峰值事件;③仅每个震群中 $M_W \geqslant 5$ 的峰值事件;④由 Gardner 和 Knopoff（1974）方法去丛集出来的 SZ1 的事件。作为本分析的结果,我们选取了提供最保守解的选项一。实际上,和其他选项获得的小于 1.0(0.9 和 0.65)的 b 值相比,选项一获得的约为 1.0 的 b 值和本区中强地震更一致。

所以,去丛集的目录包括没有被 Gardner 和 Knopoff（1974）方法删除的事件、所有 SZ1 的事件和由 Gardner 和 Knopoff（1974）方法误删而又手工再插入的 $M_W \geqslant 6.0$ 的 3 个事件（一个在 SZ3 内,一个在 SZ6 内,另一个在 SZ7 内）。图 8 示出了去丛集的目录的事件,事件数由 1 131 个减少到 770 个。

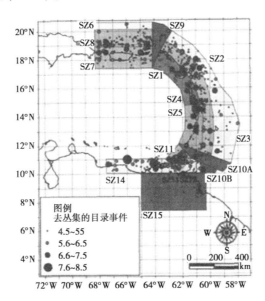

图 8　去丛集之后的区域地震活动和 SZ 的覆盖

5.2.2　完整性分析

处理地震目录使其适宜于地震危险性分析的第二个重要步骤是对每个 SZ 不同震级

间隔($\Delta M = 0.5$)确定地震目录被认为完整的时间窗(即完整时段)。实际上,对历史地震,大事件比小事件更完整。由于多种物理原因和人文原因致使小地震漏记。计算完整时段时使用了两种不同的方法,即直观累积法(Tinti 和 Mulargia,1985)和 Stepp(1973)的方法。由于目录编辑中显著的空间不均匀性(Albarello 等,2001),特别是最早的事件,我们使用整个研究区域和每个 SZ 的去丛集目录进行了完整性分析。由这两种方法获得的结果的对比得到了一套完整性时段的综合结果,从而避免了结果的不一致(在由于资料缺乏,直观累积法确定的完整时段不确定的地方,和相应的 Stepp(1973)的方法确定的做了对比)。我们使用下列判据进行了手工完整时段的综合和最终确定:

(1)对每个震级段,一个 SZ 的完整时段不能大于整个区域的完整时段。

(2)对每个 SZ 和考虑整个区域时,一个震级段的完整时段不能大于较高震级段的完整时段。

(3)对 7.75 和 8.25 震级段,采用了为整个区域估计的相同的完整时段。

5.2.3 复发特征和最大震级

我们使用表 4 中列出的完整时段计算了每个 SZ 的古登堡 – 里克特的震级—频度复发关系。使用地震累积年频度和震级间的线性回归(最小二乘法)估算了古登堡 – 里克特参数。除了火山区的 SZ1,对所有的 SZ 都设定震级间隔大小为 0.5 个单位,因为对于火山区,这个间隔太大了,可能会掩盖这个区的典型特征(双线性,Bommer 等,1998)。对 SZ1 我们采用了等于 0.25 单位的震级间隔尺度。

表 4　完整时段的最终估计值 M_{W}

SZ	M_{W}							
	4.75	5.25	5.75	6.25	6.75	7.25	7.75	8.25
SZ1	1960	1950	1950	1910	1897	—	—	—
SZ2	1960	1950	1950	1919	1889	1810	—	—
SZ3	1960	1960	1960	1910	1900	1900	—	—
SZ4	1970	1970	1970	1930	1830	1830	1690	1530
SZ5	1960	1958	1950	1910	1830	1830	1690	
SZ6	1960	1960	1960	1910	1810	1810	1690	
SZ7	1963	1963	1963	1910	1843	1843	1690	
SZ8	1960	1950	1950	1938	1938	1908	—	—
SZ9	1960	1960	1960	1930	—	—	—	—
SZ10	1970	1970	1970	1970	1970	—	—	—
SZ11	1969	1959	1959	1910	1819	1819	1690	
SZ12	1960	1950	1950	1910	—	—	—	—
SZ13	1960	1960	1960	1910	1910	—	—	—
SZ14	1960	1950	1950	1910	1810	1810	1690	1530
SZ15	1967	1967	1967	1937	1937	—	—	—
整个区域	1960	1950	1950	1910	1810	1810	1690	1530

对于 SZ10A 和 SZ10B,我们先对两个 SZ 分别考虑计算了古登堡－里克特关系,然后合二为一又计算了古登堡－里克特关系。因为对三个选项,获得了类似的参数结果,所以我们决定把两个区合为一个区进行地震危险性评估。

使用有界的古登堡－里克特关系式(McGuire 和 Arabasz,1990)获得了每个 SZ 不同震级范围的期望地震数目。

考虑了两个不同的最大震级:最大历史震级(M_{Wmax1})和先前的增加 0.5 个单位的震级(M_{Wmax2})。这个选择给出了 8.5 的最大震级,这和根据考虑地壳结构和动力学导出的最大震级($M_{Wmax} \approx 8.6$,Aspinall 等,1994)一致。对于火山区的 SZ1,我们加了 0.3,而不是0.5。

每个 SZ 的古登堡－里克特关系式的参数 a 与 b 和考虑的最大震级汇总在表5。

表5　每个 SZ 古登堡－里克特的参数和最大震级

SZ	a	标准误差(a)	b	标准误差(b)	$M_{Wmax\ 1}$	M_{Wmax2}
SZ1	4.794	0.236	−1.012	0.042	6.6	6.9
SZ2	4.614	0.323	−0.893	0.053	7.3	7.8
SZ3	3.216	0.208	−0.725	0.034	7.0	7.5
SZ4	4.164	0.187	−0.821	0.028	8.0	8.5
SZ5	2.941	0.437	−0.680	0.069	7.8	8.3
SZ6	4.724	0.355	−0.941	0.056	7.5	8.0
SZ7	3.043	0.159	−0.705	0.025	7.5	8.0
SZ8	3.640	0.585	−0.810	0.097	7.4	7.9
SZ9	2.961	0.206	−0.727	0.037	6.4	6.9
SZ10	2.127	0.615	−0.531	0.106	6.7	7.2
SZ11	3.643	0.262	−0.783	0.041	7.8	8.3
SZ12	2.580	0.370	−0.664	0.067	6.4	6.9
SZ13	3.392	0.443	−0.747	0.076	6.7	7.2
SZ14	2.567	0.277	−0.635	0.042	8.0	8.5
SZ15	2.825	0.268	−0.699	0.046	6.6	7.1

6　使用区域自由方法的地震危险性概率分析

Woo(1996)提出的区域自由方法在地震危险性分析中用作 Cornell-McGuire 方法的替代方法。这种方法消除了 SZ 确定中固有的不确定性。危险性仅反映地震目录的特征。

因为区域自由方法实现了地震活动的空间平滑,也被称为核估计方法。在这种方法中不是依据地质构造判据确定震源。直接对目录中的震中使用与震级相关的概率平滑算法构建震源模型。与假设每个 SZ 内地震活动均匀分布的 Cornell-McGuire 方法中的刚性区划相比,平滑核的震中描述了地震活动的空间非均匀性。

使用依据地震目录确定的相对地震发生率,我们确定了关于研究场点的点源网格(节点)。每个地震对区域地震活动的贡献分布在依赖于震级的一段距离上。不像古登堡－里克特方程那样,使用复发关系式确定每个 SZ 的活动发生率,而根据处于震级段内编目事件的接近度和密度计算每个震级段的单独发生率。为了这样做,Woo(1996)使用了分数维几何中的概念。

核函数 K 给出了和震级－距离相依的关系式,它是个多变量概率密度函数,由下列方程表示:

$$K = \frac{n-1}{\pi H^2}\left(1 + \frac{r^2}{H^2}\right)^{-n} \tag{1}$$

式中:r 为震中距;n 为一个随着接近震中而增大的指数,它的典型值为 1.5～2.0,对计算结果仅有中度影响;H 为归一化震中距的带宽,是震级的函数,它代表相同震级的震中之间的最小平均距离,取如下形式:

$$H = ce^{dM} \tag{2}$$

式中:c 和 d 为需要根据目录震中位置确定的常数;M 为矩震级。

核函数允许震级的影响随距离变化。这解释了小地震事件比大地震事件呈现更多的空间丛集的观测结果,表明小地震事件比大地震事件更可能在过去发生过的地方发生(Woo,1996)。

通过对所有事件进行求和,从工程行业的最低震级(这里取 4.5)到目录的最大震级,计算了每个震级档的累积活动密度率。一旦确定了格网中每个点源的每个震级档的地震发生率,就像在 Cornell-McGuire 方法中一样,采用一个地震动预测方程通过对每个点源求和计算危险性。

通过 Woo(1996)研发的原始数码程序 KERFRACT 的修改版(详见资料来源部分)将核方法应用于东加勒比地区。因为区域自由方法不是以地震复发的泊松模型为基础的,所以包括前震和余震的整个地震目录都可以用于危险性计算。在该方法中需要考虑震级、震中位置和有效观测时段的不确定性。

因为不同时段震级估计的可靠性不同,要估计震级的不确定性必须对地震发生的时段予以分开,即将历史时段(1900 年以前)、1990～1997 年的仪器记录时段和 1997～2009年的仪器记录时段分开来考虑,这是因为估计的震级具有不同的可靠性。对于历史时段,由于震级是根据宏观地震烈度估计的,震级误差假定为 0.5,而对于 1900～1996 年的仪器记录时段,假定震级误差为 0.25。在本研究中,通过合并不同数据库和之后把不同类型的震级转换成矩震级,对泛美地理与历史研究所(IPGH)目录做了更新,使其覆盖了1997～2009 年的时段。由于对于这个时段编辑的地震目录取自于各种资料,不能适当确定矩震级标度中的不确定性。所以,根据本研究研发的震级转换关系(见表1)的不确定性估计了震级的不确定性。特别是,震级不确定性被计算为研发震级转换关系使用的数据残差的平均值。0.1 的值被用于具有直接的矩震级估计值的事件。由于缺乏足够的资料,不可能估计出一个 $M_D \sim M_W$ 关系式,所以我们只能基于工程判断,对 M_D 采用了 0.2的代表性误差值。

对震中位置不确定性的评估反映了随年代震中定位的提高,因此划定了 4 个时间窗,即 1900 年以前、1900 ~ 1963 年、1964 ~ 1975 年和 1976 ~ 2009 年。

仪器记录前时段(1900 年以前),对浅源地震我们设定 30 km 误差的合理值,而对于俯冲带地震设定 40 km 更大的合理误差值。事实上,俯冲地震的有感范围更大,所以根据有感报告确定震中的不确定性也更大。

考虑到仪器布设的主要阶段,可以将仪器阶段进一步划分为:

(1)1964 年至完成了全球标准化地震仪系统台网(WWSSN),它包含特立尼达的一个台站(TRN)。按照 Shepherd 和 Aspinall(1983)所说,随着 WWSSN 的建成,"地震的定位精度……提高到了可以进行精确的、定量地震活动估计的程度"。

(2)1976 年至布设了区域无线连接的地震台网。按照 Shepherd(1993)所说,"这些台网的运行使得所有地震的定位更精确"。

仿照 Shepherd 和 Aspinall(1983),我们把 1964 ~ 1975 年时段震中的不确定性设定为 10 km。把其余时段相关的不确定性设定为 20 km(1900 ~ 1963 年)和 10 km(1976 ~ 2009 年)。设定的地震震级和位置的不确定性汇总在表 6 和表 7 中。

表 6　核估计方法中使用的震级估计值的不确定性

震级类型和年份	震级误差
所有震级(1530 ~ 1899 年)	0.50
所有震级(1900 ~ 1996 年)	0.25
M_W(1997 ~ 2009 年)	0.10
M_S(1997 ~ 2009 年)	0.16
m_b(1997 ~ 2009 年)	0.21
M_D(1997 ~ 2009 年)	0.20

表 7　核估计方法中使用的震中距估计值的不确定性

年份	震中距误差(km)
1530 ~ 1899(深源事件)	40
1530 ~ 1899(浅源事件)	30
1900 ~ 1963	20
1964 ~ 1975	10
1976 ~ 2009	5

区域自由方法的另一个参数是观测的有效历史时段。本研究中,它被取为使用整个区域事件计算的完整时段。

Woo(1996)研发的原始程序设定每次计算一个场点和一个结构周期的危险性。所以,对研究的每个场点—结构周期对需要单独运行。除前面一节描述的参数外,KERFRACT 还需要如下数据:

(1)式(2)的核带宽参数 c 和 d。

(2)背景地震活动的震级和年发生率。尽管可以包括更低的震级值,但考虑到在监测能力差的地区可能遗失事件,背景地震活动通常涵盖从最高的编目震级到可信的最大震级的范围。通过带有事件的格网与预定的震级和活动发生率密度的叠加,KERFRACT

允许考虑背景地震震级的发生。

(3)所有节点深度相同的加权区域地震深度分布。

为了在一次运行中能对一组场点和谱周期计算危险性,我们修改了原始程序。为了减少处理时间,仅认为从场点固定半径 R 内目录事件的子集对场点的危险性有贡献,而更远的事件被筛选掉。我们进行了半径参数研究(直到 500 km)以确定事件太远而对场点危险性没有贡献的距场点的最小距离。估计 $R = 300$ km 的距离对获得稳定的结果足够了。

对每个场点,仅用半径 R 内的子目录计算。因此,像核带宽参数 c 和 d、背景地震活动震级和它们的年频度的输入参数是依赖场点的。修改后的程序像原始程序要求的一样,无需手工插入就可以自动确定这些参数。

因为所有的节点深度是固定的,所以原始程序 KERFRACT 根本不能直接用于俯冲带。在处理中,深度只用于地震动预测方程(例如,计算震源和场点之间的距离),不用于定义核平滑函数。所以,我们修改了 KERFRACT 程序,以考虑每个网格节点的有代表性的深度。

总之,对 KERFRACT 程序加了 3 个子程序。每个子程序使用依赖场点的半径 R 的圆形区域内的子目录,确定每个场点的内容如下:

(1)仿照 Woo(1996)提出的过程,计算了式(2)中的核带宽参数 c 和 d。把事件按震级段($\Delta M = 0.5$)分开,在相同震级段内确定每个事件到最近事件的震中距离。把每个震级段获得的所有最小距离求均值,并进行最小二乘拟合计算每个场点的 c 和 d 两个参数。图 9(a)给出了回归分析的一个例子,而图 9(b)显示了一些样品地震的核平滑了的震中。

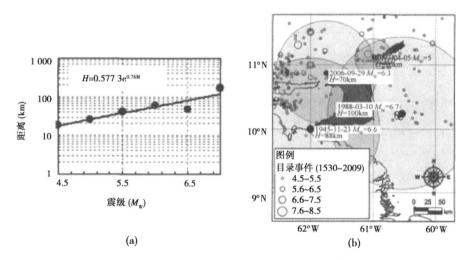

(a)   (b)

图 9　(a)对西班牙港场点(特立尼达,坐标 10.65°N,61.50°W)附近深源地震活动估计 Woo (1996)方法中核函数参数 c 和 d 的震级—带宽关系。(b)一些样品地震的核平滑震中

(2)两个背景地震活动震级和它们的年发生频度。背景地震活动震级被确定为在场点周围半径 R 的圆形区域内的最大震级值加 0.25 或 0.5。再根据半径为 R 的圆形区域内的地震活动求出古登堡－里克特关系式参数 a 和 b 之后,使用有界古登堡－里克特关系式求得相关的年发生频度(McGuire 和 Arabasz,1990)。

（3）深度格网。格网中每个节点的代表性深度由位于固定半径 $R_d(R_d < R)$ 内的事件深度确定。这个参数被计算为半径 R_d 的圆形区域内事件的平均深度,每个事件的深度具有距节点距离倒数的权重。R_d 值是用户根据事件空间密度定义的。在图 10 中示出了整个东加勒比地区的深度网格的例子。

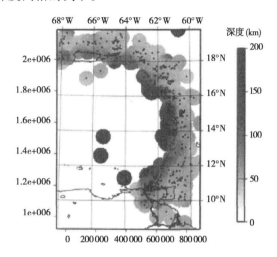

图10　深度格网(网格步长 =5 km)(格网覆盖了考虑含有428个深源(深度50 km)事件子目录的整个东加勒比地区。黑圆点表示震中。图上示出了通用横向麦卡托(以 m 表示)和地理坐标(以十进制表示))

因为东加勒比地区 SZ 的叠加(见图 7),不能总是使用这种方法。事实上,因为浅源和深源的平均会导致不现实的中间深度,所以深源和浅源的深度不能平均。因此,有必要区分表征的是浅源还是深源的深度。所以,地震危险性的估计如下:

（1）基于震源深度,我们把总地震目录分成了 2 个地震子目录:浅源(火山、浅地壳和界面事件)目录和深源(深地壳和板内事件)目录。

（2）对浅源和深源子目录分别计算危险性。

（3）对每个场点产生的这两种浅源和深源子目录的危险性曲线进行归总获得场点的总的危险性。

因为区域自由方法不用空间约束界定不同构造体系(SZ),只使用对所有源区通用的地震动预测方程(见地震动预测方程部分;即 Zhao 等,2006;Kann 等,2006)。表 8 中列出了选择的区分浅源和深源的深度值和平滑半径值 R_d。

表8　根据所取的地震动预测方程对区域自由方法采用的深度和平滑半径

地震动预测方程	子目录	深度(km)	平均深度的半径(km)
Zhao 等(2006)	浅源	<50	75
	深源	≥50	50
Kanno 等(2006)	浅源	≤30	100
	深源	>30	50

7 危险性估计

7.1 逻辑树

我们在逻辑树的框架内通过考虑下列参数处理了地震安全性评估中的认知不确定性:①地震危险性分析算法(Cornell-McGuire 方法和区域自由方法);②最大截断震级;③地震动预测方程。

因为没有理由偏重哪一种选择,所以我们对两种不同的最大震级分派了等同的权重。关于地震动预测方程,对与强震动记录资料吻合最好的地震动预测方程给予了较高的权重(见图6)。我们分派给地震危险性经典 Cornell-McGuire 方法 0.65 的权重,分派给区域自由方法(Woo,1996)0.35 的权重。不同的权重是基于研究区域 SZ 划分所依据的各种构造体系的考虑。通过对地震构造背景和现有地震预测方程的全面调查,对 Cornell-McGuire 方法,我们对每个构造类型选用了 5 个地震动预测方程;而对区域自由方法,我们对整个研究区域只使用通用的地震动预测方程(仅有 2 个,即权重为 0.4 的 Kanno 等(2006)的方程和权重为 0.6 的 Zhao 等(2006)的方程)。

水平分量的逻辑树总共由 12 个分支组成(见图11):10 个分支和 Cornell-McGuire 方法有关(5 个地震动预测方程 × 2 个最大震级),而剩下的 2 个分支是关于区域自由方法的。由于研究区域的复杂性,不可能对 Cornell-McGuire 方法编制每个与一个分支有关的 10 个不同的图。实际上,对地壳源区一个地震动预测方程构成一个分支,火山源区一个地震动预测方程构成一个分支,俯冲源区一个地震动预测方程构成一个分支。因为 5 个地震动预测方程归属于每个构造体系,所以应该强力促成 3 种构造体系地震预测方程之间的关联性。所以,在 Cornell-McGuire 方法中单独处理了每个 SZ;对每个 SZ 的 10 个分支进行加权平均获得了每个 SZ 的平均危险曲线。然后在每个场点对 15 条平均危险性曲线(1×15SZ)进行求和得到代表 Cornell-McGuire 方法最终计算结果的单条平均危险性曲线。

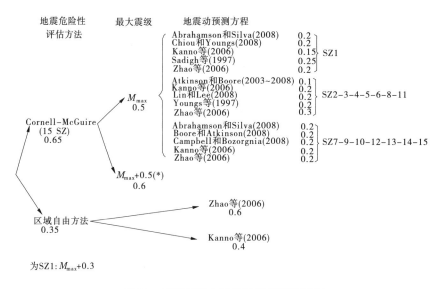

图11 对地震动水平分量使用的逻辑树

因此逻辑树由 2 个主分支构成——一个关于 Cornell-McGuire 方法(权重 0.65),另一个关于区域自由方法(权重 0.35)。最终获得了与加权方差相关联的东加勒比地区的地震危险性分析的均值结果。

我们以下列方式计算了方差:

(1)加权的方差和计算的每个 SZ 的加权均值相关联。

(2)Cornell-McGuire 分支($var_{Cornell}$)的总方差被估计为先前计算的方差的和。

(3)加权方差(var_{Woo})和计算的区域自由方法的两个分支计算的加权均值相关联。

(4)根据公式 $var = 0.65^2 \cdot var_{Cornell} + 0.35^2 \cdot var_{Woo}$ 计算最终的方差。

7.2 结果

地震危险性结果以计算的水平分量的危险性均值图和统一危险谱表示,计算的结果为:

(1)地表平坦、基岩出露岩石场地条件。

(2)5 个关键结构阻尼百分比。

(3)4 个重现期:分别为 95 年、475 年、975 年和 2 475 年。

(4)22 个谱周期(0 ~ 3 s)。

(5)相应于平均约 2.8 km 间距格点 0.025°空间网格分辨率的 2 099 个计算点。

图 12 ~ 图 14 示出了分别 50 年超越概率 10%(重现期 475 年)的峰值加速度、50 年超越概率 2%(重现期 2 475 年)的 0.2 s 的谱加速度和 50 年超越概率 2%(重现期 2475 年)1.0 s 的谱加速度绘制的地震危险性等值线图。0.2 s 及 1.0 s 周期及 2 475 年重现期的谱加速度的计算与北美建筑规范(ICC,2009)一致,也与美国土木工程师学会标准地震危险性 7 – 05 款(ASCE,2006)规定一致。

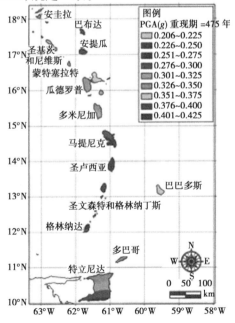

图 12   东加勒比群岛 475 年重现期的峰值加速度均值图

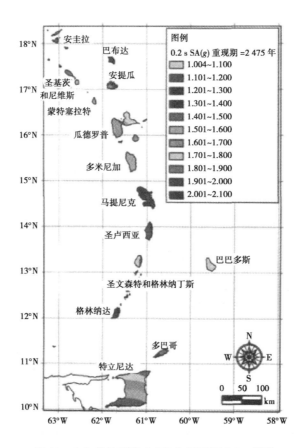

图 13 东加勒比群岛 2 475 年重现期 0.2 s 的谱

这些图表明,对地震动短周期(峰值加速度和0.2 s)和长周期(1.0 s)分量,背风群岛比向风群岛具有更高的地震活动性。在这个区域,安提瓜岛和巴布达岛具有最高的危险性水平。对0.2 s的谱加速度唯一的例外是多巴哥的西南部。事实上,和最近的向风群岛相比,多巴哥岛的短周期分量具有较高的地震危险水平,这表明了介于岛弧和加勒比板块与南美板块边界的过渡带的重要性。由于远离该地区的板内地震活动,在巴巴多斯地震动的所有分量都具有最低的危险性。这些图的一个有趣特征是在特立尼达观测的短周期和长周期分量的危险性的空间分布。例如,在短周期图上,特立尼达的危险性空间分布在南北方向上变化,而在长周期图上,特立尼达的危险性空间分布却沿南东—北西方向变化,这和帕利亚半岛分离板块的方向一致。图 15 示出了放大了的重现期 475 年的特立尼达峰值加速度图。

在图 16 中分别示出了特立尼达、多米尼加和多多巴斯岛 3 个有代表性场点计算的重现期为 475 年和 2 475 年的直到 1 s 的均值统一危险谱加减一个标准差。这一标准差被计算为考虑逻辑树所有分支加权标准差。作为选择的对特立尼达岛有代表性的场点是位于岛屿西北部内的西班牙首都港,这是高地震危险性区域之一(见图 15)。由于多米尼加和巴巴多斯岛的地震危险性值变化不大,对多米尼加和巴巴多斯选择的两个有代表性的场点位于岛屿的中部。

基于篇幅的原因,下列考虑只聚焦于多米尼加岛。

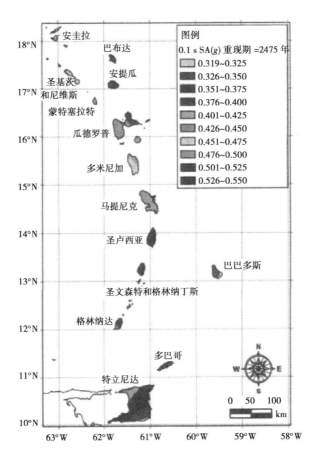

图14 东加勒比群岛 2 475 年重现期 1.0 s 的谱加速度均值图

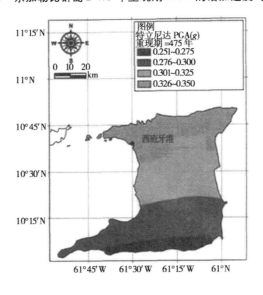

图15 重现期 475 年的特立尼达 PGA(g) 均值放大图

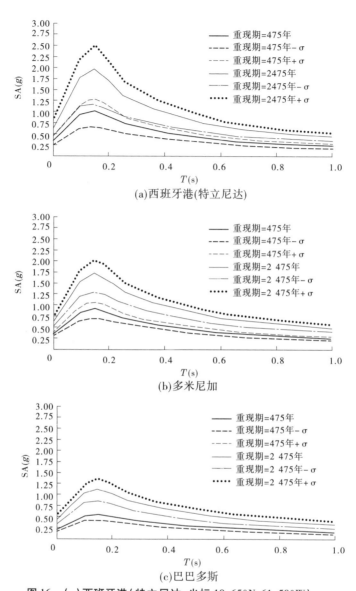

图16 (a)西班牙港(特立尼达,坐标10.65°N,61.50°W)、
(b)多米尼加(坐标15.42°N,61.32°W)和(c)巴巴多斯(坐标13.12°N,59.57°W)
计算的基岩场地(水平分量)475年和2 475年重现期的概率谱均值和概率谱均值±标准差(σ)

在图17中探索了结果对选择分配给计算方法和地震动预测方程的权重的敏感性。该图示出了使用不同权重结合的多米尼加统一危险谱。尽管分派给两种计算方法和地震动预测方程的权重不同,谱加速度依然稳定的结果证明了选择的权重对结果的影响不大。

在图18中说明了变异系数(COV,Cramer等,2002)。变异系数一般低于0.2,这说明和均值相关的不确定性水平不高。对特立尼达和多巴哥岛较高的变异系数值也都低于0.35。

图19显示了各种地震震源模型对多米尼加总危险性的影响。对Cornell-McGuire方

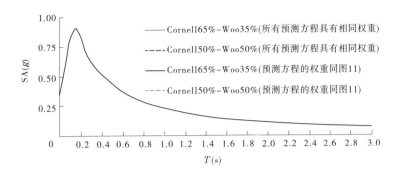

图17　计算的475年重现期多米尼加基岩地震动(水平分量)概率均值谱。
不同线型表示在逻辑树中分派给两种计算方法(Cornell-McGuire 和区域自由方法(Woo,1996)
和地震动预测方程的不同权重。本研究采用的选择由实线表示)

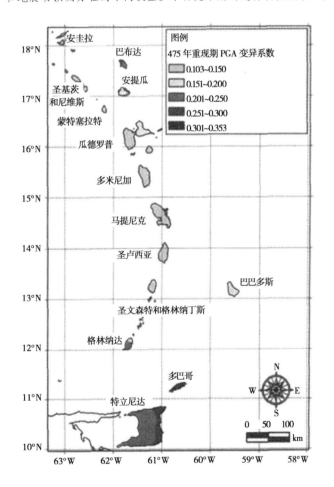

图18　475年重现期 PGA 变异系数质量图

法而言,震源模型就是具有特性的 SZ(见图19(a)),而对区域自由方法来说,地震活动由震源深度区分(见图19(b))。危险性以峰值加速度危险曲线表达。通过对与各个震源模型有关的危险曲线求和给出的结果曲线也予示出。图 19(a)表明深源 SZ4 主导了多米尼加的危险性。图 19(b)中证实了深源地震活动的强烈影响,深源地震活动在危险性中占主导地位,同时具有浅源地震活动的较小的贡献。这是对整个研究区域短周期和长周期地震动分量观测到的共同特征。

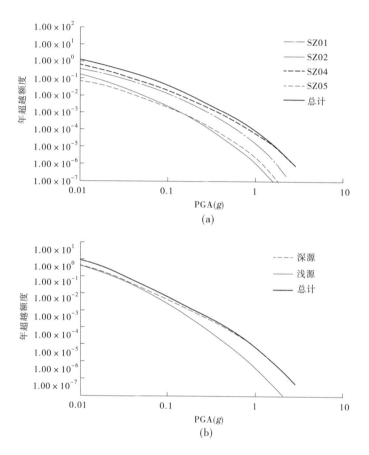

(a)

(b)

图 19　(a)Cornell-McGuire 方法中单个 SZ(见表 3)和(b)区域自由方法(使用 Zhao 等,2006 的地震动预测方程)中深源与浅源地震活动的多米尼加(坐标 15.42°N,61.32°W)的 PGA 危险性曲线,实线表示这两种情况的每一种的结果曲线

最后,图 20 提供了重现期 2 475 年的多米尼加统一危险谱和北美建筑规范(ICC,2009)与美国土木工程师学会标准 7 – 05 款规定(ASCE,2006)对岩石场地条件(B 类场地)推荐的弹性反应谱的比较。国际建筑规范(ICC,2009)谱形已定标到本研究为多米尼加计算的 0.2 s 和 1.0 s 的谱加速度。没有使用 2/3 的减小因子,按照设计反应谱的规定获得了弹性反应谱。看看本研究计算的谱和国际建筑规范(ICC,2009)弹性响应谱是否具有好的一致性是很有实际用处的。

表 9 给出本研究获得的值和最近另外两项对多米尼加、巴巴多斯和特立尼达三岛研究获得的值的比较。第一项研究是由西印度群岛大学做的,以 50 年超越概率 2% 、0.2 s

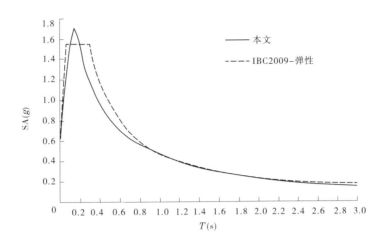

图20　对多米尼加计算的2 475年重现期平均统一危险谱(实线,坐标为
15.42°N,61.32°W)与美国标准(ICC,2009,ASCE,2006)弹性反应谱(虚
线)之间的比较

和1.0 s的谱加速度表征地震危险性。最先Shepherd和Lynch(2003)给出了特立尼达和多多巴斯岛的结果。而后Lynch(2005)又给出了其余的东加勒比各岛的结果。第二项研究是以前的西印度群岛大学地震研究小组在CDMP资助下完成的,它以50年超越概率10%峰值加速度表征了地震危险性(见http://www.oas.org/CDMP/document/seismap/,最近的访问时间是2010年10月)。表9表明了除特立尼达的峰值加速度及特立尼达和巴巴多斯的0.1 s的谱加速度外,本研究计算的值比另两项研究的值高。对比结果,我们可以注意到相差的高百分比达120%。事实上,在某些情况下,本研究提供的结果是过去研究结果的两倍多。由于对地震危险性分析采用的方法中截然不同的假设,可以预期到大的差异。

8　结论

　　本文试图显示基于最新地震危险性分析研究的东加勒比地区地震危险性宏观区划结果。我们使用标准Cornell-McGuire方法和区域自由方法(Woo,1996)进行了地震危险性分析。获得了基岩出露场地条件的水平地震动地震危险性图和统一危险谱,没有考虑局部场地放大效应。

　　像预期的一样,本研究表明东加勒比岛屿呈现中高地震危险性。预期50年超越概率10%的基岩水平峰值加速度值域范围为0.208g~0.382g。而且像在以前的地震危险性研究中注意到的一样,背风群岛具有比向风群岛更高的地震活动特征。总体上危险性受板内源区的深源地震活动主导,这可能与东加勒比地区的俯冲带是汇聚速率很低的老俯冲带的一个特例的事实有关。

　　发现计算的危险谱与国际建筑规范(ICC,2009)采用的谱之间有好的一致性,使得本项研究对东加勒比地区抗震规范和结构抗震设计具有实用意义。

表 9   与其他研究的对比[1]

岛屿	地震动参数	计算的值		
		本研究	2003 ~ 2005 年的研究	2002 年的研究
多米尼加	重现期 475 年的 PGA(g)	0.30 ~ 0.35		0.14 ~ 0.19
	重现期 2 475 年 0.2 s 的谱加速度(g)	1.50 ~ 1.60	1.01 ~ 1.53	
	重现期 2 475 年 1.0 s 的谱加速度(g)	0.45 ~ 0.50	0.18 ~ 0.25	
巴巴多斯	重现期 475 年的 PGA(g)	0.21 ~ 0.23		0.14 ~ 0.19
	重现期 2 475 年 0.2 s 的谱加速度(g)	1.00 ~ 1.10	0.51 ~ 0.61	
	重现期 2 475 年 1.0 s 的谱加速度(g)	0.32 ~ 0.35	0.31 ~ 0.38	
特立尼达	重现期 475 年的 PGA(g)	0.25 ~ 0.35		0.30 ~ 0.38
	重现期 2 475 年 0.2 s 的谱加速度(g)	1.30 ~ 1.90	0.64 ~ 1.21	
	重现期 2 475 年 1.0 s 的谱加速度(g)	0.32 ~ 0.45	0.18 ~ 0.64	

注:1)对多米尼加、巴巴多斯和特立尼达岛进行了比较。考虑了两项最近的研究,即第一项为 2003 ~ 2005 年的研究(Shepherd 和 Lynch,2003;Lynch,2005),第二项为 2002 年的研究(见 http://www.oas.org/CDMP/document/seismap/)。

资料来源

地震资料取自:国际地震中心互联网数据库 http://www.isc.ac.uk/index.html(最后访问时间 2009 年 6 月);美国地震信息情报中心震中初步确定报告 http://neic.usgs.gov/neis/(最后访问时间 2009 年 6 月);美国地震情报中心一百周年纪念 http://earthquake.usgs.gov/research/data/centennial.php(最后访问时间 2009 年 6 月);国家高级地震系统 http://www.ncedc.org/anss/(最后访问时间 2009 年 6 月);美国地球物理数据中心 http://www.ngdc.noaa.gov/(最后访问时间 2009 年 6 月)。

使用风险工程有限公司研发的软件的计算机程序 EZ – FRISK? 7.31 对 Cornell-McGuire 地震危险性进行了计算。

图件是使用地理信息系统 ESRI Arc – MapTM9.1(ArcView)绘制的。

译自:Bull Seismol Soc Am.2011,101(5):2499-2521
原题:Probabilistic Seismic Hazard Assessment at the Eastern Caribbean Islands
杨国栋、袁道阳译;吕春来校

三维衰减模型在地震动和地震灾害评估中应用的实例

M. E. Pasyanos

摘要:用于表征估计地震动的衰减关系经常忽略地球高度可变的三维速度和衰减结构的细节。日益增多的可用衰减模型可用于使预期地震动更为精确。首先,我进行了一些测试以察看像地壳衰减、上地幔衰减和地壳厚度等几个参数变化的影响。然后,使用最近中东地区地壳和上地幔的衰减模型的结果提供一个具体例子。发现相同事件不同方向记录的1Hz谱加速度变化了30%~40%。因为区域整体变化性预计会更高,这种影响太显著了,在地震动估计和地震灾害评估中不能忽视。这就有可能要计算在广泛使用的一维衰减关系中没有考虑的较小尺度的一些振幅变化。

引言和以前的工作

评估地震灾害的方法需要能够根据表征震源、传播路径和局部场地条件的参数估计强地震动的衰减关系。根据假定事件预测地震动所使用的衰减关系对总体评估质量是至关重要的。

关于这个问题的大量工作(见 McGuire(2008)关于地震灾害评估历史回顾的文章)往往都是将经验强震观测数据回归到某种形式的方程以试图尽可能多地捕捉问题的本质。例如,一些重要输入参数是地震震级(通常是矩震级)、某种距离估计值(震中距、Joyner-Boore 距离、断层上最近点的距离等)、场地条件(土、软岩石、硬岩石)和频率成分等。再例如,更复杂的分析还可包括断层类型(正断层、逆断层、走滑断层)、三维盆地效应和壳下地震或俯冲带地震。借助使用有限差分法的大尺度地震模拟(如,Pitarka 等,1998)通常可以完成甚至像盆地边缘效应的更为复杂的分析,但这种方法通常局限于特定事件的分析而不能用于一般灾害研究。实际上,其中许多已经成为下一代衰减(NGA)模型和有关下一代衰减模型专题讨论会的焦点(见资料来源一节)。一个还没有非常详细考虑的因素是对地球中地震衰减的小尺度大振幅变化的解释。

当然也确实存在不同地区衰减关系的差异(如美国西部与美国东部和中部地区)。在同一区域不同作者使用不同的参数化、假设、权重和其他因素对相同强震数据集(如太平洋地震工程研究中心(PEER)强震数据库;见资料来源)回归得到的衰减关系也存在差异。然而这些仅仅代表了广大区域一维衰减的不同估计。

例如,在美国国家地震灾害图 2008 年更新版(Petersen 等,2008)中,对三个衰减关系(详见 Boore 和 Atkinson,2008;Campbell 和 Bozorgnia,2008;Chiou 和 Youngs,2008)赋予了同等权重,用于表征包括加利福尼亚、太平洋西北、沃萨奇和山间西地区的美国西部衰减结构,而对卡斯凯迪亚、美国中部地区、新马德里地震带和查尔斯顿地震带则使用其他的衰减关系。然而人们知道,美国西部的衰减结构(Benz 等,1997;Baqer 和 Mitchell,1998)存在显著的变化,有时在小横向尺度上也是如此,而且这些衰减结构的变化对观测的地震动都会产生影响。

这些衰减关系共同考虑了几个方面。其中,固有的是地震动震相组成,先是靠近震源的直达波 S(Sg),然后包括通过临界距离的 Sn(和临界距离的 SmS),最后还有更远距离的 Lg。第二个主要特性是表征不依赖滞弹性衰减的随距离的总体能量损失和振幅的几何扩散。最后是视地震衰减(一般由品质因子 Q 表征),它估计了内在损耗和扩散二者如何贡献于能量和振幅的减少。这些关系通常认为,地壳和上地幔衰减的横向变化(通常是很短的距离上)不会影响对强地震动贡献最显著的震相的振幅。

这就产生了一些疑问:与大的几何扩散效应相比,由衰减效应引起的变化有多大?而且,震相不是特别精选的,距离项表征地震动的震相组成有多好?使用小震级事件和弱地震动确定的衰减模型有助于改善地震动参数的确定吗?我考虑了包括可变地壳和上地幔衰减在内的对于地震灾害估计的总体影响。包括横向衰减能够减少观测地震动参数中导致大不确定性的这些参数的一些大的变化吗?

本文的一些启示来自于阅读 Campbell 和 Bozorgnia(2003)一篇研究评论,该评论说:"这些地震动关系没有包含台湾地区和土耳其 1999 年 M_W >7 的地震记录,因为地震学家们在这些事件为何有如此低的地震动上还没有达成一致意见。"当然,这是指 1999 年 8 月 17 日土耳其伊兹米特 M7.6、1999 年 11 月 12 土耳其迪兹杰 M7.2 和 1999 年 12 月 21 日中国台湾 M7.6 地震,Campbell 和 Bozorgnia(2008)的研究中使用了这些地震。因为土耳其是中东衰减最快的地区之一,了解衰减引起的振幅变化是这种原因之一是令人关注的。

1 方法

对于诸如中亚(Taylor 等,2003)、美国西部(Phillips 和 Stead,2008)、中东(Pasyanos,Walter 和 Matzel,2009)和东亚地区(Ford 等,2010),校准的衰减模型正在日益增多。这些模型主要受核爆破监视需要的驱使,以减少地震区域震相振幅的散射和在过程中更好地分离爆炸的相对 P/S 振幅(例如,Pasyanos 和 Walter,2009)。在校准依赖像 P_n 和 L_g 等区域震相的震级公式中计算区域振幅的变化也是至关重要的。

在用于中东地区衰减的方法中,把台站 j 记录的事件 i 的观测地震振幅参数化为如下四项的卷积:

$$A_{ij} = S_i G_{ij} B_{ij} P_j$$

式中:S 为震源项;G 为几何扩散项;B 为衰减项;P 为场地项。

尽管在 Pasyanos,Matzel 等(2009)和 Pasyanos,Walter,Matzel(2009)的文章中给出了所有这些项的细节,但在此值得注意的是几何扩散使用了双线性形式,而很多强震动研究使用的是三线性形式(例如,Atkinson 和 Boore,1995,2006)。在我们的层析反演中,我们校正了观测的几何扩散的振幅,求出了横向衰减项及震源(地震矩)项和场地项。在 Pasyanos,Walter 和 Matzel(2009)的研究中,同时反演 Pn,Pg,Sn 和 Lg 的振幅,使我们能够建立地壳和上地幔的衰减模型(Q_P,Q_S)。

使用这种参数化,可以产生任意给定大小和距离的地震的预测震相振幅,对此在图 1 中以一个简单模型说明。为简单起见,首先我假设了一个一维地球结构(半空间上的层状结构),带有均一的地壳厚度(30 km)和均一的地壳和上地幔视 Q 值。对强地震动,我会重点考虑剪切波,因为该波是主要的振动源。在近距离范围内,地震动的主要成分来自地壳直达剪切波,对此在图1(a)中用绿线给出。在一定距离(该距离依赖于地壳厚度和地壳及上地幔波速)上,地幔剪切波震相Sn(由蓝线指示)变为几何形并产生总的地震动。

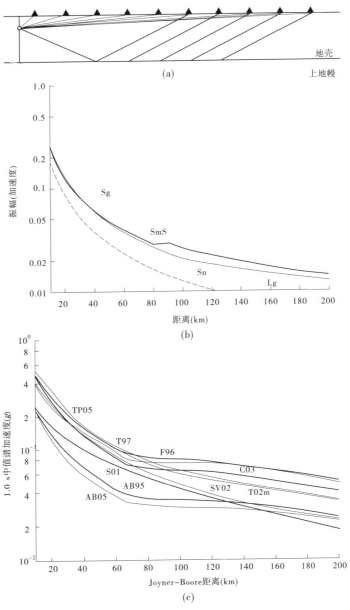

图1 (a)一维结构中直立走滑断层上地震的射线路径示意图(原图为彩图——译注)。地壳底部的射线路径用绿色表示,而地幔底部的射线路径用蓝色表示。(b)作为距离(km)函数的地壳震相的1 s中值谱加速度(以标准重力加速度为单位,绿线)、地幔震相(蓝线)和总体值(红线)。地幔震相出现前的值用虚线表示。(c)英国中部和东部地区9项研究的谱加速度(SA)衰减关系(Petersen等的论文的图10,2008)(经Mark Petersen和美国地质调查局的许可翻印了他们的图件)

图 1(b)给出了震源深度 5 km 的 M_W7 级地震剪切波震相作为距离函数的 1Hz 谱加速度。地壳 Q 值(适用于美国中部)以 $Q(f) = Q_0 f$ 给出,式中 $Q_0 = 640$,$\eta = 0.344$(Erickson 等,2004)。上地幔的 Q 值是 200。来自于地壳路径(Sg 和 Lg)的振幅用绿线示出。临界距离前的地幔路径振幅用虚线表示,因为该能量没有被反射或绕射到地表。在 Sn 出现的地方,首先出现莫霍界面反射波 SmS,这导致了 80~90 km 距离的总振幅增大。

我发现这些曲线的形状和很多研究的回归曲线的形状相匹配。在此把这些结果与编辑了 9 项不同研究谱加速度衰减关系(见图 1(c))的 Petersen 等(2008)的图 10 做了对比。对相同的事件(美国中东部 $v_{S30} = 760$ m/s 的场地条件的垂直走滑断层上的 M_W7,1.0 Hz 谱加速度),在所有的距离上存在 2.5 倍左右的加速度谱变化。例如,10 km 处的加速度的变化范围是 0.2~0.5 g,200 km 处的变化范围是 0.02~0.05 g。在图 1(b)和图 1(c)的曲线之间存在偏差,这可能是由二者几何扩散和震源(例如震源深度、应力降)假设不同造成的。

看到研究的强度和特征至少在定性的意义上匹配是令人振奋的。例如,大多数研究预测在地幔震相对总体地震动有贡献的地方振幅变平直。然而有意义的是发现一些参数(例如,地壳 Q 值、地幔 Q 值、地壳厚度)的变化如何影响预测的振幅。

例如,在图 2(a)中只简单地将地壳厚度范围从海洋地壳的典型值(10 km)变为更典型的陆壳厚度值(20 km,30 km,40 km)。发现临界距离从对最薄地壳的不足 30 km 变化到约 120 km(对相同震源深度为 5 km 的事件)对振幅影响相对较小(约 10%)。图 2(b)显示了地壳 Q 值变化时出现的情况。在 1 Hz,Q 值通常从 150 变化到大于 1 200(Benz 等,1997;Romanowicz 和 Mitchell,2007)。地幔 Q 值设置为 300。尽管直到 100 km 的前 40 km 范围几乎看不到影响,但仅从这一影响看,有两倍的差异。

图 2(c)展示了固定地壳 Q 值($Q_c = 300$)时地幔 Q 值在同样范围变化的地震动。该变化性比地壳 Q 值变化的范围小。在仅观察地壳直达波震相的地方,短距离的所有地震动上没有受到影响。即使在 Sn 出现之后,它对总体地震动的贡献依然较小,衰减变化不太显著。不过,该点仍很清楚。这些物理参数的合理变化在不同程度上对预测的振幅可以产生不小的影响。下面,我们来研究使用真实衰减模型值的一个例子。

2 实例

我估算了由包含三维衰减而引起的地震动变化。利用了根据弱地震动使用区域 Pn,Pg,Sn 和 Lg 震相的振幅建立的中东岩石层的衰减模型(Pasyanos,Walter,和 Matzel,2009)。因为这个模型涵盖了地壳和上地幔的 Q_P 值和 Q_S 值,它可以用来估计主要局部震相和区域震相的滞弹性。

在该模型(见图 3(a))中,在阿拉伯台地北部和东安纳托利亚高原(EAP)东部之间发现了 Q 值的最大反差之一。阿拉伯台地是晚元古代形成的(Goodwin,1996;Walter Mooney,私人通信,2011;见资料来源一节),上面覆盖着厚达 10 km 或更厚的近代沉积物,在阿拉伯台地北部估计厚达 8 km(Laske 和 Masters,1997)。该地区的地壳又老又冷,相应的衰减很低。相反,安纳托利亚高原东部是土耳其 - 伊朗大高原的一部分,是现在正在抬升的活动构造带。安纳托利亚高原东部是非常不寻常的地区,因为最近的研究发现在这

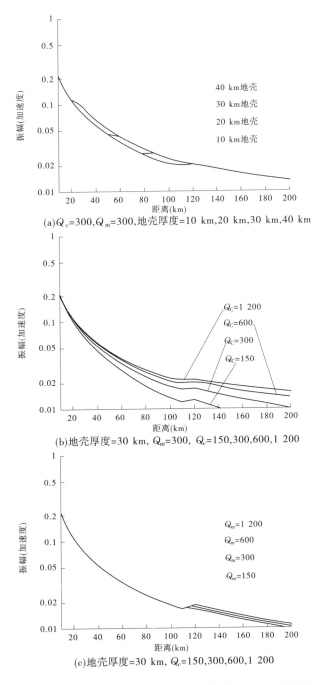

(a)$Q_c=300$,$Q_m=300$,地壳厚度=10 km,20 km,30 km,40 km

(b)地壳厚度=30 km, $Q_m=300$, $Q_c=150,300,600,1\ 200$

(c)地壳厚度=30 km, $Q_c=150,300,600,1\ 200$

图2 设定的 $M_w6.5/7.0$ 地震在几种地球模型下的估计地震动

个地区几乎不存在岩石层盖层(Sengör 等,2003;Gök 等,2007),造成地壳热流高,Q 值低。在这个地区,东安纳托利亚断层带(EAFZ)和比特利斯 - 扎格罗斯褶皱及俯冲带分开了阿拉伯板块和欧亚板块。

沿北安纳托利亚断层曾经发生过历史强震,包括1939年发生的埃尔津詹里氏8.2级地震,震中位置如图 3(a)中的绿圈所示。在这里,我在北安纳托利亚断层和东安纳托利亚断层的交汇处附近假设了一个事件,在这个区域我研究的两个剖面(第一个剖面向北东方向伸展到安纳托利亚东部(O–A);第二个剖面向南伸展到阿拉伯台地(O–B))的 Q 值反差特别大。

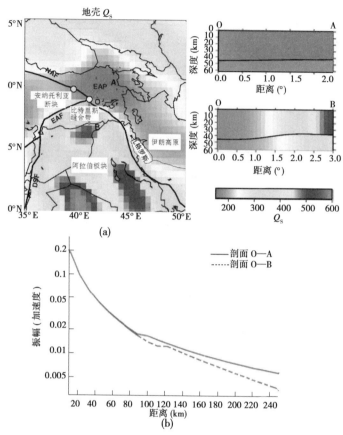

图 3　(a)土耳其东部及其邻区地壳 Q_S 值分布图。粗黑线表示板块边界,粗灰线表示横截面。绿圆(原图为彩图——译注)是 1939 年埃尔津詹大地震的位置。NAF 表示北安托利亚断层。EAF 表示东安托利亚断层。右图显示了沿图上剖面的 Q 值;(b)沿前图中指示的两个剖面设定 $M_W7.0$ 地震的地震动估计值(1 Hz,加速度谱)。沿这两个剖面的震源项和场地项是固定的

我对设定的 M 7.0 地震计算了沿两个剖面的估计地震动,计算结果示于图 3(b)。在几何扩散起主导作用的事件近处几乎看不到估计加速度的差异,随着地壳厚度差异成为因素和累计衰减项变得显著,估计值差异逐渐变大。到 250 km,估计的谱加速度有 30% ~40% 的差异。

这些差异很显著,必须对其进行解释,尤其是根据弱地震动可以容易地校准这些差异的事实。例如,图 4 显示了全球地震台网和国家先进地震系统(ANSS)骨干网的台站 10 年来记录的美国东部地震的估计路径图。地震取自于国家先进地震系统地震目录(见资料来源),时段是 2000 年 1 月 1 日至 2009 年 12 月 31 日。画出了 M 3.5 地震震中距小于 8°,$M4.5$ 地震震中距小于 12°和 $M5.5$ 地震震中距小于 16°的路径。覆盖已足够好,保证

了衰减的成像,并随着时间的增加及包含另外的地震数据集(例如美国台阵)覆盖还将继续得到改善。

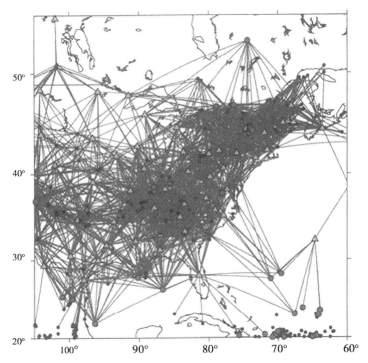

图4 10年来易获得的现有开放台站记录的显示路径的美国东部地震
衰减成像的振幅路径估计图(圆圈表示M3.5事件,较大的粉红色圆圈
(原图为彩图——译注)表示较大(M4.5)事件。绿三角是台站位置)

虽然这个例子表明了一个事件位置的方向性变化,但Q值和加速度的区域性变化可能更为显著,这不是独一无二的例子。沿模型的其他部分,像扎格罗斯山脉或高加索和更加稳定的北部地区之间,也可以看到类似的Q值反差。可以预期在大陆架上具有不同地震动的海洋地壳和大陆地壳之间存在Q值和地壳厚度的大反差。而且,随着衰减模型分辨率的提高,沿路径的变化预期也会增大。很可能这些类型的差异可以解释土耳其和中国台湾地区的地震动低值。

3 讨论

尽管与几何扩散引起的大的变化相比,横向衰减对振幅的影响很小,但它的影响似乎也很重要,我们必须给以解释。使用衰减横向变化以及专门精选震相的另一个优点是可以解释与地幔震相返回到地表的临界距离有关的大变化。

虽然还没有经严格的测试,但似乎可以看出,使用小震级地震和弱地震动有助于改进强地震动参数的确定。尤其是地壳Q值的变化的影响似乎比地幔Q值或地壳厚度变化的影响更显著,尽管后者对预测莫霍界面反射距离及其周围的地震动(如,Burger等,1987;Somerville 和 Yoshimura,1990)更重要。看来,包含横向衰减或许会减少一些地震动参数大的变化。虽然这只是大的变化的一个分量,但它或许可以减少预测地震动中的总体不确定性,因此需要给予更加详细的研究。因为将其包含进去对长距离的影响最大,所以它或许对估计影响大区域地震动估计值的稀有大震的灾害贡献是最重要的。

4 资料来源

所有的图件都是使用 4.2.0 版本的通用制图工具绘制的(Wessel 和 Smith,1998;http://www.soest.hawaii.edu/gmt,最后的访问时间是 2011 年 2 月)。最近的下一代衰减模型的例子和有关下一代衰减的专题讨论会(及报告)(http://earthquake.usgs.gov/hazards/about/workshops/nga_Workshop.php.最后的访问时间是 2011 年 2 月)。太平洋地震工程研究中心强地震动数据库在 http://peer.berkeley.edu/nga 网上(最后的访问时间是 2011 年 2 月)获得。有关地壳年龄的信息来自 http://earthquake.usgs.gov/research/structure/crust/age.html(最后的访问时间是 2011 年 2 月)。图 4 给出的地震活动性取自国家先进地震系统地震目录(http://www.ncedc.org/anss,最后的访问时间是 2011 年 2 月)。

译自:Bull Seismol Soc Am.2011,101(4):1965-1970
原题:A Case for the Use of 3D Attenuation Models in Ground-Motion and Seismichazard Assessment
杨国栋、袁道阳译;吕春来校

圣路易斯市区的地震场地分类

J. Chung   J. D. Rogers

摘要:区域国家地震减灾计划(NEHRP)土类图已成为地震场地表征和危险性研究的重要输入参数。圣路易斯地区广大范围的浅层剪切波速(v_{S30},土壤上部30 m的平均剪切波速)测量产生了实际场点值和用于确定区域地震危险性研究的国家地震减灾计划场地类别的均值之间显著的不确定性。在圣路易斯市区国家地震减灾计划场地分类图的绘制工作中,我们分析了92个剪切波速(v_S)测量值,在没有v_S测量值的区域由不低于1 400个标准贯入试验(SPT)剖面作补充。根据已公布的相关资料,使标准贯入试验锤击数与v_S值相关。然后编辑各个地表地质单元和基岩类型的数据。这些数据表明,v_{S30}的倒数与基岩深度呈现出很好的线性关系,这可能因为v_{S30}是呈现相对低v_S值的地表材料厚度的函数。通过把对基岩深度回归的v_{S30}值与回归残差的克里格值相加插入v_{S30}值。得到的国家地震减灾计划场地分类图预示圣路易斯地区的山地区域在空间上被划分为$S_B \sim S_D$类场地,而低洼的洪积平原一致地被划分为$S_D \sim S_F$类场地。

引言

通常是通过将未固结材料的厚度和剪切波速(v_S)与基岩的厚度和剪切波速(v_S)进行对比,一般称为阻抗对比,来评估场地条件。在存在低密度、低剪切波速沉积物的地区,地震的震动强度会增加(Fumal 和 Tinsley,1985)。新建筑场地的类别一般最好通过对公认的地表地质单元的场点v_S进行测试确定。先前的研究表明,土壤上部30 m内的平均v_S(v_{S30})与地震地面运动的平均水平频谱放大呈负相关关系(Borcherdt 和 Gibbs,1976;Borcherdt 等,1991)。为了评估对地面放大的敏感性,1994年国家地震减灾计划根据Borcherdt(1994)的研究定义了6种土壤剖面类型($S_A \sim S_F$),说明了场地响应和v_{S30}之间的相容关系[Building Seismic Safety Council(BSSC),2003;R. Borcherdt,私人通信,2008]。表1描述了根据v_{S30}定义的6种场地类型。

表1   国家地震减灾计划场地分类(BSSC,2003)

场地类别	v_{S30}(m/s)	N_{30}	一般描述
S_A	>1 500	未用	硬岩石
S_B	760 ~ 1 500	未用	中度风化岩石
S_C	360 ~ 760	<50	高密度土和软岩石
S_D	180 ~ 360	15 ~ 50	硬土
S_E	<180	<15	软黏土
S_F	未用	未用	需要特定场地评估的土

场地条件区划方法如下:

评价陆地区域(>1 000 km²)市区环境地震场地响应的主要复杂性是v_S值在离散点测量(由于成本、许可和空间约束),而且插入这些测量值的方法通常要求采用某些假设。其中一个主要假设是v_S值依赖于材料的物理性质。这起源于早期先探求v_S数据与地表地质和/或晚第四纪地层的关系而后插值的研究(Tinsley 和 Fumal,1985;Park 和 Elrick,1998;Wills 等,2000;Stewart 等,2003)。这些研究大多数都是在加利福尼亚州进行的,并一致地显示出由于胶结性随着地质年代增大地质年代与v_S有显著的相关性。

Holzer' Bennett 等(2005)使用 210 个v_{S30}值编制了旧金山湾中部(140 km²)的国家地震减灾计划场地条件图,使用的v_{S30}值是由地表地质单元的平均剪切波速v_S值和它们的估计深度导出的。然而要指出的是,因为需要大得多范围的v_S测量结果,以及每个地层单元的精确厚度,这种方法很难应用于更大的区域(Wills 等,2006)。这些变量很少知道在宽阔的区域上具有任何显著的可靠性,特别是当地层层位超过 20 m 深度时(因为很少有钻井或钻孔穿透这种较深的层位)。这种方法也趋于忽略剪切波速v_S随深度的变化。一般根据v_{S30}值的算术平均值和相应的国家地震减灾计划场地类别勾画区域场地条件(Borcherdt 等,1991;Borcherdt,1994;Wills 等,2000;Wills 和 Clahan,2006)。因此,这种方法意味着处于相同地表地质单元上的区域会被确定为相同的国家地震减灾计划场地类别。

国家地震减灾计划场地类别确定的不确定性:

我们先前编制的圣路易斯都市区v_{S30}场地条件图(Chung,2007)表明v_{S30}数据有大的变化性和非均匀性分布,包括以下几个方面:

(1)在国家地震减灾计划场地类别之间存在编图单元内v_{S30}值宽范围的分布。偶然存在v_{S30}离群点值,这些离群点值趋于影响v_{S30}总平均值,以致可以将一个单元确定为下一个较高的土类别(见图 1(a))。

(2)确定的特定单元的v_{S30}平均值通常在被确定的场地类别边界 ±20 m/s 之内(见图 1(b)、(c))。

(3)在冲积扇沉积区域上很少做过v_S测试,这些沉积区域被分类为 S_E 区(v_{S30} < 180 m/s)和 S_D 区(v_{S30}为 180 ~ 360 m/s;见图 1(c))。如果在这些空间有限的材料中进行过更多的测试,我们就可以期待这些平均值趋向于一种或另一种场地类别。

地表地质单元内v_{S30}的变化性可能归因于:①地层的自然变化、到基岩层位的深度和沉积的范围(Bauer 等,2001;Romero 和 Rix,2001;Gomberg 等,2003;Holzer,Padovani 等,2005);②更多地使用不精确的小比例尺地质图造成这些相同地质单元被错误划分(Park 和 Elrick,1998;Wills 和 Clahan,2006);③人为解译的结果和/或仪器误差(Scott 等,2006;Bauer,2007)。这些因素经常产生v_{S30}实际值和在区域地震危险性研究中用于确定国家地震减灾计划土类别的平均值之间显著的不确定性,从而可以导致错误的场地条件区划图。Wills 等(2000)发现加利福尼亚州内 25% 的v_S场地被错误分类了。这些问题意味着可以把标绘的单元确定为多种国家地震减灾计划场地类别。

在圣路易斯地区的研究中,我们采用了如下方法:

(1)分析v_S剖面,以及标准贯入试验剖面。标准贯入试验剖面精度较差,但它却可以使我们填补没有v_S可靠测量结果的区域。它们还有助于识别可能由埋藏的基岩圆丘群

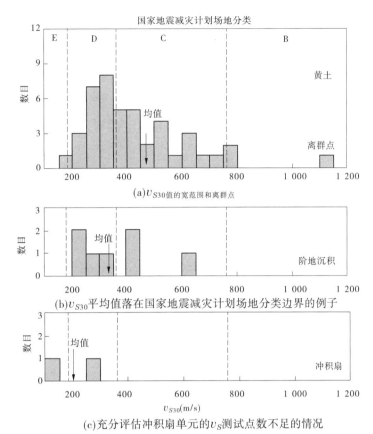

(a)v_{S30}值的宽范围和离群点

(b)v_{S30}平均值落在国家地震减灾计划场地分类边界的例子

(c)充分评估冲积扇单元的v_S测试点数不足的情况

图1 覆盖圣路易斯地区地质地表单元内v_{S30}值的柱状

或测量误差造成的异常离群点。

(2)确定v_{S30}值与相应的基岩深度之间的可观测关系以描述v_{S30}随深度的变化。

(3)使用v_{S30}估计值绘制详细的区域国家地震减灾计划场地分类图。对这一步,我们应用了92个v_{S30}测量值和1 400多个标准贯入试验剖面(取自工程钻孔)、地表与基岩地质图和基岩深度图。

1 研究区

1.1 地质构造与地震危险性

研究区包括比密苏里州圣路易斯地区和伊利诺斯州(见图2)更大区域内的12个美国地质调查局7.5分四边形(土地面积为1 800 km²)。该区域位于第四纪沉积层上,包括:①主河道(密西西比河、密苏里河和梅勒梅克河)内的全新世冲积层或河谷漫滩;②更新世黄土和/或冰碛物沉积层覆盖的切割高地。这些第四纪沉积层上覆于宾夕法尼亚岩石(主要是页岩和一些砂岩)、密西西比岩石(主要是带有页岩的石灰岩)的古生代岩层或略向东倾的更老古生代石灰岩上面(Harrison,1997)。从搜集的本地区工程钻孔信息表明,洪积平原的第四纪沉积物厚度一般为30～40 m,被切割的高地的沉积物厚度一般为5～15 m。

中西部地区的地震危险性主要受高密度基岩层与上覆松散盖层之间大的阻抗反差的影响。因为裸露的古生代岩石密度高且无破碎，地震动强度也由跨越美国中东部(CEUS)的极低地震能量阻尼加重(Bolt,1993)。厚度大于 15 m 的第四纪沉积层放大了地震动(Rogers 等,2007)。由于与沃巴什和新马德里地震带有关的史前和现代地震活动,圣路易斯地区已经经历了强地震动(McNulty 和 Obermeier,1999;Tuttle 等,1999)。对这个人口密集的都市区,联邦应急事务管理局(FEMA,2008)估计的每年预期地震损失为 5 850 万美元(2010 年为280 万美元)。2004 年美国地质调查局编制了圣路易斯地区地震危险性区划图计划(SLAE-MHP)。由地球科学家和工程师组成的技术工作组(TWG)指导这个编制地震危险性区划图的项目(Williams 等,2007;Kara-deniz 等,2009)。

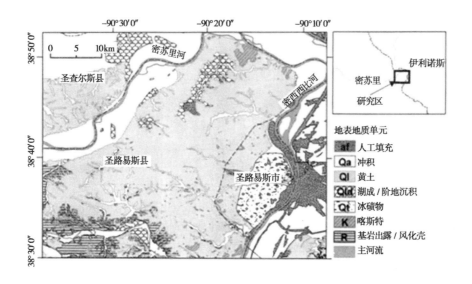

图2　圣路易斯地区统一地表地质图(改编自 Schultz,1993;Grimley 和 Phillips,2006;Grimley,2009)

1.2　国家地震减灾计划场地分类的编制

2006 年密苏里州圣路易斯市、圣路易斯县和圣查尔斯县采用了 2003 年版国际建筑规范,这包括结合土剖面类型估计建筑抗震设计地震动荷载的 2000 国家地震减灾计划的条款。对以新马德里地震带为界中西部的 5 个州的高危险地区,Bauer 等(2001)编制了比例尺为 1∶250 000 的描绘潜在地震动的区划图。因为圣路易斯地区缺乏实际的 v_S 测量结果,根据中西部其他地区类似地质单元的 v_S 测量结果假定了地质单元 v_S 的值和它们相应的厚度,这些测量值呈现出了与埋藏深度,而不是与地质年代惊人一致的趋势(Bauer,2007)。然后对组合的土盖层确定国家地震减灾计划的场地类别。所得到的图提供了土场地类别的大致估计,它模拟了区域洪积平原的边界并一般把其划分为 S_F 类(可液化土),而高地被划分为 S_C 类(v_{S30} 为 360~760 m/s)或 S_D 类(v_{S30} 为 180~360 m/s)。

2　数据获取

本研究编制国家地震减灾计划区划图的输入数据包括下列内容:

（1）从美国地质调查局（Schultz，1993）和伊利诺斯州地质调查处（ISGS；Grimley 和 Phillips，2006；Grimley，2009）收集了第四纪地表地质图（见图 2）。根据美国地质调查局（Harrison，1997）和伊利诺斯州地质调查处（Kolata，2005）的出版物编辑了基岩地质图（见图 3）。密苏里州（沉积模型）和伊利诺斯州（构造模型）采用了不同的传统编图风格。基于沉积类型和成因，统一了这些对比鲜明的风格（Chung 和 Rogers，2010）。

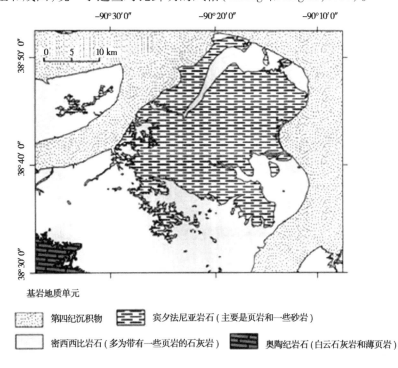

基岩地质单元

第四纪沉积物		宾夕法尼亚岩石（主要是页岩和一些砂岩）
密西西比岩石（多为带有一些页岩的石灰岩）		奥陶纪岩石（白云石灰岩和薄页岩）

图 3　圣路易斯地区简化基岩地质图（改编自 Harrison，1997；Kolata，2005）

（2）密苏里科学技术大学（D. Hoffman，私人通信，2007；Hoffman 等，2008）、美国地质调查局（Williams 等，2007；R. Williams，私人通信，2007）和伊利诺斯州地质调查（Bauer，2007；R. Bauer，私人通信，2007）测量了 92 个场点的 v_S 剖面并提供给了我们研究组。这些波速剖面分别由折射/反射、井下测量和多道分析面波（MASW）获得。

（3）还有包括土/岩性描述、分层厚度和标准贯入试验锤击数（N 值）的 1 428 个工程钻孔记录（见图 4）。这些资料收集于密苏里州地质和陆地调查处（MODGLS；Palmer 等，2006）、伊利诺斯州地质调查处和其他机构。绝大多数钻孔的深度采样间隔为 0.76 m 和 1.5 m。这些钻孔资料被用于计算基于标准贯入试验的 v_S 值。

（4）对高地使用普通克里格法，对冲积平原使用多项式回归编制了基岩深度图（见图 5；Chung 和 Rogers，2012）。该图使用了 4 838 个数据点，包括 v_S 和标准贯入试验场地及从密苏里州地质和陆地调查处（2007）收集的另外的测井记录。

3　v_S 和 v_{S30} 的估计

由于简单和成本低廉，标准贯入试验被广泛用于获取需要测试的土样本和表述土特

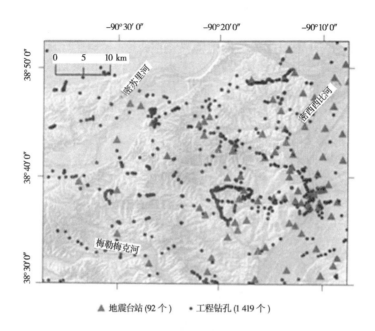

图4 v_s 剖面和具有标准贯入试验剖面的工程钻孔位置图

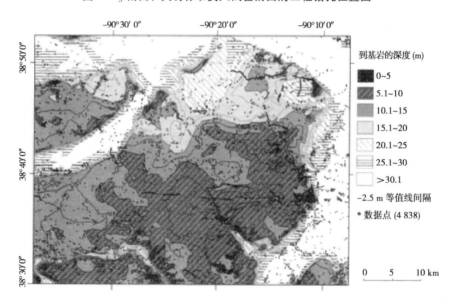

图5 圣路易斯地区到基岩的深度图

性(Rogers,2006)。因为标准贯入阻力依赖于体密度、有效应力、沉积厚度和孔隙度,标准贯入试验的 N 值正比于 v_s 值。因此,对确定场地类别 v_s 不可用或资料不详细的地方,可以把标准贯入试验剖面用于估计土 v_s 的替代值,并可用作确定场地土类别的另一个参数(Sykora 和 Stokoe,1983;Fumal 和 Tinsley,1985;BSSC,2003)。标准贯入试验法适用于测量颗粒土阻抗和检测/确认像年纹层土壤的分层材料。然而,标准贯入试验结果较多地受到仪器质量和操作员经验的影响。这通常导致过高估计锤击数,特别是当穿越砾质材料或位于硬得多的材料之上的软土层时(Youd 等,2001;Rogers,2006)。

本研究没有使用至 30 m 深度的平均标准贯入试验 N 值(见表 1,N_{30})估计场地类别(Youd 等,2001;Rogers,2006)的等效方法。我们的初步分析揭示,N_{30} 通常比基于 v_{S30} 会导致更软的场地分类,这可能是由于给硬岩石确定了低 N 值(100 次/ft)的缘故,而且不能根据 N_{30} 插值 v_{S30}。而我们是使用地层描述和根据深度函数得到的标准贯入试验锤击数估计 v_S 值。

3.1 基岩的 v_S 值

我们收集了被认可的圣路易斯地区宾夕法尼亚岩石和密西西比岩石的 v_S 值的信息,包括本研究和另外一些研究(如 Bauer 等,2001;Bauer,2007;SLAEMHP-TWG meetings,2007)得到的基岩 v_S 实测值。根据这些资料得到的 v_S 值,我们假设未风化基岩层 v_S 值的变化范围为 1 000~2 200 m/s,风化基岩层 v_S 值的变化范围为 600~1 120 m/s(见表 2)。在不易进行波速测量的地方,我们用这些值估计地表至 30 m 深度区的基岩 v_S 值。

表 2 对材料确定的 v_S 值

材料类型		v_S(m/s)
土		$85.34N^{0.348*}$
宾夕法尼亚岩石	风化	(0.5~5.5 m 厚)600
	中等到硬	1 000
密西西比岩石	风化(0~2.5 m 厚)	1 120
	中等到硬	2 200

注:* N 为 SPT(标准贯入试验)锤击数。

3.2 基于标准贯入试验的 v_S

已发表的文献报告了很多未校正的标准贯入试验的 N 值与 v_S 值之间的相关。在恰巧都收集了 v_S 值和标准贯入试验剖面的圣路易斯地区 8 个场点开始使用了一些这些相关之后,我们发现 Ohta 和 Goto(1978)提出的相关给出了最好的相关系数($r = 0.87$),对测量的 v_S 值给出了基于标准贯入试验的最接近的估计值(差异 < 20 m/s;见图 6)。使用 Ohta 和 Goto(1978)的方法对所有的土给出如下的统计相关:

$$v_S = 85.34N^{0.348},对所有土层 \tag{1}$$

由基于标准贯入试验的 v_S 相关和确定的基岩 v_S 值估计的 v_{S30} 值(见表 2)显示出相似的结果(v_{S30} 的差异 < 15 m/s)。测量的 v_{S30} 值(见图 6)也显示出了高相关系数(v_{S30} 的 $r = 0.99$)。这些结果表明:①标准贯入试验的 N 值是近似 v_S 值的适当估计量;②基于标准贯入试验的 v_S 值和确定的基岩 v_S 值对估计未测波速场点的 v_{S30} 值提供了很可靠的平均值。

4 v_{S30} 插值

使用等式(A1)通过上部 30 m 内的时均 v_S 计算由直接测量和标准贯入试验剖面获

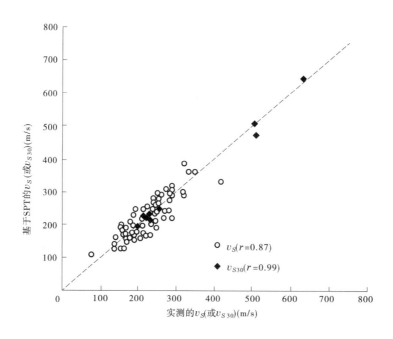

图 6　圣路易斯市区实测的与估计的 v_S 和 v_{S30} 关系曲线（r 是相关系数）

得的 v_{S30} 值。这些 v_{S30} 场地由计算波速的各自地表地质单元分组。在大多数划分的地质单元内 v_{S30} 变化范围很宽(例如,通常冲积覆盖区域为 180 ~ 650 m/s,黄土覆盖区域为250 ~ 850 m/s)。这些范围往往跨越一些国家地震减灾计划场地分类的边界(例如,冲积覆盖区为 S_E ~ S_C,黄土覆盖区为 S_D ~ S_B)。因为用于计算 v_{S30} 的慢度平均方法具有斜向软土呈现的较低 v_S 值的倾向(Brown 等,2002;Holzer,Padovani 等,2005),v_{S30} 值的宽范围可能产生影响 v_{S30} 值的软土沉积的厚度差异(Fumal 和 Tinsley,1985;Williams 等,2007;Haase等,2011)。这表明,v_{S30} 值的变化依赖于:①软沉积物的 v_S 值;②划分的单元厚度(沉积盖层)或到基岩的深度;③基岩的 v_S 值,特别是当基岩接近地面时。

4.1　v_{S30} 与到基岩的深度

为了更好地理解和检查地表地质单元内 v_{S30} 的变化并对这些数据进行插值,我们提出了一个测绘沉积盖层(到基岩的深度)v_{S30} 的方法,我们发现沉积盖层是影响计算 v_{S30} 的慢度平均方法的唯一最重要的因素。v_{S30} 随着沉积盖层厚度(表土层)的增加趋于减小。根据 v_{S30} 和基岩深度之间的统计关系可以采用到基岩的深度来估计 v_{S30}。如果观测结果为:①未固结地质单元的 v_S 值接近常数或随深度略有增加(Holzer,Bennett,等,2005;Bauer,2007);②任意深度间隔的 v_S 平均值依到基岩的深度而变化(Fumal 和 Tinsley,1985),则我们假定特定地表地质单元的场点可能呈现类似的物理特征,因而随深度也有类似的v_S 值,但不包括存在基岩圆丘的情况(见图 7)。

根据表明 v_{S30} 与基岩深度成反比的式(A1)和式(A4),我们画出了 $(v_{S30})^{-1}$ 值与相应基岩深度的曲线以估计它们的线性关系。基岩深度间隔大于 30 m 时,v_{S30} 值几乎没有呈现出相关性。在主河道洪积平原的关系式中不包含这些数据点。这些数据曲线表明,由

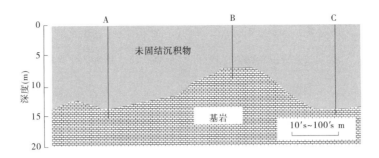

图7 基岩深度对上覆沉积盖层物理性质的影响。在点 A 和 C 采样的标
准贯入试验将趋于获得类似的结果,但对类似的深度间隔,因为邻近坚硬
土层基岩界面的影响,在位置 B 采样的标准贯入试验将呈现增加的锤击
数(阻抗)

表层土单元和基岩类型评价时基岩深度呈现出与$(v_{S30})^{-1}$值有很好的线性关系。

　　使用表层土单元和基岩类型,根据对基岩深度$(v_{S30})^{-1}$的简单线性回归可得到经验关系式(A5),对此可见图 8 中的冲积层示例图。表 3 中汇总了对表层土单元和基岩类型的线性回归分析结果。表 3 给出的对表层土单元和基岩类型确定的高线性回归系数($R^2 > 0.80$)表明基岩深度可以用作 v_{S30} 的合理估计量。通过使用这些回归方程,就可以估算已知或假定基岩深度的 v_{S30} 值,比如,在位于深度为 5 m 或 14 m 的密西西比石灰石之上的黄土沉积层(Q^1), v_{S30} 值预期分别约为 760 m/s(S_C 的上边界)或 360 m/s(S_D 的上边界)。

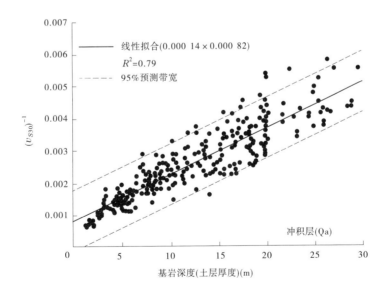

图8　$1/v_{S30}$ 与基岩深度和 95% 预测带宽的线性拟合的比较,R^2 是确定的系数

表 3　给定基岩深度 $1/v_{S30}$ 值的线性回归系数

地表地质单元	基岩类型	斜率	截距	R^{2*}	数据点数
人工填充（Q^{af}）	宾夕法尼亚或密西西比岩石	0.000 15	0.000 81	0.81	103
冲积层（Q^a）	宾夕法尼亚或密西西比岩石	0.000 14	0.000 82	0.79	380
黄土（Q^l）	宾夕法尼亚岩石	0.000 15	0.001 05	0.81	560
	密西西比或更老地质时代岩石	0.000 16	0.000 52	0.86	290
湖成沉积（Q^{ld}）	宾夕法尼亚或密西西比岩石	0.000 16	0.000 76	0.80	121
冰碛物（Q^t）	密西西比岩石	0.000 14	0.000 82	0.88	57
风化壳（R）	密西西比或更老地质时代岩石	未用	未用	未用	9

注：$*R^2$ 是确定的系数。

4.2　绘制国家地震减灾计划场地类别

使用基岩深度等值线图上的每个地质单元的线性回归,首先估计基岩深度小于 30 m 区域的 v_{S30} 值。然后,为了确保采样场点真实的 v_{S30} 值,使用普通残差克里格图对回归值进行了调整。使用球面模型的普通克里格对基岩深度大于 30 m 区域的值分别进行估计。使用这些过程提供了圣路易斯地区研究 v_{S30} 的最终估计值。然后根据 v_{S30} 值确定了国家地震减灾计划场地类别（见图 9）。得到的国家地震减灾计划场地土分类图显示出:①多数区域的冲积层（Q^a）确定为 S_D 类,一小部分被确定为 S_E 类;②在浅处下伏密西西比石灰石、密西西比石灰石和宾夕法尼亚页岩的黄土层（Q^l）分别被确定为 S_B 类、S_C 类和 S_D 类;③湖泊和台地沉积（Q^{ld}）被确定为 S_D 类;④冰碛物（Q^t）被确定为 S_C 类（见图 9）。

本研究区的基岩露头区没有进行 v_S 测量或标准贯入试验测量。基于在出露区观测到的地表风化节理,我们认为古生代基岩场地的类别为 S_B（风化岩石）（Lutzen 和 Rockaway,1971；Stinchcomb 和 Fellows,2002）。在本研究中没有使用场地类别 S_A（硬岩石）。

对风化壳（1 ~ 10 m 厚）只有 9 个标准贯入试验钻孔记录可用,这种岩石一般由下伏基岩分解而来的黏土、淤泥和沙子组成（Schultz,1993）。风化壳基于标准贯入试验的 v_{S30} 值的范围为 560 ~ 1 080 m/s,导致的均值为 650 m/s,其标准偏差为 170 m/s。该数据集小的样本尺度造成了回归分析宽大的置信区间,预测的可靠性较低（Helsel 和 Hirsch,2002）。我们依据物理描述和基于标准贯入试验的 v_{S30} 值,把这个单元确定为场地类别（密度非常高的土和软岩石）为 S_B ~ S_C。

5　讨论与结论

在区域区划图上我们评定国家地震减灾计划场地土类别的方法采用了以前研究加利福尼亚地区的不同技术,把每一场地类别同地表地质单元的 v_{S30} 均值相关联,或编辑确定的直到 30 m 深度的 v_S 值。本研究直接使用了 v_{S30} 值并在缺少 v_S 测量值的地区补充了基于标准贯入试验剖面得出的 v_{S30} 值。得出的 v_{S30} 值是根据每个区划的地表地质单元的基岩深度和基岩类型确定的。数据表明,v_{S30} 值随地质单元厚度和/或基岩深度变化很大。因此,国家地震减灾计划场地类别不能仅根据地表地质单元的地质年代和地层确定,而是比其他任何单一因素都相容的深度的函数。

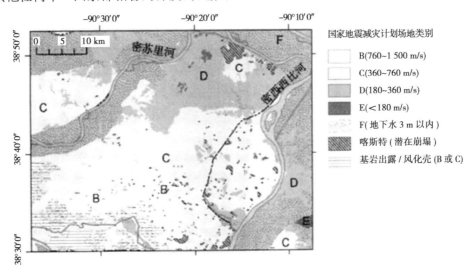

图9 圣路易斯地区国家地震减灾计划土场地分类图

5.1 不确定性

通过研究 v_{S30} 值和到基岩深度之间的基本关系(见图8,这说明了整个数据集的统计趋势),我们提出了在美国中东部地区对 v_{S30} 进行插值的新方法。统计模型造成了模型的不确定性,而且没有解释 v_{S30} 的各个变化,这可能归因于地层的自然变化或测量结果的误差。为了根据采样数据的分布预测未采样数据的变化性,我们使用了反应统计模型不确定性和单个数据点变化性的预测区间。

实例图形(见图8)示出了95%预测区间的回归分析结果。95%预测区间的区域国家地震减灾计划场地类别图显示出与场地类别确定结果对比(见图9),在预测区间图的下边界或上边界,国家地震减灾计划类别分别被下调或上调了(见图10)。这些预测区间图标明冲积层(Q^a)为 $S_E \sim S_D$ 场地类别;湖成沉积(Q^{ld})为 $S_E \sim S_D$ 场地类别;黄土层(Q^l)为 $S_D \sim S_B$ 场地类别;冰碛物(Q^t)为 $S_D \sim S_B$ 场地类别。

5.2 国家地震减灾计划场地类别 F

当低密度和接近零黏合力的饱和沉积物的孔隙压力超过作用在材料上的有效应力时,通常发生地震引起的液化,使其失去剪切强度,呈现流体特性直到发生足够的泄流,消散升高的孔隙水压力(Norris 等,1998;Wills 和 Hitchcock,1999)。即使距震中约有 250 km,在 1811~1812 年新马德里地震期间,圣路易斯地区河谷洪积平原的冲积物也可能发生了液化(Tuttle 等,1999;Tuttle,2005)。Chung 和 Rogers(2011a,b)这样评价了河道沉积物:如果地下水位不深于 3.5 m(密西西比河冲积平原大多区域平均地下水位仅为 0.7 m),对峰值地面运动加速度为 0.20 g 的 M7.5 设计地震,河道冲积物便呈现显著的液化风险。因此,研究区内的河道冲积物被有条件地定为 S_F 场地类别(见图9和图10)。

5.3 评语

本文提出的方法可以作为估计存在类似地质条件、同加利福尼亚州地质条件差异较大的美国中东部其他地区区域国家地震减灾计划场地类别(为规划目的)的有用工具。

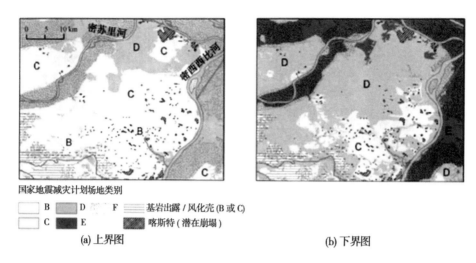

国家地震减灾计划场地类别

| | B | | D | | F | | 基岩出露／风化壳（B 或 C） |
| | C | | E | | | | 喀斯特（潜在崩塌） |

(a) 上界图　　　　　　　　　　　　　　　(b) 下界图

图 10　95% 预测间隔的国家地震减灾计划场地分类图

该方法假定对区域研究可以使用认可的（区划的）地表地质单元和基岩深度估计 v_{S30} 值。根据沿主河道跨越美国中东部场地的相关性,在类似的地质构造和基岩深度,基于 v_{S30} 的场地条件预期也相似。

这种用于区域规划目的的方法在评定短距离上基岩深度显著变化的区域（陡坡、基岩圆丘或洼地）或物理性质横向变化的区域（比如从局部水道倾注在主洪积平原上的冲积扇——沿密西西比洪积平原东边的卡霍基亚冲积扇）的场地类别时可能有许多误差。v_S 方法应该是为设计目的而确定场地类别的首选方法。为确定场地类别而直接测定 v_S 甚至对估计这种地区以及沿自然陡坡基岩深度变化显著的洪积平原边缘的地震响应也相当重要。诸如灰岩坑、洞穴和封闭洼地等的喀斯特地形对密西西比石灰石及上覆土层是常见的。它们展现出不规则且不可预测的基岩面,通常由尖峰和深基岩谷组成。喀斯特地形易于遭受地面失效,可能受地震震动触发产生塌陷（Hoffman,1995；Nuclear Regulatory Commission,2007）。要评价这种情况的场地条件和相关的地震危险性将需要特定场地的研究。

数据来源

伊利诺斯州地质调查处的地表地质图可从该局的网站获得（www. isgs. illinois. edu/maps-data-pub/ipgm. shtml,最后访问时间是 2009 年 5 月）。标准贯入试验数据是从伊利诺斯州地质调查处收集的,可从其网站 www. isgs. illinois. edu/sections/gru/wellmaps. shtml 上得到（最后访问时间是 2010 年 6 月）。由美国地质调查局收集的私营机构顾问提供的钻孔记录是专卖的,而由公共机构提供的则不受限制。本文中使用的所有其他数据来自于所列参考文献的出版物。本文使用的数据是为美国地质调查局 SLAEHMP 编辑的。数据计算和回归分析分别使用 Microsoft Excel(2007) 和 Analyze-it(2011) 进行。数据曲线和克里格图是使用 ArcGIS 软件 9.1 版绘制的。

附录

表 1 示出了与国家地震减灾计划条款规定一致的以 v_{S30} 定义的场地类别描述。至 30 m 深度的 v_s 加权平均值 (v_{S30}) 可使用下式获得：

$$v_{S30} = \frac{30}{\sum_{i=1}^{n} \frac{d_i}{v_{S30}}} \tag{A1}$$

式中：d_i 为 0~30 m 任意层的厚度；v_{Si} 为剪切波速度，m/s。如果

$$\sum_{j=1}^{a} d_j < 30 \text{ m}, \sum_{j=1}^{a} d_j + \sum_{k=1}^{b} d_k = 30 \text{ m} \tag{A2}$$

式中：d_j 为土层的深度（$\sum_{j=1}^{a} d_j$ 为土层厚度或到基岩的深度）；d_k 为岩层的厚度（$\sum_{k=1}^{b} d_k$ 为至 30 m 深岩层的厚度）。

重排式（A1）和式（A2），可以把式（A1）写成：

$$(v_{S30})^{-1} = \frac{1}{30} \left(\sum_{j=1}^{a} \frac{d_j}{v_{Sj}} + \sum_{k=1}^{b} \frac{d_k}{v_{Sk}} \right) \tag{A3}$$

式中：v_{Sj} 为土层的剪切波速度；v_{Sk} 为岩层的剪切波速度。

通常 v_{Sk} 为常数，因此

$$(v_{S30})^{-1} = \frac{1}{30} \left[\sum_{j=1}^{a} \frac{d_j}{v_{Sj}} + \frac{(30 \text{ m} - \sum_{j=1}^{a} d_j)}{v_{Sk}} \right] \tag{A4}$$

使用式（A4）和图 7 中的样本数据，根据 v_{S30} 和到基岩的深度（土层厚度）之间的关系，可以导出简化的经验公式：

$$(v_{S30})^{-1} = \beta_1 DTB + \beta_0 \tag{A5}$$

式中：DTB 为到基岩的深度；β_1 为回归系数；β_0 为截距。

表 3 列出了地表地质单元的线性回归分析结果。

译自：Bull Seismol Soc Am. 2012,102(3):980-990
原题：Seismic Site Classifications for the St. Louis Urban Area
杨国栋、袁道阳译；吕春来校

使用改进型破裂时间法对南加利福尼亚州做中期地震预测

D. J. Brehm   L. W. Braile

摘要:根据由南加利福尼亚州地震目录回顾性地震建模及已发表的对新马德里地震带的估算结果,改进型破裂时间法可以作为一种中期地震预测技术用来确定未来主震的地点并预测其大小和时间。提出假设并对先前主震的建模表明本方法预测的主震震级精度达到了约±0.5个震级单位。假设已知前兆序列中最后的事件,则破裂时间误差约为±1.1年。当不知道序列中最后的事件时,预测震级保持相同,但随着时间的推移,往序列中追加事件时,预测时间将需要更新。本方法还可以把主震位置确定在半径为几十千米的一个圆形区域内。我们提供了判定加速序列和主震位置的判据,此判据减少了虚报次数,但也删除了我们估算中的一些主震。根据南加利福尼亚州地震目录,我们估算了发生在 1980~1995 年间 5.5 级以上的地震。我们用这些研究结果结合以前的研究结果形成了一个可实际应用(预测未来)的方法。为了捕捉在 1998 年 8 月 17 日以后将发生的未来主震,我们使用改进型破裂时间法搜索了南加利福尼亚州地震目录,结果发现,有一个区域满足了所有的判据,可以由改进型破裂时间法模拟。这个可能发生主震的区域中心在 31.43°N,115.47°W,半径为 65 km 的圆形区域(墨西哥下加利福尼亚北部),预测的震级是 6.36±0.55,预测的破裂时间是 1998.565(1998年7月25日)±1.127 年。随着新的前兆事件的发生,此预测值也将被更新。

引言

根据断裂力学和裂纹扩展可以推出中期地震预测的破裂时间法。破裂时间法的原始方程(Das 和 scholz,1981)被用来描述破裂增长和一些与地震有关的现象,包括我们称为前兆事件的"前震"。在我们的定义中,前兆事件是和主震时空有关的在主震前几年至几十年内发生的地震事件。前兆事件序列确定了由破裂时间法模拟的加速能量释放。

改进型破裂时间法(Brehm 和 Braile,1998,1999)是改进了的 Varnes(1983,1987,1989),Bufe 和 Varnes(1990,1993)以及 Bufe 等(1994)描述的破裂时间法。Brehm 和 Braile(1998,1999)曾经描述过此假设的产生。根据南加利福尼亚州地震目录的估计又进一步改进了此假设。这和由先前的两次分析提出的关系式是一致的。因此,这里为改进型破裂时间法提出的假设对所有 3 个被估算过的地震目录(新马德里地震带目录(Brehm 和 Braile,1998)、美国西部地震目录(Brehm 和 Braile,1999)和南加利福尼亚州地震目录(本文))是一致的。我们在导出的经验关系式的基础上做了改进。改进后使方程中未知常数由 4 个减到 2 个。保留的两个未知常数是主震能量释放的平方根和破裂时间。此外,改进型破裂时间法包含了主震位置搜索技术,不用知道具体的断层和构造,或局部地质情况,就可以确定未来的主震区域,在地震目录中可能已包含了与中期预测有关的地质信息。破裂时间方程的另一改进包含了一个对数周期函数(Sammis 等,1996;Sommis 和 Sornette,1994;Saluer 等,1996;Sornette 和 Sammis,1995;Newman 等,1995)。对数周期时间破裂方程也许可以提供更精确的时间预测值,但它包含了附加的未知参数,本文对其不作研究。

我们在估算中使用的前兆序列(加速序列)满足了 Brehm 和 Braile(1998)描述的两个判据:①异常区含有最小数目的前兆事件(一般在 5 年或更长的时段上有 8 ~ 10 个事件),并且异常区目录对所要求的震级是完整的;②前兆序列中不含任何干扰事件。所谓干扰事件,就是在时空上位于主震附近的小于主震震级不到 0.5 个单位的较大地震事件。在估算含有和主震相差不超过 1 个震级单位的事件序列时,我们必须小心。因为一个这样的前兆事件就可以引起整个加速序列能量释放的增加。我们估算的目的是分析加速序列的行为并确定它的特征。为了尽可能地减少外部影响,在我们的估算中剔除了明显不满足上述判据的加速序列。

我们使用的南加利福尼亚州地震目录,可以在美国国家海洋大气管理局、美国国家地球物理数据中心、美国国家地质调查局和美国国家地震信息中心的 CD – ROM 上获得。1980 年以后共发生了 40 个震级不小于 5.5 的地震,见表 1。这些事件中的一些是余震或多重事件,即相隔几天在同一地区(几十千米以内)发生的若干事件。如果我们只考虑主震,1980 年以后发生的独立事件只有 27 个。其中,10 个可以被模拟,剩余的 17 个不满足确定前兆序列的判据(见表 1)。估算中被模拟的 10 个主震在发生之前可以由破裂时间法预测出来。我们使用比主震小 2,2.5 和 3 个震级单位的最小前兆事件做了预测,结果汇总于表 2。

表 1　南加利福尼亚州主震

编号	日期 (年-月-日)	时间 (时:分:秒)	纬度 (°N)	经度 (°W)	震级	lg(k/m)值 ((N·m)$^{0.5}$)	注释
1	1980-02-25	10:47:39	33.50	116.51	5.5	6.60	主震模型 1
2	1980-05-25	16:33:45	37.61	118.82	6.4	7.39	主震模型 2
3	1980-05-25	16:49:30	37.49	118.78	5.8	—	#5(1980 年 5 月 6.4 级)
4	1980-05-25	19:44:52	37.56	118.79	6.5	—	#5(1980 年 5 月 6.4 级)
5	1980-05-25	20:35:51	37.54	118.71	5.5	—	#5(1980 年 5 月 6.4 级)
6	1980-05-27	14:50:57	37.46	118.82	6.3	—	#5(1980 年 5 月 6.4 级)
7	1980-06-09	03:28:19	32.19	115.08	6.1	—	#2(1979 年 10 月 6.4 级)
8	1980-09-07	04:37:41	37.99	118.40	5.7	—	#2(1980 年 5 月 6.4 级)
9	1981-04-26	12:09:28	33.10	115.63	5.7	—	#2(1979 年 10 月 5.5 级)
10	1981-09-04	15:50:50	33.65	119.09	5.5	6.6	#3(1979 年 1 月 5.2 级); 主震模型 3
11	1981-09-30	11:53:27	37.61	118.89	6.1	—	#2(1980 年 5 月 6.4 级)
12	1982-10-25	22:26:04	36.29	120.40	5.5	6.64	主震模型 4

续表 1

编号	日期 （年-月-日）	时间 （时：分：秒）	纬度 （°N）	经度 （°W）	震级	lg(k/m)值 （（N·m）$^{0.5}$）	注释
13	1983-05-02	23：42：38	36.25	120.26	6.3	7.19	主震模型 5
14	1983-07-22	02：39：55	36.26	120.38	5.8	—	#2（1982 年 10 月 5.5 级）
15	1984-11-23	18：08：26	37.47	118.60	6.2	—	#2（1980 年 5 月 6.4 级）
16	1984-11-26	16：21：41	37.45	118.65	5.5	—	#5（1984 年 11 月 6.2 级）
17	1985-08-04	12：01：56	36.15	120.05	5.8	—	#2（1983 年 5 月 6.3 级）
18	1986-07-08	09：20：45	34.00	116.61	5.6	6.66	主震模型 6
19	1986-07-20	14：29：46	37.57	118.44	5.9	—	#2（1984 年 11 月 6.2 级）
20	1986-07-21	14：42：27	37.54	118.44	6.0	—	#5（1986 年 7 月 5.9 级）
21	1986-07-31	07：22：41	37.47	118.37	5.5	—	#2（1984 年 11 月 6.2 级 和 1986 年 7 月 5.9 级）
22	1987-10-01	14：42：20	34.06	118.08	5.9	—	#2（1981 年 9 月 5.5 级 和 1986 年 7 月 5.9 级）
23	1987-11-24	01：54：15	33.09	115.79	6.2	—	#2（1981 年 4 月 5.7 级）
24	1987-11-24	13：15：57	33.01	115.85	6.6	—	#5（1987 年 11 月 6.2 级）
25	1988-01-25	13：17：13	31.84	115.76	5.5	6.62	#3（1985 年 5 月 5.0 级） 主震模型 7
26	1990-10-24	06：15：20	38.09	119.16	5.6	—	#2（1980 年 5 月 6.5 级 和 1985 年 1 月 4.8 级）
27	1992-04-23	04：50：23	33.96	116.32	6.1	—	#2（1986 年 7 月 5.6 级）
28	1992-06-28	11：57：34	34.20	116.44	7.3	8.10	主震模型 8
29	1992-06-28	12：00：45	34.13	116.41	5.6	—	#5（1992 年 6 月 7.3 级）
30	1992-06-28	14：43：22	34.16	116.85	5.5	—	#5（1992 年 6 月 7.3 级）
31	1992-06-28	15：05：31	34.20	116.83	6.4	—	#5（1992 年 6 月 7.3 级）
32	1992-06-29	14：08：38	34.10	116.40	5.5	—	#5（1992 年 6 月 7.3 级）
33	1992-07-11	18：14：16	35.21	118.07	5.7	—	#2（1988 年 6 月 5.4 级）
34	1992-09-02	10：26：21	37.09	113.47	5.6	—	#1
35	1993-05-17	23：20：50	37.16	117.77	6.2	—	#2（1986 年 7 月 5.4 级 和 1986 年 7 月 5.5 级）
36	1994-01-17	12：30：55	34.21	118.54	6.7	7.32	主震模型 9
37	1994-01-17	12：31：58	34.28	118.47	5.9	—	#5（1994 年 1 月 6.7 级）
38	1994-01-17	23：33：31	34.33	118.70	5.6	—	#5（1994 年 1 月 6.7 级）
39	1994-09-12	12：23：43	38.82	119.65	6.3	7.18	#4（1990 年 10 月 5.6 级）： 主震模型 10
40	1995-09-20	23：27：36	35.76	117.36	5.5	—	#2（1995 年 8 月 5.4 级）

注：#1 表示没有足够的数据确定前兆序列；#2 表示含有干扰事件不能模拟的前兆序列；#3 表示由干扰事件截断的
前兆序列，结果不可靠；#4 表示一个事件释放了加速序列中的绝大部分能量，没有多少可用的数据点；#5 表示
一个前 3 天内发生事件的多重主震序列或余震序列的一部分。

在描述用于最新南加利福尼亚州地震资料(见图1)的改进型破裂时间法获得的结果之前,我们先来浏览一下对破裂时间法所做的改进。这种改进极大地增加了它的实用性。前两部分(系数k/m和指数m)讨论了用于减少改进型破裂时间方程中未知参数的经验关系式。接着描述了解决此问题的技术(确定t_f和K_m)。而后给出了误差分析。前4部分阐述了改进型破裂时间法(假设已知主震的位置和用于产生加速序列的搜索半径)。至此,没有涉及确定震中位置和用于产生加速序列的搜索半径的数值计算法。

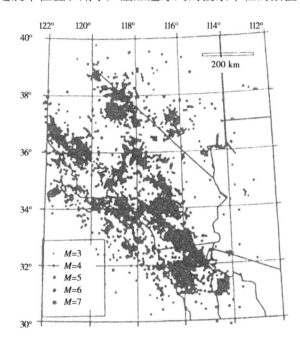

图1 南加利福尼亚州地震活动性(1960～1995年)

随后的3部分(主震位置搜索技术、震级和破裂时间搜索的灵敏性与随时间变化的预测特性)详述了确定即将发生主震的区域和产生加速序列搜索半径的方法,该系列由改进型破裂时间法模拟。此外,我们分析了位置误差对预测值的影响,最后我们把这整套方法应用于南加利福尼亚州地震目录,对未来做出了预测。在南加利福尼亚州搜索部分,我们讨论了该方法在南加利福尼亚州地震目录的应用及所有的相关信息。下面我们从改进型破裂时间方程开始。

1 系数 k/m

Varnes(1983,1987,1989),Bufe 和 Varnes(1990,1993)及 Bufe 等(1994)的破裂时间方程与 Brehm 和 Braile(1998,1999)的改进型破裂时间方程的最主要区别是系数k/m(破裂时间方程中的两个未知常数)和主震能量释放的平方根之间的经验关系式(图12说明了改进型破裂时间方程(式(8))的加速行为)。破裂时间方程可以根据断裂力学和裂纹扩展导出,其基础是 Das 和 Scholz(1981)的下列形式的方程(它仍然被认为是一个经验公式,我们仅假设地震在破裂之前存在一种相似行为):

$$\frac{\mathrm{d}X}{\mathrm{d}t} = v_0 \left(\frac{C\Delta\sigma\sqrt{X}}{K_0} \right)^p \tag{1}$$

式中:X 为二维破裂面破裂长度的一半(对圆是半径);C 为几何常数;$\Delta\sigma$ 为静态应力降;K_0 为破裂尖端应力强度因子的初始值;v_0 为破裂速度的初始值;p 为应力侵蚀指数。Das 和 Scholz(1981)指出,如 $\Delta\sigma$ 不依赖于时间,则式(1)可简化为

$$\frac{\mathrm{d}X}{\mathrm{d}t} = v_0 \left[\left(\frac{X}{X_0} \right)^{1/2} \right]^p \tag{2}$$

式中:X_0 为初始破裂长度,对时间 t 积分得

$$X = \left[X_0^{(2-p)/2} - \frac{(p-2)}{2}\frac{v_0 t}{X_0^{p/2}} \right]^{2/(2-p)} \tag{3}$$

因为当 $\mathrm{d}X/\mathrm{d}t$ 趋于无穷时,式(3)括号中的量为零,所以 Das 和 Scholz(1981)由此推出 t_f

$$t_f = \frac{X_0}{v_0}\frac{2}{p-2} \tag{4}$$

式中:$p > 2$。Varnes(1989)进一步利用 Das 和 Scholz(1981)的结果,通过解式(4)求出 v_0,并把此结果代入式(3),而后解式(3)求出 X/X_0,再把所得结果代入式(2),得

$$\frac{\mathrm{d}X}{\mathrm{d}t} = v_0 \left[t_f/(t_f - t) \right]^n \tag{5}$$

式中:$n = p/(p-2)$。

式(5)可用下列形式表示:

$$\frac{\mathrm{d}\Omega}{\mathrm{d}t} = k/(t_f - t)^n \tag{6}$$

式中:k 为常数,Ω 为地震释放。

Varnes(1989)把呈式(6)形态的关系式称为 INPORT(变化率正比于剩余破裂时间的逆幂)。当 $t = t_f$,时,地震释放率是无限的。因此,这就是临界点和预测的破裂时间。对式(6)积分获得破裂时间方程:

$$\sum \Omega = K + \frac{k}{(n-1)}(t_f - t)^m \tag{7}$$

式中:K, k, n 为常数,$m = 1 - n$。式(7)可被改写成在破裂时间法最初估算中应用的形式(Brehm 和 Braile,1998):

$$\sum \sqrt{E} = K - \frac{k}{m}(t_f - t)^n \tag{8}$$

式中:$\sum\sqrt{E}$ 为地震能量释放的累积平方根。

通过为式(8)中的 k/m 确定一个经验关系式,改进型破裂时间法减少了未知系数的数目。回顾一下破裂时间方程的推导,我们知道式(6)中的常数 k 是

$$k = v_0 t_f^n \tag{9}$$

式中:v_0 和 t_f 为常数。

利用式(4)重写式(9)得

$$k = v_0 \left[\frac{X_0}{v_0} \frac{2}{(p-2)} \right]^n \tag{10}$$

式中：v_0, n, p, X_0 为常数。

假设初始破裂速度 v_0 和侵蚀指数 p 对大小不同的破裂是不变的，那么式(4)和式(5)意味着最终的破裂尺度取决于初始破裂尺度 X_0(含义是较大的地震应该有较大的前兆事件)，因此式(7)的常数(Varnes,1989)和最终的破裂长度(与初始破裂长度)有关。依此类推，最终的破裂长度就是特征断层长度和地震大小的标度，因此：

$$k = C_1 X_c^q \tag{11}$$

式中：X_c 为特征破裂长度；C_1 和 q 为常数；k 为式(7)中的常系数。

断层面积和主震的地震矩有关(Kanamori 和 Anderson,1975)。如果断层面是相似的(圆的或方的)，断层面积可由特征断层长度的平方来近似，$A = X_c^2$。因此，可以根据特征断层长度来估计地震矩：

$$M_0 = C_2 A^{3/2} = C_2 X_c^3 \tag{12}$$

式中：M_0 为地震矩；A 为断层面积；C_2 为常数。

解式(11)求出 X_c 并把结果代入式(12)得到下列关系式：

$$M_0 = C_3 k^w \tag{13}$$

式中：C_3 和 w 为常数($w = 3/n$)。

因为 k 和地震矩 M_0 有关，而且对于给定的搜索半径，式(8)中的指数 m 近似是常数(发现指数 m 在 $0.05 \sim 0.45$ 范围内变化)，所以系数 k/m 和地震矩 M_0 有关。如果所有假设都正确，那么我们可以预计式(8)中系数 k/m 的对数和主震地震矩 M_0 的对数之间存在一种线性关系。这种线性关系正是我们在分析新马德里地震带和美国西部几个地震的加速序列时所发现的。利用表1列出的主震，重新得到主震能量释放平方根和系数 k/m 之间的经验关系式：

$$\lg\left(\frac{k}{m}\right) = 0.492\lg M_0 - 1.938 \tag{14}$$

由于加上了南加利福尼亚州地震目录中发生在 $1980 \sim 1995$ 年间震级不小于 5.5 的地震事件，从而修正了 Brehm 和 Braile(1998,1999)给出的这个关系式中的系数值。可以看到南加利福尼亚州地震目录中事件的追加并没有显著改变由 Brehm 和 Braile(1999)发表的系数，它的斜率是 0.496，y 轴截距是 2.025。式(14)是图2中数据的直线拟合结果。

我们利用一个非线性最小二乘优化程序(Matlab 软件)，确定了每个加速序列中的参数 k 和 m。其他参数被设置在实际主震大小和时间上，相对于先前定义的 k/m 关系式(Brehm 和 Braile,1999)，k 值和 m 值的一致性说明了本关系式的有效性。因为随着破裂时间的逼近，加速曲线的斜率在增加，非线性最小二乘拟合给较迟前兆事件比较早前兆事件更大的权重。Das 和 Scholz(1981)指出，他们的方程的确表明当靠近破裂时间时，前兆事件会变得更加频繁。因此，当逼近破裂时间时，相继前兆事件间的时间间隔和事件的大小变得对主震更具有指示性。所以，给较迟发生的前兆事件更大的权重是合理的。

在破裂时间法的估算中，我们使用能量的平方根而不用地震矩，把 Kanamori(1977)的地震波能量和地震矩间的线性关系式与式(14)结合起来得到：

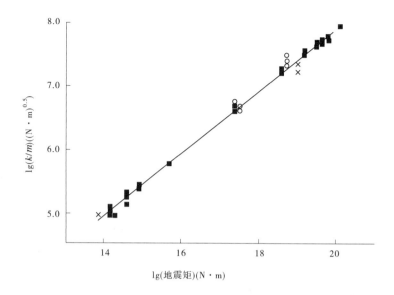

图2 $\lg(k/m)$ 和主震的 $\lg($地震矩$)$ 之间的线性关系("○"代表南加利福尼亚州的事件,"×"代表美国西部的事件,"■"代表新马德里地震带的事件。建造加速序列时,使用的最小震级分别低于实际主震2个,2.5个和3个震级单位。因此,如果每个序列都满足加速序列判据,则对一个主震事件就有多达3个加速序列来模拟)

$$f(K_{ms}) = \frac{k}{m} = 10^{[0.492\lg(20\,000K_{ms}^2)-1.938]} \tag{15}$$

式中:K_{ms} 为主震地震波能量的平方根;$f(K_{ms})$ 为 k/m 和地震大小(地震矩)相关联的函数,标度因子(20 000)由地震矩和能量转换得到。将式(15)应用到式(8),把总的能量释放累积平方根 K 分解为前兆事件能量释放累积平方根 K_{ms} 和主震能量释放平方根 K_{ms} 的和,获得改进型破裂时间方程:

$$\sum \sqrt{E} = (K_{pc} + K_{ms}) - f(K_{ms})(t_f - t)^m \tag{16}$$

式(16)具有3个未知参数:K_{ms}、t_f 和 m。

通过使用每个加速序列中 K_{ms}(主震能量释放的平方根)和 t_f(破裂时间)的实际值,并对未知常数 k 和 m 进行优化,我们确定了式(14)定义的经验关系式。我们用 Brehm 和 Braile(1998)描述的判据选取了加速序列。但对判据做了一点修改,允许在加速序列中的最大前兆事件比主震小0.5个震级单位。Brehm 和 Braile(1998)曾经讨论过使用这个选项时必须谨慎,但南加利福尼亚州的高地震活动使这样的选择是必要的。如果与 Brehm 和 Braile(1998)的做法一致,把所有与主震震级相差0.5以内的前兆事件视为干扰事件,将无法进行相应的加速序列的模拟。通过在震中周围设定的半径内搜索,自动选择每个加速序列,利用后边描述的搜索技术(主震位置搜索技术)选取搜索半径。

另一个约束是前兆事件的最小震级。在加速序列中包括的前兆事件最小震级被设定到低于主震震级的某个单位。为了确定最小震级对关系式(14)的影响,低于主震2个,2.5个和3个震级单位的最小前兆事件用于建造加速序列。利用根据不同最小震级建造

的加速序列计算的 k/m 值,所得式(14)的斜率和 y 轴截距的差异是很小的。因此,通过所有的 3 组数据拟合直线,我们得到了本关系式。对每个模拟主震,我们也分别计算了 3 个 k/m 值。式(14)所表达的关系相对于前兆事件最小震级的稳定性表明了加速序列的可靠性。虽然在最小震级低于主震震级 3 个单位的加速序列中含有的地震事件数显著多于在最小震级低于主震震级 2 个单位的加速序列中所含有的地震事件数,但图 2 中所得线性关系和 k/m 值的离散程度是一致的。

2 指数 m

式(16)有 3 个未知数:K_{ms}、t_f 和指数 m。这 3 个未知数中的两个,即破裂时间和主震能量释放的平方根,是我们企图要确定的。因此,如果我们能限定剩余的未知参数——指数 m,那么对问题的解决将是很有帮助的。先前我们曾经假定指数 m 对所有的加速序列近似为常数。在指数 m 外边界,m 值的微小变化对 k/m 和 M_0 之间的双对数线性关系影响不显著,但在指数 m 内部,m 的微小变化却使预测值产生相当大的变化。因此,我们确定了一个经验关系用于修正指数 m 值。如果我们在等式两边同除以主震能量释放的平方根并取以 10 为底的对数,式(16)变为

$$m\lg(t_f - t) = \lg\left[\left(\frac{K_{pe}}{K_{ms}} + 1\right) - \frac{\sum\sqrt{E}}{K_{ms}}\right] - \lg\left[\frac{f(K_{ms})}{K_{ms}}\right] \tag{17}$$

从式(17)我们可以看出,同一主震产生的任何加速序列中唯一可变的参数是前兆事件总能量释放累积平方根 K_{pe}/K_{ms}。因此式(17)可取如下形式:

$$m = A\lg(NER) - B \tag{18}$$

式中:m 为改进型破裂时间方程的指数;NER 为前兆序列的归一化能量释放平方根;A 和 B 为常数。

图 3 是指数 m 随 $\lg(K_{pe}/K_{ms} + 1)$ 的变化曲线。我们利用每个地震的实际破裂时间和能量释放平方根计算了 m 值。我们使用 95% 的置信区间作为本关系式中截距值的约束。对于关联归一化能量释放和指数 m 的线性关系式,95% 的置信区间相当于 ±0.115。此经验关系式可由下式描述:

$$m = 0.612[\lg(NER)] + 0.019 \pm 0.115 \tag{19}$$

因为 m 被约束的范围仍然相当大,本关系式只在一定程度上有用。对任何加速序列,m 必须介于 0 和 1 之间。式(19)仅把有效 m 值限定到 0.23 的长度(对给定的归一化能量)。因此,对进一步的改进会有帮助。

如果我们给 t_f 和 K_{ms} 假设一个值,利用前兆事件中现有的信息,就可以计算唯一的指数 m,重排式(17)得:

$$\lg\left[(K_{pe} + K_{ms}) - \sum\sqrt{E}\right] = m\lg(t_f - t) - \lg[f(K_{ms})] \tag{20}$$

对每个前兆事件,我们都有时间 t 值和累积平方根能量值。因此,对给定 t_f 和 K_{ms} 的一个值,前兆序列的直线拟合将唯一地获得斜率 m。这样,式(20)是我们喜欢使用的确定指数 m 的方法。由于式(20)是带有未知数斜率和 y 轴截距及数据点的最小数目 ≥8(即用于定义加速序列前兆事件的最小数目)的超定问题,所以求解式(20)无须知道

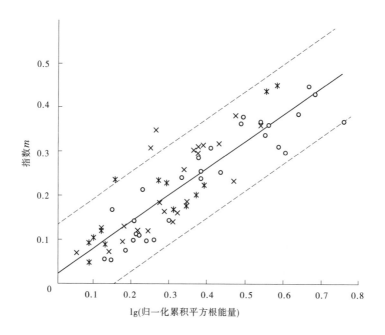

图3　指数 m 和包括主震在内的前兆序列的归一化能量释放累积平方根对数的关系曲线（"○"代表南加利福尼亚州的事件，"×"代表美国西部的事件，"∗"代表新马德里地震带的事件。使用低于主震 2 个，2.5 个和 3 个震级单位的最小震级构造了前兆序列。每个数据点代表了对应于最优搜索半径建造的加速序列的值）

$f(K_{ms})$。事实上，由式（20）可以计算出 $f(K_{ms})$，但本方程的线性给所有的前兆事件以相等的权重。正如前面所讨论的对 k/m 的计算，最好给较迟发生的前兆事件以较大的权重。k/m 系数的等权处理导致用于定义经验关系式（14）的数据点更为分散。系数 k/m 和指数 m 与主震能量释放平方根可以建立经验关系。根据用于形成破裂时间法的原始方程即可推出两个经验关系式。因此，式（14）和式（20）的应用是改进型破裂时间法的主要部分。这两个方程把破裂时间方程（式（16））中的未知参数由 4 个（K_{ms}, t_f, k, m）减到 2 个（K_{ms}, t_f）。

3　t_f 和 K_{ms} 的确定

我们利用 K_{ms}, K_{ps} 和 t_f 定义了参数 k/m 和指数 m，但 K_{ms} 和 t_f 是未知的。因此，我们通过在 K_{ms} 和 t_f 的一个范围内进行双参数搜索进行求解。我们计算了每组 K_{ms} 和 t_f 值的均方根误差，均方根误差最小的就是预测主震的发生时间和震级。

给定 K_{ms} 和 t_f，我们就可以计算改进型破裂时间方程中的其他所有参数。我们可以通过建立一个坐标网格来求解（确定 t_f 和 K_{ms} 的最优值并对这些参数的误差作出估计），在坐标网格上破裂时间沿 x 轴，主震震级沿 y 轴（Brehm 和 Braile，1998，1999）。每个网格点对应一个特定的破裂时间 t_f 和震级，在此计算中，我们把震级转换成能量的平方根 K_{ms}。根据这两个值，我们利用前面描述的经验关系式确定出另两个未知量 $f(K_{ms})$ 和 m，然后把这 4 个值代入式（20），得到的加速曲线和实测的前兆事件进行比较。均方根误差表达了实测前兆事件能量释放曲线和理论加速能量释放曲线之间的差异。对每个网格点我们都计算了均方根误差并作了记录。y 轴覆盖 3 个震级单位,x 轴覆盖约 3 年的时间间隔。然后通过除以整个网格的最小均方根误差对每个网格点的均方根误差进行归一化。因此,最低的可能值是 1,其他所有值大于 1。这种归一化处理为进行具有不同震级主震的预测图之间的比较提供了条件。如果没有归一化处理,较大的主震具有较大的前兆事件,而较大主震的前兆序列将比较小主震的前兆序列产生较高的均方根误差。

图 4 显示了源自南加利福尼亚州地震目录列在表 2 中的 1980 年 2 月 25 日的 5.5 级地震的预测图。我们适当地确定了低均方根误差区(均方根误差任意取为 1.2)。每个模拟主震的预测图具有相似的形状,不同加速序列计算的预测图之间存在的相似性隐含了加速序列中的相似特征。低均方根误差区适当地表达了预测震级的范围(约 70% 的实际震级落入由低均方根误差区覆盖的区间),然而这一预测图对预测破裂时间不太适用(仅 30% 的实际破裂时间在低均方根误差的区间内),因此我们使用统计方法估计了预测值的误差棒。

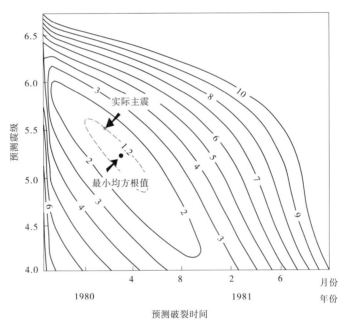

图 4　1980 年 2 月 25 日南加利福尼亚州 5.5 级地震的预测等值线图(等值线表示了归一化均方根误差值。所有网格点的均方根误差除以最小均方根误差得到归一化的值。等值线间距是 1,超过 10 的等值线未画。以式(14)和式(20)为约束计算了每个均方根误差。"＊"代表实际主震的震级和破裂时间)

4　误差分析

与 Brehm 和 Braile(1999)描述的方法相似,我们画出了预测值(对应最小均方根误差值的震级和时间)。这些预测值是由以式(14)(k/m 关系式)和式(20)(指数 m 关系式)

为约束的改进型破裂时间法计算的。表 2 中的所有值都是以主震位置为中心,使用最优搜索半径(在主震位置搜索技术部分讨论)建造的加速序列计算的。图 5 画出了所有模拟的加速序列的实际震级和预测震级,包括南加利福尼亚州地震目录、新马德里地震带目录和几个美国西部的大震事件(Brehm 和 Braile,1998,1999)。剔除离散点(偏离均值大于 3 倍标准差的值)后,我们计算的平均偏差是 0.16,2 倍的标准差是 ±0.5。因此,预测的震级值应由校正因子 0.16 来校正,震级的估计误差是 ±0.55 个震级单位。此震级校正因子比 Brehm 和 Braile 发表的 0.74 小得多。产生这种差异的原因是我们应用了式(20)的方法唯一地确定了指数 m,在给定破裂时间和震级时,利用前兆事件确定指数 m。

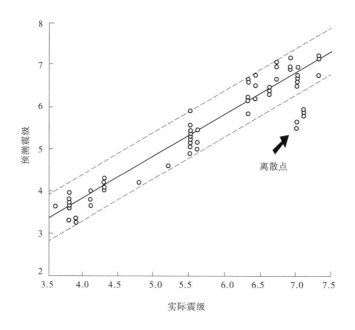

图 5　模拟的满足两个加速序列判据的加速序列的震级误差(加速序列由新马德里地震带、美国西部和南加利福尼亚州 3 个地震目录建造,使用低于主震震级 2 个、2.5 个和 3 个震级单位的最小前兆事件。误差是实际主震震级与预测震级之差,中心线代表误差平均值 0.164,外部虚线代表 2 倍的标准差 ±0.55。偏离平均值超过 3 倍标准差的数据点不用于计算(离散点由"○"表示))

常数误差(±5 个震级单位)的应用似乎出人意料。人们可能想到和大震有关的误差大于和小震有关的误差。实际上,我们可通过把误差换算到对数标度上使其归一化。使用改进型破裂时间法计算了预测的能量释放平方根。例如,如果在南加利福尼亚州要预测 7(±0.55)级主震(7 级主震能量的平方根是 $4.46 \times 10^{7} (\mathrm{N \cdot m})^{0.5}$),那么误差(以能量释放平方根表示)大约是 $+6.1 \times 10^{7} (\mathrm{N \cdot m})^{0.5}$(以能量释放平方根表示 7 级主震和 7.5 级主震的差异)和 $-2.6 \times 10^{7} (\mathrm{N \cdot m})^{0.5}$(以能量释放平方根表示 7 级主震和 6.5 级主震的差异)。预测 5.5 级主震的这种误差(5.5 级主震能量释放的平方根是 3.35×10^{6} $(\mathrm{N \cdot m})^{0.5}$ 是 $+4.59 \times 10^{6} (\mathrm{N \cdot m})^{0.5}$(以能量释放平方根表示的 6 级主震和 5.5 级主震的差异)和 $-2.24 \times 10^{6} (\mathrm{N \cdot m})^{0.5}$(以能量释放平方根表示的 5.5 级主震和 5 级主震的差异)。因此,大主震能量释放的平方根存在较大误差,但从能量释放平方根到震级的换算,归一化了事件大小(震级)的误差。

类似地,图6表达了所有模拟的加速序列的破裂时间的预测误差,包括由 Brehm 和 Braile(1998,1999)模拟过的序列。去除了离散点(偏离均值超过3倍标准差的值),平均值是 −0.046 年,2 倍的标准差是 ±1.127 年。因此,预测的时间应由 −0.046 年来校正。破裂时间估算的误差是 ±1.127 年。预测时间校正因子大小的差异是显著的。Brehm 和 Braile(1999)发表破裂时间校正因子是 −0.494。这种改进取决于确定指数 m 的技术。作为附加约束指数 m 的式(19)(在给定一个归一化的能量释放条件下,限定指数 m 范围的经验公式)的应用似乎不显著改变预测值。此外,在最小前兆事件的大小和预测值之间也不存在明显的相关性。因此,我们喜欢选用比主震小 2 个或 2.5 个震级单位的地震作为最小前兆事件,因为这样做得到的加速序列具有较少的数据,简化了计算。

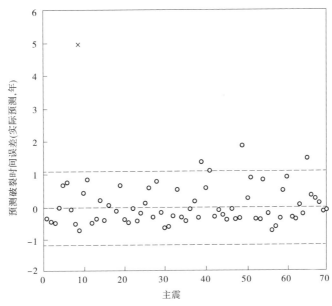

图6 **模拟的满足两个加速序列判据的加速序列的破裂时间误差**(加速序列由新马德里地震带、美国西部和南加利福尼亚州 3 个目录建成,使用低于主震震级 2 个、2.5 个和 3 个震级单位的最小前兆事件。误差是主震的实际时间与预测破裂时间之差。中心线代表平均值 −0.046 年,外部虚线代表 2 倍的标准差 ±1.127 年,偏离平均值超过 3 倍标准差的数据点不用于计算(" × "表示离散点))

计算校正和估计误差所依据的预测图都使用了加速序列能量均方根的累积和。进行最小二乘拟合时仅考虑了能量释放平方根的误差(未假设时间的误差)。作为地震能量释放单位的平方根的应用与 Varens(1989)、Bufe 和 Varnes(1993)的工作是一致的。这些作者声明可以使用其他地震释放的量度,包括地震矩的平方根、地震矩或能量。我们在分析中,应用能量的立方根和 2/3 次方根获得了和应用能量平方根相似的预测值、几乎相同的校正值和估计误差。式(14)和式(20)是以在改进型破裂时间法中应用的约束为基础的。地震矩或能量的任何次方都将提供系数 k/m 和主震能量释放平方根之间的线性关系。这样,能量或地震矩的任何次方,或者其他的任何地震释放单位都可用于建造加速序列。我们较喜欢利用能量的平方根,这是因为它和 Benioff 应变(弹性应变)线性相关(Benioff,1951);这样,加速应变曲线与累积应变释放曲线是类似的,能量释放的平方根也和破裂时间法的最新应用(Varnes,1983,1987,1989;Bufe 和 Varnes,1990,1993,Bufe,等,1994;Brehm 和 Braile,1998,1999)相一致,而且为前兆序列和时间的关系曲线产生了一个方便的标度。

5 主震位置搜索技术

Brehm 和 Braile(1999)展示了如何使用和生成与预测图相同的改进型破裂时间方程来搜索主震的位置。通过搜索围绕主震震中的一组搜索半径,利用主震位置搜索技术自动选择我们模拟的每个加速序列。在追溯预测中,由于主震位置是已知的,而且可以和应用前兆事件搜索技术确定的位置比较,所以主震位置的搜索是很容易的。然而,在实际(将来)预测中,主震位置是未知的。Brehm 和 Braile(1999)指出对每个主震存在一个可用以产生前兆序列的搜索半径范围,我们把这个范围定义为搜索半径区间。在这个区间上,使用改进型破裂时间方程拟合由给定的搜索半径建造的前兆序列的均方根误差小于使用直线方程拟合同一前兆序列的均方根误差。所谓均方根误差比,就是拟合直线方程的均方根误差除以拟合改进型破裂时间方程的均方根误差。搜索半径范围就是产生均方根误差比大于 1 的前兆序列的一系列搜索半径,均方根误差比最大的搜索半径称为最佳搜索半径。最小搜索半径就是具有均方根误差比大于 1 的搜索半径中最小的一个,而最大搜索半径就是具有均方根误差比大于 1 的搜索半径中最大的一个。

利用最小搜索半径值和最大搜索半径值,我们计算了归一化的搜索半径范围:

$$NSR = (\text{Max}SR - \text{Min}SR)/\text{Min}SR \tag{21}$$

式中:NSR 为归一化了的搜索半径;$\text{Max}SR$ 为最大搜索半径;$\text{Min}SR$ 为最小搜索半径。

Brehm 和 Braile(1999)详细地讨论了这一关系式。实质上,我们预计前震序列环绕在主震周围,类似于 Mogi(1969)提出的环形模式。在对应的震中位置上会产生最大的 NSR 值。对 Brehm 和 Braile(1998,1999)根据新马德里地震带目录和发生在美国西部的较大主震事件模拟主震,主震位置搜索技术已经展示出了有希望的结果。通过在所研究区域建立一个网格来进行主震位置搜索,搜索网格间隔的大小视预测主震震级而定。较小的事件具有较小的搜索半径,从而需要一个较小的搜索网格。一般来说,5～10 km 的搜索网格对 4～5.5 级地震是适合的。而大于 5.5 级的地震则需要 10～20 km 的搜索网格。Berhm 和 Braile(1999)把在以局部最大 NSR 值点为中心最优搜索半径内的区域确定为主震的位置。

南加利福尼亚州地震目录为现有技术的详细分析和改进提供了条件。南加利福尼亚州地震目录的长持续时间、众多的事件数目、低震级的最小事件检测水平以及目录的高质量使我们能够估计包含在加速序列中最小前兆事件的影响。含有主震震中最小为 20 km×200 km 的区域用于搜索主震位置,格距为 20 km。在每个格点上,应用 5～400 km 的搜索半径建造前兆序列,搜索半径的间隔是 5 km。按时间顺序对每个单独的加速序列做了追溯估计,每次迭代在前兆序列中增加一个事件,这样,我们估算了所有可能的前兆序列。对每步搜索我们都计算了均方根误差比,并把每个搜索半径的最大均方根误差比记录下来。根据记录的均方根误差比,我们确定了每个格点的最小搜索半径、最优搜索半径和最大搜索半径,并计算了 NSR 值。NSR 值被用于产生本区的等值线图。图7 是 1996 年 7 月 8 日南加利福尼亚州 5.6 级主震的 NSR 等值线图,圆代表具有最大 NSR 值格点的最优搜索半径。局部最大 NSR 异常紧靠主震的位置,主震在最优搜索半径之内。因此,主震位置搜索技术确定了即将发生的主震的位置(相当精确)并确认了一个加速序列。

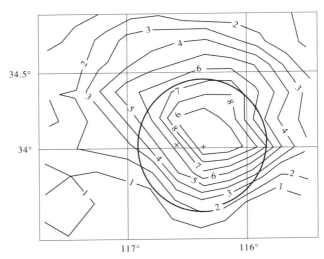

图7 1986 年 7 月 8 日南加利福尼亚州 5.6 级主震的 NSR 等值线图(等值线经归一化处理以使其最大值为 10,等值线间距为 1。圆表示了由等值线识别出的最大局部异常的最优搜索半径。用于搜索的最小前兆事件低于主震 2 个震级单位。"×"标出了主震的实际位置,"+"表示最大局部异常点)

利用实际主震震级作为搜索震级,在模拟序列中最新的前兆事件之后立即进行搜索。破裂时间限制在该事件之后 5 年内,要求所有加速系列都满足确定前兆序列的两条判据:不存在干扰事件和地震目录是完整的。使用低于搜索震级 2 个,2.5 个和 3 个震级单位的最小前兆事件进行了搜索。

我们使用附加格距的最优搜索半径来圈定即将发生的主震区域。主震位置搜索技术看来几乎标识了每种情况的主震位置区域,而且不依赖于使用的最小前兆事件。但使用低于主震震级 2 个单位的最小前兆事件时,在 9 个事件中只有 8 个位于被标识的区域(1981 年 9 月 5.5 级地震事件不能够被模拟)。而使用低于主震震级 2.5 个单位的前兆事件时,10 个被模拟的主震全部成功定位。使用低于主震级 3 个单位的前兆事件时,10 个被模拟的主震中只有 7 个被正确地定位。从搜索数据中我们发现,当加速序列中包含较小的前兆事件时,最大搜索半径和最小搜索半径也变小,这对结果有少许影响。它意味着包含较小的前兆事件有利于极小化识别主震位置区域。这些数据也表明异常的位置相对于最小前兆事件震级的变化是适度稳定的。

当使用主震位置搜索技术时,存在两种可能产生的异常:如图7所示的单峰局部最大异常,或多峰局部最大异常。图8是多峰局部最大异常的一个例子。一个多峰最大异常包括两个或更多的局部最大异常,这样导致画出的每个最大搜索半径的图产生了显著的重叠区域。为进行误差分析,我们选用较大幅度的 NSR 异常确定主震位置。图8表明所有的局部最大异常环绕着实际的主震位置。仅使用最大幅峰的最优搜索半径来标识主震区可能导致位置预测的误差。在多峰异常中,通过考虑所有峰值覆盖的区域,获得了较高的成功率,这样不同异常重叠的区域发生主震的可能性增加了。所有的 NSR 异常,单峰的或多峰的,必须满足3条判据,这样的异常区域才能被认为是即将来临主震的潜在区域。

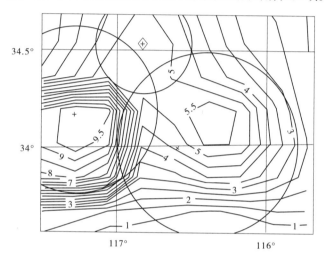

图8 1986年7月8日南加利福尼亚州5.6级主震的 NSR 等值线图(为使最大等值线值等于10,我们对等值线值作了归一化处理。等值线间距为0.5。圆表示由等值线识别出的每个局部最大异常的最优搜索半径。用于搜索的最小前兆事件震级低于主震3个震级单位。"×"标出了主震的实际位置,"+"表示最大局部异常点)

首先,检查 NSR 异常所估算的能量释放亏缺。Brehm 和 Braile(1999)使用线性长期能量释放估算存储能量。我们假设主震释放了存储能量。存储能量的数量必须近似等于预测地震的大小。滑动可预测模型仅用来确定是否存在大致足够的存储能量,它不用来计算预测主震的震级。在研究中去除了已在若干小震事件中释放了全部存储能量的加速序列。图9是1992年6月28日7.3级地震(表2,兰德斯主震)的加速序列,包括震级不小于4.8的前兆事件(搜索半径95 km)。由线性长期能量释放曲线逼近主震能量的释放。通过使用在前兆序列开始以前发生的局部最大值(如有可能,要求时间间隔不小于加速序列的长度),我们估算了长期线性能量释放。在我们的分析中用到了1960年以前发生的地震事件。对每个加速序列,如果能量释放亏缺近似为零,那么我们预计不会有主震发生。当能量释放亏缺小于比预测主震震级低0.5个单位的地震所释放的能量时,我们认为其近似为零。0.55对应于预测震级估计中的误差,它接近于前兆事件的最大震级(与主震震级相差不到0.5个单位的地震事件属于干扰事件)。

对南加利福尼亚州地震目录中的主震,我们观察到余震序列似乎释放了超出先前的存储能量(根据线性长期能量释放曲线估算的)。在新马德里地震带目录中没有观察到能量的过释现象(Brehm 和 Braile,1998),这可能和板内地震缺少余震有关,或与主震能量释放平方根相关的地震序列的差异有关。一种可能的解释是主震加速序列和较大尺度构造因子有关,而余震只是局部应力场的再分布。一个区域的加载、破裂时间和滑动可预测模型是一致的(Sykes 和 Quittmeyer,1981)。主应力调整由主震产生,而对震源区的新应力场可能还需要重新调整(Lay 和 Wallace,1995)。如果排除了余震,长期能量释放是相当精确的。此外,加速序列中余震的出现是干扰事件将至的一种指示。因此,由于以前干扰主震的存在(余震在时空上和主震密切相关)破坏了所研究主震的光滑加速序列,所以加速序列不满足"无干扰事件"的判据。然而,排除余震对改进型破裂时间法的成功应用不是必须的。

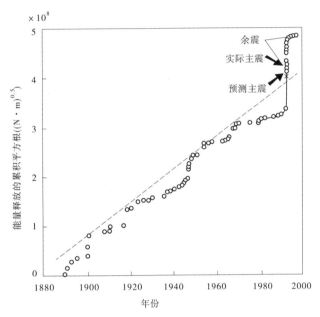

图9 1992年6月28日7.3级主震加速能量释放曲线(使用中心在主震震中的最优搜索半径(120 km)建造了前兆序列,包括低于主震震级2.5个单位的事件(4.8级地震)。实线代表模型加速序列,"○"是实际被观测到的地震,"×"是预测的主震,虚线是根据加速序列以前的局部最大值估算的长期平均能量释放曲线)

如果没有本地区的长时间的地震目录我们可以使用下列方法来估计长期平均能量释放平方根,绘制整个地震区(南加利福尼亚州地区)的震级—频度曲线,计算 b 值(震级—频度关系的斜率)。我们假设整个南加利福尼亚州地区的 b 值是个常数,并在长时间内能够代表南加利福尼亚州较小分区的特征。对南加利福尼亚州地区,我们使用1960年以后发生的震级不小于3.0的地震。该地区有足够多的震级小于5.5的地震。为把震级大、频率低事件的影响降到最小,我们使用$3.0 \leqslant$震级$\leqslant 5.5$的事件对震级—频度关系做了直线拟合。在已知 b 值和 y 轴截距的情况下,我们计算了一个地震震级—频度关系的模型,得出了一个震级表。表中最大地震对应频度数 1,次大地震对应频度数 2,等等,直到最后的频度数对应 3 级地震。我们把震级转换成地震能量释放平方根并求和,累积和除以记录长度获得整个地震区的长期能量释放的年均值。在过去的 37 年里,南加利福尼亚地区总的能量释放累积平方根是 2.72×10^9(N·m)$^{0.5}$。使用震级—频度模型法计算的南加利福尼亚州地区总的能量释放累积平方根是 2.53×10^9(N·m)$^{0.5}$。我们的结论为本方法提供了长期能量释放的合理估计,计算得到的长期能量释放和过去 37 年在整个南加利福尼亚州地区记录到的能量释放的差异约等于一个 7.8 级的地震事件。两种长期估计的差异小于每年 5(N·m)$^{0.5}$/km^2。紧接着,由整个地震区计算得到的 b 值被用于产生 20 km×20 km 区域的长期能量释放。利用该 b 值,我们对每一子区域的震级—频度关系作了直线拟合。如果在 20 km×20 km 内的子区域地震事件数小于 10,那么就使用总的能量释放累积平方根。对每个 20 km×20 km 子区域能量释放平方根求和获得了 2.66×10^9(N·m)$^{0.5}$,这个值介于先前的两种估计结果之间。因此,对 20 km×20 km 子区域的长期能量释放的计算好象提供了合理的结果。再把每个 20 km×20 km 子区域分成 1 km×1 km 的小方块,每个小方块被给予其所在的 20 km×20 km 子区域值的 1/400。通过对所有中心点在选定的搜索半径内的 1 km×1 km 的小方块求和,我们估算了某一具体搜索半径的长期能量释放。因为单一的大震事件对一个 20 km×20 km 的子区域能够产生一个很高的平均值。所以对一个子区域,震级—频度能量模型计算法优于简单平均能量释放估计。该法消除了低频度大事件的影响。因此,如果地震目录的长度不足以使用先前的事件来估算长期能量释放的话,根据震级—频度模型法可以计算出合理的估计值。可能影响计算结果的两个假设是被研究的整个震级范围上的常数 b 值和无震滑动的常数速率。如果 b 值随较大的地震变化,那么此能量释放率可能是不正确的。类似地,如果无震滑动量没有近似保持常数,估计的能量释放率也是质量不高的。用于确定加速序列的判据避免了不完整目录产生累积地震矩有关的弊病。NSR 异常应该对应于具有显著能量亏缺的地区。

其次,检查 NSR 异常的稳定性。经验表明,NSR 异常位置对加速序列所包含的前兆事件的最小震级并不敏感。图 7 和图 8 是 1986 年 7 月 8 日 5.6 级主震的 NSR 等值线图,它们分别使用了比主震低 2 个和 3 个震级单位的最小前兆事件。两者的差异是图 8 中多了两个局部最大异常。图 8 中标识出的含有主震实际位置的最大局部异常和图 7 中看到的异常是一样的,另两个异常都不稳定,这表示它们不是使用最小前兆事件的上界限产生的。因此,我们能够把标识的区域缩小到围绕最东边的异常地区,这样可以获得成功的预测。在我们的经验中,使用低于主震 2 个和 2.5 个或 2.5 个和 3 个单位的最小前兆震级能够再生任何稳定的位置异常。NSR 异常相对于不同最小前兆事件的稳定性表明,加速现象不是随机事件。

最后,识别可能干扰事件的位置。这种搜索算法自动识别含有干扰事件的序列,但有时一个附近主震的前兆事件或许被包含在加速序列中。一个上述异常区域的部分取样可能产生不可靠的结果。通过绘制潜在干扰主震及其相关的 NSR 异常区域,我们对可能的干扰加速序列进行检查。通常,明显的重叠表明了部分取样问题,因而 NSR 异常可能是不正确的。上述 3 个位置判据的使用提高了由 NSR 异常标识的区域和主震实际震中之间的相关性。

6 震级和破裂时间搜索的灵敏性

上述主震位置搜索误差分析使用了实际主震震级作为搜索震级。Brehm 和 Braile (1997)指出低于实际震级的搜索震级通常不产生 NSR 异常,这是因为干扰事件的最小震级被减小了。然而,使用大于实际主震震级 0.5 个单位的搜索震级通常能够再生相同的异常。这表明大小相近的搜索震级(在 0.5 个震级单位内)可能识别出相同的 NSR 异常。

利用前面概述的对破裂时间法的改进,我们使用大于实际震级的搜索震级重复测试了主震位置搜索技术,搜索结果是相似的。方法的改进没有很大地改变搜索震级大小对 NSR 异常的影响。当搜索震级大于实际主震震级 +0.25 个单位时,我们模拟的所有异常都是可以再生的,而且几乎所有 +0.5 个震级单位的搜索震级都产生了相似的异常,尽管一些异常在位置上有所变化。由于和预测震级有关的误差大约也是 ±0.5,出现上述结果是不奇怪的。我们把这一分析结果用以设定在主震位置搜索技术中进行震级搜索的最大震级间隔(+0.5 个震级单位)。此外,分析表明,如果我们使用不同的搜索震级产生了两个类似的 NSR 异常,那么我们应该使用对应于较小震级的异常来生成预测参数。

我们也研究了相同事件的 NSR 异常随时间的变化问题。主震位置搜索技术的误差分析假定我们已知最后的前兆事件,这种假定对本方法是必要的,但显然这种假定对将来的事件可能不正确。我们改变包含在加速序列中的最后事件的时间,每次迭代改变 1 年,直到 5 年,重复计算了 NSR 异常。异常位置随时间似乎是相当稳定的,主震位置搜索技术似乎产生了相对于搜索震级和时间稳定的异常位置。图 10 展示了由以主震震中为中心的区域建造的加速序列的模拟值(见表 2)和由主震位置搜索技术识别的加速序列的预测值之间的差异。图 10 说明了当不知道即将来临主震的大小、时间和地点时,主震也是可以预测的(见表 3)。通过使用主震位置搜索技术识别区域和选择用于被改进型破裂时间法模拟的前兆事件,我们对所有南加利福尼亚州模拟的主震做了追溯预测,结果汇总于表 3。这些预测值(见表 3,图 10 中的加号)类似于追溯值(见表 2,图 10 中的圆)。这些追溯值是在知道了建造加速序列的主震位置和提供了相当精确的主震实际震级和破裂时间估计之后计算出的。在 10 个南加利福尼亚州被模拟的地震中,9 个地震的预测时间精确到了 9 个月以内。类似地,10 个地震中 9 个的预测震级精确到了 0.6 个震级单位。因此,该法在实际(将来)的预测中可能是有效的。下面,我们将估计和时间有关的其他预测参数(破裂时间和震级)。

表 2　南加利福尼亚州主震的追溯模拟结果

主震模型号	日期（十进制年）	纬度（°N）	经度（°W）	震级	预测的震级（低于主震2个震级单位的前兆事件）	预测的破裂时间（十进制年）（低于主震2个震级单位的前兆事件）	预测的震级（低于主震2.5个震级单位的前兆事件）	预测的破裂时间（十进制年）（低于主震2.5个震级单位的前兆事件）	预测的震级（低于主震3个震级单位的前兆事件）	预测的破裂时间（十进制年）（低于主震3个震级单位的前兆事件）	注释
1	1980.258	33.50	116.51	5.5	5.41	1980.212	5.51	1980.356	5.71	1980.443	
2	1980.404	37.61	118.82	6.4	6.36	1980.988	6.66	1981.057	6.91	1981.207	马默斯湖
3	1981.681	33.65	119.09	5.5	—	—	5.06	1982.299	5.21	1982.360	圣巴巴拉岛
4	1982.822	36.29	120.40	5.5	5.56	1983.512	5.46	1983.111	5.56	1983.244	新伊德里亚
5	1983.340	36.25	120.26	6.3	6.81	1982.893	6.81	1982.834	6.76	1982.901	科林加
6	1986.522	34.00	116.61	5.6	5.61	1985.668	5.16	1986.880	5.31	1985.699	北棕榈泉
7	1988.073	31.84	115.76	5.5	6.06	1988.571	5.31	1988.521	5.36	1988.471	
8	1992.496	34.20	116.44	7.3	6.91	1992.852	7.31	1992.597	7.36	1992.961	兰德斯
9	1994.048	34.21	118.54	6.7	7.11	1993.848	7.21	1993.909	6.81	1994.082	北岭
10	1994.703	38.82	119.65	6.3	6.01	1995.126	6.41	1995.049	6.31	1995.021	

注：所有的预测值已由适当校正因子校正了，预测震级的估计误差是±0.547个震级单位，预测破裂时间的估计误差是±1.127年，仅使用震级小于3.5的前兆事件不能模拟圣巴巴拉岛主震。

表3 使用主震位置搜索技术作出的南加利福尼亚州主震的追溯预测值

主震模型号	日期（十进制年）	纬度（°N）	经度（°W）	震级	搜索震级	预测的震级（低于主震2个震级单位的前兆事件）	预测的破裂时间（十进制年）（低于主震2个震级单位的前兆事件）	预测的震级2.5（低于主震2.5个震级单位的前兆事件）	预测的破裂时间（十进制年）（低于主震2.5个震级单位的前兆事件）	预测的震级3（低于主震3个震级单位的前兆事件）	预测的破裂时间（十进制年）（低于主震3个震级单位的前兆事件）	注释
1	1980.258	33.50	116.51	5.5	5.5	5.61	1980.700	5.71	1980.570	5.31	1980.264	
2	1980.404	37.61	118.82	6.4	6.5	6.06	1980.781	6.91	1980.903	7.36	1980.803	马默斯湖
3	1981.681	33.65	119.09	5.5	5.0	—	—	5.61	1982.635	5.81	1981.809	圣巴巴拉岛
4	1982.822	36.29	120.40	5.5	5.5	5.56	1982.992	5.86	1983.523	5.71	1983.323	新伊德里亚
5	1983.340	36.25	120.26	6.3	6.5	6.76	1983.473	7.16	1982.973	7.11	1983.248	科林加
6	1986.522	34.00	116.61	5.6	5.0	5.01	1986.768	5.06	1986.918	4.71	1986.918	北棕榈泉
7	1988.073	31.84	115.76	5.5	5.5	5.71	1988.627	5.51	1988.748	5.61	1988.848	
8	1992.496	34.20	116.44	7.3	7.0	7.36	1992.635	6.81	1993.235	7.06	1993.249	兰德斯
9	1994.048	34.21	118.54	6.7	6.5	6.71	1993.560	6.86	1993.940	6.31	1994.135	北岭
10	1994.703	38.82	119.65	6.3	6.5	7.36	1994.032	6.71	1995.011	6.61	1994.911	

注：所有的预测值已由适当的校正因子校正了，预测震级的估计误差是±0.547个震级单位，预测破裂时间的估计误差是±1.127年。仅使用震级不小于3.5的前兆事件不能模拟圣巴巴拉岛主震。

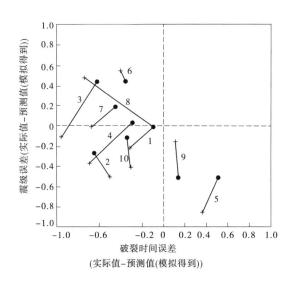

图10 由改进型破裂时间法模拟的主震误差图("●"表示主震的实际时间和震级与表2中模拟值的差异,模拟值是通过把主震震中位置作为挑选前兆事件的区域中心计算出的。"+"表示主震实际时间和震级与表3中的追溯预测值的差异,追溯预测值是通过使用识别挑选前兆事件区域的主震位置搜索技术计算出的。图中数字对应于表2和表3中的主震模型号。图中画出了直到低于主震2.5个震级单位的事件构成的前兆序列的数值)

7 随时间变化的预测特性

我们必须假定前兆序列中最后一个事件实际上也是最后的前兆事件,这一假设带来了一些困难。实际上,我们并不知道哪个事件是最后的前兆事件。为检测在预测中不假定主震的大小、破裂时间或震中位置的方法的效能,我们对洛马普列塔地震序列应用了改进型破裂时间法和主震位置搜索技术。

我们使用发生在北加利福尼亚州(不在南加利福尼亚州地震目录内)的洛马普列塔地震(1989年10月18日,震级为7.0)测试了本方法。我们使用主震位置搜索技术搜索了一个200 km×200 km的区域(覆盖了旧金山湾地区)。按照搜索技术的判据,在实际震中附近识别出了一个NSR异常(搜索震级为7.0)搜索中应用了在主震前发生的所有事件(震级为4.5)。接着,我们使用至少在主震0.5年,1年和1.5年前发生的所有事件进行了同样的搜索,所有的搜索都发现了NSR异常。仅使用在主震两年或更长的时间前发生的事件的搜索没有得到可以接受的NSR异常。根据由主震位置搜索技术获得的信息建造了加速序列,并对每一时间步长(洛马普列塔地震之前0,0.5年,1年和1.5年)做了预测,主震震中位于由主震位置搜索技术用最优搜索半径确定的区域内(对每一时间步长)。图11显示了对每一时间步长校正后的预测值及其误差棒。这些结果表明,随着更多前兆事件的追加,预测值将被更新。图12是在0时刻(主震前的瞬间)由主震位置搜索技术确定的区域的加速序列。在图12中也指出了其他时间步长预测的时间。

依次预测的震级仍是相当稳定的。不幸的是,本方法似乎改变了被预测主震的时间间隔。所有被模拟的加速序列(使用南加利福尼亚州地震目录)产生预测值的时间间隔

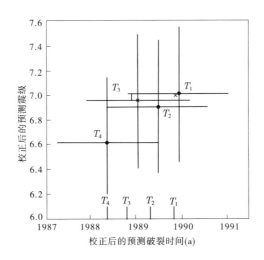

图11 以连续 0.5 年间隔做出的 1989 年 10 月 18 日(洛马普列塔)7.0 级主震的预测值("●"
是带有相关误差棒(震级±0.5,破裂时间±1.127 年)的预测值。"×"代表实际地震参数。时
间 T 不代表序列中应用的最后一次前兆事件的时间,T 是计算预测值的时间,每个序列中包括的
前兆事件一定发生在时间 T 以前)

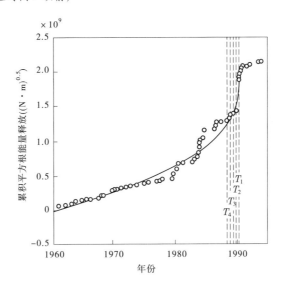

图12 1989 年 10 月 18 日 7.0 级主震的加速序列(使用中心在 37.23°N,121.77°W 的最优搜索半
径(170 km)挑选前兆序列。此最优搜索半径和中心点是由主震位置搜索技术(搜索震级 7.0)确定
的。前兆序列包括了低于主震震级 2.5 个单位(4.5 级)的事件。竖线代表图 1 中计算每个预测值
的时间。发生在截断时间 T 以前的前兆事件构成了每一时间步长模拟的加速序列)

是 1~3 年。此结果和洛马普
列塔地震的观测结果(见图 14 和图 15)是一致的。洛马普
列塔地震可以在其发生之前约 1.5 年被预测出来。在实际地震发生前 1 年(图 11 中的
T_3 点)可以获得适当精确的预测。实际上,随着潜在主震区小前兆事件的发生,该方法的

预测值需要被重新估算和更新。应该使用这样的预测术语"如果下一个地震事件是主震,它将发生在 $t_f \pm 1.127$ 年的时间间隔内,震级为 $M \pm 0.55$"。前兆事件增加时,加速序列需要重新估算。然而,模拟加速序列的经验表明,连续的预测值在其前边预测值的误差范围之内,并向着实际的主震值收敛。对满足所有判据的加速序列观察到的唯一例外情况是几个小震的发生释放了存储能量。不论发生哪一种情况,存储能量都会被释放,但在后一种情况下,加速能量释放和有关的预测会导致一次虚报。对数标度的破裂时间法(Sammis 等,1996;Sammis 和 Sornette,1994;Saluer 等,1996;Sornette 和 Sammis,1995;Newman 等,1995)可能被用于帮助约束破裂时间。然而,由对数标度破裂时间方程模拟的小对数标度变化不是总能被观测到的,在我们已经模拟的加速序列中这一变化是不明显的。

8 南加利福尼亚州的搜索

我们使用主震位置搜索技术对南加利福尼亚州地区未来主震的可能位置进行了搜索,使用的搜索震级是 5.5,6.0,6.5,7.0,7.5,8.0,8.5 和 9.0。当搜索震级大于或等于 6.5 时,我们可以使用 1960 年以前的资料估算长期能量释放值。但估算由搜索震级小于或等于 6.5 找到的区域长期能量释放时却需要震级—频度模型计算法。使用低于搜索震级 2 个、2.5 个和 3 个单位的最小前兆震级,对每个搜索震级进行 3 次搜索。破裂时间被限制在南加利福尼亚州地震目录中最新事件(1997 年 8 月 1 日)之后 5 年之内。对所有的搜索,搜索间隔都设置为 20 km,大致覆盖了 113.5° ~ 122°W,30.6° ~ 38.7°N 的范围。通过环绕每个格点的一组半径的搜索,我们选出前兆序列。对于大于或等于 7.5 的搜索震级,搜索半径以每次迭代 10 km 的增量从 10 km 变到 600 km。而对于小于 7.5 的搜索震级,搜索半径的变化范围是 5 ~ 10 km,每次迭代的增量是 5 km。

使用 1960 年至今(1997 年 8 月 1 日)的地震事件进行了南加利福尼亚州地区的主震位置搜索。发生在 1960 年以前的地震事件仅用于估算某一具体地区的长期能量释放。对 6.5,7.0,7.5 和 8.0 的搜索震级,我们发现了 NSR 异常,但这些异常都不全满足 NSR 判据。因此,这些由主震位置搜索技术识别出的加速序列都不是可以由改进型破裂时间法模拟的前兆序列。图 13 是搜索震级为 6.5 的一个假 NSR 异常的例子。使用 7.0 的搜索震级识别出了同样的 NSR 异常,而且使用不同的最小前兆事件得到的异常是稳定的,但和 NSR 异常关联的加速序列不具有显著的能量释放亏缺。图 14 是以异常为中心、95 km 为半径的区域能量释放累积平方根。使用 1960 年以前的事件估算了长期线性能量释放。图 14 说明了产生加速序列(序列中加速部分的最大事件是 5.8 级地震)的区域不存在显著的能量释放亏缺。积累的能量似乎已由若干小事件释放。假如在 1994 年我们进行了主震位置搜索,我们就会识别出这个位置并作出预测。这是因为在那时,具有的积累能量足以发生一个 6.5 级以内的地震。然而,随着时间的推移,很多小震释放了积累的能量,我们就会终止对该区的预测。

使用 5.5 和 6.0 的搜索震级,我们得到了几个 NSR 异常。然而,在评价了每个异常之后,仅识别出一个 6.3 级主震的可能区域。这并不是说其他地区不会发生,但按照我们的方法,仅有一个产生 NSR 异常的地区满足了所有的判据。图 15 显示了 NSR 异常的位置,其相应的最优搜索半径和最大搜索半径分别为 45 km 和 75 km。此外,还画出了在

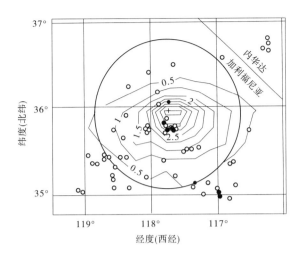

图13 使用 6.5 的搜索震级发现的 NSR 异常（最优搜索半径是 95 km（圆），异常峰值位于 35.97°N,117.78°W。等值线间隔是 0.5（无量纲）。"○"是在 1960 ~ 1997.6 年（1997 年 8 月 1 日）期间发生的 4 级地震的震中。"+"指示了局部最大异常的位置）

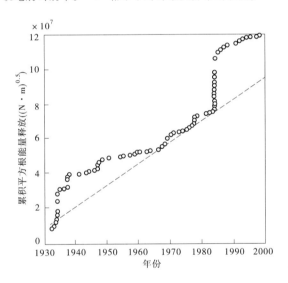

图14 图13 中以峰值异常处(35.97°N,117.78°W)为中心,95 km 为半径的圆形区域中的长期能 量释放估计曲线（目前该区域的加速序列不存在能量释放亏缺。然而,如果在 1994 年进行分析, 那时能量释放亏缺明显,我们会据此预测一个主震）

1984.5 年(加速序列的开始)以后发生的震级不小于 3.0 的地震活动图像。异常中心位于31.43°N,115.47°W。图16 是有关此异常的加速序列并包括了加速序列开始以前的事件。使用前面描述的震级—频度模型法估算了长期能量释放(虚线)。显然这和本区1984.5 年以前的相对稳定的长期能量释放率一致。这里的能量亏缺大约相当于一个 6 级地震。我们还估算了 1984.5 ~ 1989 年的第 2 条长期能量释放曲线(实线)。该实线表明了一个短的目录如何提供一劣质长期能量释放估计。如果我们的目录开始于 1984 年,相同的 NSR 异常会被识别出来,但此长期能量释放会小得多。因此,不会识别出显著的能量释放亏缺,所以这个事件不会满足一个序列的所有判据。校正后的预测值是破裂时间为 1997.909 年(1997 年 11 月 28 日) ± 1.127(年数,前面计算的估计误差,相当于 2 倍的标准差)和震级为 6.26 ± 0.55(震级单位,前面计算的估计误差,相当于 2 倍的标准差)。位置是以 31.43°N,115.47°W 为中心,以 65 km 为半径(最优搜索半径 45 km 加上格距 20 km)的圆形区域。本区的震级—频度关系曲线表明自从 1960 年以来没有大于 5.1 级的地震发生,6 级主震的复发率大约是 120 年。所以,如果预测的事件果然发生,则它在统计上是显著的。预测中假设最后的前兆事件已经发生了。如果又发生了几个事件,此预测值和位置都应该被重新计算(在结论部分提供了更新的预测值)。

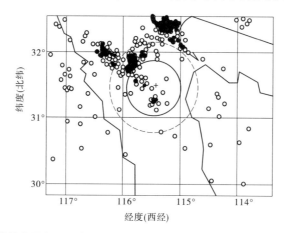

图 15 使用 5.5 的搜索震级进行未来地震搜索的 *NSR* 异常确定的区域(使用 6.0 的搜索震级能够确定同一区域。实线圆表示最优搜索半径 45 km;虚线圆表示最大搜索半径 75 km,"○"表示发生在 1984.5(加速序列的开始时间 1984 年 6 月 1 日)~1997.6 年(目录的终止时间 1997 年 8 月 1 日)期间的震级大于或等于 3 的事件。主震位置搜索技术指出在实线圆内将发生一个主震。" + "标出了局部最大异常的位置)

9 搜索法的统计评价

应用于预测未来地震时,主震位置搜索技术产生了一些 *NSR* 异常,但绝大多数不满足异常和加速序列的所有判据。这样,以漏报实际主震为代价使主震位置搜索技术具有一个低的虚报率。只有出现了类似于图 14 中加速序列的情形时才会产生虚报。在这种情形下能量亏缺由若干个中、小事件的发生来填补,而不是由一个大事件的发生来填补。为了检查虚假加速序列出现的频率,我们进行了前面描述的预测搜索。使用的搜索震级为 5.5~9,使用的最小前兆震级低于目标搜索震级 2.5 个单位。我们进行了 1980 年,1985 年,1990 年和 1995 年的 4 个完整的预测搜索。进行这种早期的搜索使得我们能够做出追溯预测。每次搜寻都产生了一些 *NSR* 异常,这些异常归属下列 3 类之一:①虚报加速序列,这种序列通过一些小事件释放存储的能量;②产生大小类似于目标搜索震级的主震的真正加速序列;③由附近序列(干扰事件)部分混入产生的 NSR 异常,或由震级比目标搜索震级低不到 0.5 个单位的主震产生的完整加速序列。使用主震位置搜索技术的

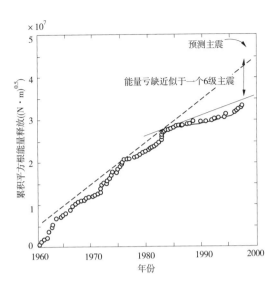

图 16　图 15 中被标识区域在 1960～1997.6 年发生的所有事件(3 级)的加速能量释放曲线(虚线是使用震级—频度模型法计算的长期能量释放。实线表示根据 1984.5～1989 年期间发生的事件对长期能量释放作出的劣质估计。它显示出了使用一个较短的地震目录如何产生长期能量释放的劣质估计,从而造成由于缺乏存储能量而排除一个加速序列的结果,实际存储能量大约相当于一个 6 级主震。实曲线表示了使用改进型破裂时间法计算的模型加速能量释放)

4 次完整的搜索(1980 年,1985 年,1990 年和 1995 年)总共发现了 45 个 NSR 异常。对这些异常中的多数,即 45 个中的 27 个可不予考虑,因为它们不满足所有的判据,属于 C 类。大约 25%,即 45 个中的 12 个,是实际的主震序列,属于 B 类。剩余的 13%,即 46 个中的 6 个属于 A 类,代表了虚报加速序列。因此,搜索分析的统计结果表明在识别出的 NSR 异常中,有 3%的可能造成虚报。在几个小事件释放了存储的能量之后,这些虚报就可被辨别出来。这些结果是根据每个时段和搜索震级的最小前兆事件(低于目标搜索震级 2.5 个震级单位得出的)。我们接着要做的是把这种技术用到一个新的区域(不在加利福尼亚州和新马德里地震带)并在设定的间隔上(每 3～6 个月应该是足够的)运用本算法,然后把预测的结果和实际的主震事件做对比。

　　本方法对合成目录的应用或许不尽人意,因为关于本方法有效性的问题和它对加速能量释放的关系连接在一起了。我们可以创建具有相似的成丛性和空间关系的合成目录,但各地震丛之间的时空关系是其主要特征。对这种在统计上类似于真实地震目录的合成目录的简单试验或许会给出误导的结果。改进型破裂时间法的前提是主震将在序列中某个特定时间发生,而合成目录将以彼此之间更随机的关系(在一个定义了统计分布的框架内)放置主震和震群,结果可能表明合成目录比真实目录具有更高的虚报率(预测一个不发生的主震)。如果用于建造合成目录的震群算法一贯把大事件放置在震群的结束处,那么或许会产生极低的虚报率。

10 结论

使用南加利福尼亚州地震目录和新马德里地震目录的经验表明,对改进型破裂时间法和主震位置搜索技术提出的假设看来适用于大约每 5 年或更长时间发生的事件(时空相近而震级又相似的两个地震发生的机会较小)。模拟较小事件时可能产生显著的干扰问题,所以增加了虚报率。这种方法对于满足特定判据的加速序列产生肯定的预测意见,但并不能识别出所有的主震。当主震位置搜索没有识别出有效的加速序列时,这并不意味着被搜索地区在不远的将来不会发生主震。然而,当确定了一个地区时,每隔半年到一年应该重新计算主震的震级和时间预测值,直到加速序列发生了主震或不再满足判据为止。这个区域被指定为某个具体震级的主震可能发生的位置。根据 1998 年 8 月 17 日资料,我们修改了 31.43°N,115.47°W 的地震预测值,修改后的震级是 6.36 ± 0.5,修改后的预测破裂时间是 1998.565 ± 1.127。

用于识别加速序列的判据是:①前兆序列不含干扰事件;②在某个具体震级主震需要的震级范围内地震目录是完整的。主震位置搜索异常的判据是:①使用不同的最小前兆事件确定的 NSR 异常位置是稳定的;②不存在干扰主震,否则其异常会由前期主震加速序列的部分样本产生;③长期能量释放估计显示出了一个显著的能量释放亏缺。

利用对数标度的破裂时间法可能改进预测的破裂时间(Sammis 等,1995;Sammis 和 Sornette,1994;Saluer 等,1996;Sornette 和 Sammis 1995;Newman 等,1995)。然而,破裂时间的估计误差 ±1.127 确实是不错的中期预测值。改进型破裂时间法的确提供了终止预测的判据(存储的能量不足,由平均长期能量释放估算)。即将来临主震的震级和位置的连贯预测提供了可在几个方面应用的信息,包括连同短期前兆现象应用的可能性。

本方法要求在至少几十年的时间内地震目录是完整的,并且具有震级相对较低的最小事件测检水平。有了这两个条件,着手识别和评估在时空上如此大范围的现象并不惊人。然而,使用地震远程关联进行预测或预测未来事件的潜力确实表明了维护和升级我们的地震台网的必要性。

译自:Bull Seism Soc Am. 1999,89(1):275-293

原题:Intermediate-Term Earthquake Prediction Using the Modified Time-to-Failure method in Southern California

杨国栋、王建荣译;张天中校

喜马拉雅西北部印度喜马偕尔地区岩石场地的场地放大和依赖频率的衰减系数

A. Harbindu Kamal   M. L. Sharma

摘要:用喜马拉雅西北部喜马偕尔地区强震台网数据的 S 波傅里叶振幅谱估计了场地放大和 S 波衰减(Q_β)。分析中使用了在震源距离 $R = 9 \sim 48$ km 范围 13 个台站记录的从 M 3.4 到 5.4 震级范围的 8 个地震的 60 个三分向记录。使用时间序列的 S 波震相的水平与垂直(H/V)傅里叶谱比分析了场地放大的特征。除 2~4 Hz 的窄频率范围外,平均放大系数接近于 1。H/V 的总体特征与研究区的局部地质条件一致。对 0.2 Hz $\leq f \leq$ 20 Hz,S 波品质因子 $Q(f)$ 估计为 $103f^{0.66}$,其有效性得到了从新 $Q(f)$ 值导出的计算路径衰减函数的检验。估算的 $Q(f)$ 值也与以前对喜马拉雅地区 Q 值的研究结果进行了比较。

引言

地震动及相关破坏受地震波传播路径和场地特征的强烈影响。因为能量衰减,地震波随着传播其振幅和频带宽度会减小。衰减量依赖于介质的非均匀性和滞弹性。衰减由品质因子 Q 量化,品质因子是一个周期波内存储的能量与耗散的能量的比。

局部场地条件在控制地震动放大和有关的结构破坏方面起着重要作用。放大量取决于包括地质和地层厚度在内的很多因素,但也有几项研究报告了由剪切波速度梯度引起的显著的放大。通常观测到硬岩石场地并不放大地震动(Bard 和 Thomas,2000)。但几篇论文研究了由剪切波速梯度造成的显著放大与基岩场地有关(如 Steidl 等,1996;Beresnev 和 Atkinson,1997;Booreand Joyner,1997)。研究由局部场地条件引起的场地效应有几种方法。水平与垂直谱比(H/V)就是被广泛用于估计场地效应的一种。这种方法起初是针对微震(Nakamura,1989)提出的,但后来也成功地应用于强地震动研究(如,Lermo 和 Chávez-García,1993;Siddiqqi 和 Atkinson,2002)。

在本研究中,我们估计了喜马拉雅西北部喜马偕尔地区的 S 波品质因子 $Q(f)$ 和硬岩石场地有关的场地放大系数。$Q(f)$ 根据对剪切波傅里叶振幅谱的直接回归估计,场地放大系数使用 H/V 谱比方法估计。

1 数据库和数据处理

本研究使用的数据是根据安装在印度北部和东北部由 284 个强震仪构成的强震仪台网,即印度鲁尔基理工学院(IITR)的 PESMOS 编辑的。本文集中研究喜马拉雅西北部喜马偕尔地区(位于 30.3~33.0°N,75.6~79.0°E)。喜马偕尔地区由两个主要喜马拉雅构造带构成:主边界逆冲断层(MBT)和喜马拉雅前缘断层(HFF),这两个构造带地震都很活跃。图 1 示出了该研究区的主要构造特征。表 1 列出了每个台站的位置,表 2 给出了参与本研究的所有地震的信息。1986 年特尔姆萨拉 M_W5.4 地震(见表 2 中的 1 号事件)

由使用 SMA1 模拟加速度仪的 IITR 早期强震台网记录。有关这个地震数据的详细描述已由 Sri Ram 等（2005）给出。

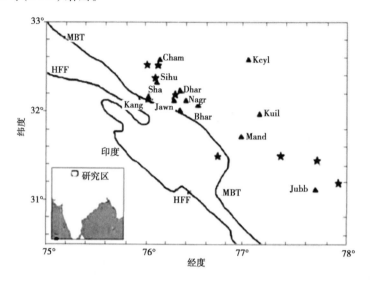

图 1　喜马拉雅西北部本文研究区的构造格架图（三角形表示记录到表 1 所列事件的强震台站，五角星表示表 2 所列地震的震中。喜马拉雅前缘逆冲断层（HFF）和主边界逆冲断层（MBT）是该研究区的两个地震构造特征）

表 1　喜马拉雅西北部喜马偕尔地区的强震台站

台站编号	台站名称	台站代码	纬度(°N)	经度(°E)
1	巴罗	Baro	31.99	76.32
2	珀尔沃纳	Bhar	32.05	76.50
3	昌巴	Cham	32.55	76.12
4	特尔姆萨拉	Dhar	32.21	76.32
5	杰瓦利	Jawa	32.14	76.01
6	久伯尔	Jubb	31.11	77.66
7	冈格拉	Kang	32.10	76.26
8	基朗	Keyl	32.55	77.00
9	古卢	Kull	31.95	77.11
10	门迪	Mand	31.70	76.93
11	讷格罗达—巴格万	Nagr	32.10	76.38
12	沙赫布尔	Shah	32.21	76.19
13	锡洪塔	Sihu	32.30	76.09

表 2　地震详情

事件编号	日期 （年-月-日）	纬度（°N）	经度（°E）	震级	记录台站代码	距离范围 （km）
1	1986-04-26	32.17	76.28	5.4	Baro，Bhar，Dhar，Jawn， Kang，Nagr，Sha，Sihu	9～26
2	2006-12-10	31.50	76.7	3.5	Mand	31
3	2007-10-04	32.50	760	3.8	cham	9
4	2008-10-21	31.50	77.30	4.5	Kuil，Mand	44～48
5	2009-01-31	32.50	76.10	3.7	Cham，Dbar，Kcyl	16～33
6	2009-07-17	32.30	76.10	3.7	Cham，Dbar，Kcyl	23～30
7	2010-05-28	31.20	77.90	4.8	Jubb	25
8	2010-08-13	31.40	77.70	3.4	Jubb	32

对所有加速度记录的每个分量,我们计算了剪切波群到达的傅里叶变换。直观选择 S 波窗口的初至时间,并从这一初至时间起,对 S 波使用了 5 s 的时间窗口。傅里叶谱由 0.2 Hz 的窗口平滑。信噪比超过 2 的谱振幅被用于 H/V 计算。计算了 0.2 Hz$\leqslant f$ 和 $f \geqslant$ 25 Hz 的 H/V 谱振幅比。

2　分析模型

距震源 R 处的地震动 S 波分量的傅里叶加速度谱振幅 Y 可以写成:

$$Y(R \cdot f) = C \frac{(2\pi f)^2 M_0}{\left[1 + \left(\frac{f}{f_c}\right)^2\right]} G(R) e^{-\frac{\pi f R}{\beta Q(f)}} F(f) \qquad (1)$$

式中:第一项称为震源项,代表使用 ω_2 模型的震源加速度谱;第二项称为路径项,表征在地壳中传播的地震波的衰减;第三项称为场地项,表示场地放大。C 为常数,定义如下:

$$C = \frac{R_{\theta\phi} F H}{4\pi\rho\beta^3} \qquad (2)$$

式中:$R_{\theta\phi}$ 为方位角 θ 和离源角 ϕ(0.55)范围上的平均辐射模式;F 为自由表面放大系数 (2.0);H 为考虑了两个水平分量中能量的分配(0.71)。震源附近的区域密度和剪切波速是 ρ(2.7 gm/cm³)和 β(3.2 km/s)。路径项中 $G(R)$ 表示几何扩散(Singh 等,1999):

$$G(R) = \begin{cases} 1/R & R \leqslant 100 \text{ km} \\ 1/\sqrt{R} & R > 100 \text{ km} \end{cases} \qquad (3)$$

式(1)中的场地项被认为与震源至场点的传播距离无关。Boore(2003)建议把方程(1)中的场地项 $F(f)$ 分解为

$$F(f) = A(f)D(f) \tag{4}$$

式中，$A(f)$是依赖频率的放大函数，说明了局部场地效应引起的波的放大；函数$D(f)$说明了与距离无关的场地能量损耗，它取决于衰减因子卡帕值κ和频率f，由下式给出（Anderson 和 Hough，1984）：

$$D(f) = e^{-\pi\kappa f} \tag{5}$$

3 结果与讨论

3.1 卡帕值的估计

在数据的分辨率内，震中距接近于0时，卡帕值趋于有限值。我们把该有限值解释为场地数百米至几千米范围附近及其下的局部地质条件特征。这一有限的卡帕值是所关注地区的有代表性衰减因子，也被称为零距离卡帕值（κ_0）。

在本研究中，我们根据大于5 Hz高频对数傅里叶振幅谱的谱衰减斜率确定每个台站的κ并在线性频率标度上画出。然后根据以距离为函数的κ的分布的最佳拟合线（$\kappa = \kappa_r R + \kappa_0$）确定$\kappa_0$。水平分量的最佳拟合回归直线是$\kappa = (0.000\ 3 \pm 0.000\ 07)\ R + (0.009 \pm 0.001)$，它给出了$\kappa_0 = 0.009$ s（用κ_h表示；见图2（a））。类似地，我们估计了垂直分量的κ_0为0.005s（用κ_v表示；见图2（b））。据观测，通常垂直分量比水平分量受局部场地条件影响小。在目前估计的卡帕值中也观察到了这种效应（$\kappa_h > \kappa_v$）。因为该研究区缺少很多强震的记录，很难对单个场点或地震做出结论，但作为台网数据的平均，可以提供该研究区粗略的卡帕值估计。Raghukanth 等（2008a，b）使用类似的卡帕值（0.005，0.006）模拟了喜马拉雅两个地震的强地震动。当前只有两个剪切波速度和密度模型可用（对喜马拉雅中部，Yu 等，1995 模型；对喜马拉雅东北部，Mitra 等，2005 模型），这表明了喜马拉雅场地的普通硬岩石类型场地条件。所以，这里获得的卡帕估计值对该研究区的地质条件是合理的。

3.2 使用H/V比估计$A(f)$

通常情况下，在震源区剪切波以平均3.6 km/s的速度传播，接近地表时减小至600 m/s的速度。场点下方50～100 m存在的地震波阻抗效应放大了穿越速度梯度的波谱。该地震波阻抗效应表征了场地的局部地质特征。$A(f)$说明了局部场地效应产生的波的放大。通常地震动水平分量中场地效应比垂直分量中的场地效应更显著。因此，地震动谱分量比H/V可以认为是$A(f)$的粗略估计（Nakamura，1989；Lermo 和 Chávez-García，1993；Siddiqqi 和 Atkinson，2002）。我们估计了表1中报告的所有台站的H/V，以及所有H/V的均值。图3（a）显示了估计的每个台站的H/V（细实线）和所有台站的均值（粗实线），图3（b）显示了该研究区90%置信区间（虚线）的H/V均值（粗实线）。表3中报告了H/V比均值和90%的置信区间。一个地区很多记录的H/V均值与总的地质条件相关，可以用作一个地区$A(f)$的简单实用估计值。

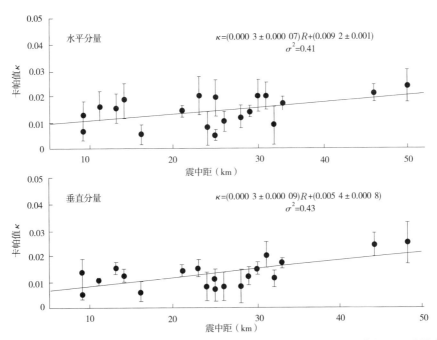

图2 （a）地震动水平分量的卡帕因子随震中距的分布；（b）地震动垂直分量的卡帕因子随震中距的分布

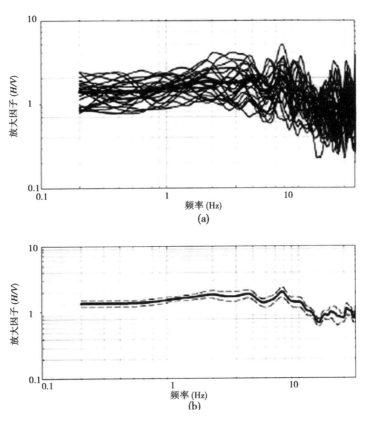

图3 （a）基于 H/V 的硬岩石场地的场地放大函数；（b）实线表示 H/V 均值，虚线表示 $\pm 90\%$ 的置信区间

表3 喜马拉雅西北部喜马偕尔地区的放大因子

频率(Hz)	放大因子	90%置信区间范围
0.2	1.37	1.54 ~ 1.21
0.6	1.41	1.55 ~ 1.27
1	1.59	1.73 ~ 1.45
3	1.75	2.04 ~ 1.46
5	1.40	1.61 ~ 1.18
7.5	1.56	1.77 ~ 1.34
10	1.11	1.28 ~ 0.94
15	0.90	1.05 ~ 0.76
20	0.83	0.95 ~ 0.71

所有的台站都位于岩石场地上,但有几个台站的 H/V 在一定的频带内较大。这可能归因于影响垂直分量的局部地下情况。为了减小这种影响,在估计台网的均值时,我们排除了这样的台站。这样的场地需要使用其他方法做独立的场地响应分析。像预期的一样,除 $2 \sim 4$ Hz 的窄频带外, H/V 的均值非常接近于 $1(1.1 \sim 1.4)$ 。这样得到的结论是: H/V 均值显示了岩石场地的特征,与研究区局部地质条件一致。

3.3　$F(f)$ 估计

正如前面所述,在地震动水平分量中局部场地效应比垂直分量中更显著的假设下,地震动谱分量比 H/V 可以认为是 $A(f)$ 的粗略估计量。Motazedian(2006)讨论了关于根据观测资料估计 κ_h 和 κ_v 值的两种情况。第一种情况是,当 $\kappa_h = \kappa_v$ 时, κ_h 值在 H/V 中的效应被抵消,对水平分量, $e^{-\pi\kappa hf}$ 需要包含在场地效应中的近地表衰减。第二种情况是,当 $\kappa_h \neq \kappa_v \neq 0$ (如本研究中的 $\kappa_h = 0.009$ s 和 $\kappa_v = 0.005$ s)时,部分卡帕值 $\Delta\kappa = \kappa_h - \kappa_v$ 已包含在 H/V 中。因此,对水平分量就需要将其从近地表衰减项中减掉如下:

$$F(f) = (H/V)e^{-\pi(\kappa_h - \Delta\kappa)f} = (H/V)e^{-\pi\kappa_v f} \tag{6}$$

我们估计了表1报告的每个所考虑台站的 H/V 比(见图3(a))和前一节中 0.005 s 的 κ_v 值(见图2(b))。所以,可以使用式(6)计算每个台站地震动水平分量的总 $F(f)$ 。

3.4　品质因子估计

通过表2中报告的8个事件记录的傅里叶振幅谱的回归分析确定品质因子。为了估计品质因子,我们把方程(3)代入方程(1)并取对数,得到:

$$\lg Y(R, f) = \lg C + \lg G(R) + \lg S(f) - (1.36fR/\beta)Q^{-1}(f) + \lg F(f) \tag{7}$$

在方程(7)中,除了 $Q^{-1}(f)$ 、震源项 $S(f)$ 和 $F(f)$,所有项都是已知的。如果我们有一组所有台站由所有事件产生的强震记录,通过同时求解方程(7),我们能够获得这些未知项,但在现在的情况下不能(见表2)。所以,使用任何反演方法同时求解方程(7)都会给

出品质因子、场地放大系数和震源项的错误估计。不过在前一节我们已经估计出了
$F(f)$,因而可用于进一步简化方程(7)。现在方程(7)的函数形式是一个截距由震源项
$\lg S(f)$给出、斜率由$Q^{-1}(f)$给出的直线方程。对每个频率,通过对水平分量观测的傅里
叶振幅拟合方程(7)求得品质因子(Raghukanth 等,2009)。表4中报告了对离散频率点
估算的$Q^{-1}(f)$值及在回归分析中获得的它们的标准差,并在图4给出其相应的曲线。借
助函数形式 $Q^{-1}(f) = Q_0 f^{-n}$对数据使用加权最小二乘拟合。回归结果为 $Q^{-1}(f) =$
$(0.009\ 7 \pm 0.000\ 4)f^{-(0.66 \pm 0.01)}$或对 $0.2\ Hz \leqslant f \leqslant 20\ Hz$ 为 $Q(f) = (103 \pm 4)f^{(0.66 \pm 0.01)}$。

表4 喜马拉雅西北部喜马偕尔地区的$Q^{-1}(f)$

$f(\mathrm{Hz})$	$Q^{-1}(f)$
0.2	$0.024\ 7 \pm 0.017$
0.8	$0.012\ 0 \pm 0.008$
1	$0.011\ 7 \pm 0.003\ 5$
2.1	$0.004\ 9 \pm 0.001\ 8$
3.5	$0.003\ 5 \pm 0.001\ 0$
5	$0.004\ 6 \pm 0.000\ 8$
6.3	$0.003\ 1 \pm 0.000\ 5$
7.8	$0.001\ 8 \pm 0.000\ 4$
8.6	$0.002\ 3 \pm 0.000\ 4$
10	$0.003\ 2 \pm 0.000\ 3$
13	$0.002\ 1 \pm 0.000\ 2$
20	$0.001\ 0 \pm 0.000\ 2$

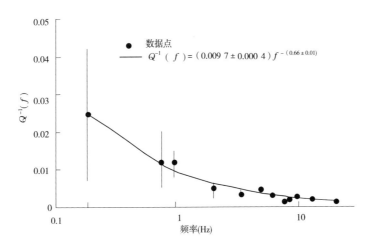

图4 喜马拉雅西北部喜马偕尔地区 $Q^{-1}(f)$ 作为频率的函数(实心圆是回归分析得到的离散频率点
的 Q^{-1}。也示出了标准偏差。实线是对数据的最小二乘加权拟合曲线)

为了检验方程(1)和方程(3)中假设的路径衰减简单函数形式是否符合观测数据,我们延用了 Singh 等(2004)给出的方法。我们用表4中报告的 $Q^{-1}(f)$ 值和观测数据,画出了 $\Gamma(f,R) = G(R)e^{-\pi fR/\beta Q(f)}$ 路径衰减函数曲线。图5 显示了 $f=0.2$ Hz,0.4 Hz,1.0 Hz,3.5 Hz,8.0 Hz 和 10.0 Hz 频率的路径衰减曲线。虽然观测数据有点离散,但在曲线中显然不存在系统偏差。这表明观测数据与假设的函数形式和估计的 $Q^{-1}(f)$ 值符合得很好。

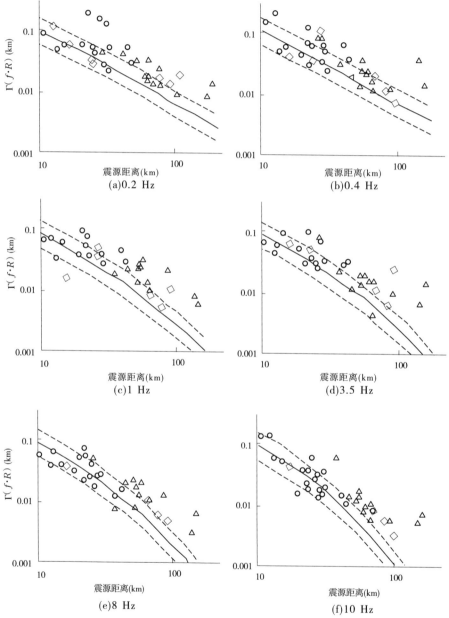

图5 喜马偕尔地区的 $\Gamma(f,R)$ 和随震源距 R 变化的 $f=0.2$ Hz、0.4 Hz、1.0 Hz、3.5 Hz、8.0 Hz、10.0 Hz 的观测数据(实线和虚线是 $\Gamma(f,R)$ 和 ±1 的标准偏差。空心圆是数据的结果。这些图也显示了回归分析未包括的其他喜马拉雅地区地震(如,乌德尔加希地震,三角形;杰莫利地震,菱形)的数据)

在图5中,我们检验了研究区的衰减函数$\Gamma(f,R)$是否适合邻近喜马拉雅中部地区的观测数据。最近 Harbindu 等(2011)估计了喜马拉雅中部地区两个地震(1991 年乌德尔加希 M_w6.8,13 个记录台站;1999 年杰莫利 M_w6.4,4 个记录台站)的震源、路径和场地函数。图5 示出了研究区的 $\Gamma(f,R)$ 以及地震观测数据(圆圈)。我们叠加了乌德尔加希地震(三角形)和杰莫利地震(菱形)的观测数据,在图5 的回归中不含这些数据。正如预期的一样,$\Gamma(f,R)$ 低估了 $f \geq 0.4$ Hz 的喜马拉雅中部地区地震的观测数据。这意味着该研究区的 Q 值低于邻近的喜马拉雅中部地区的 Q 值。在与喜马拉雅地区的其他研究对比新的 $Q(f)$ 时(见图6)也可以看到类似的观测结果(如,Gupta 等,1995;Mandal 和 Rastogi,1998;Mandal 等,2001;Paul 等,2003;Joshi,2006;Harbindu 等,2011)。

造成 $Q(f)$ 不同的原因可能是这两个地区的局部地质条件的差异。喜马拉雅中部(喜马拉雅格尔瓦尔 - 库毛恩)由变质沉积岩构成,具有相对更高效率传递地震波的特征。喜马拉雅西北部喜马偕尔地区由含有漂石层的未固结新第三纪什瓦利克沉积物构成,具有更高的衰减特征。因此,可以预期该地区 Q 值更低。这证实了喜马拉雅西北部喜马偕尔地区比喜马拉雅中部有更快的衰减特征。

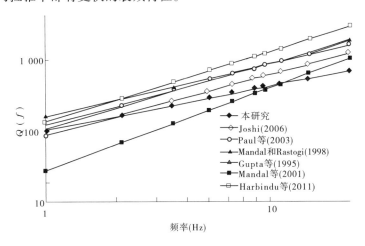

图6 喜马拉雅地区获得的 $Q_\beta(f)$ 与其他关系式的比较

3.5 震源谱

知道了 $Q(f)$,就可根据式(7)对每个记录台站计算震源项 $S(f)$。可以用矩率谱函数形式把震源加速度谱写成 $S(f) = f^2 \dot{M}_0(f)$,其中 $\dot{M}_0(f)\delta$ 是矩率谱。$\dot{M}_0(f)$ 和 $f_2 \dot{M}_0(f)\chi$ 分别表示位移和加速度震源谱。为简便起见,在图7 中我们只给出了每个主震的加速度震源谱 $f_2\dot{M}_0(f)$。每个主震的加速度震源谱(使用了对数平均值)是使用所有台站的平均结果估计的。此外,用 Brune(1970)的理论模型拟合了每个主震的观测加速度震源谱,在 0.2~10 Hz 频段,模型和观测数据匹配得很好,超过 10 Hz 后有点偏离。在几种情况下,高频(>10 Hz)的观测震源谱与理论震源谱的不匹配表明,或许由于在图4 中用于拟合观测的 $Q^{-1}(f)$ 的函数形式简单,对这些频率的 $Q(f)$ 可能过度校正了震源谱。

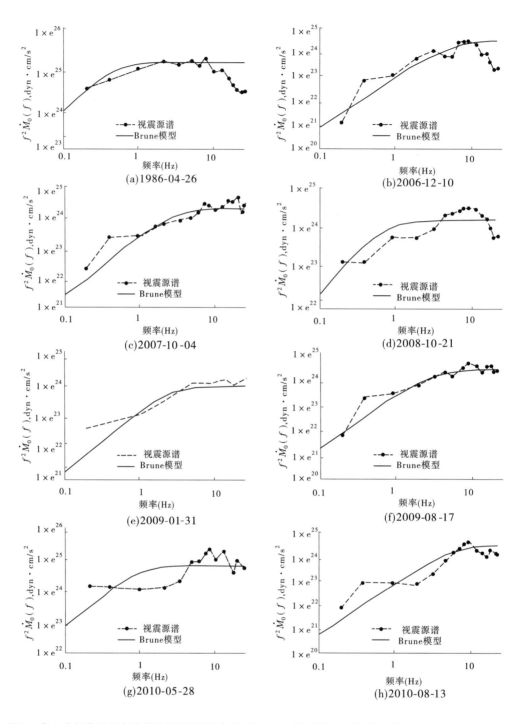

图7　表1中报告的所有事件的视震源谱(虚线)与 Brune 模型谱(实线)的比较(每个主震的视震源谱由该主震的所有记录台站的均值估计(使用对数平均值)。误差棒表示视震源谱估计的不确定性)

4 结论

使用 H/V 方法估计的放大函数展示了岩石场地的特征并与研究区的局部地质条件一致。除在 $2 \sim 4$ Hz 的窄频带外,台网 H/V 的均值非常接近于 $1(1.1 \sim 1.4)$。我们对喜马拉雅西北部喜马偕尔地区推导出了新的剪切波品质因子估计值 $Q(f) = 103f^{0.66}$。通过使用新的 $Q(f)$ 值画出路径衰减函数曲线,我们检验了它的有效性,发现观测数据与该衰减函数拟合很好,不存在任何系统偏差。我们也叠加了回归分析没有包含的邻近喜马拉雅地区地震的观测数据,推导出了新的 $Q(f)$ 值。正如所预期的一样,新的 $Q(f)$ 值低估了喜马拉雅中部的观测数据。此外,我们也将新的 $Q(f)$ 值与喜马拉雅地区以前的研究结果进行了比较并得出了观测结果类似的结论。这合理地解释了该研究区比喜马拉雅中部地区衰减快的特征,并得出了新的 $Q(f)$ 值对喜马拉雅西北部喜马偕尔地区是合理的结论。

5 数据与来源

本研究所用的强震数据是根据由印度理工学院(鲁尔基)地震工程管理系和新德里地球科学部资助的印度强震数据库 http://www.pesmos.in(最后访问时间 2010 年 12 月)编辑的。本研究所用的震中数据是从印度气象局收集的。1986 年特尔姆萨拉地震的震中选自于美国地质调查局的网站 http://neic.usgs.gov(最后访问时间 2010 年 12 月)。

译自:Bull Seismol Soc Am. 2012,102(4):1497-1504

原题:Site Amplification and Frequency-dependent Attenuation Coefficient at Rock Sites of the Himachal Region in Northwest Himalaya,India

杨国栋,刘亚蓉译;吕春来校

响应谱地震动预测方程中场地效应参数 v_{S30} 与场地周期的比较

John X. Zhao Hua Xu

摘要:最近的许多地震动预测方程(GMPE)都使用上部 30 m 土层的平均剪切波速度 v_{S30} 表示场地效应。然而,在一些研究发现 v_{S30} 是表征场地效应合理参数的同时,另一些研究则给出了相反的证据。本研究使用日本的大地震动数据集对这两个场地效应参数的预测能力进行系统地比较。采用该方法的基础是使用场地周期(T_S,4 倍剪切波从基岩到地表的走时)或 v_{S30} 对经验模拟场地效应的标准偏差和放大比振幅进行比较。模拟的场地效应除了包括地震动预测方程的场地效应项,还特别包括 KiK-net 台网的地表与井下记录之间的场地放大比。就 KiK-net 台网数据而言,对 $T_S > 0.6$ s 的土层场地,T_S 被确定是比 v_{S30} 好的预测参数;而对 $T_S < 0.6$ s 的场地,这两个参数对放大比产生了相似的变异性。在所有场地类别的多数周期上,由地震动预测方程获得的场地效应,v_{S30} 和 T_S 在统计上相等;而在一些谱周期上,v_{S30} 产生了比 T_S 小的变异性。KiK-net 台网地表 – 井下记录与地震动预测方程结果的矛盾可能由地震动预测方程中包括震源变异性、路径变异性和场地变异性的大变异性所致。相比之下,KiK-net 台网地表 – 井下数据对的变异性小多了。虽然 v_{S30} 和 T_S 对地震动预测方程的数据产生了统计上相似的标准偏差,但 T_S 仍然获得了比 v_{S30} 更好的中值放大比。

引言

近地表场地条件是影响工程设计地震动参数的最重要因素之一。在地震动峰值加速度(PGA)和 5% 阻尼频谱加速度的地震动预测方程中,场地效应通常由一组可说明地震动时近地表土层特征的简化参数表述。通常的场地参数包括场地周期(T_S,4 倍剪切波从基岩到地表垂直方向的走时)和沉积土层上部 30 m 的时均剪切波速度 v_{S30}。例如,Zhao 等(2006)和 Zhao 等(2006)使用了基于 T_S 的场地类别,而 McVerry 等(2006)使用了基于岩土层地质与土工描述和 T_S 的场地类别。相反,在包括下一代衰减模型的现代地震动预测方程中,v_{S30} 是最常用的场地参数(Abrahamson and Silva,2008;Boore 和 Atkinson,2008;Campbell 和 Bozorgnia,2008;Chiou 和 Youngs,2008)。然而,正如 Castellaro 等(2008)所评论的,有大量研究论文表明了 v_{S30} 的局限性。McVerry(2011)给出了在地震动预测方程中使用 T_S 作为场地参数在响应谱预测中的改进,指出对新西兰强震记录台站,v_{S30} 作为场地参数是不合适的。在本研究中,我们仅讨论对地震动预测方程合适的场地参数。

一些作者认为,从理论和实际的两个方面 T_S 都是较好的场地参数(Zhao,Irikura,等,2006;Zhao,Zhang,等,2006;Castellaro 等,2008;Luzi 等,2011;McVerry,2011)。Luzi 等(2011)也提出在使用意大利记录时需结合使用 v_{S30} 和场地基频。用于计算 T_S 的深度取决于工程基岩的剪切波速,对此这里使用由 Zhao,Zhang 等(2006)确定的不小于 700 m/s 的剪切波速,而 Walling 等(2008)使用的是 1 100 m/s。当工程基岩出露地表时,我们设定 T_S 为零。对于较高的基岩剪切波速,通常基岩的深度也更大。因为很高的剪切波速度一般不可用于工程应用或测量较大深度的剪切波速度成本很高,所以通常在地震动预测方程中不使用这种高剪切波速度值。

像 Boore 与 Bozorgnia(2008)那样,在地震动预测方程中将 v_{S30} 用作浅土层的唯一场地参数是有争议的,因为在理论上它被认为不是完整的参数。在加州大学圣巴巴拉分校举行的表层地质对地震动影响专题研讨会(2011)上对 v_{S30} 的可靠性有争论。Abrahamson(2011)指出,v_{S30} 是地震动预测方程中适合的场地参数,对反应谱从岩石场地到软土场地提供平滑过渡作用很好。而 Castellaro(2011)则说根本不该单独用 v_{S30} 代表场地效应。Zhao(2011)使用 T_S 和 v_{S30} 研究了场地效应模拟情况。本文发展了 Zhao(2011)的研究结果。

我们使用了日本的两大强震记录集,大量的记录使我们能够非常详细地评估 T_S 和 v_{S30} 作为场地参数的适宜性。因为地表和井下记录之间的放大比与地震动预测方程相比,受震源和路径不确定性的影响较轻,我们还使用了 KiK-net 台网场地的地表 – 井下强震记录对。对于用 v_{S30} 表征场地效应的纷争,本研究可能给出某些合理的见解以及尽管很多人承认 v_{S30} 不能解释场地效应的很多方面,但很多地震动预测方程研发者为何又使用 v_{S30}。我们对地震动预测方程也提出了 v_{S30} 的可能替代参量 T_S 并对其给出了评估。为了评估 T_S 和 v_{S30} 作为场地参数的适宜性,对大量强震记录台站,重要的是检查它们之间的相关性。如果这两个场地参数是高度相关的,其中任何一个都可以用作场地参数。为进行简单的比较,我们把伪场地周期定义为

$$T_{v_{S30}} = \frac{120}{v_{S30}} \tag{1}$$

式中,v_{S30} 的单位是 m/s。对于基岩达到 30 m 深度的场地,基于一维模型的假设(4 × 深度30 m = 120 m)$T_{v_{S30}}$ 等于 T_S。图 1 示出了这两个场地参数的相关性,实线是计算 $T_{v_{S30}}$ 的 T_S 的函数。图 1(a)示出了本研究的所有台站,而图 1(b)仅示出了 KiK-net 台网的台站。$T_S \leqslant 0.4$ s时,两个台站集的相关性都很好。所有场地自然对数标度上的标准偏差是0.266,对 $T_S \leqslant 0.4$ s,本研究使用的所有台站标准偏差为 0.173,比多数地震动预测方程的模型预测标准差小得多。KiK-net 台网台站的 T_S 与 $T_{v_{S30}}$ 的相关性好于所有台站。相关曲线的标准偏差是 0.213。对于 $T_S < 0.04$ s 的场地(工程基岩上覆极薄土层的情况),通常 $T_{v_{S30}}$ 和放大比(KiK-net 台网地表与井下)基本是常数。因此,如果 T_S 小于 0.04 s,就取0.04 s。短周期场地(达 0.4 s)的良好相关性表明,T_S 和 v_{S30} 都同样是不错的场地参数。$T_S > 0.5$ s 场地的离散性很大,可以导致两种场地参数的不同模型预测结果。关键是图 1中中长周期(大于 0.5 s)场地的大离散性可能导致统计上显著、实际不同的场地放大比和地震动预测方程的有关变异性。两个场地参数间相关性的小标准偏差意味着,它们之间的任何场地效应差异可以由地震动预测方程通常在自然对数标度上可达 0.6 ~ 0.8 的大模型预测可变性掩盖。

1 方法

经验评估像 v_{S30} 或 T_S 表征场地效应的场地参数适宜性的最好方法,是使用适用于研发地震动预测方程的大强震数据集。在这样的经验评估中,需要所有必要的地震参数,包括记录台站的剪切波速度剖面,最好是直到工程基岩的实测值。所以,我们收集了由日本

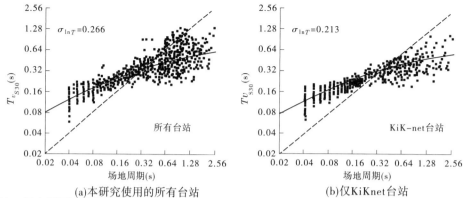

(a)本研究使用的所有台站　　　　　　　　　(b)仅KiKnet台站

图 1　日本强震记录台站的 T_S 和 T_{vS30} 之间的相关关系(KiK-net 台站场地的场地周期被计算到基岩深度,为剪切波到达基岩深度传播时间的 4 倍。对于 $T_S < 0.04$ s 场地,T_S 被设定为 0.04 s,KiK-net 台站的 T_S 与 T_{vS30} 之间具有较好的相关性)

地球科学与防灾研究所运行的 KiK-net 台网和 K-NET 台网的强震台网记录以及由港口与机场研究所(PARI)运行的具有所需剪切波速度剖面的台网记录。所有的 KiK-net 台网台站具有地表和钻井底部的三分向加速度记录,很多钻井钻到了工程基岩。在 K-NET 台网的 134 个台站中,102 个台站的基岩深度小于 20 m。在港口与机场研究所的 37 个台站中,15 个台站实测了直到工程基岩的剪切波速度剖面。对其余 32 个 K-NET 台网的台站和 22 个港口与机场研究所的台站,全是场地分类(SC)Ⅳ场地,其场地周期由 Zhao 等(2006)的水平与垂直分量比(H/V)方法估计,具有合理的信度。然而,在应用 H/V 时应该注意的是,H/V 的峰值周期未必与地表－井下放大比的峰值周期对应。像由 Safak(1997)和 Parolaiet 等(2009)的井下记录分析结果指出的那样,只有井下传感器被放置在土层－岩层界面上时两个峰值周期才可能吻合。这种不一致可能会增加本研究给出的总体不确定性。

场地类别仅用于给出谱放大比,并是由 T_S 而不是由 T_{vS30} 确定的。

2　地表－井下记录对的谱放大

这些地表－井下谱放大比不同于土层场地与附近岩石场地之间的地表地震动记录反应谱放大比(Safak,1997)。例如,由 Zhao(1996)的方程(4)可知,地表位移和土层底部位移之间的比率是不依赖于基岩性质和阻抗比的。地表－井下谱放大比不包括辐射阻尼影响(被泄漏到半空间的下行波的那部分影响)。Zhao(1996)的方程(4)表明,从模拟的观点看,与地表－井下谱放大比相比,土层地表和基岩露头之间的傅里叶谱比率是阻抗比的函数,所以像地震动预测方程蕴含的一样,辐射阻尼成为了土层地表与附近岩石地表(或基岩露头)之间放大比的成分。场地参数的适宜性可由下式检验:

$$A_{伪场地}(T_{场地}, T_{SP}) = \frac{A_{SB}(T_{场地}, T_{SP})}{A_{SB}(T_{岩石}, T_{SP})} \tag{2}$$

式中,$A_{伪场地}$ 是谱周期 T_{SP} 的土层场地对岩石场地的伪放大比,其中放大比可能类似于地震动预测方程的放大比;A_{SB} 是地表与井下反应谱之间的平均放大比;$T_{场地}$ 是场地参数;$T_{岩石}$

是岩石场地的场地参数。$T_{场地}$和$T_{岩石}$都可以是地震动预测方程中使用的T_S或$T_{v_{S30}}$。我们把方程(2)中的放大比称为伪放大比,以区分于地震动预测方程中的土层场地对岩石场地的放大比。虽然方程(2)中不含辐射阻尼,但在两种情况下,$A_{伪场地}$类似于地表软土－地表岩石的放大比:基岩是刚性的,或当软土场地对$A_{SB}(T_{土壤},T_{SP})$的辐射阻尼影响和岩石场地对$A_{SB}(T_{岩石},T_{SP})$的辐射阻尼影响相同时。在后一情况中,虽然这一假设仅对中短谱周期可能是适用的,但辐射阻尼影响被抵消了。Zhao(1996)得出了辐射阻尼比和周期成正比,所以它对短周期的影响小于对长周期的影响。小的辐射阻尼影响导致了在直到约 1.5 s 的谱周期的软土地表－岩石地表场地之间谱放大比类似的$A_{伪场地}$值(对短周期场地在 20% 以内,由于篇幅限制本文中没有给出结果)。因为地表和井下记录从震源至钻井底部的波路径是相同的,对于特定事件,$A_{伪场地}$不受与震源和传播路径有关的变异性的影响,因此这就是我们使用 KiK-net 台网地表－井下记录对的原因。因为两种放大比之间的类似,如果场地参数可用于精确模拟地表－井下谱比,我们就可以用它模拟软土地表－岩石地表的放大比。

与简单模型理论结果的谱放大比相比,具有钻孔记录的场地谱放大比变异性太大了,难以评估场地参数的适宜性。因而我们这里使用一个经验方法取而代之。计算每种场地的平均放大比,用回归方法确定它对T_S或$T_{v_{S30}}$的依赖性。介于场地均值和回归方程中值的放大比之间的残差被称为场地间(或介于场地间)残差。以类似于 Abrahamson 和 Youngs(1992)使用的随机影响模型的方式,介于每个记录的放大比与这个特定场地的所有记录的均值放大比之间的残差被称为场地内(或场地间)残差,严格地说,这个定义与随机影响方法并不一致。要严格地把残差分离成场地间和场地内部分需要对放大比进行随机影响模型拟合并同时估计场地间和场地内误差。然而,因为我们的主要目标是导出两个场地参数的标准残差,对于评估场地参数适宜性的初步研究来说,并不需要严格的模型。但对于少数具有偏差记录的场地,近似的分离可能会导致场地内和场地间残差。

场地间残差的标准偏差被用来估计场地参数的适宜性。在两组残差标准偏差统计上相似的假设下,通过进行使用T_S与$T_{v_{S30}}$获得的两组残差的 F 检验来得到结论。如果在比如 $p=0.05$ 或 0.1 的显著低概率被拒绝,导致较小标准偏差的场地参数被认为显著地显示了较好的预测。对包括依场地类别分组的所有数据(见表1)进行了这样的比较和统计检验。因为对一组中所有场地似乎是较好的场地参数可能对所有类别的场地不是较好的场地参数,所以进行这样的场地类别分组检验很重要。

表1 本研究使用的场地类别及大致相应的美国地震减灾计划(NEHRP)场地类别

[Buiding Seismic Safety Council(BSSC).2000]

场地类别	描述	自然周期	根据T_S计算的v_{S30}	NEHRP 场地类别
SC I	岩石	$T<0.2$ s	$v_{S30}>600$	$A+B+C$
SC II	硬土	$0.2 \leqslant T<0.4$ s	$300<v_{S30} \leqslant 600$	C
SC III	中软土	$0.4 \leqslant T<0.6$ s	$200<v_{S30} \leqslant 300$	D
SC IV	软土	$T \geqslant 0.6$ s	$v_{S30} \leqslant 200$	$E+F$

注意,具有相同场地周期的两个场地钻孔位置,或具有相同剪切波速度剖面的两个场

地的钻孔传感器深度的剪切波速度，不可能相等。这些差异将产生 Safak(1997)展示的地表 - 井下放大比的变异性。然而，KiK-net 台网台站钻孔传感器通常放在工程基岩上。所以，钻孔深度的微小差异可能不会产生显著影响。

3 地震动预测方程(GMPE)的谱放大

第二个研究 T_s 和 v_{S30} 作为量度场地效应差异的方法是使用地震动预测方程的方法。比如，Zhao(2010)使用随机效应模型(Abrahamson 和 Youngs，1992)研究了几何衰减函数的选项；Zhao 和 Xu(2012)使用大致等效于随机效应模型的模型研究了日本俯冲带大地震的震级标度。Abrahamson 和 Youngs(1992)的随机效应模型把这一残差分成两部分，即事件间(Atik 等，2010 称为地震间)残差和事件内(Atik 等，2010 称为地震内)残差。理论上，事件间残差只对震级、震源距和场地类别具有理想分布的大数据集与震源参数有关。因为我们认为数据分布不好的可能影响可能是次要的，即使数据分布不理想，我们也不使用事件间残差。为了描述比如基于场地类别的地震动预测方程的 T_s 或 $T_{v_{S30}}$ 的连续场地参数的影响，我们需要重新获得由连续场地参数描述的但通过使用场地分类形成事件内残差的那部分场地效应。场地项加事件内残差含有随机事件内误差、与场地效应有关的随机误差和由经验模型中连续场地参数描述的场地效应的潜在部分。由于与事件内变异性和场地效应有关的随机误差可以被平均掉，从理论上讲，使用最小二乘法对场地项加随机事件内误差进行场地参数 T_s 或 $T_{v_{S30}}$ 的函数拟合可以获得适当的场地效应函数估计。然后使用场地间残差的标准偏差可以估计场地参数的适宜性。本方法的结果可以直接用于地震动预测方程，我们可以预期本数据集场地间变异性比第一种方法的大。本方法的结果或许说明了虽然很多地震动方程研发者认可 v_{S30} 在理论上单独表征场地效应不是好参数但多数地震动预测方程研发者仍然使用 v_{S30} 的原因。或许大的变异性隐含着有争议的用作代表场地效应的场地参数 v_{S30} 的理论不适宜性。

4 强震数据集

我们使用了两个数据集。第一个数据集由 KiK-net 台网获得，有 3 018 对地表 - 井下强震记录，记录的地震具有矩震级、可靠的震源深度和震源构造类型。这些地震的矩震级范围是 4.9 ~ 9.0，震源深度最深为 130 km。这些记录来自 10 个浅源地壳地震、31 个俯冲界面地震和 54 个俯冲板块地震事件，如表 2 所列和图 2 所示。震源距(至计算了有限断层大地震的断层破裂模型的最近距离和其余地震的震源距)最大为 300 km，使用了依赖震级的截断震源距以避开没有被触发台站的影响。959 对记录取自 SC I 场地，678 对取自 SC II 场地，399 对取自 SC III 场地，982 对取自 SC IV 场地，如表 3 所列和图 3 所示。这些记录将用于分析地表与井下加速度记录图之间的响应谱放大比。第二个数据集由 39 个浅源地壳地震、64 个俯冲界面地震和 37 个俯冲板块地震的记录组成，如表 4 所列和图 4 所示。共有 140 个地震事件的 2 014 条地震记录，很多取自第一个数据集，包括 SC I 场地 669 条、SC II 场地 476 条、SC III 场地 200 条和 SC IV 场地 678 条记录，如表 5 所列和图 5 所示。这些地震具有与第一个数据集相似的震级和震源深度范围。所有这些记录均来自地表台站，以前被 Zhao(2010)和 Zhao 与 Xu(2012)在评估地震动预测方程参数时使用过。

因为记录台站的 T_S 不可用,Zhao(2010)和 Zhao 与 Xu(2012)使用的其余记录在本研究中没有被使用。特别是,在两个数据集中我们都使用了 2011 年东北太平洋海岸近海 M_W9 地震的强震记录。对于仅有深至 20 m 深度剪切波速度的 K-NET 台网台站和港口与机场研究所的台站,我们使用最后层的剪切波速度作为 20~30 m 土层的剪切波速计算了 v_{S30}。对大范围的 v_{S20},Boore 等(2011)和 Kanno 等(2006)研发了上 20 m 平均剪切波速度(v_{S20})与 v_{S30} 之间的相关方程。我们的简单扩展似乎对通过使用 KiK-net 台网台站校准的 SCⅣ场地的效果是令人满意的。然而,简单地扩展最下层剪切波速度到 30 m 深度可能会导致不合理的 T_S 估计值。本研究使用的这两个数据集具有低水平的叠加地震动。第一个数据集含有 448 条第二个数据集的记录,第二个数据集含有 743 条第一个数据集的记录。对第一个数据集,这相对低的数据叠加水平使得不可能使用基于场地项加事件内残差表征给定地震内变化的分析(Abrahamson 和 Youngs,1992)。这是因为不在第二个数据集中的 KiK-net 台网地表记录的事件内残差是不可用的,除非基于两个数据集中的所有强震记录研发新地震动预测方程。在本研究中,关于 Zhao(2010)研发的地震动预测方程,计算了第一个数据集 KiK-net 台网地面记录的近似事件内残差。KiK-net 台网地面记录的结果将被用于对第二个数据集分析结果的确认。

表2 第一个数据集:每种震源机制和场地类型的地震数目

项目	震源机制			每种震源类型的总数
	逆冲	走滑	正断	
浅源地壳地震	6	4		10
俯冲界面地震	31			31
俯冲板块地震	35	8	11	54
每种震源机制组的总数	72	12	11	95

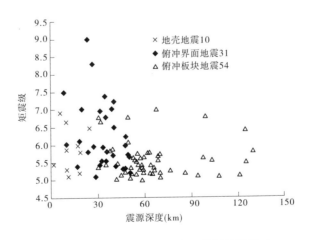

图2 第一个数据集:KiK-net 台网数据的地震对
震源深度和震级的分布(图例中给出了地震数目)

表3 第一个数据集:每个场地类别和震源类型的 KiK-net 台网记录数

项目	场地类别				每个震源类型的总数
	SC I	SC II	SC III	SC IV	
浅源地壳地震记录	155	105	58	104	422
俯冲界面地震记录	339	232	145	379	1 095
俯冲板块地震记录	465	341	196	499	1 501
每个场地类别的总记录	959	678	399	982	3 018

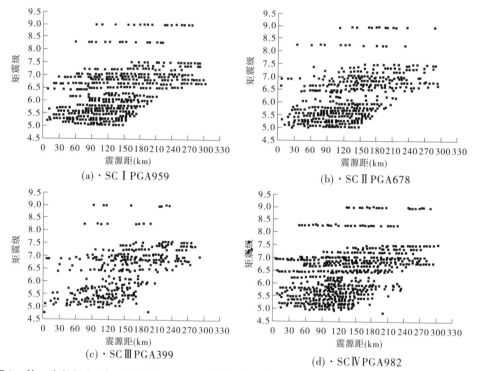

(a)·SC I PGA959   (b)·SC II PGA678

(c)·SC III PGA399   (d)·SC IV PGA982

图3 第一个数据集:本研究使用的 KiK-net 台站地面峰值加速度(PGA)强震记录的分布(为免受未触发仪器影响,使用了依赖震级的震源距。场地类别由场地周期确定)

表4 第二个数据集:每种场地类别和震源类型的地震数目

项目	震源机制				每种震源类型的总数
	未知	逆冲	走滑	正断	
浅源地壳地震		11	26	2	39
俯冲界面地震		62	2		64
俯冲板块地震	1	18	9	9	37
每种震源机制的总数	1	91	37	11	140

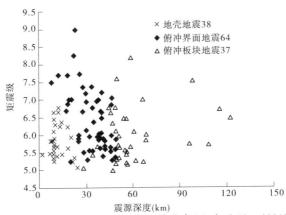

图 4   第二个数据集:地震相对震源深度和震级的分布(取自于 Zhao(2010,2011)的研究)

表 5   第二个数据集:每个场地类别和震源类型的记录数

项目	场地类别				每个震源类型的总数
	SC I	SC II	SC III	SC IV	
浅源地壳地震记录	122	84	12	79	297
俯冲界面地震记录	344	254	139	469	1 206
俯冲板块地震记录	203	129	49	130	511
每个场地类别的总记录	669	467	200	678	2 014

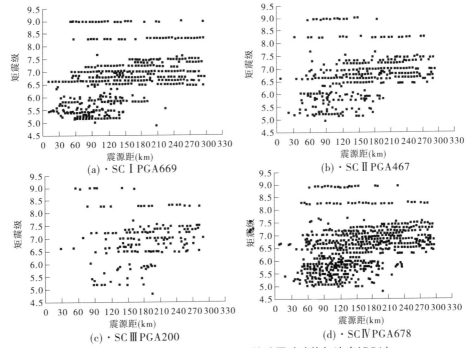

(a)·SC I PGA669

(b)·SC II PGA467

(c)·SC III PGA200

(d)·SC IV PGA678

图 5   第二个数据集:本研究使用的地震动峰值加速度(PGA)
强震记录的分布(场地类别由场地周期确定)

对 SCⅢ和 SCⅣ场地,在地表土场地的地震动峰值加速度(PGA)大于 $0.2g$ 时,显著的非线性响应就可能显现。在第一个数据集中,取自 SCⅢ和 SCⅣ场地的 1 381 条记录中,只有很小一部分,即 49 条的几何平均峰值加速度大于 $0.2g$。在第二个数据集中,只有取自 SCⅢ和 SCⅣ场地的 77 条记录具有超过 $0.2g$ 的几何平均加速度值。我们预期如此小部分台站的非线性土层效应不会对本研究报告的结果产生显著影响。注意,一些地震动预测方程的非线性模型(Walling 等,2008)是从数字模拟导出的(Abrahamson 和 Silva,2008;Campbelland Bozorgnia,2008;Chiou 和 Youngs,2008),表明不可能仅根据强震记录推导出能够解释土层非线性的可靠地震动预测方程项。本研究给出的结果仅适用于地震动预测方程线性场地项(不依赖于岩石场地峰值地面加速度或谱)。

5 第一个数据集的 KiK-net 台网响应谱放大比分析

首先我们计算每个场地的平均谱放大比。对于具有大量记录的场地,通过取每个场地的所有记录的平均放大比可使震级和震中距的影响最小化。少数台站只有一个记录,这个记录的放大比被取为平均放大比,而在随机效应模型中,单个记录的残差可以被分为场地间残差和场地内残差。基于地表 - 井下放大比随 T_s(或 $T_{v\mathrm{S}30}$)的变化,使用了一些可能的函数描述平均放大比。我们选择了统计上显著和标准偏差最小的最少项的函数。基于这个选择程序,用下列简单场地参数函数拟合了地表与井下响应谱之间的场地放大比:

$$\ln\left[A_{\mathrm{SB}}(T, T_{\mathrm{SP}})\right] = a_{\mathrm{SB}}(T_{\mathrm{SP}})T + b_{\mathrm{SB}}(T_{\mathrm{SP}})\ln T + c_{\mathrm{SB}}(T_{\mathrm{SP}})(\ln T)^2 + d_{\mathrm{SB}}(T_{\mathrm{SP}}) \quad (3)$$

式中:T 为 T_s 或 $T_{v\mathrm{S}30}$;$a_{\mathrm{SB}}(T_{\mathrm{SP}})$、$b_{\mathrm{SB}}(T_{\mathrm{SP}})$、$c_{\mathrm{SB}}(T_{\mathrm{SP}})$ 和 $d_{\mathrm{SB}}(T_{\mathrm{SP}})$ 是给定 T_{SP} 值的回归系数。

即使是式(3),对一些谱周期也不是所有的项都是统计显著的,我们只使用了统计上显著估计值的项。因为我们的初步研究表明,表征场地参数的阻抗比项不是统计显著的,我们没有把它用作方程(3)的场地参数。在将来的研究中可以开展这方面的进一步工作。放大比自然对数与由方程(3)计算的结果之间的差异,被称为简单模型的场地间残差。它们的标准差被称为场地间变异性(τ_s)。注意 τ_s 是本研究的主要参数,已确定 τ_s 对方程(3)的具体函数形式不很敏感。图 6 示出了谱周期为 0.5 s(上排图)和 1.0 s(下排图)的放大比。左边的图是 T_s 表征的相应曲线,右边的图是 $T_{v\mathrm{S}30}$ 表征的相应曲线。对于 0.5 s 的谱周期,拟合方程的场地间标准偏差使用 T_s 时是 0.45,使用 $T_{v\mathrm{S}30}$ 时是 0.43,这表明两个表征场地效应的参数同样好。对于 1.0 s 的谱周期,拟合方程的场地间标准偏差使用 T_s 时是 0.32,使用 $T_{v\mathrm{S}30}$ 时是 0.37,说明 T_s 略好于 $T_{v\mathrm{S}30}$,尽管还需要统计检验的确认。图 7 示出了谱周期为 2.0 s(上排图)和 4.0 s(下排图)的放大比;左边的图是 T_s 表征的相应曲线,右边的图是 $T_{v\mathrm{S}30}$ 表征的相应曲线。图 7 右边图的离群值明显大于左边图的。对于两个谱周期,T_s 的拟合方程的标准偏差比 $T_{v\mathrm{S}30}$ 的小,初步说明 T_s 是更好的场地参数。

按照表 1 使用 T_s 定义的场地类别对这些残差进行分组,然后对每个场地类别计算场地间残差的标准偏差。图 8 比较了使用 $T_{v\mathrm{S}30}$ 和 T_s 的 4 个场地类别由方程(3)导出的场地间标准偏差(为了在所有相关图中表述方便,标为场地间变异性)。对 SCⅠ(岩石)、SCⅡ(硬土)和 SCⅢ(中硬土)这三个场地类别,使用 T_s 或 $T_{v\mathrm{S}30}$ 得到的所有谱周期的标准偏差都近于相同。在一些谱周期上,SCⅠ 和 SCⅢ 场地的 0.2 ~ 0.7 s 和 SCⅣ 场地的高达 0.5

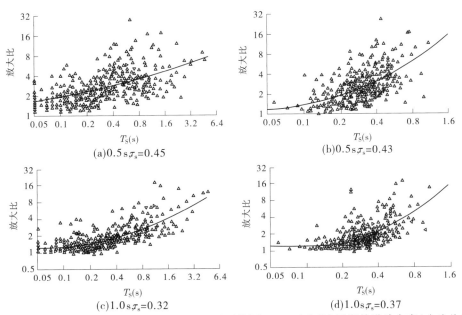

(a)0.5s,τ_s=0.45   (b)0.5s,τ_s=0.43

(c)1.0s,τ_s=0.32   (d)1.0s,τ_s=0.37

图6 KiK-net 场地地表和井下记录之间 0.5 s(顶排)和 1.0 s(底排)周期的谱放大率(左边的图以 T_s 为场地参数,右边的图以 T_{vS30} 为参数)

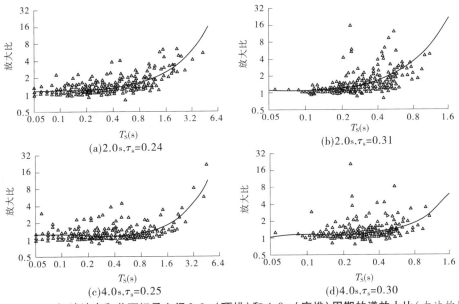

(a)2.0s,τ_s=0.24   (b)2.0s,τ_s=0.31

(c)4.0s,τ_s=0.25   (d)4.0s,τ_s=0.30

图7 KiK-net 场地地表和井下记录之间 2.0 s(顶排)和 4.0 s(底排)周期的谱放大比(左边的图以 T_s 为场地参数,右边的图以 T_{vS30} 为场地参数)

s,基于使用 T_{vS30} 的场地间标准偏差略小于使用 T_s 得到的标准偏差。对 SCⅣ场地,谱周期大于 1 s 时使用 T_s 的场地间标准偏差小得多,如图 8(d)所示。图 9(a)示出了所有数据作为一组的场地间标准偏差。使用 T_s 获得的标准偏差在短谱周期段与使用 T_{vS30} 获得的类似,在 1~4.5 s 的周期范围其标准偏差适度小于使用 T_{vS30} 获得的。在使用 T_S 的标准偏差和使用 T_{vS30} 的标准偏差类似的假设下,F 检验的概率在 0.9~4.5 s 谱周期范围内小于5%,如图 9(a)所示,表明在这个周期范围 T_S 在统计上导致了比 T_{vS30} 较小的不确定性。然而,图 9(b)表明,同样假设的概率仅对 SCⅣ 场地在 1.25~5 s 期范围小于 5%,而对 1 s 或更长的谱周期,小于 10%。这些结果说明,对在软土场地上 1~5 s 周期范围内预测谱加速度放大比来说,T_S 是比 T_{vS30} 更好的场地参数。对于其他场地类别和周期段,T_{vS30} 和 T_S 具有同样的效果。

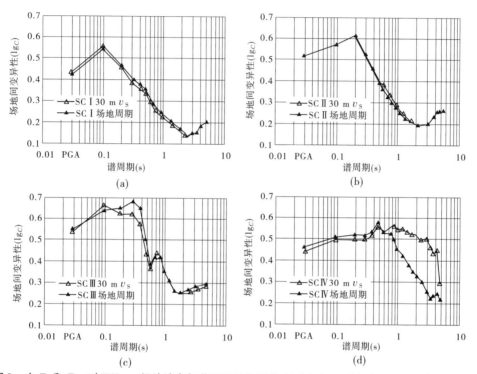

(a)

(b)

(c)

(d)

图 8 由 T_S 和 T_{vS30} 对 KiK-net 场地地表与井下记录得到的 SCⅠ(a)、SCⅡ(b)、SCⅢ(c)与 SCⅣ(d)

场地类别的场地间标准偏差(为表达方便,标为场地间变异性)比较(为表达方便,在 0.03 s 谱周期画出了地震动峰值加速度(PGA)值)

在使用场地类别时,可以把选择性场地内类别残差定义为每个记录与每个场地类别内平均放大比的残差差异(假设每个场地类别内放大比为常数)。图 10(a)示出了这三个离散场地类别的场地内类别残差的标准差。对 SCⅠ、SCⅡ和 SCⅢ这前三个场地类别,随着从 SCⅠ 到 SCⅢ 增加场地类别时,所有周期的场地内类别标准偏差都具有随增加 T_S 而增加的趋势。对 SCⅣ 场地,短周期的场地内类别标准偏差小于其他三个场地类别的,而长周期的场地内类别标准偏差变得远大于其他三个场地类别的。图 10(b)中短周期的场地内残差的标准偏差一般远小于场地间残差的标准偏差(图 10(a)中),但对岩石场地和硬土地(SCⅠ和SCⅡ),它们在长周期段是相似的。场地内残差不包括场地内残差大致为零的单记录场地。软土场地(SCⅣ)所有周期的场地内残差的标准偏差都比场地间残差的小很多。本研究获得的小场地内标准偏差或许是如 Atkinson(2006)报告的那样特定场地获得的强震记录标准偏差会小于区域地震动预测方程的原因之一。场地内标准偏差小于场地间标准偏差表明,在同一给定场地不同地震放大比相似的概率高于相同场地类别或 T_S 相同的两个场地的放大比相似的概率。与场地间标准偏差相比,场地内变异性小表明,由于在理论上适当的场地模拟也可以减少预测的场地放大比的变异性,这种特定场地的地震危险性分析可以排除场地间标准偏差。然而,理论场地效应模型选择中的不确定性将等价于这种情况的场地间变异性。

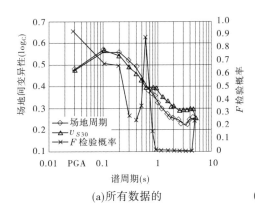
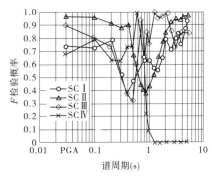

(a)所有数据的   (b)KiK-net场地地表和井下记录的每个场地类别

图9 KiK-net 场地地表和井下记录使用 T_S 和 T_{vS30} 场地间残差的场地间标准差和 F 检验的概率
(为表述方便,在对数标度下 0.03 s 谱周期画出了地震动峰值加速度(PGA)值)

图 10(b)也显示出 SC I 和 SC II 场地的直到 0.4 s 短周期的场地间标准偏差比 SC III 和 SCIV 场地的大。一种可能的原因是周期接近 T_S 时其变异性具有相对偏大的趋势,虽然这种变异性被随着谱周期增大至 1.5 s 总体上场地间标准差减小所掩盖。如果这种线性减少被去除,在每个场地类别的 T_S 均值点,这种场地间变异性趋于达到峰值。SC I 和 SC II 场地的 T_S 范围使 T_S 小于 0.4 s,这或许就是短周期场地内标准偏差相对较大的原因。

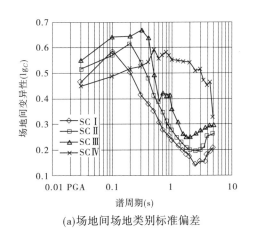
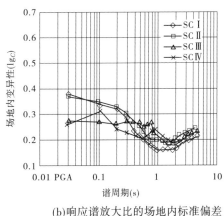

(a)场地间场地类别标准偏差   (b)响应谱放大比的场地内标准偏差

图10 假设 KiK-net 场地地表和井下记录的每个场地类别的放大比为常数(为表述方便在对数标度下 0.03 s 谱周期点画出了地震动峰值加速度(PGA)值)

6 第二个数据集记录的地震动预测方程的残差分析

类似于前面对 KiK-net 台网地震动数据的分析,我们使用场地项的均值加每个场地的事件间残差以使与路径效应有关的变异性最小化。场地类别项指数加事件内残差被称为场地效应因子 B 场地。根据与方程(3)相同的选择程序,我们使用 T_S 和 T_{vS30} 的下列简单函数对平均值进行拟合:

$$\ln\left[B_{场地}(T, T_{SP})\right] = a_{场地}(T_{SP})T + b_{场地}(T_{SP})\ln T + c_{场地}(T_{SP})(\ln T)^2 + d_{场地}(T_{SP}) \quad (4)$$

式中:$a_{场地}$、$b_{场地}$、$c_{场地}$ 和 $d_{场地}$ 是给定谱周期 T_{SP} 的回归系数。

进行 t 检验以检测方程(4)中每个系数的统计显著性,仅保留在 5% 显著水平上统计显著的系数(绝对值大于零时)。如前所述,与拟合的经验场地模型有关的变异性被称为场地间变异性,方程(4)的标准偏差将是本研究量化场地效应的主要指标。

图 11 示出了取自 Zhao(2010)和 Zhao 与 Xu(2012)研究的每种场地的场地效应因子均值和由方程(4)对地震动峰值加速度及 0.5 s 谱加速度计算的值。因为长周期场点数目少,在图 11 的左图中,场地效应因子随场地周期增加而减小的变化曲线在长周期段被约束较差,要获得可靠的估计值需要更多的场点。方程(4)也可能不是描述场地效应的最佳经验模型。然而,本研究的主要目的是通过场地间标准偏差的评估来选择对其内平均场地效应因子的细节变化不很敏感的场地参数。例如,如果我们使用比方程(4)更复杂的模型来实现长周期段常数场地效应因子,场地间标准偏差 τ_s 就变化不大。图 12 示出了谱周期为 1.0 s 和 2.0 s 的结果。使用 T_S 或 T_{vS30} 的方程(4)描述的经验模型的标准偏差很相似,对地震动峰值加速度和 0.5 s 周期,使用 T_{vS30} 的标准偏差略小。对 1.0 s 和 2.0 s 的谱周期,两个场地参数的标准偏差非常类似。

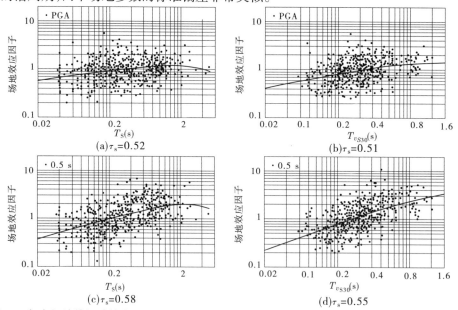

图 11 每个场地的场地效应因子和拟合场地效应因子的简单函数(左边以 T_S 为场地参数,右边以 T_{vS30} 为场地参数。上排图是地震动峰值加速度(PGA),下排图是 0.5 s 周期的谱加速度)

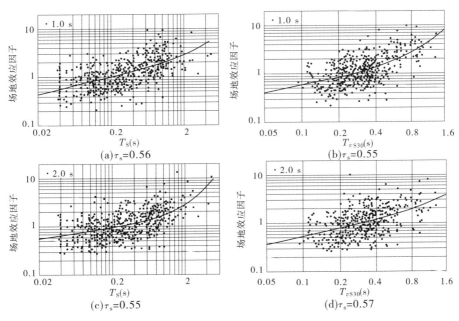

图12 每个场地的场地效应因子和拟合场地效应因子的简单函数(左图以 T_S 为场地参数，
右图以 T_{vS30} 为场地参数。上排是 1.0 s 谱周期的结果，下排是 2.0 s 谱周期的结果)

图13比较了使用 T_S 或 T_{vS30} 代替方程(4)中 T_S 得到的场地间标准偏差。对 SC Ⅰ 场
地，如图13(a)所示，使用 T_S 和 T_{vS30} 的所有谱周期的标准偏差都很相似，虽然使用 T_{vS30} 导
致了比使用 T_S 略小的标准偏差。对 SC Ⅱ 场地，图13(b)示出了在 0.8 ~ 3 s 的谱周期范
围使用 T_S 导致了比使用 T_{vS30} 较小的标准偏差。对其他谱周期，两个场地参数产生了很相
似的标准偏差。对 SC Ⅲ 场地，图13(c)示出了在直到 0.6 s 的周期段，使用 T_S 导致了比
使用 T_{vS30} 略大的标准偏差。在大于 0.6 s 的多数谱周期上，T_S 的使用导致了较小的标准
偏差。然而，对于 SC Ⅳ 场地，使用 T_S 导致了 0.3 ~ 1.0 s 周期段比使用 T_{vS30} 大得多的场地
间标准偏差，而在大于 1.2 s 的周期段，使用 T_S 导致了较小的标准偏差，如图13(d)所示。

图14(a)表明，对 SC Ⅳ 场地，在 0.6 ~ 0.9 s 的周期范围内，对两种场地参数的场地间
残差在统计上具有相似标准差假设的 F 检验概率小于 10%，其中 T_S 比 T_{vS30} 表现得更差。
对其他三个场地类别，F 检验概率大于 25%。图14(b)示出了事件内/场地的标准偏差
$\sigma_{事件/场地}$，即每个记录事件内残差与给定场地平均事件内残差之间残差的标准偏差。在事
件内场地标准偏差计算中，去除了单记录台站的结果。图14(b)也给出了 Zhao(2010)模
型的事件内标准偏差。该事件内标准偏差比本研究得到的事件内场地标准偏差大得多。
对于地震动峰值加速度，场地间和事件内场地标准偏差是相似的。对于其他谱周期，事件
内场地标准偏差或类似于或小于图13示出的场地间标准偏差。对于 SC Ⅳ 场地，其他周
期的事件内场地标准偏差比场地间标准偏差小得多。本研究的总事件内标准偏差 $\sigma_{事件内}$

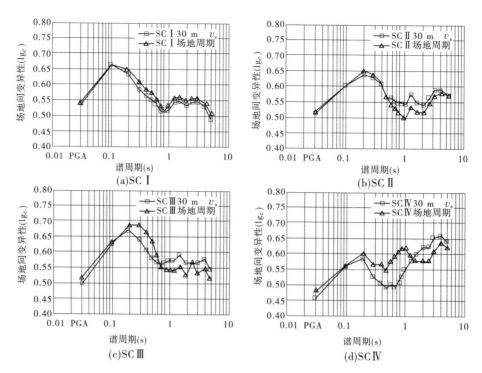

图 13　以 T_{vS30} 和 T_S 作为场地参数模拟的场地间标准差（为表述方便，标为场地间变异性）之间的比较（为在对数标度下表述方便，在 0.03 s 周期点画出了地震动峰值加速度（PGA））

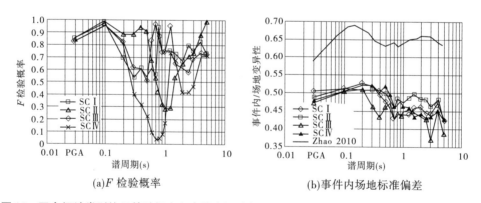

图 14　四个场地类别的 F 检验概率和事件内场地标准偏差（为在对数标度下表述方便，在 0.03 s 周期点画出了地震动峰值加速度（PGA）值）

可由下式计算：

$$\sigma_{\text{事件内}} = \sqrt{\sigma_{\text{事件/场地}}^2 + \tau_s^2} \tag{5}$$

总事件内标准偏差 $\sigma_{\text{事件内}}$ 几乎与 Zhao（2010）的事件内标准偏差相同。单场地标准偏差 $\sigma_{\text{单场地}}$ 由下式定义：

$$\sigma_{单场地} = \sqrt{\sigma^2_{事件/场地} + \tau^2_{事件间}} \tag{6}$$

式中:$\tau^2_{事件间}$是地震动预测方程的事件间的标准偏差。显然,因为不含有 τ_s,$\sigma_{单场地}$ 可能小于地震动预测方程的总区域标准偏差,这与 Atkinson(2006) 的结果相同。

图 9(b) 与图 14(a) 所示结果之间不同的可能原因是在第二个数据集中引入了 KiK-net 台网台站和港口与机场研究所的台站,因为所有 KiK-net 台网台站和一些港口与机场研究所台站都仅有到 20 m 的剪切波速度。估计这种可能性的一种方法是比较 KiK-net 台网数据和第二个数据集中的其余台站的平均场地间残差和标准偏差。结果表明,第二个数据集内使用 T_s 和 T_{vS30} 的这两组数据之间的标准偏差在统计上是相似的,F 检验概率超过 30%。对于使用 T_{vS30} 的数据,5% 显著水平的 t 检验表明,KiK-net 台网数据的平均场地间残差在统计上也与第二个数据集的其余数据相似。另一个 t 检验表明,在一些周期上,KiK-net 台网数据的平均场地间残差在统计上不同于第二个数据集的其他台站的数据,但这种差异不很显著,约为 10% 或更少。可以证明,在数据集内两组数据平均场地间残差之间的这一差异水平,将导致整个第二个数据集标准偏差微不足道的增加。这些结果说明,由第一和第二个数据集得到的矛盾结论不可能是由第二个数据集中两组台站之间场地周期的不一致造成的。

理论上,如果地震动预测方程使用的数据集大且在地震事件与地震动台站(其中记录总数大,每个台站的记录数同样大)之间分布均匀,对特定场地通过平均事件间残差及场地项可以消除来自震源和路径效应的随机误差。对这种完美的数据集,可以完全分离事件内和事件间的误差。然而,Zhao(2010) 和 Zhao 与 Xu(2012) 的地震动预测方程使用的数据集远不理想,特别是本研究使用的部分数据集。多数台站记录数相对较少,许多地震也如此。因此,一些事件间的随机误差和事件内的误差可能传播到了场地间的变异性。因为在接近 T_s 的谱周期时放大比趋于变大,传播到场地间残差的误差在接近 T_s 的谱周期可能大于其他周期。而且,由于可用的大于 1.5 s 反应谱周期的记录数随谱周期的增加而快速减少,数据分布不适当的影响可能随周期的增加而增加。因此,图 9(b) 与图 14(a) 在场地周期及长周期的结果差异可能是由图 15 清晰示出的第二个数据集中较大的变异性造成的。在长周期段,第一个数据集的标准偏差远小于第二个数据集的,这种差异随谱周期的增加而增加。这种长周期的大差异可能是由随谱周期增加记录数减少而加重误差传播的结果。对 SC I 场地的短周期,图 15(a) 和 (b) 显示出所有谱周期的第一个数据集的标准偏差都比第二个数据集的小很多倍。SC I 场地地震动峰值加速度和短周期的这种大的差异可能由短的场地周期(0 ~ 0.2 s)造成,其中在谱周期接近 T_s 处这种变异性趋于增大。如图 15(c) ~ (h) 所示,在短周期和 SC II、SC III 和 SC IV 场地,两个数据集在比场地周期短的谱周期的标准偏差一般是相似的。

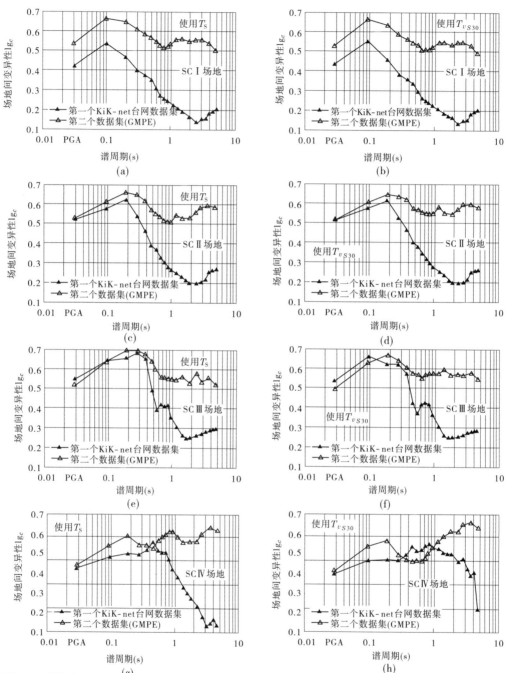

图15 地震动预测方程(GMPE)第一个数据集(KiK-net 地表 – 井下谱放大比)和第二个数据集的场地间标准偏差的比较(左图示出了使用 T_S 作为场地参数的结果,右图示出了使用 T_{vS30} 作为场地参数的结果。顶排是 SCⅠ场地的,第二排是 SCⅡ场地的,第三排是 SCⅢ场地的,第四排是 SCⅣ场地的。为在对数标度下方便表述,在 0.03 s 周期点画出了地震动峰值加速度(PGA)值)

7 第一个数据集记录的地震动预测方程的残差分析

使用地表和井下谱放大比对第一个数据集分析的结果似乎与 Zhao（2010）和 Zhao 与 Xu（2012）在地震动预测方程研究中所用的第二个数据集的分析结果不一致。有可能是因为第二个数据集含有一些没有测量到基岩的剪切波速度的记录台站。为了弄清楚这一情况，我们给出了场地类别项加第一数据集中地表记录事件内残差分析的结果。但是，在 Zhao（2010）和 Zhao 与 Xu（2012）的地震动预测方程研究中没有使用第一个数据集中的 1 796 条地表记录，所以事件内残差不总是可用的。我们使用了计算这些记录的事件内残差的一种近似方法。

我们根据 Zhao（2010）的地震动预测方程计算了第一个数据集中 1 796 条地表记录的总残差，并计算了每个地震的平均总残差。然后把每个地震事件的平均总残差当作近似事件间残差，把总残差和近似事件间残差之间的差异当作近似事件内残差。然后，把该近似事件内残差与 Zhao（2010）和 Zhao 与 Xu（2012）研究中包含的记录事件内残差结合起来。将分析第二个数据集使用的相同过程和 Zhao（2010）及 Zhao 与 Xu（2012）的地震动预测方程研究中第一个数据集其余记录的数据，一起被用于场地项加事件间残差。请注意，他们的模型参数没有公布。

图 16 示出了所有数据作为一组的场地间变异性和 F 检验概率。对于直到 0.5 s 和 2.0 s 或更长的谱周期，由 T_S 和 T_{vS30} 得到的事件间标准偏差非常相似。在其他周期段，使用 T_S 的标准偏差比使用 T_{vS30} 的小 0.05。在 0.6 ～ 1.2 s 的谱周期范围，接受两种场地参数相等标准偏差的概率小于 10%，在 0.7 ～ 1 s 的谱周期范围，小于 5%。在 0.7 ～ 1.0 s 的周期范围，对放大比使用 T_S 导致了在统计上场地间标准偏差的显著减小。

图 17 示出了 4 个场地类别数据的场地间残差和 F 检验概率。图 17（a）表明，对 SC Ⅰ 场地，使用 T_S 和 T_{vS30} 得到的场地间标准偏差几乎相同，接受在统计上相似标准偏差的概率大于 60%。对图 17（b）中的 SC Ⅱ 场地，两种场地参数的标准偏差也几乎一样，F 检验概率超过 90%。对 SC Ⅲ 场地，图 17（c）显示出，对直到 0.5 s 的周期段，由两种场地参数得到的场地间标准偏差也近于相同。在其他周期段，使用 T_S 得到的标准偏差比使用 T_{vS30} 得到的小 0.05。对所有的谱周期，F 检验的概率大于 45%。图 17（d）显示出，在直到 0.3 s 和 1.5 s 或更长的谱周期段，使用 T_S 的标准偏差和使用 T_{vS30} 的很相似。在 0.4 ～ 1.25 s 的周期段，使用 T_S 得到的标准偏差比使用 T_{vS30} 得到的约小 0.05。对所有的谱周期段，接受使用两个场地参数等场地间标准偏差的 F 检验概率大于 20%。这些结果表明，对所有场地类别的所有周期，由两种场地参数得到的标准偏差的差异在统计上是相似的。但是，使用 T_S 比使用 T_{vS30} 对 SC Ⅲ 和 SC Ⅳ 场地的 0.7 ～ 1.0 s 谱周期范围得到的较低标准偏差，导致了对所有场地作为一组时使用 T_S 比使用 T_{vS30} 的统计上较低的标准偏差。

8 使用 T_{vS30} 和 T_S 预测的放大比比较

众所周知，在地震动预测方程中使用适当的场地模拟参数通常不会导致模型标准差

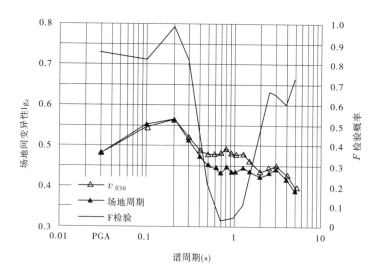

图16 对第一个数据集做一组的地震动预测方程(GMPE)的 KiK-net 地表记录,以 T_{vS30} 和 T_S 作为场地参数模拟的场地间标准偏差的比较(为在对数标度下表述方便,在 0.03 s 周期点画出了地震动峰值加速度(PGA))

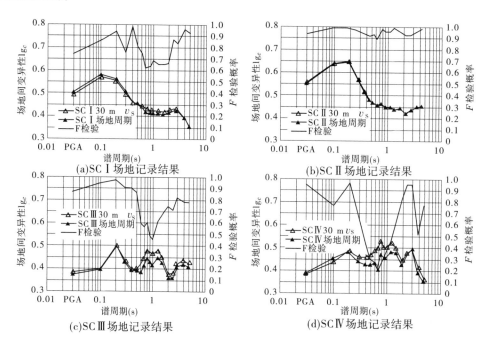

(a)SC I 场地记录结果   (b)SC II 场地记录结果

(c)SC III 场地记录结果   (d)SC IV 场地记录结果

图17 对相对于地震动预测方程(GMPE)的 KiK-net 地表记录,使用 T_{vS30} 和 T_S 作为场地参数模拟的场地间标准偏差的比较(为在对数标度下表述方便,在 0.03 s 周期点画出了地震动峰值加速度(PGA)值)

显著减少。然而,适当的场地模拟可导致与场地类别定义一致的适当谱形状。Zhao 等(2006)的研究表明,由使用基于 T_S 的场地分类的地震动预测方程得到的 SC II、SC III 和

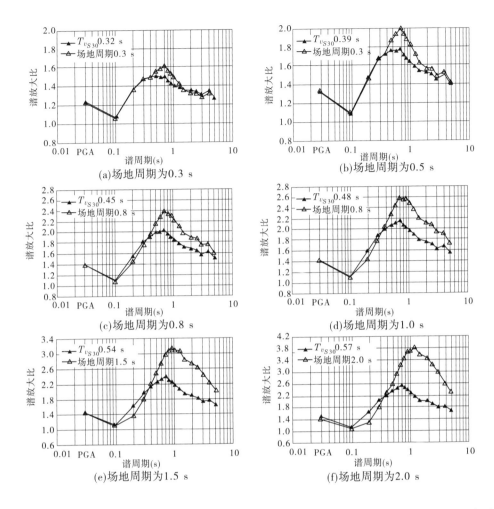

图 18　使用 T_{vS30} 和 T_S 得到的土层场地相对 0.1 s 场地周期岩石场地的谱放大比的比较(为在对数标度下表述方便,在 0.03 s 谱周期点画出了地震动峰值加速度(PGA)值)

SC Ⅳ场地,对 SC Ⅰ 场地的谱放大比导致了远比使用基于地质和土工技术描述的场地分类更一致的放大比。Fukushima 等(2003)发现,对欧洲数据使用基于 T_S 的场地分类使回归标准偏差减小很少,但得到了较好的谱形状。最近的一项研究(Di Alessandro 等,2012)也发现了类似的结果。这些结果意味着获取一致的中值放大比也是使用适当场地参数的重要指示。一致的放大比意味着:

(1)峰值放大比随 T_S 的增加趋于上升;

(2)峰值放大比至少对 SC Ⅰ 、SC Ⅱ 和 SC Ⅲ 及一些 SC Ⅳ场地,具有出现在 T_S 附近周期的趋势。

图 18 给出了由下式计算的响应谱放大比 $A_{场地}$:

$$A_{场地}(T_{场地}, T_{SP}) = \frac{B_{场地}(T_{场地}, T_{SP})}{B_{场地}(T_{岩石}, T_{SP})} \tag{7}$$

选择了岩石场地周期$T_{岩石}=0.1$。对一些场地周期,放大比随T_S的变化不是光滑的,这可能是使用不完整的数据集造成的。对图18示出的所有场地,在直到0.4 s的周期段,使用T_S得到的放大比与使用T_{vS30}得到的非常相似。呈现出的良好一致性是T_S和T_{vS30}在短周期良好相关的结果,如图1所示。在大于0.4 s的谱周期段,使用T_{vS30}计算的峰值放大比一般小于使用T_S计算的值,随着T_S增加,这种差异迅速上升。由于如图1所示T_{vS30}相对T_S的饱和,使用T_{vS30}的长周期放大比相对使用T_S被严重低估了。

9 结论

本研究可以得到下列结论:

(1)对于$T_S<0.4$ s的场地,场地周期(T_S,4倍的剪切波在土层中的走时)与T_{vS30}(120 m/v_{S30},至30 m深度以m/s为单位的平均剪切波速度)之间的相关性很好。这意味着,对短周期场地,v_{S30}和T_S都可以用作场地参数模拟反应谱放大比,二者的预测能力相同。对大于0.5 s的周期,T_{vS30}与T_S之间相关性的变异性很大。

(2)对KiK-net台网记录,场地间误差的标准偏差,每个场地的平均残差与用于估计响应谱放大比的经验模型之间的差异,在自然对数标度中的变化范围是0.18~0.6。较大的值与短谱周期有关,较小的值与长谱周期有关。

(3)对KiK-net台网记录,代表每个台站不同记录放大比变化的场地内误差的标准偏差在短谱周期段远小于场地间残差的标准偏差,但在长周期段相似。

(4)对KiK-net台网数据,依据场地间误差的标准偏差,对于$T_S>0.6$ s的场地,作为模拟放大比的场地参数,T_S比v_{S30}好。对于中短周期的场地,由使用T_S和v_{S30}得到的放大比变异性在统计上相似。

(5)使用T_S或v_{S30}模拟场地类别项,加上Zhao(2010)和Zhao与Xu(2012)的事件内残差,导致了三个场地类别(岩石、硬土和中硬土)和软土场地多数谱周期统计上相似的场地间标准偏差。在几个约0.8 s的周期,v_{S30}导致了在统计上比T_S小的标准偏差。

(6)场地放大比相对小的场地内标准偏差可能是单场地标准偏差小于区域地震动预测方程标准偏差的原因。

(7)根据Zhao(2010)和Zhao与Xu(2012)的地震动预测方程对第一个数据集KiK-net台网地表记录的近似事件内残差模拟表明,对每个场地类别的所有周期,T_S和v_{S30}导致了相似的场地间标准偏差。所有记录作为一组时场地周期导致了多数周期统计上相似的场地间标准偏差。

(8)即使对第二个数据集使用T_S计算的场地间变异性在统计上与使用v_{S30}的相似,但对地震动预测方程来说,T_S仍是可论证的较好场地参数。这是因为使用T_S导致了比使用v_{S30}更合理的中值放大比,特别是对软土场地的长谱周期段。

数据与来源

本研究使用的强震记录来自日本国家地球科学与防灾研究所运行的K-NET台网和

KiK-net 台网以及港口与机场研究所运行的台网。

译自:Bull Seismol Soc Am. 2013,103(1):1-18
原题:A Comparison of v_{S30} and Site Period as Site-Effect Parameters in Response Spectral Ground-Motion Prediction Equations

杨国栋、郑和祥译;吕春来校

评估地震场地响应中土体的非线性行为：KiK-net 台网强震数据的统计分析

J. Régnier   H. Cadet   L. F. Bonilla   E. Bertrand   J. - F. Semblat

摘要：通过日本 KiK-net 台网数据库的各种地震记录，研究了土体的非线性行为对场地响应的影响。这个台网由不少于 688 个地表 - 井下仪器构成，从这个台网还获得了直到井孔深度的剪切波和压缩波速度剖面的特征。为了通过计算每个场地的地表与井下频谱比来表征土体的线性行为，我们挑选了井下台站地震动峰值加速度（PGA）< 10 cm/s^2 的事件。使用强震动事件（$PGA > 50$ cm/s^2）计算的场地响应曲线相对线性表征的变化被认为是由非线性土体行为造成的。

为了描述每个事件土体非线性行为对场地响应的影响，我们提出了场地响应曲线相对线性估计的变化（放大或衰减）百分比（PNL_{ev}，非线性百分比）和有关的位移频率（Sh_{ev}）。这些参数被用于估计非线性场地响应显著区别于相应线性场地响应的概率。我们发现，不管何种场地，这个概率即使对低输入地震动峰值加速度（井下传感器的值不小于 30 cm/s^2）也是重要的。这表明，在中强地震动场地响应评估中必须考虑非线性土体行为。

此外，对记录了至少两个强震事件（井下 $PGA > 50$ cm/s^2）的 KiK-net 台网数据库的 54 个场地，我们定义了每个场地的表征土体非线性行为对场地响应影响的另外 4 个参数：①地震动峰值加速度阈值（PGA_{th}），定义为 PNL_{ev} 高于 10% 的地震动峰值加速度值；②地震动峰值加速度为 50 cm/s^2 的特定场地的 PNL（PNL_{site}）；③地震动峰值加速度为 50 cm/s^2 的卓越频率的特定场地移位（Sh_{site}）；④在非线性场地和线性场地响应之间观测到衰减的频率（fNL）。我们观察到，在 fNL 之下的频率，非线性土体行为可增强放大作用。我们发现，fNL 介于场地响应基频率和卓越共振频率之间，近地表具有 V_s 反差的场地触发低地震动峰值加速度输入阈值的非线性行为。这些结果表明，非线性行为多发生在地表土层中。此外，通过研究地表的地震水平与垂直频谱比的土体非线性行为，我们发现它们对评估 fNL 频率和位移频率（Sh_{site}）能够给出满意的结果（等价于井下场地响应的分析），这表明本研究获得的部分结果可以扩展到没有井下传感器的其他数据库。

引言

土体的分层和盆地几何形状能够局部放大地震波得到了广泛的认可（如 Bard 和 Bouchon,1985）。这些所谓的场地效应能够显著地增大地表的地震动及加重随后的人工建筑的破坏。因此，精确评估场地效应对地震工程界意义重大。振幅由低到高的地震动观测数量的增加有助于对波传播物理现象的认识和对沉积物响应的模拟（如 Field 等，1997）。波传播的线性理论在涉及硬岩土小形变的很多地震学问题中是成立的。然而强震动期间场地效应的预测可能涉及软材料和大形变。在这种情况下，实验室测试（如 Ishibashi 和 Zhang,1993）和垂直排列记录表明，应力—应变空间中的土体行为是非线性的且显示出滞后（如 Zeghal 和 Elgamal,1994;Assimaki 等,2008）。

通常借助沉积场地和附近岩石场地(所谓的参考场地)同时记录的频谱比来估计经验场地响应。使用这一方法时,要克服的主要问题是选择可靠的参考场地。参考场地绝不能放大地震波且距研究场地足够近以使对这两个场地从震源的传播路径保持相同。带有井下参考场地的加速度计的垂直排列克服了这后者的困难。然而必须注意井下数据(井孔底部记录的)包含了主要由下行波场产生的一些虚假干扰(如 Bonilla 等,2002;Cadet,Bard 和 Rodriguez-Marek,2012)。在高地震活动区域,加速度计的竖向排列已经提供了非线性土体的直接证据。在强地震动研究回顾中,Beresnev 和 Wen(1996)说明土体非线性行为对地震观测的影响是显著的。最近,通过对比由弱震动和强震动计算的场地响应曲线显示了存在土体非线性行为的证据(如 Wen,1994;Iai 等,1995;Satoh 等,1995;Sato 等,1996;Aguirre 和 Irikura,1997;Field 等,1997;Noguchi 和 Sasatani,2008;Wen 等,2011)。在中国台湾(如,Zeghal 等,1995;Glaser 和 Baise,2000)和日本(如,Pavlenko 和 Irikura,2003;Kokusho,2004;Pavlenko 和 Irikura,2006),加速度数据也已被用于确定剪切模量退化和阻尼比曲线。最后,在加速度时程中也直接观察到了非线性行为,其中膨胀的交替和孔隙水压力的产生能够引起在加速度时程中直接可见的峰值(如 Bonilla 等,2005,2011)。

在低地震活动区域,地表强地震动记录数量有限甚至缺失。然而,为了精确预测地震动,也应该考虑土体非线性行为。在本研究中,我们的方法是以统计的方式通过非线性土体行为对地震场地响应的影响观察土体、场地响应与入射地震动参数之间的关系。本文的目的是:①定义表征非线性土体行为对场地响应影响的参数(对每个事件和作为特定场地考虑一个场地的所有记录);②定义表征场地与入射地震动的参数和与非线性场地响应评价有关的参数;③定义这两组参数之间的相关性;④定义这些现象对场地响应有显著影响的入射地震动的强度水平。

我们选择特征明显的日本 KiK-net 台网井孔依据经验估计非线性场地响应。首先描述了数据库,然后给出计算场地响应的方法。作为理解非线性土体行为影响场地响应的例子,我们给出了在 2011 年 3 月 11 日东北特大地震期间的这些影响。然后我们把这些观测结果推广到所有的现有地震数据。在第一部分,我们确定了每个事件和每个场地描述土体非线性行为对场地响应影响的参数(非线性参数)。接下来,我们确定了能够解释这些影响的参数(土体、线性场地响应和入射地震动参数)。

最后,我们做了两个统计分析。在第一个分析中,我们使用了所有组合的 KiK-net 台网场地,把每个事件的非线性参数和入射地震动参数(地震动峰值加速度(PGA))关联起来。使用记录到强事件的 54 个场地进行了第二个统计分析。这里我们使用多元统计分析以定性评估每个场地土体非线性参数和线性场地响应参数的关系,之后再进行单变量回归以定量评估起初发现的关系。

1 KiK-net 台网数据库:描述和选择判据

为了本研究,我们使用了日本的基岩强震台网(KiK-net)。KiK-net 台网由装配有高质量地表和井下三分量加速计的 688 个台站构成。在 KiK-net 台网场地中,我们收集了 668 个剪切波和压缩波的速度剖面(见数据与来源)。这些速度剖面由井下 PD 测井测量获得。多数井下台站的深度为 100~200m。图 1 示出了 KiK-net 台网场地的 v_{S30} 值的直方图。尽管多数 KiK-net 台网台站坐落在岩石或薄沉积场地上（Fujiwara,2004），但图 1 表明 2/3 的场地呈现出 v_{S30} 小于 550 m/s。

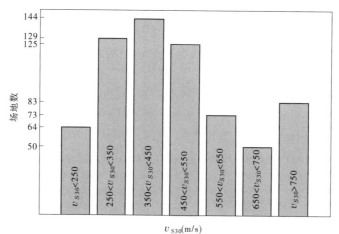

图1　KiK-net 台网场地对 v_{S30}（m/s）的分布

在所有的 KiK-net 台网场地，我们收集了 1996～2009 年记录的震级（M_{JMA}）大于 3、震中距和震源深度均小于 150 km 的加速度数据。此外，我们还收集了与 2011 年 3 月 11 日发生在日本东北地震有关的地震事件，震中距不受限制。我们分析了 46 000 多个记录（6 分量）。图 2 展示了根据震级、距离和深处地震动峰值加速度所选记录的分布。记录的地震动峰值加速度由震中距——M_{JMA} 图右边的颜色标尺标明。井下多数记录（46 494 个记录）的地震动峰值加速度小于 20 cm/s²，370 个记录的地震动峰值加速度大于 50 cm/s²。

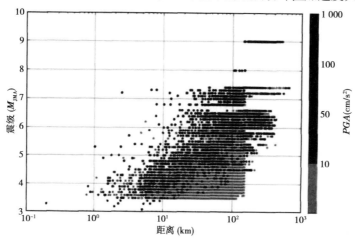

图2　从所有 KiK-net 台网数据库场地挑选的记录（>46 000）的
震级（M_{JMA}）、震中距和地表 PGA

为了避免任何信号处理偏差，我们仅使用了时程基线校正的处理。像事件前的噪声一样，自动获取了 P 波波至和信号末尾（尾波的末端）。用于自动选择的算法基于长期平均（LTA）与短期平均（STA）比的计算结果，这种方法常被用于地震定位（如 Withers 等，1998）。我们选择了 5 s 的长期平均、1 s 的短期平均和 0.5 s 的阈值。为了确保选择合适,我们也进行以下检查:①不是因为事件前噪声的微小变化而触发;②记录必须具有大于长期平均的事件前噪声时间窗;③如果在相同的记录中检测到了若干个事件,则挑选能量最大的。当长期平均低于记录开始时的两倍长期平均时,获取信号末尾。我们手工挑选了地表地震动峰值加速度大于 50 cm/s² 的所有记录。

2   场地响应计算

如引言中所述,为计算经验场地响应而选择附近的参考场地是一项复杂的任务,且已在数项研究中已说明(Duval 等,1996;Steidl 等,1996;Drouet,2006;Cadet,Bard,等,2012)。虽然加速度计的竖向排列能克服这一问题,但这样的结构也存在一些缺点,主要是因为下行波场(Bonilla 等,2002)。实际上,即使是等价的岩石场地,井下场地响应也可能与岩石出露的场地响应不同。任何深度的质点运动都含有入射波场和来自自由面和土柱中不同层界面的反射波。在频率域,入射波场与下行波之间的破坏性干扰可能在地震动频谱中产生中断(Steidl 等,1996)。因此,地表与深处总运动之间的直接频谱比可能在呈现中断的地方产生伪共振。这种现象被称为下行波效应。此外,在做两个露头记录的标准频谱比时,自由面效应对场地和参考台站是类似的;然而,对于井下参考台站,自由面效应则与频率相关。

人们已研究出根据所谓深度效应来校正频谱比的方法(如 Kokusho,2004;Cadet,Bard 和 Rodriguez-Marek,2012)。考虑到这种过程固有的强假设(一维结构),我们没有选择使用任何的深度效应校正。当查看经验井孔场地响应时,伪共振的第一峰值相对来自线性模拟的井孔场地响应被大幅衰减了。这种差异可主要由下行波的绕射来解释,对此因已由 Thompson 等(2009)重点叙述,在本文中不予考虑。

因此,井孔傅里叶频谱比(BFSR)在本研究中代表计算的每个事件的经验场地响应。我们对信噪比高于阈值 SN_{th} 的频率计算了井孔傅里叶频谱比(在地表和深处)。SN_{th} 正比于信号窗长度和事件前噪声窗的比值,且当两个窗具有相同的长度时,其值等于 3(见方程(1))。

$$SN_{th} = 3\frac{L_{w信号}}{L_{w噪声}} \tag{1}$$

式中:$L_{w信号}$ 和 $L_{w噪声}$ 分别代表信号窗和噪声窗的长度。

对所有的场地,我们首先描绘了台站的经验线性场地响应,并用井底深处地震动峰值加速度小于 10 cm/s² 的记录计算的井孔傅里叶频谱比的均值和标准偏差(以对数单位)来表示。在本文中,平均经验线性场地响应标示为 $BFSR_{lin}$,95% 的置信限标示为 $BFSR_{lin}^{95}$。事件间线性场地响应的变化性由与复杂场地响应有关的震源和路径效应产生。场地响应的复杂性可能是由几个参数引起的:场地结构不是一维的,或材料不是各项同性的。本研究的主要假设是由大量记录获得的线性特征含有上述定义的所有变化性。换言之,介于由强震动计算的场地响应与线性场地响应之间的差异多为非线性土体行为造成。

3   土体和场地响应参数

本节的目的是定义 KiK-net 台网场地得到并被用于解释土体非线性行为对场地响应

影响的土体场地响应参数。这些参数在表1中汇总给出。

表1　本研究使用的参数表

输入地震动、土体和场地响应参数	每个事件	PGA	cm/s^2	地震动峰值加速度
	每个场地	v_{S30}	m/s	平均剪切波速
		B_{30}		剪切波速剖面梯度
		f_0	Hz	基本共振频率
		f_{pred}	Hz	卓越共振频率
		A_{pred}	f_{pred}	点的 $BFSR_{lin}$ 振幅
非线性参数	每个事件	PNL_{ev}	%	每个事件土体非线性百分比
		Sh_{ev}	Hz	每个事件的位移
	每个场地	PNL_{site}	%	每个场地土体非线性百分比
		Sh_{site}	Hz	位移
		PGA_{th}	Hz	非线性 PGA 阀值
		fNL	Hz	非线性频率

我们定义了剪切波速剖面的代理参数。我们使用人所共知的 v_{S30} 和剪切波速度剖面的梯度。该梯度定义为剪切波传播速度以 10 为底的对数与深度以 10 为底的对数之间线性回归的斜率(方程(2))。

$$\lg v_S(z) = B_{Zmax}\lg(z) + A_{Z_{max}} \pm \delta_{Z_{max}} \qquad (2)$$

式中:$B_{Z_{max}}$ 是根据 v_S 和直到 Z_{max} 的 Z 之间的回归计算的 v_S 剖面的梯度。$A_{Z_{max}}$ 是回归的原点坐标,$\sigma_{Z_{max}}$ 是与线性回归有关的标准偏差。

从地表至最大深度计算梯度,这里我们选择 30 m 是为了和需要获得 v_{S30} 的研究深度保持一致。v_{S30} 给出了土体的刚度,B_{30} 表示 v_S 剖面的斜率。这个参数介于 0 和 1 之间。如果 B_{30} 等于 0,波速不随深度变化;如果 B_{30} 大于 0,波速总体上随深度而增加。B_{30} 越大,速度随深度增加得越快。我们也计算了另外两个深度的梯度:50 m 和 100 m。100 m 的深度是 KiK-net 台网场地的最大普通深度,50 m 是介于 30 m 和 100 m 的中间深度。我们发现 B_{30} 足以分离(对有限 v_{S30} 范围的场地)接近地表(上 30 m 内)具有强阻抗反差的场地。

此外,我们还使用了经验线性场地响应的参数,如基本共振频率(f_0)、卓越共振频率(f_{pred})和有关的场地振幅(A_{pred})。基本共振频率是露头场地响应曲线的第一个显著峰值的频率。卓越频率是场地响应曲线具有最大值的频率。

在 KiK-net 台网数据库:描述和选择判据一节,我们强调了下行波对井孔场地响应的影响,表明使用井孔场地响应估计基本共振频率更好。所以,我们使用了一种寻找基本频率的替代方法,就是地震记录的水平分量傅里叶变换的均方根与竖向谱的比值(表示为 H/V;如 Lermo 和 Chavez-Garcia,1993)。在本研究中只根据地震记录而不根据周围的震动进行 H/V 计算。计算公式如下:

$$H/V = \frac{\sqrt{NS^2 + EW^2}}{\sqrt{2}\,V} \qquad\qquad (3)$$

式中:EW 为记录东西分量的傅里叶变换;NS 为记录南北分量的傅里叶变换;V 为记录竖向分量的傅里叶变换。

本方法是不需要参考台站的计算基本共振频率的替代方法(Field 和 Jacob,1995)。虽然地震 H/V 频谱比中峰值的起源目前还是研究的课题,但大量的研究已经表明第一个地震 H/V 频谱比峰值与场地的基本共振频率具有很好的相关性(Langston,1979;Field 和 Jacob,1995;Riepl 等,1998)。我们使用具有地表地震动峰值加速度小于 10 cm/s^2 的记录计算了地表地震 H/V 频谱比的均值和标准偏差。在确保峰值振幅显著大于 2(t 检验)条件下,我们在地震 H/V 频谱比(均值和 95% 置信区间)中获取了场地的基本共振频率。

4 非线性效应的量化

本节给出了定量化土体非线性行为对场地响应影响的相关参数(非线性参数)。我们将首先给出非线性波传播理论中预期的这种现象的影响。然后通过使用东北地震的主震和余震计算的场地响应的比较来说明这些影响。

4.1 预期的非线性行为对场地响应的影响

很多研究人员使用本构模型或通过在实验室观察剪切模量和阻尼比随形变的变化研究了土体的滞后行为(如,Ishibashi 和 Zhang,1993)。在这些模型中,剪切波速随形变的增加而减小。因此,场地响应曲线的峰值频率向较低频率移动。就坚硬岩石半无限空间上覆一层沉积物的一维结构而言,根据著名公式 $f_n = (2n + 1)v_S/4\,H$,共振频率的确与剪切波速有关,其中 f_{n-1} 是沉积层的第 n 次共振频率,H 是层厚度,v_S 是层的剪切波速。场地响应曲线振幅的变化取决于两种对立的现象。通常处于主导地位的第一种是阻尼比随形变而增加,使得振幅减小;第二种是与沉积层剪切波速减小有关的阻抗反差的增加,使得场地响应振幅增加。这些预期的影响都是来自于土体非线性行为的简化模型。它没有映射更复杂的现象,如地震激发的土体膨胀、孔隙水压增加或应变硬化(Gélis 和 Bonilla,2012)。

4.2 东北地震期间非线性行为的观测结果

我们使用有限的 KiK-net 台网场地的数据研究了 2011 年 3 月 11 日发生在日本东北太平洋海岸近海的 M_{W9} 东北地震(Bonilla 等,2011)期间土体的非线性行为。这是世界上在震源区附近广泛记录到的最大地震之一(National Research Institute for Earth Science and Disaster Prevention(NIED),2011)。由于有 KiK-net 台网,为这次地震事件提供了重要的强震动数据记录。我们选择了记录主震事件的 IBRH11、IWTH21、IBRH16 和 MYGH04 这 4 个 KiK-net 台网场地,它们的 v_{S30} 分别为 242 m/s、521 m/s、626 m/s 和 850 m/s。图 3 示出了这些场地和所用地震序列的震中位置。图 4 示出了使用主震事件记录计算的井孔场地响应(BFSR;图 4,粗线)和使用来自余震的弱震动计算的 $BFSR_{lin}$ 与 $BFSR_{lin}^{\sigma}$(深灰和浅灰色区域分别标明了 68% 和 95% 置信区间)的比较。主震事件对 IBRH11、IWTH21、IBRH16 和 MYGH04 台站分别产生了 821 cm/s^2、375 cm/s^2、546 cm/s^2 和 504 cm/s^2 的地震动峰值加速度值。所选余震的地震动峰值加速度限制在 20 cm/s^2。这样,从图 4 我们可以看到从主震得到的场地响应显著不同于从余震得到的值。对这 4 个台站,我们观察到了与振幅减小有关的峰值频率的系统减小,但 IBRH16 台站除外,其第一峰值振幅略有增加。虽然在 MYGH04 台站,主震事件的地震动峰值加速度不是最强的,但最大的频率位移发生在这个台站(图 4,右下)。人们可以注意到对于低于卓越频率的频率,使用主震事件记录计算的 $BFSR$ 相对 $BFSR_{lin}$ 被放大了,而对高于卓越频率的频率却衰减了;这个特征在 MYGH04 台站很清晰。衰减发生的频率随台站的 v_{S30} 的增加而增加。例如,IBRH16 台站(v_{S30} =626 m/s)在 7 Hz 左右衰减,而 MYGH04 台站(v_{S30} =850 m/s)在 12 Hz 左右衰减。选择的这 4 个 KiK-net 台网场地在日本东北地震期间的观测结果支持了前面讨论的理论。

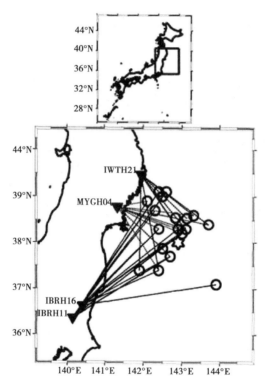

图 3   4 个 KiK-net 台网场地和用于计算线性场地响应的震中位置图
(黑圆圈)及东北地震的主震事件(白星)

图 5 示出了 IWTH23 台站场地的 $BFSR$ 随地震动峰值加速度(井底传感器)的演化。很显然,场地响应曲线的改变强烈地依赖于输入的地震动峰值加速度。下一节集中探讨这些影响的量化。

4.3   非线性场地响应的表征

要量化线性和非线性场地响应之间的变化,可以进行不同的评估。在以前的研究中,Field 等(1997)计算了线性与非线性放大函数之间的比。后来在 Noguchi 和 Sasatani (2008)的研究工作基础上,Wen 等(2011)提出了方程(4)给出的 DNL 参数(作为场地响应的非线性程度)。这个参数在 0.5 ~ 20 Hz 的频率范围内计算:

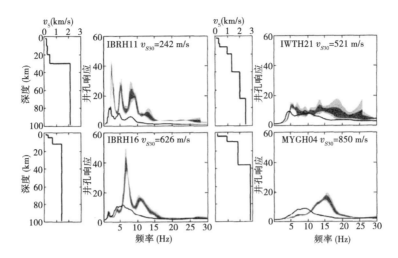

图4　用 $PGA<20$ cm/s^2 的日本东北地震余震计算的井孔场地响应

（深灰色区域表示均值左右68%的观测结果，浅灰色区域表示均值左右95%的观测
结果）和用日本东北地震主震事件计算的由深色粗线表示的井孔场地响应的比较

（据 Bonilla 等，2011 的图修改）

$$DNL = \sum_{i=N_1}^{N_2} \left| \log\left[\frac{BFSR_s(i)}{BFSR_{lin}(i)} \right] \right| (f_{i+1} - f_i) \tag{4}$$

式中，$BFSR_s$ 为强震动的经验场地响应；$BFSR_{lin}$ 为弱震动的平均经验场地响应；f 为频率；N_1 为 0.5 Hz 以上的第一个频率指标。N_2 是 20 Hz 以下的最后一个频率指标。

为了与以前的研究统一标准：①我们定义了对每个场地每个事件计算的两个参数；②考虑所有的记录事件，我们对给定场地定义了 4 个表征非线性行为的参数。表 1 中汇总了这些参数。

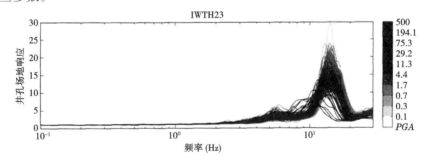

图5　场点 IWTH23 的井孔场地响应随输入地震动 $PGA(\text{cm/s}^2)$ 的衰减

4.4　非线性事件参数

非线性事件参数定量表达了相对线性场地特征对每个事件计算的土体非线性行为对场地响应的影响。对 2 个非线性参数定义如下：

（1）Sh_{ev}，$BFSR_{lin}$ 与 $BFSR$ 之间的频率位移。通过进行给定事件记录计算的 $BFSR_{lin}$ 和 $BFSR$ 的互相关分析求取这个参数，取互相关达到最大值的延迟。图 6 说明了这个参数的值。就清晰峰值来说，Sh_{ev} 代表了卓越峰值振幅的频率位移。

（2）PNL_{ev}，非线性百分比。这个参数表达了每个事件的 $BFSR$ 与线性特征之间的场地响应曲线变化百分比。对于 0.3 ~ 30 Hz 的频率对数标度,这由给定事件记录计算的 $BFSR$ 与 $BFSR_{\text{lin}}^{95}$ 场地响应之间的面积除以 $BFSR_{\text{lin}}$ 以下的面积所表达。图 6 说明了这个参数,并在方程(5)和方程(6)给出了这个参数的表达式。在计算中,就 $BFSR$ 和 $BFSR_{\text{lin}}^{95}$ 之间的放大值和衰减值,我们计算了变化量。与 Wen 等(2011)提出的 DNL 相比,PNL_{ev} 考虑了线性场地响应曲线的变化性,并由平均线性场地响应曲线归一化了,以给出独立于线性场地响应幅度的土体非线性行为的绝度估计值。

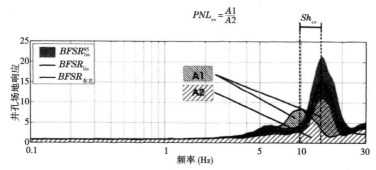

图 6　使用台站 IWTH23 的记录获得的 PNL_{ev}(非线性百分比)和 Sh_{ev}
值的计算结果图示

$$A = \sum_{i=N_1}^{N_2} \begin{cases} \left[BFSR(i) - BFSR_{\text{lin}}^{+}(i) \right] \lg\left(\dfrac{f_{i+1}}{f_i}\right) & BFSR(i) \geqslant BFSR_{\text{lin}}^{+}(i) \\[2ex] \left[BFSR_{\text{lin}}^{-}(i) - BFSR(i) \right] \lg\left(\dfrac{f_{i+1}}{f_i}\right) & BFSR(i) \leqslant BFSR_{\text{lin}}^{-}(i) \\[2ex] 0 & \text{其他} \end{cases} \qquad (5)$$

$$PNL_{\text{ev}} = 100 \frac{A}{\sum_{i=N_1}^{N_2} \left| BFSR_{\text{lin}} \left| \lg\left(\dfrac{f_{i+1}}{f_i}\right) \right. \right.} \qquad (6)$$

式中,$BFSR_{\text{lin}}$ 是 $BFSR_{\text{lin}}^{95}$ 的下边界;$BFSR_{\text{lin}}^{+}$ 是 $BFSR_{\text{lin}}^{95}$ 的上边界;f 为频率;N_1 为高于 0.3 Hz 的频率的第一个指标;N_2 是低于 30 Hz 的频率的最后一个指标。

图 6 给出了场地 IWTH23 的 $BFSR_{\text{lin}}$ 和 $BFSR_{\text{lin}}^{95}$ 与由东北主震事件(深处地震动峰值加速度 137 cm/s^2,灰线;均值由黑线表示,灰色影区表示 95% 的置信区间)记录计算的 $BFSR$ 的比较。图 6 也示出了本事件的 PNL_{ev} 和 Sh_{ev}。

4.5　地震动强度参数的定义

在本文中,为表征地震动的强度已经定义了不同的参数。Kramer(1996)给出过这些参数的定义。若干个作者把强度参数与破坏程度相关联,发现 CAV、PGV 和阿里亚斯强度是与破坏评估相关的参数(Cabañas 等,1997;Hernández,2011)。为了预测非线性行为,Assimaki 等(2008)研究了入射地震动中心频率与场地基本共振频率之间的比值。为得到研究土体非线性行为及其对场地响应的影响相关的强度参数,我们选择了与地震动最大值、能量、持续时间及频率不同特征相关的 6 个不同的强度参数,并分析了它们与非线性

参数(这里我们选择 PNL_{ev})的相关性。对整个记录我们计算了下列参数:

·PGA:地震动峰值加速度(cm/s^2)。

·PGV:地震动峰值速度(cm/s)。为计算速度时程,我们对使用带通滤波器在前后两个方向(3 阶)0.1 ~ 25 Hz 频段滤波后的加速度进行了积分。

·阿里亚斯强度:I_a 量度信号的能量,不依赖于信号的持续时间(Arias,1970),I_a 的单位是 cm/s。

$$I_a = \frac{\pi}{2g} \int_0^\infty a(t)^2 dt \qquad (7)$$

式中:$a(t)$ 是地震信号加速度。

·累积绝对速度,$CAV(cm/s)$,是整个地震信号的加速度绝对值的积分:

$$CAV = \int_0^\infty |a(t)| dt \qquad (8)$$

·Trifunac 持续时间,$D_{tri}(s)$:

$$D_{tri} = D(\epsilon_1, \epsilon_2) = T(\epsilon_2) - T(\epsilon_1) \qquad (9)$$

式中:$T(\epsilon_1)$ 和 $T(\epsilon_2)$ 代表累积信号能量达到 $\epsilon_1 = 5$ 和累积总信号能量达到 $\epsilon_2 = 95\%$ 的时间。

·加速度均方根 $a_{rms}(cm/s^2)$:

$$a_{rms} = \sqrt{\frac{\int_0^{D(\epsilon_1, \epsilon_2)} a(t)^2 dt}{D(\epsilon_1, \epsilon_2)}} \qquad (10)$$

·中心频率(F_c):F_c 是功率谱密度最集中的频率。它由方程(12)定义的频谱矩的比计算。

$$\lambda_n = \int_0^\infty f^n \{ TF[a(t)^2] \} df \qquad (11)$$

$$F_c = \sqrt{\frac{\lambda_2}{\lambda_0}} \qquad (12)$$

式中:$a(t)$ 代表信号加速度;$TF(a(t)^2)$ 代表 $a(t)$ 平方的傅里叶变换;f 为频率。

我们计算了每个强度参数之间的相关系数,列于表 2。参数 PGA、PGV、CAV、a_{rms} 和 I_a 彼此具有很好的相关性。但 Trifunac 持续时间和中心频率似乎与其他强度参数不相关,它们之间也不相关。

对每个 KiK-net 台网场地,我们计算了每个强度参数与 PNL_{ev} 参数之间的线性相关系数。对每个强度参数,我们计算了在深处至少记录到 10 个最大地震动峰值加速度大于 30 cm/s^2 的事件的场地平均相关系数,并列于表 3。在本研究中我们认为,观测土体非线性行为影响经验场地响应的最佳强度参数是与 PNL_{ev} 具有最高平均相关系数的强度参数。根据计算,我们发现最佳强度参数是加速度均方根(a_{rms})和地震动峰值加速度。然而,由于地震动峰值加速度是广泛使用的参数,特别是在地震危险性评价中,显然在本研究中使用它更方便。我们也计算了强度参数和 DNL 之间的平均相关系数。我们发现与地震动峰值加速度的相关也最好,但相关系数值较低(0.32)。

表2　深处记录的强度参数之间的相关系数

强度参数	PGA	PGV	I_a	a_{rms}	CAV	D_{tri}	F_c
PGA	1	0.773 7	0.824 9	0.968 1	0.695 2	0.010 8	−0.038 9
PGV	—	1	0.810 6	0.728 4	0.871 2	0.223 0	−0.140 0
I_a	—	—	1	0.765 6	0.833 9	0.122 4	−0.076 4
a_{rms}	—	—	—	1	0.611 5	−0.001 9	−0.037 2
CAV	—	—	—	—	1	0.251 3	−0.114 5
D_{tri}	—	—	—	—	—	1	−0.490 2

注:PGA 为地震动峰值加速度;PGV 为地震动峰值速度;I_a 为阿里亚斯强度;a_{rms} 为加速度均方根;CAV 为累积绝对速度;D_{tri} 为 Trifunac 持续时间;F_c 为中心频率。

表3　所有 KiK-net 台网场地深处记录的强度参数和 PNL_{ev} 之间的相关系数均值

强度参数	PGA	PGV	I_a	a_{rms}	CAV	D_{tri}	F_c
与 PNL_{ev} 的相关系数均值	0.52	0.42	0.48	0.52	0.40	0.04	0.03

注:PGA 为地震动峰值加速度;PGV 为地震动峰值速度;I_a 为阿里亚斯强度;a_{rms} 为加速度均方根;CAV 为累积绝对速度;D_{tri} 为 Trifunac 持续时间;F_c 为中心频率。

4.6　非线性场地参数

在每个场地,使用非线性事件参数对地震动峰值加速度的相关性,我们定义了表征土体非线性行为对场地响应影响的 3 个场地参数(PNL_{site},PGA_{th} 和 Sh_{site}:这些参数的意思前面已经给出)。此外,Yu 等(1993)使用数值模拟研究了线性场地和非线性场地响应的差异。他们把场地响应分成了 3 个频段,在这 3 个频段上他们观察到了不同的场地响应影响。在低频段没有观察到影响;在中频段观察到了相对线性估计的衰减;在高频段观察到了放大。Delépine 等(2009)也强调了非线性行为影响的频率相关。根据我们的线性场地与非线性场地响应比的观测结果,观察到了两种主要模式:相对线性情况,给定频率之下的非线性场地响应的放大和高于这个给定频率的衰减。因此,第四个非线性场地参数是场地响应曲线中分开这两种行为的频率(fNL)。表 1 汇总给出了这些非线性参数。

· PNL_{site} 和 PGA_{th}:图 7(a)示出了在场地 IWTH23 计算的所有每个事件的 $BFSR$(灰线)。图 7(b)绘出了相应的 PNL_{ev} 值及由方程(13)得到的介于 PNL_{ev} 和该台站地震动峰值加速度之间的非线性回归结果。从 IWTH23 台站的记录中,我们选择了深部低、中和高地震动峰值加速度值(分别为 0.3 cm/s²、29 cm/s² 和 105 cm/s²)的 3 个事件。我们以较粗的曲线绘出了相应的场地响应曲线和有关的 PNL_{ev}。正如预期的一样,我们观察到了 PNL_{ev} 随地震动峰值加速度的增加而增加。

$$PNL_{ev} = a\{\tanh\}[\lg PGA - b] + 1\} \tag{13}$$

因为缺乏强震动数据,所以可以看到,地震动峰值加速度大的曲线约束条件不好。然而这一表达式与用于描述随变形剪切模量退化和阻尼增加的模型一致,它给出了相对线性模型较低的残差。第一个非线性场地参数被称为 PNL_{site}。按照方程(13),这相当于地震动峰值加速度阈值(这里为 50 cm/s²)处的 PNL_{ev} 值。Beresnev 等(1995)评述了非线性

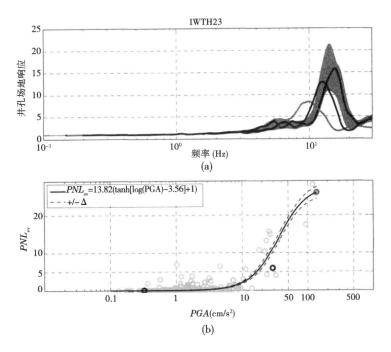

图 7 （a）场地 IWTH23 的井孔场地响应,具有三条显著曲线:一条来自于深处低 PGA

（黑线,$PGA < 10 \ \text{cm/s}^2$）的记录,一条是中等 PGA（深灰色线,$PGA = 40 \ \text{cm/s}^2$）记录

和一条高 PGA（浅灰色线,$PGA > 100 \ \text{cm/s}^2$）;（b）$PGA_{\text{th}}$是与依据线性回归 PNL 为 10% 有关的 PGA

土体行为的观测。根据 Darragh 与 Shakal（1991）和 Chin 与 Aki（1991）及其他人的研究结果,Beresnev 等（1995）指出,"总之,迄今土体的岩土测试和获得的有限地震数据表明当地表加速度超过 $0.1g$ 到 $0.1 \sim 0.2g$ 时非线性土体行为可能变得显著"。井下传感器记录含有入射和下行波场。为选择地震动峰值加速度阈值,我们简单地用 2 除地表的地震动峰值加速度。我们知道在这种简化下作了两个假设:所有频率的自由表面效应类似,且下行波场不影响地震动峰值加速度。

第二个非线性场地参数是在 10% PNL_{ev} 对应的地震动峰值加速度阈值（PGA_{th}）。PGA_{th}是我们期望土体非线性行为显著影响场地响应的加速度值。本研究中,我们评价线性和非线性场地响应（线性估计的 95% 置信区间外）之间的 10% 变化量代表显著变化量。这个选择是代表显著变化的足够大值与能够估计大量场地 PGA_{th} 的低值之间的折衷（在一些场地,PNL_{ev} 与 PGA 之间的非线性回归可能不超过 10%）。

最后两个其他的非线性特定场地参数与场地响应峰值频率的变化量有关。

· Sh_{site}:Sh_{site}是 PGA 为 50 cm/s^2 时 Sh_{ev} 的值。根据 Sh_{ev} 和 PGA 之间的线性回归求取这个参数值。

· fNL:我们对每个强震事件的每个强震动（井下传感器记录的 PGA 大于 50 cm/s^2）计算了 $BFSR_{\text{lin}}$ 与 $BFSR$ 之间的比值。我们以比值的对数单位计算了均值和标准偏差。我们选取了比值下限（95% 置信界限）开始大于 1 的频率;这代表我们观察到从线性到非线性场地响应评估开始衰减的频率（见图 8）。重要的是,要记住强震动期间场地响应卓越频率的位移意味着在这个频率(fNL)之下,使用强震事件计算的场地响应可能相对线性评价被放大了。

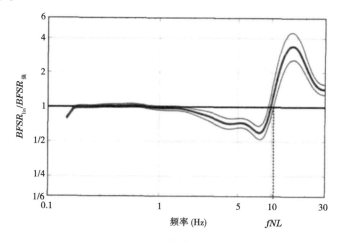

图8 台站 IWTH23 的使用线性和非线性场地响应比的 fNL 计算结果图示

5 事件–场地参数的统计分析

由上文可知,地震动峰值加速度是给出相应记录触发非线性行为潜势的最佳强度参数候选之一。的确,在每个场地地震动峰值加速度和 PNL_{ev} 之间呈现出了最高的相关性之一。下面我们结合所有场地更细致地研究这一关系。此外,为确定非线性(PNL_{site}、PGA_{th}、Sh_{site} 及 fNL)和场地(v_{S30}、B_{30} f_0 f_{pred} 及 A_{pred})参数之间的相互作用,我们探索它们之间的关系。

5.1 地震动峰值加速度对每个事件非线性参数的影响

我们使用整个 KiK-net 台网数据集回答如下问题:入射地震动参数(PGA)能够被用于指示相应记录触发土体非线性行为的潜势吗?为此我们研究了 PNL_{ev} 和地震动峰值加速度之间的关系。

在图9(a)中,我们展示了 PNL_{ev} 和所有 KiK-net 台网场地(灰圆圈)井下传感器记录的每条记录地震动峰值加速度。对表4中特定的 PGA 段,我们计算了 PNL_{ev} 均值(见图9(a)中充填的方块)和标准偏差,以对数为单位。在图9(b)的底部,在对数正态分布的假设下,我们画出了每个 PGA 段的 PNL 的概率密度函数。通过 Lilliefors 检验(Lilliefors,1967)我们发现,PNL_{ev} 值符合对数正态分布。PNL_{ev} 随 PGA 的增加而增加。当 PGA 增加时,概率密度函数峰值(峰态参数)也增加,这表明了 PNL_{ev} 方差的减小。对每个 PGA 段,我们也计算了表4中给出的 PNL_{ev} 达到10% [P($PNL_{ev} > 10\%/PGA$)]的概率。值得注意的是,不依赖于场地,对井下传感器记录值大于 30 cm/s² 的 PGA,线性场地与非线性场地响应之间的显著变化概率(直到线性场地响应变化性外10%)大于20%。

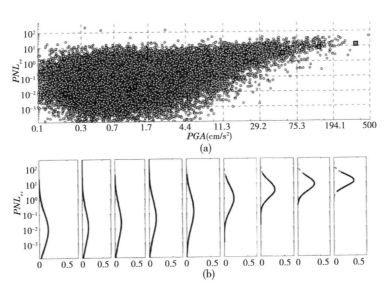

图9 (a)灰色圆圈表示作为深处 PGA 函数的 PNL_{ev} 值,方块表示横坐标示出的 PGA 段
的 PNL_{ev} 均值(以对数为单位);(b)对数正态假设下不同深处 PGA
段的 PNL_{ev} 概率密度函数

表4 井下传感器每个 PGA 段 PNL_{ev} 的均值和标准偏差

PGA 段(cm/s²)	0.1~0.3	0.3~0.7	0.7~1.7	1.7~4.4	4.4~11	11~29	29~75	75~194	194~500
PNL_{ev} 均值	0.009	0.013	0.025	0.050	0.0136	0.097 0	3.616	8.204	12.914
$PNL_{ev}\sigma$	2.6	2.6	2.7	2.7	2.6	1.9	1.3	1.1	0.9
$P(PNL_{ev} > 10\% /$ $PGA)(\%)$	0.3	0.6	1.3	2.3	4.6	11.3	21.6	41.9	60

注:表中最后一行给出了每个 PGA 段 PNL_{ev} 高于 10% 的概率。

图10(a)示出了根据相应事件井下传感器记录的 PGA 的 $BFSR_{lin}$ 与 $BFSR$ 之间的频率位移(Sh_{ev})。只示出了 PNL 大于 0 的 Sh_{ev} 值(此处平均线性场地响应与事件场地响应之间的差异大于线性场地响应的变化性)。平均事件延迟随 PGA 的增加而增加。延迟集中在 0 附近,对于深处 PGA 在 10 cm/s² 以下的略有变化。当 PGA 增加时,平均延迟增加,同时概率密度函数峰态参数减小(见图10(b))。

5.2 场地参数

统计分析的第二部分研究了土体场地响应参数(v_{S30}、f_0、f_{pred}、A_{pred} 和 B_{30})和非线性场地参数(PNL_{site}、Sh_{site}、PGA_{th} 和 fNL)之间的关系。为了考虑相对大量的变量,我们使用了多元统计分析来观察主要趋势。接下来使用回归分析定量地评价相关的参数。

5.2.1 典型相关

典型相关分析(CCA;如 Raykov 和 Marcoulides,2008)是多元统计分析方法的总框架。回归分析、多元方差分析和判别分析是这种方法的特例。考虑称为 A 和 B 的两组变量,A 由 $p(p>1)$ 个元构成,B 由 $q(q>1)$ 个元构成。A(或 B)中的变量可以不被看作相关变量。典型相关分析的目的是分析两组数据之间的相互关系,以便研究两组数据的独立性

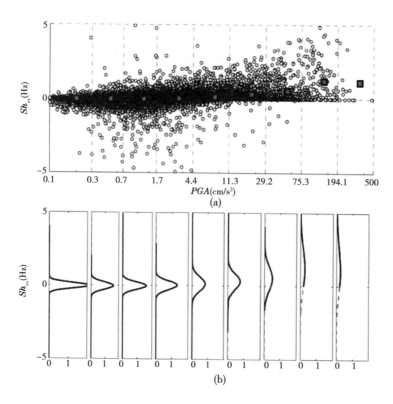

图10　（a）灰色圆圈表示深处 Sh_{ev} 值作为 PGA 的函数，方块表示横坐标显示的 PGA 段的 Sh_{ev} 均值；

（b）正态分布假设下不同深处 PGA 段的 Sh_{ev} 概率密度函数

和减少数据的数目。

典型相关分析由如下步骤构成：第一步是寻找 A 组变量的线性组合（称为 X_{can1}）和 B 组变量的线性组合（称为 Y_{can1}）以使它们跨越所有可能组合的相关性（p_{11}）最高。X_{can1} 和 Y_{can1} 被称为第一对典型变量，它们的相关被称为第一典型相关。下一步是寻找与第一对不相关且具有最高典型相关性的第二对相关变量。重复这个过程，直至找到等于 A 或 B（d）最小变量数目的典型变量数目。

第二步是确定相关的典型变量数目。为此，我们使用零假设 H_0 的统计检验研究典型相关性的显著性。对于典型变量 $n, n \in [1, d]$，H_0 是对应于 $n \sim d$ 典型变量的所有典型相关性是零。这里使用的统计检验是以威尔克斯 λ 统计量计算为基础的。这个系数然后被转换成一个统计数值，该统计数值近似具有 F 分布，由 F 分布更容易提取 p 值。本研究中，如果 p 值低于5%，那么零假设被拒绝，我们就可以得出至少典型变量 n 是显著的结论。

第三步是解释典型变量的意义。为了解释典型变量，在本研究中我们使用 A 组（或 B 组）每个变量与典型变量 X_{can1}（或 Y_{can1}）之间的相关性。有关的变量与 X_{can1} 的相关性越高，A 组中相关的变量对 B 组中具有与 Y_{can1} 最大相关性的变量解释得越好。

现考虑 A 组由 $p = 5$ 个土体场地响应参数（v_{S30}、f_0、f_{pred}、A_{pred} 和 B_{30}）构成，B 组代表一个场地土体非线性行为的影响（PNL_{site}、PGA_{th}、Sh_{site} 和 fNL）的情况。本分析的实质性问题

是要搞清哪个土体参数与哪个土体非线性行为对场地响应影响有关系。

我们可以提出如下典型相关分析的问题:土体参数线性组合与场地响应非线性行为影响之间存在高相关性吗? 如果存在,那么可以找到接近完整表达土体参数和场地响应非线性影响的互相关性这种最小对的数是多少呢? 典型变量的解释说明了土体参数与非线性对场地响应影响的关系。

在这些 KiK-net 台网场地中,我们挑选了井下传感器至少记录到 $PGA > 50$ cm/s^2 两个事件的 54 个场地。图 11 示出了这些场地的位置和相关的 v_{S30}。这些挑选的场地位于日本 11 个不同的地区,主要分布在东太平洋海岸。对这些场地中的 34 个场地,我们能够计算所有的非线性参数。对剩余的 20 个场地,低非线性行为使我们能够计算 PGA_{th}(这种场地的 PNL_{ev} 没有超过 10%,而且记录到的强震事件没有一个引起场地响应的显著变化)。表 5 给出了前面提到的 KiK-net 台网场地的非线性参数。典型相关分析要求变量遵从对数正态分布。土体场地响应参数及挑选的场地的非线性参数不是近似正态的(这里没有给出)。要改善该正态假设,对所有变量我们使用了 Box-Cox 变换(Box 和 Cox,1964)。

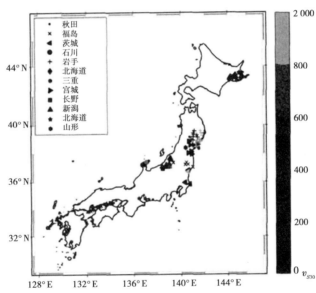

图 11　至少记录到深处 $PGA \geqslant 50$ cm/s^2 两个地震的 KiK-net 台网场地位置

表 5　至少记录到深处 $PGA \geqslant 50$ cm/s^2 两个地震的 KiK-net 台网场地特征

台站	v_{S30} (m/s^2)	f_{pred} (Hz)	A_{pred} (Hz)	f_0 (Hz)	B_{30} (Hz)	PNL_{site} (%)	PGA_{th} (cm/s^2)	Sh_{site} (Hz)	fNL (Hz)
AKTH04	459	4.8	14.7	3.4	0.43	10.4	48.4	0.6	5
FKSH09	585	13.6	16.2	12.9	0.96	13.0	36.8	2.3	9.1
FKSH11	240	10	8.5	0.4	0	9.3	54.6	0.3	1.5
FKSH12	449	4.3	42.5	4.1	0.51	27.5	19.4	0.7	3.7
FKSH14	237	4.1	12.4	1.2	0.22	16.7	32.7	0.2	1

续表 5

台站	v_{S30} (m/s²)	f_{pred} (Hz)	A_{pred} (Hz)	f_0 (Hz)	B_{30} (Hz)	PNL_{site} (%)	PGA_{th} (cm/s²)	Sh_{site} (Hz)	fNL (Hz)
FKSH21	365	3.9	12.6	2.7	0.25	4.0	124.1	0.3	3.6
IBRH07	107	0.6	116.4	0.2	0.28	10.6	47.9	0	0.4
IBRH13	335	11.3	25.3	2.6	0.26	16.6	25.8	1.4	2.3
IBRH14	829	14.3	24.1	13.3	0.71	25.8	23.2	2.3	11.9
IBRH20	244	0.3	10.1	0.2	0.19	5.3	98.3	0	2.6
ISKH02	721	2.4	4.8	1.3	0.18	7.1	89.4	0.1	16.4
ISKH04	444	3.1	5.7	0.9	0.01	1.5	NaN	0.1	7.4
IWTH04	456	3.4	20.2	2.9	0.53	12.3	41.7	0.4	2.5
IWTH05	429	12.8	15	3.2	0.36	7.3	81.7	0.6	3.1
IWTH15	338	7.9	5	0.3	0.35	4.6	130	0.2	6.5
IWTH17	1 270	25.1	8.5	9.4	0.39	0.3	NaN	0	16.9
IWTH18	892	11.3	20.9	9.2	0.69	8.7	56.6	2.1	8.7
IWTH19	482	7.4	11.7	7.5	0.43	5.7	78.2	0.2	6.1
IWTH20	289	6.7	3.8	0.4	0.08	1	155.5	0.1	5.9
IWTH21	521	5.3	12.6	6.1	0.73	8.3	67.2	0.7	4.7
IWTH22	532	7.8	18.9	7.6	0.7	15.7	30.5	1.4	6.1
IWTH23	923	14.1	15.1	12.9	0.62	18.5	26.6	1.9	10.3
IWTH24	486	15.9	4.9	0.2	0.22	1.1	NaN	0.1	12
IWTH25	506	3	7.7	2.5	0.08	7.2	NaN	0.2	12.7
IWTH26	371	10.1	23.3	9.2	0.42	6	NaN	1.1	7.4
IWTH27	670	7.2	24.8	7.1	0.81	5.3	116.8	0.5	7.6
KSRH02	219	3.7	5.6	0.2	0.58	3.9	NaN	0.6	2.7
KSRH03	250	8.6	12.3	3.2	0.38	3.5	134.1	0.6	1.6
KSRH04	189	11.4	6.3	0.2	0.44	3.8	NaN	0.1	2.3
KSRH05	389	9.7	15.3	9.2	0.54	5.1	294.7	0.7	7.8
KSRH06	326	12	8.4	7.2	0.33	0.2	NaN	1.8	6.2
KSRH10	213	1.7	18.7	1.6	0.32	9.4	54.5	0.3	1.5
MIEH10	422	17.4	5.4	4.1	0.33	2.5	133.4	0	12.2
MYGH02	399	5.5	11.8	5.6	0.33	12	35.3	0.8	0.6
MYGH03	934	17.2	6.7	8.7	0.59	1.8	NaN	0	16.9
MYGH04	850	15	15.8	12.7	0.71	16.7	34.2	2.5	10.2
MYGH05	305	14.86	9.9	0.2	0.11	3.6	522.12	0.8	10.66
MYGH05	305	14.9	9.9	0.2	0.02	3.6	522.1	0.8	10.7
MYGH06	593	1.9	3.3	NaN	0.15	0.3	NaN	0	16.9

台站	v_{S30} (m/s^2)	f_{pred} (Hz)	A_{pred} (Hz)	f_0 (Hz)	B_{30} (Hz)	PNL_{site} (%)	PGA_{th} (cm/s^2)	Sh_{site} (Hz)	fNL (Hz)
MYGH08	203	14.7	4.3	0.7	0.41	1.9	NaN	0	12.4
MYGH09	358	14.3	7.7	0.4	0.22	4.9	NaN	1	8.9
MYGH10	348	10.7	7.4	0.3	0.09	7.8	61.5	0.8	7.9
MYGH11	859	10.3	12.5	3.3	0.74	7.7	60.7	2	8.3
MYGH12	748	20.3	7.9	10.6	0.73	0.6	NaN	0	16.2
MGNH29	465	6.9	10.4	1.2	0.49	7.9	61.7	0.5	5.3
MIGH06	336	4.2	16	3	0.74	21.1	28.6	1.4	2.7
NIGH09	463	8	10.8	0.7	0.37	6.6	106	1.1	5.9
NIGH11	375	14.1	6	14	0.08	1.3	NaN	0.2	16.9
NIGH12	553	5	6.3	1.4	0.27	3	NaN	0.2	12
NIGH13	461	2.4	7.9	2.7	0	4.9	89.9	0.1	16.9
NIGH14	438	8.9	6.6	0.5	0.35	6.1	64.2	1.2	9.5
NIGH15	686	2.7	8.5	2.4	0.22	0.2	NaN	0.1	2.3
NMRH03	190	8.7	5.5	8.7	0.18	5.5	NaN	0.1	1
NMRH04	168	6.8	6.1	NaN	0.31	6.8	66.9	0.4	3.3
YMTH01	328	0.8	3.7	0.4	0.12	3	NaN	0.1	5.4

我们进行了前面定义的 A 组和 B 组的典型相关,找到 4 个典型变量。在这 4 个变量中,根据它们的 p 值,只有前 2 个典型变量是显著的。图 12 示出了第一典型相关的结果。典型变量 Y_{can1} 与 X_{can1} 和非线性参数与土体场地响应参数之间的相关性表明,v_{S30}、卓越频率和场地基本共振频率基本上很好地解释了 fNL 和 Sh_{site}。图 13 显示了具有 76% 相关系数的第二典型相关变量 Y_{can2} 和 X_{can2}。这表达了 A 组和 B 组变量相关的第二种可能性。在本图中我们可以看到 A_{pred} 和 B_{30} 与 PNL_{site} 和 Sh_{site} 相关,而它们与 PGA_{th} 负相关。

根据上面做的典型相关,我们看到了下列趋势:①v_{S30},f_0 和 f_{pred} 很好地解释了 fNL 和 Sh_{site};A_{pred} 和 B_{30} 很好地解释了 PNL_{site} 和 PGA_{th}。

5.2.2 回归分析

下面的部分致力于使用简单线性回归分析对由典型相关突出的趋势进行量化。

尽管 fNL 显然随 v_{S30} 增加而增加(见图 14(a)),但由于相关系数等于 0.35,fNL 与 V_{S30} 之间的线性相关性并不强。在图 14(b)中,我们观察到 fNL 大于或等于场地基本共振频率(浅灰实心圆)。fNL 通过使用 $BFSR$ 比值计算,而基本共振频率由地表的地震 H/V 频谱比导出。这样,为确保以前的观测不是因为 $BFSR$ 失掉了这一基本频率,我们也根据地表的地震 H/V 频谱比(浅灰三角)计算 fNL。同样,地震 H/V 频谱比曲线上的 fNL 等于

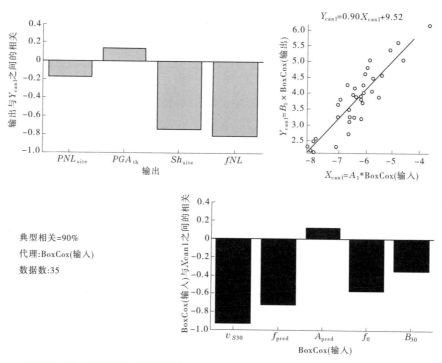

图 12　场地非线性参数与土体及场地响应参数的典型相关的第一典型变量

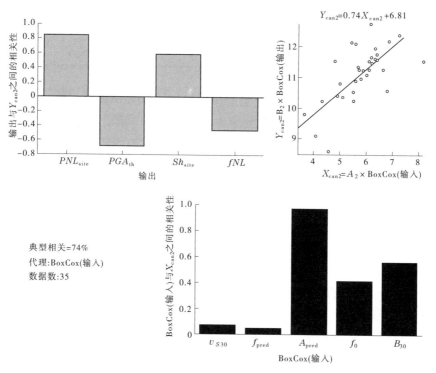

图 13　场地非线性参数与土体及场地响应参数的典型相关的第二典型变量

或高于f_0。对于大量的场地,受非线性影响衰减的频率超过基本共振频率。$BFSR$ 的卓越频率(深灰实心圆)与 fNL 具有较好的相关性,且通常较高(具有 0.82 的稳健拟合相关系数)。

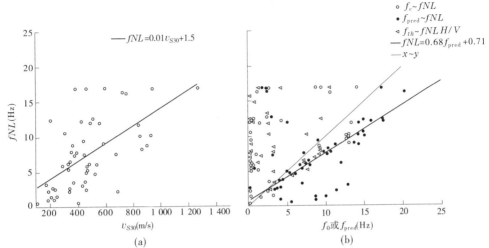

图 14　(a)fNL 对 v_{S30} 的线性回归。(b)fNL(由 $BFSR$ 和由地震 H/V 频谱比计算)与 f_0 及 f_{pred} 的关系

图 15 显示了 PNL_{site} 和 PGA_{th} 与 $BFSR_{lin}$ 最大幅值(A_{pred})和 V_s 剖面梯度(B_{30})的相关性

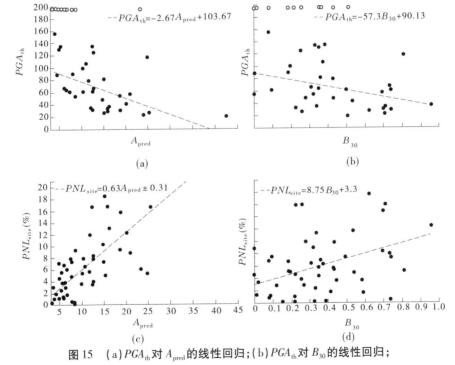

图 15　(a)PGA_{th} 对 A_{pred} 的线性回归;(b)PGA_{th} 对 B_{30} 的线性回归;

(c)PNL_{site} 对 A_{pred} 的线性回归;(d)PNL_{site} 对 B_{30} 的线性回归

(浅灰圆圈表示不能计算 PGA_{th} 的场地(PNL_{ev} 与 PGA 之间的非线性回归没有达到 10%)

（稳健拟合）。在图 15 中灰色实心圆表示不存在 PGA_{th} 的场地。尽管相关系数低至 0.51（不包括 $A_{pred}>100$ 表示异常值的场地 IBRH07），但 PGA_{th} 与 A_{pred} 是相关的。与 B_{30} 的相关性是相当的（0.37）。不存在 PGA_{th} 的场地与 A_{pred} 很低的场地相关。PNL_{site} 与 A_{pred} 具有很好的相关性，相关系数为 0.74。B_{30} 与 PNL_{site} 具有相对较低的相关性（0.41）。

除计算 PNL_{ev} 将高于 10% 的概率外，知道了不管什么场地的深处 PGA，我们也研究了知道场地一个参数的影响，即线性井孔场地响应的最大放大作用（A_{pred}）。我们计算了 6 个其他 PGA 值（20 m/s²、30 m/s²、40 m/s²、60 m/s²、70 m/s² 和 80 cm/s²）的 PNL_{site}。依照使用的 PGA 阈值，图 16 示出了 PNL_{site} 与 A_{pred} 之间的线性回归。深灰曲线相应于低 PGA 阈值的 PNL_{site} 与 A_{pred} 之间的线性回归，而浅灰曲线相应于高 PGA 阈值。我们发现，不管使用哪个 PGA 阈值，线性回归都具有同样的趋势。正如预期，对于具有特定 A_{pred} 的给定场地，当使用小 PGA 阈值时 PNL_{site} 较低，否则较高。例如，A_{pred} 接近 15 的场地，PGA 值为 20 cm/s² 时，我们预期线性与非线性之间的场地响应变化为 3%，PGA 值为 80 cm/s² 时，我们预期变化为 12%。

对每个 PGA 阈值和两个 A_{pred} 不同范围（高于或低于 15），我们计算了上述概率，在表 6 中给出。对于 60~80 cm/s² 的 PGA 阈值，$A_{pred}<15$ 的场地 PNL_{site} 高于 10% 的概率约为 20%，A_{pred} 大于等于 15 的场地概率约为 70%。对于场地效应大的场地，非线性土体行为影响场地响应的概率大于低场地放大作用场地的 3 倍。

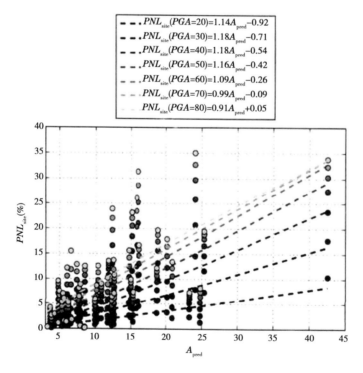

图 16　使用从 20 cm/s² 到 80 cm/s² 的 7 个不同 PGA 阈值计算的 PNL_{site} 对 A_{pred} 线性回归

表 6　PNL_{site}大于 10% 的概率取决于井下台站的 PGA 和井孔线性场地响应的 A_{pred}

$PGA(\mathrm{cm/s^2})$	A_{pred}段	$P(PNL_{site}>10\%)(\%)$
≥20	<15	0
	≥15	6.5
≥30	<15	0
	≥15	25.4
≥40	<15	8.9
	≥15	45.6
≥50	<15	15
	≥15	51.9
≥60	<15	18.9
	≥15	71.6
≥70	<15	23.5
	≥15	72.5
≥80	<15	26.3
	≥15	73.3

图 17 显示了 Sh_{site} 与 f_{pred} 之间的相关性。我们分离了有关的 A_{pred} 振幅大于或小于 10 的数据。我们发现,当 A_{pred} 大于 10 时,两个参数之间具有高相关性(0.66)。

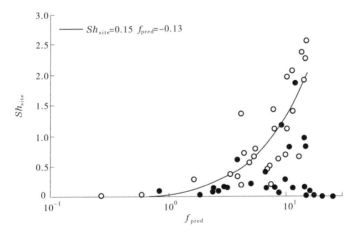

图 17　Sh_{site} 与 f_{pred} 之间的线性回归。空心圆表示 $A_{pred}>10$ 的场地,
实心圆表示 $A_{pred}\leqslant10$ 的场地。曲线表示 $A_{pred}>10$
场地的 Sh_{site} 对 f_{pred} 的线性回归

6　评价土体非线性的最优参数

最近,通过比较场地响应的非线性、等价线性与线性数字评价和线性经验评价,Assi-maki 和 Li(2012)研究了土体场地响应参数之间的关系。他们发现,特定地震动期间给定场地的非线性影响强度是 v_{S30}、基本共振幅度(场地参数)和输入地震动参数特征的函数。

在本研究中,不管何种场地,我们均使用经验数据首先分析入射地震动强度对非线性场地响应的影响。然后,通过考虑土体特征和线性场地响应参数,我们检查了特定场地的非线性行为。本研究的第二部分类似于 Assimaki 和 Li(2012)做的研究。然而,鉴于日本数据丰富,我们用经验估计了非线性行为的影响而没有做数字模拟。

PGA 与 PNL_{ev} 之间的统计分析表明,不管场地如何,对井下台站记录的在 $30 \sim 75$ cm/s^2 的 PGA 值,显著偏离线性场地响应的概率大于 20%(见表4)。例如,法国国家地震区划表明,对 475 年的复发周期,法国南部岩石场地减轻地震风险需要考虑的地表 PGA 是 160 cm/s^2(法国环境代码 R563-1 到 R563-8 条款)。简单地取到深处为这个值的 $1/2$(自由表面效应),并忽略下行波场,我们获得了入射 PGA 为 80 cm/s^2。对这样的输入,PNL_{ev} 大于 10% 的概率增加到 40%(见表4)。这意味着,即使对于低地震活动的国家,这个概率也是相当高的,它表明了当评价中强地震动场地响应时,土体非线性行为应该考虑的一个定量指标。

我们使用多元统计分析确定了每个场地的非线性参数(PNL_{site}、Sh_{site}、PGA_{th} 和 fNL)和对所有 KiK-net 场地可用的土体场地响应参数(v_{S30}、f_0、f_{pred}、A_{pred} 和 B_{30})之间的关系。我们发现 v_{S30}、f_0 与 f_{pred} 呈正相关很好地解释了 fNL 和 Sh_{site}。同时,这个频率介于 f_0 和 f_{pred} 之间。该观测结果表明,土体非线性主要位移了大于基本共振频率的峰值共振频率。这样,最深的波速反差比浅的波速反差受非线性土体行为影响小,这表明非线性土体行为主要发生在表层。因此,可仅通过近地表层的非线性土体参数的研究来表征土柱的非线性行为。

我们也发现了这样的起始 PGA 阈值,从这个阈值,开始我们观测到了显著的土体非线性行为,从这个阈值开始 PNL_{site} 和卓越 $BFSR$ 峰值幅度及剪切波速梯度(B_{30};分别呈负相关与正相关)具有良好的相关性。卓越峰值幅度越高,预期的土体非线性行为对场地响应的影响越大。这可以被解释为,与卓越峰值有关的地层中的变形不仅与入射地震动强度有关,还与阻抗反差的放大作用有关。本研究中建立的回归是基于井孔场地响应计算的,所以虽然应该能够观察到同样的趋势,但这里确定的与 A_{pred} 的相关性不能直接用于线性露头场地响应来求取 PGA 阈值。类似地,PNL_{site} 随 B_{30} 的增加而增加。高 B_{30} 值表明了上 30 m 土体的高波速反差。这个观测结果与已经强调的关于 fNL 在 f_0 和 f_{pred} 之间的结果一致,再次表明非线性土体行为主要发生在表层。

此外,没有使用井孔场地响应,我们根据地震 H/V 频谱比地表记录也计算了非线性场地参数。

· 我们使用地表记录对每个地震计算了相应的地震 H/V 频谱比。

· 对每个深处 PGA 值低于 10 cm/s^2 的记录所计算了均值和标准偏差。

· 我们比较了该线性特征与所有地震 H/V 频谱比以得到 $PNL_{ev}^{H/V}$ 和 $Sh_{ev}^{H/V}$。使用与 PGA 的相关性我们获得了 $PNL_{site}^{H/V}$、$PGA_{th}^{H/V}$ 和 $Sh_{site}^{H/V}$。

· 我们也比较该线性特征与使用 PGA 值高于 50 cm/s^2 的记录计算的地震 H/V 频谱比。之后我们计算了线性与非线性地震 H/V 频谱比以获得 $fNL_{H/V}$。

图 18 显示了使用 $BFSR$ 和使用地表地震 H/V 频谱比计算的非线性场地参数的比较。从图 18(a)可以看出,与根据 $BFSR$ 计算的相比,根据地震 H/V 频谱比曲线计算的 PNL_{site}

在低值时被高估了,在高值时被低估了。低估可以解释为,在低频时(即使对强地震动)地表地震 *H/V* 频谱比的变化性很大,土体非线性行为对场地响应的影响很难从地震 *H/V* 频谱比的固有变化中识别。另外已经表明,由于显著的 *S* 到 *P* 的转换波(Bonilla 等,2002),垂直分量可能具有自身的响应曲线,因此地震 *H/V* 频谱比不能给出振幅的正确估计。垂直分量响应可能也是非线性的,导致了地震 *H/V* 频谱比随输入地震动 *PGA* 的增加相对于 *BFSR* 的不同变化。正如图18(b)示出的那样,查看 PGA_{th} 时,观察到了类似的趋势。在本图中,因为根据地震 *H/V* 频谱比计算的 10% PGA_{th} 对很多场地不存在,所以对 PNL_{ev},*PGA* 阈值被计算为 5%,而不是 10%。如图18(c)及(d)显示的那样,根据地震 *H/V* 频谱比曲线或 *BFSR* 计算的频率(*fNL*)和频率位移(Sh_{site})是很相似的。这些接近的估计表明,来自 *BFSR* 的结果与伪共振无关。这也表明 *fNL* 和 Sh_{site} 只能根据地表记录推断。

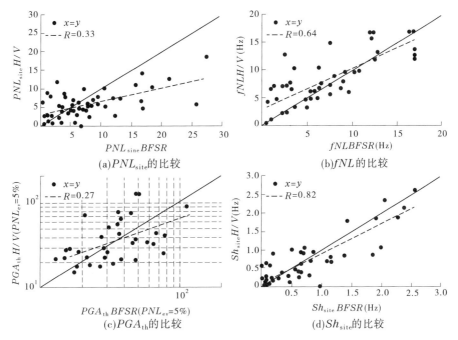

图18 根据 BFSR 和地震 *H/V* 地表频谱比计算的非线性参数的比较

(每幅图的黑线表示 *x* = *y* 的线,灰色虚线是参数之间的线性回归)

7 结论

　　本文的目的是理解表征非线性土体行为对场地响应影响参数和表征场地或入射地震动参数之间的关系。首先我们定义了每个事件描述土体非线性行为对场地响应的影响参数:场地响应曲线相对线性估计的变化百分比(PNL_{ev})和曲线的位移(Sh_{ev})。我们发现 *PGA*(井下传感器的)是与每个事件的非线性参数相关性最好的强度参数。

　　此外,对最少记录了深处 *PGA* > 50 cm/s² 的两个强事件的 54 个 KiK-net 台网数据库场地,我们定义了每个场地的表征土体非线性行为对场地响应影响的参数:*PGA* 阈值(PGA_{th})、*PGA* 为 50 cm/s² 的线性和非线性场地响应之间的变化百分比(PNL_{site})、峰值频率位移(Sh_{site})和我们观察到的非线性与线性场地响应之间衰减的起始频率(fNL)。从线性对非线性场地响应比的观测结果中,我们注意到强地震动期间的场地响应中卓越峰值频率的位移,隐含着频率低于 fNL 的用强事件计算的场地响应相对线性估计可能被放大了。

本研究为地震动预测方程或强震动模拟研究指出了相关的综合非线性行为土体场地响应参数。结果也表明,不管何种场地,取决于 PGA 阈值(即使对井下传感器 PGA 为 75 cm/s^2 的中强地震动输入),也存在表 4 所示具有大概率(大于 40%)非线性行为的场地响应。这些结果表明,当作地震动估计时,如果入射波具有大于 75 cm/s^2 的 PGA,就应该考虑非线性行为。

我们使用多元统计分析,确定了非线性参数与 KiK-net 台网场地数据集可用的土体场地响应参数之间的关系。我们发现非线性行为多发生在表层中。该结论得到了介于 f_0 和 f_{pred} 的 fNL 的支持。这说明了非线性行为主要引起了高于 f_0 的峰值频率位移,最浅的波速反差受非线性行为影响较大。剪切波速梯度也与 PGA 阈值具有良好的相关性(B_{30})。这表明,近地表具有高剪切波速反差的场地在低地震动 PGA 值输入时可能触发非线性行为。我们也发现具有高放大作用(A_{pred})的场地可能受非线性行为的影响较大(认为 PNL_{site} 与 A_{pred} 正相关、与 PGA_{th} 负相关)。考虑到使用了 1996 年以后的整个数据集,这里获得的结果不只局限于具有个性的日本东北部地震。同时,多元分析选择的 54 个场地跨越了不同的地区,所以结果不局限于某个特定区域。正如我们发现的,地震 H/V 频谱比能够为估计 fNL 频率和位移频率(Sh_{site})给出满意的结果,这使得本结果能够扩展到没有井下传感器的其他数据库。

数据与来源

本研究使用的时程和波速剖面数据收集自 KiK-net 台网网站 www. kik. bosai. go. jp and http://www.kik.bosai.go.jp/kik/(最后访问时间 2011 年 11 月)。

译自:Bull Seismol Soc Am. 2013,103(3):1750-1770
原题:Assessing Nonlinear Behavior of Soils in Seismic Site Response:Statistical Analysis on KiK-net Strong-motion Data
杨国栋、郑和祥译;吕春来校

伊朗中东部地区的地震动衰减关系

Hosseyn Hamzehloo　　Majid Mahood

摘要:根据观测和模拟记录建立了伊朗中东部地区地震动峰值加速度和反应谱的预测衰减关系。首先,基于观测记录得出了预测关系。使用的观测数据集共包括109个震级为5.0~7.4地震的258条基岩上的记录。而后,基于随机有限断层地震动模型,对一系列震级和震中距地震的地震动进行了模拟。建立的水平峰值加速度和谱加速度的理论－经验衰减关系适用于震中距达100 km的矩震级 M_W5.0~7.4 的地震。

引言

涉及地震危险性分析评估的研究需要强地震动的预测。众所周知,地震危险性分析中的一些较大的不确定性由地震动衰减的不确定性造成。强地震动参数通常由基于观测地震动峰值加速度(PGA)或反应谱(PSA)的经验衰减关系、理论衰减关系和模拟方法估算。

由于所使用的数据库不同,发表的地震动峰值加速度和反应谱的不同经验衰减关系给出的结果差异很大。此外,在一个包含不同地质、构造、地震学特征的区域使用单一的衰减关系可能会导致所得结果与实际值差异很大(Gupta 等,1997)。

近年来,大量学者基于随机模型建立了衰减关系(例如,Atkinson,1984;Boore 和 Atkinson,1987;Toro 和 McGuire,1987;Atkinson 和 Boore,1990,1995;Tavakoli 和 Pezeshk,2005)。这个模型起源于 Hanks 和 McGuire(1981)的工作,他们指出,观测到的高频地震动可以表征为有限持时、有限带宽的高斯噪声,具有震源和传播过程简单地震学模型规定的基本振幅谱(Atkinson 和 Boore,1995)。

最近,太平洋地震工程研究中心下一代地震动衰减项目(简称为 PEER NGA 项目)建立了一种新的衰减关系。根据 Power 等(2008)的文章,PEER NGA 项目的目标是通过综合与高度互动的研究计划更新地震动经验模型。5 个原已存在且被广泛使用的经验地震动模型的建立者参与了下一代衰减模型的建立(Boore 和 Atkinson,2008;Campbell 和 Bozorgnia,2008;Chiou 和 Youngs,2008;Idriss,2008)。PEER NGA 项目的其中一部分是基岩地震动、土层场地效应和盆地效应的理论模拟,目的是为评价函数形式和确定地震动模型约束条件提供更科学的基础。

不同的研究者已经引入了基于地震学模型的理论衰减关系。Atkinson 和 Silva(2000)使用随机模拟方法建立了加利福尼亚地区的地震动衰减关系。该地震动衰减关系与加利福尼亚地区的经验强震数据库具有很好的一致性。在 0.2~12 Hz 的频率上观测与模拟振幅平均比基本一致。由于使用了基于区域地震数据的衰减参数,该随机衰减关系与经验回归方程(例如,Abrahamson 和 Silva,1997;Boore 等,1997;Sadigh 等,1997)在震级－震中距范围,特别是大震中距时,吻合得很好。

强震动模拟可以为资料稀少的地区提供合成数据,用于建立衰减关系时补充或代替地震记录。不同的研究者已经使用模拟数据帮助建立了强地震动记录稀少的北美中东部地区的谱加速度衰减关系(Atkinson 和 Boore,1995;Toro 等,1997;Tavakoli 和 Pezeshk,2005)。

为克服波多黎各数据集的不完整性,Atkinson 和 Motazedian(2003)使用了随机有限断层方法进行了地震动模拟。他们引入了动力学拐角频率的概念,并使用基于中等地震所得的参数作为模拟的输入参数,比较了该地区基于随机有限断层模型的地震动衰减关系与其他地区的地震动衰减关系。

伊朗中东部地区的地震活动具有震级高、复发周期长、分布散和沿几个第四纪断层存在地震空区的特点。该地区地震的震源通常很浅并与地表断层作用有关(Berberian,1976)。比如 1978 年的塔巴斯和 2003 年的巴姆破坏性地震就发生在这个地区。本文的目标是通过综合使用观测数据和基于地震学模型的模拟记录来建立伊朗中东部地区的地震动衰减关系。

1 岩石运动的随机有限断层模型

我们使用了 Motazedian 和 Atkinson(2005)基于动力学拐角频率修正的随机有限断层模型。在该方法中,一条大断层被分成 N 个子断层。每个子断层被认为是一个小点源。按式(1)(Motazedian 和 Atkinson,2005)用适当的延时在时域内对子断层的地震动求和估计整个断层的加速度时程 $a(t)$:

$$a(t) = \sum_{i=1}^{n_l} \sum_{j=1}^{n_w} a_{ij}(t + \Delta t_{ij}) \tag{1}$$

式中:n_l 和 n_w 分别为沿断层走向和下倾方向的子断层数目;Δt_{ij} 为第 ij 个子断层辐射波到达观测点的相对时间延迟。

根据 Motazedian 和 Atkinson(2005)的文章,拐角频率是时间的函数(动力学拐角频率),破裂时程控制了每个子断层模拟时间序列的频率成分。下面是第 ij 个子断层的加速度谱 $A_{ij}(f)$(Motazedian 和 Atkinson,2005):

$$A_{ij}(f) = CM_{0ij}H_{ij}(2\pi f)^2 / [1 + (f/f_{0ij})^2] \tag{2}$$

式中:M_{0ij} 和 f_{0ij} 为第 ij 个子断层的地震矩和动力学拐角频率;H_{ij} 由 Motazedian 和 Atkinson(2005)给出,表达式如下:

$$H_{ij} = N \sum \{f^2 / [1 + (f/f_0)^2]\} / \sum \{f^2 / [1 + (f/f_{0ij})^2]\}^{1/2} \tag{3}$$

式中:N 为 $n_l \times n_w$。

式(2)中的常数 C:

$$C = R^{\theta\varphi} FV / 4\pi\rho\beta^3$$

式中:$R^{\theta\varphi}$ 为均值是 0.55 的辐射图案;F 为等于 2.0 的自由表面放大系数;V 为分配的两个水平分量(0.71);ρ 为密度;β 为剪切波速。我们分别在 5.0 ~ 7.4 震级范围和 1 ~ 100 km 震中距范围生成了一大套伊朗中东部(ECI)地区的加速度时程。表 1 给出了使用随机有限断层模型合成所有模拟记录的输入参数。

表 1 合成记录的建模参数

品质因子, $Q(f)$	$52.6f^{1.02}$ (Mahood 等, 2009)
震中距 (R) (km) 相依持时 (T_0)	$T_0 + 0.1R$
卡帕值	0.006
地壳剪切波速 (km/s)	3.2
地壳密度 (g/cm)	2.8
几何扩散	$1/R$ $(R \leqslant 55 \text{ km})$
	$1/R^{0.5}$ $(R > 55 \text{ km})$
应力降 (bar)	60
脉冲面积百分比 (%)	25

2 数据

本研究所用数据包括伊朗中东部地区的强地面运动观测记录和基于随机有限断层模拟方法的合成记录。其中,强地面观测记录由伊朗建筑与住宅研究中心 (BHRC) 观测和提供。

伊朗建筑和住宅研究中心观测数据集包括 1978 ~ 2008 年期间 137 次地震的 497 条记录。数据由 SMA – 1 和 SSA – 2 仪器记录。台站分布如图 1 所示。多数数据由 SSA – 2 型仪器记录,阀值为 10 伽。我们从数据集中去除了震源参数、场地条件未知和信噪比低的数据。在 5.0 ~ 7.4 震级范围内,观测数据最终被减少至 106 个地震的 258 条记录。基于 Ghasemi 等 (2009) 的研究,分析中考虑了硬岩石场地。在衰减模型中考虑了矩震级和 Joyner – Boore 震中距 (r_{jb})。观测记录的震级 – 震中距分布如图 2 所示。

我们使用随机有限断层模拟生成了一大套伊朗中东部地区 5.0 ~ 7.5 震级范围和 1 ~ 100 km 震中距范围的加速度时程。这些模拟数据将弥补建立衰减关系时实测数据的不完整。

3 结果

我们对伊朗中东部地区考虑的衰减关系的表达式与 Joyner 与 Boore (1993) 给出的相同,如下所示:

$$\lg Y = a + b(M_{\mathrm{W}} - 6) + c(M_{\mathrm{W}} - 6)^2 + d(r_{\mathrm{jb}}^2 + h^2)^{1/2} + \varepsilon_{\mathrm{r}} + \varepsilon_{\mathrm{e}} \tag{4}$$

$$\varepsilon_{\mathrm{e}}(i) = \sum_1^k \varepsilon_{\mathrm{r}}(k)/n$$

$$\varepsilon_{\mathrm{r}}(k) = y_{观测的}(k) - y_{预测的}(k) \tag{5}$$

式中:Y 为地震动峰值加速度或反应谱的水平分量平均值,以 g $(g = 981 \text{ cm/s}^2)$ 为单位;M_{W} 为矩震级;r_{jb} 为到断层破裂地表投影的最近距离,km;h 为伊朗中东部地区平均震源深度;a、b、c、d 为由回归分析确定的系数;第 i 个事件第 k 个记录的残差分别由 ε_{e} 和 ε_{r} 描述;n 为每个事件的记录数 (Joyner 和 Boore, 1993)。

模型中的这两个随机项 ε_{r} 和 ε_{e} 被认为符合零均值的正态分布。

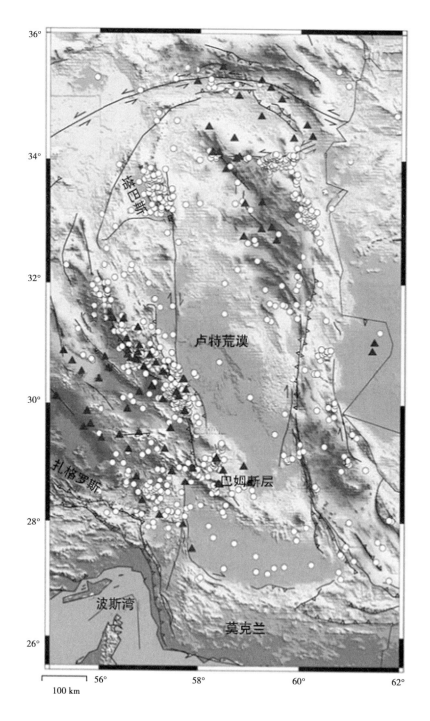

图 1   1978～2008 年的地震（圆形）分布和伊朗建筑与住宅研究
中心强震台站（三角形）的分布

回归分析是以 Joyner 和 Boore（1993）的两步模型为基础的。预测地震动的系数由非线性回归估计，也是基于 Joyner 和 Boore（1993）的模型。

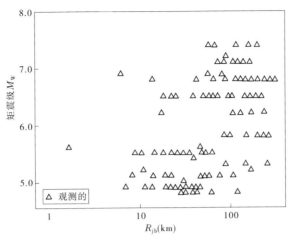

图2 关于震级和震中距的观测数据分布

首先我们建立了基于109次地震258条强地面运动观测数据的衰减模型。这些地震的基本参数在本文的电子补充材料表S1（译文从略——译注）中给出。表2给出了回归系数。基于观测数据的衰减模型如图3所示。为估计5.0~7.4震级范围震中距直到100 km的衰减关系，我们使用随机有限断层模型生成了一套该震级和震中距范围的加速度时程。

表2 基于观测数据的衰减关系的系数[1)]

周期	a	b	c	d	σ
PGA	2.610	0.268 9	− 0.032 75	− 0.012 64	0.37
0.1	2.958	0.265 6	− 0.024 19	− 0.099 04	0.39
0.2	2.918	0.231 7	− 0.038 07	− 0.013 79	0.41
0.3	2.790	0.271 9	− 0.056 39	− 0.016 03	0.39
0.4	2.729	0.332 7	− 0.084 79	− 0.015 28	0.37
0.5	2.626	0.369 9	− 0.089 41	− 0.015 14	0.38
0.6	2.561	0.401 1	− 0.095 70	− 0.016 24	0.39
0.7	2.455	0.404 6	− 0.096 53	− 0.014 72	0.37
0.8	2.415	0.436 8	− 0.099 01	− 0.013 60	0.38
0.9	2.330	0.474 4	− 0.090 24	− 0.013 86	0.40
1.0	2.255	0.478 0	− 0.073 01	− 0.013 28	0.39
2.0	1.821	0.562 3	− 0.058 04	− 0.021 04	0.38
3.0	1.544	0.606 1	− 0.034 89	− 0.019 24	0.39
4.0	1.310	0.630 9	− 0.021 26	− 0.022 49	0.41
5.0	1.156	0.650 1	− 0.020 76	− 0.022 27	0.39

注:1) $\lg Y = a + b(M_W - 6) + c(M_W - 6)^2 + d(r_{jb}^2 + h^2)^{1/2} + \sigma$,其中 $h = 7$。

由图2可见,观测数据在震级5.6~6.3区间、震中距100 km范围内存在空区。此外,震级6.3~7.4区间、震中距70 km范围内也存在空区。对于震中距<10 km,5.0~7.4的震级范围空区显得尤其明显。

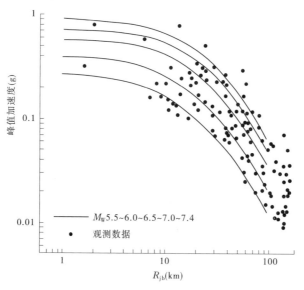

图3 中值衰减关系与观测数据的对比

根据表1中给出的模型参数,我们首先模拟了2003年巴姆地震。这对于验证用于生成该地区一套震级-震中距的加速度时程记录的地震学参数很重要。图4和图5给出了观测的和模拟的加速度时程与傅里叶振幅谱。Sarkar(2005)与Mahood和Hamzehloo(2009)根据伊朗中东部地区的记录数据分析获得了这些地震学参数。这些参数用于伊朗中东部地区的加速度时程模拟。

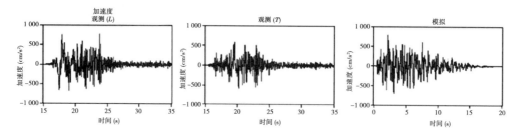

图4 巴姆台观测的和模拟的加速度时程

根据观测和模拟数据估计了衰减关系的系数,列于表3。

图6给出了基岩场地地震动峰值加速度与反应谱衰减关系曲线,其中反应谱的周期分别为0.2 s、0.3 s、0.5 s、1.0 s和2.0 s。

4 讨论

把未来地震的地震动估计为震级和震中距的函数是地震工程的一个重要问题。表3列出的衰减关系被认为适用于估计伊朗中东部地区基岩场地条件下5.0~7.4震级范围的地震动。用于建立衰减关系的数据主要是观测和模拟记录。模拟记录基于伊朗中东部

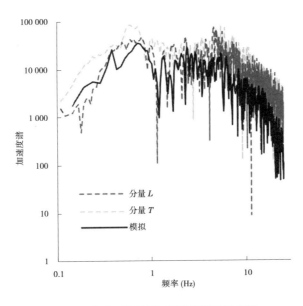

图5 巴姆台观测的和模拟的傅氏振幅谱

地区的地震学参数合成。因为伊朗中东部地区强地面运动观测资料太缺乏,不能由观测数据直接建立地震动衰减关系,所以合成了该地区地震动记录。

残差标准差表达了地震动的随机变化性,它是地震危险性分析的重要参数。仅使用观测数据,残差标准差变化范围为 $0.37 \sim 0.41$(见表2)。同时,采用了观测数据和模拟数据,残差标准差的变化范围减少为 $0.29 \sim 0.37$(见表3)。观测数据的标准差较大是由于观测数据不完整,特别是在震中距 < 10 km 时(见图2)。

表3 由 PGA 和 PSA 回归分析得到的系数和统计参数*

周期	a	b	c	d	σ
PGA	2.615	0.310	$-0.045\,5$	$-0.012\,6$	0.33
0.1	2.830	0.295	$-0.068\,2$	$-0.022\,5$	0.35
0.2	2.936	0.259	$-0.066\,6$	$-0.015\,4$	0.32
0.3	2.855	0.308	$-0.077\,7$	$-0.018\,2$	0.36
0.4	2.757	0.369	$-0.091\,3$	$-0.021\,6$	0.34
0.5	2.662	0.406	$-0.098\,5$	$-0.014\,4$	0.33
0.6	2.598	0.439	$-0.010\,7$	$-0.015\,4$	0.37
0.7	2.497	0.448	$-0.010\,9$	$-0.014\,1$	0.29
0.8	2.451	0.480	$-0.011\,3$	$-0.013\,2$	0.35
0.9	2.374	0.514	$-0.010\,8$	$-0.013\,4$	0.34
1.0	2.303	0.523	$-0.096\,1$	$-0.012\,9$	0.32
2.0	1.859	0.619	$-0.086\,1$	$-0.021\,5$	0.34
3.0	1.580	0.665	$-0.066\,4$	$-0.019\,6$	0.36
4.0	1.344	0.690	$-0.053\,5$	$-0.022\,7$	0.33
5.0	1.185	0.709	$-0.051\,1$	$-0.021\,8$	0.37

注:* $\lg Y = a + b(M_W - 6) + c(M_W - 6)^2 + d(r_{jb}^2 + h^2)^{1/2} + \sigma$,其中 $h = 7$。

图7 显示了回归残差分别随矩震级和震中距 R_{jb} 的变化。对全部震中距和震级范围,

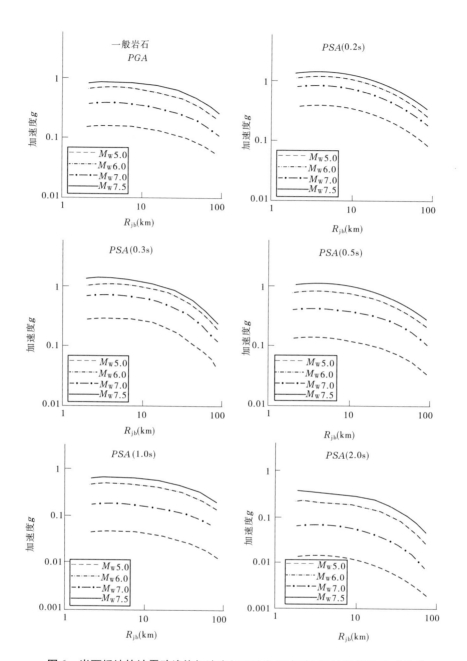

图6 岩石场地的地震动峰值加速度(PGA)和反应谱(PSA)地震动衰减关系

在所有频率上,观测数据的残差在 −2 ~ +2 的范围变化,而模拟数据的残差变化范围是
−1 ~ +1。

图8绘出了衰减模型的残差直方图。地震动峰值加速度和加速度反应谱的每组残差
由正态分布拟合,这呈现了预期的基于计算标准差的正态概率分布函数。可以观察到,对
于式(4)提出的模型预期和估计的概率分布函数匹配得很好。

图9给出了塔巴斯地区两个地震(1978 年 9 月 16 日 $M_\mathrm{W}7.4$ 地震和 1998 年 3 月 14

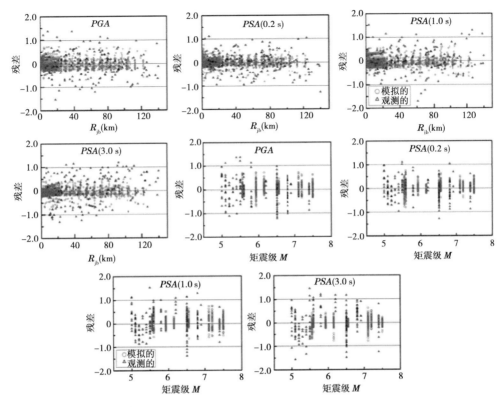

图7 由观测(三角形)和模拟(圆形)数据推导衰减模型预测的地震动峰值加速度(PGA)
和加速度反应谱(PSA)对矩震级和R_{jb}的回归残差的比较

日 M_w6.9 地震)记录的频谱值。

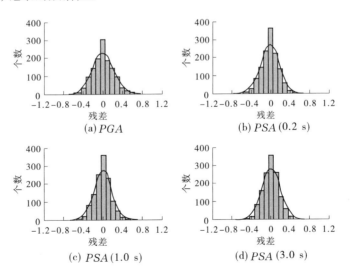

图8 所提出模型的残差直方图

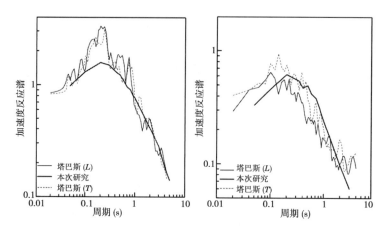

图9 1978年9月16日塔巴斯M_W7.4地震(左)和

1998年3月14日M_W6.9地震(右)两个记录的频谱值

我们将获得的伊朗中东部地区衰减关系和最近发表的衰减关系进行了对比。图10给出了震中距为10 km时,选取的地震动衰减关系和我们的地震动衰减关系预测的加速度反应谱中值的对比结果。

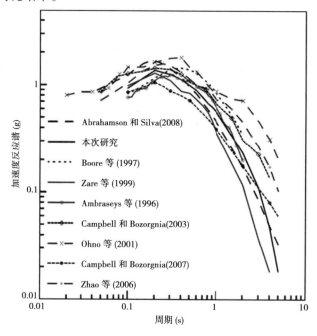

图10 由8个地震学和工程一般岩土场地条件广泛使用的经验地震动关系预测的5%阻尼加速度反应谱的比较。用于比较的震级是M_W7.0,震中距是10 km

为了验证本研究建立的地震动衰减关系,在图11中我们把对M_W7.0事件的地震动峰值加速度估计值和周期为0.2 s、1.0 s、2.0 s的加速度估计值与世界范围的地震动衰减关系的相应估计值做了对比。结果表明,我们的预测加速度反应谱和最近的衰减模型的估计值具有可比性。